装备科技译著出版基金　雷达与探测前沿技术译丛

# 先进超宽带雷达的信号、目标及应用

Advanced Ultrawideband Radar
Signals, Targets, and Applications

［美］詹姆士·D.泰勒(James D. Taylor)　主编
尚　社　李小军　宋大伟　李　栋　等译
李　立　徐　进　审校

国防工业出版社

·北京·

著作权合同登记　图字：军－2018－012 号

**图书在版编目(CIP)数据**

先进超宽带雷达的信号、目标及应用/(美)詹姆士·D. 泰勒(James D. Taylor)主编;尚社等译. —北京：国防工业出版社,2023.6

书名原文：Advanced Ultrawideband Radar: Signals, Targets, and Applications

ISBN 978－7－118－12452－1

Ⅰ.①先… Ⅱ.①詹… ②尚… Ⅲ.①超宽带雷达—研究　Ⅳ.①TN95

中国国家版本馆 CIP 数据核字(2023)第 028009 号

Translation from the English language editions:
Adanced Ultra Wideband Radar Signals, Targets, and Applications by James D. Taylor;
ISBN 978－1－4665－8657－4
Copyright © 2017 by Taylor & Francis Group, LLC
Authorized translation from English language edition published by CRC Press, part of Taylor & Francis Group LLC. All rights Reserved. 本书原版由 Taylor & Francis 出版集团旗下 CRC 出版公司出版,版权所有,侵权必究。
National Defense Industry Press is authorized to publish and distribute exclusively the Chinese(Simplified Characters) language edition. This edition is authorized for sale throughout Mainland of China. No part of the publication may be reproduced or distributed by any means, or stored in a database or retrieval system, without the prior written permission of the publisher.
本书中文简体翻译版由国防工业出版社独家出版并限在中国大陆地区销售。未经出版者书面许可,不得以任何方式复制或发行本书的任何部分。
Copies of this book sold without a Taylor & Francis sticker on the cover are unauthorized and illegal. 本书封面贴有 Taylor & Francis 防伪标签,无标签者不得销售。

※

国防工业出版社出版发行

(北京市海淀区紫竹院南路 23 号　邮政编码 100048)
北京龙世杰印刷有限公司印刷
新华书店经售

\*

开本 710×1000　1/16　插页 6　印张 28¾　字数 510 千字
2023 年 6 月第 1 版第 1 次印刷　印数 1—1500 册　定价 188.00 元

**(本书如有印装错误,我社负责调换)**

国防书店:(010)88540777　　书店传真:(010)88540776
发行业务:(010)88540717　　发行传真:(010)88540762

# 译者序

现代信息化战争争夺的制高点是制信息权,作为一种全天候、全天时、远距离的战场信息感知手段,雷达在预警探测、战场态势侦察与感知、空中目标监视、精确武器制导等方面具有不可或缺的作用。传统的窄带雷达在对目标进行探测时,难以获得足够多的目标特征信息,进而无法对目标进行有效的分类和识别。根据美国国防部高级研究计划署(Defense Advanced Research Project Agency,DARPA)对"超宽带"一词的定义,超宽带雷达采用的信号带宽大于中心频率的25%。随着信号频谱范围的展宽,被探测目标可能同时处于光学区、谐振区和瑞利区,目标散射回波中包含了丰富的电磁频谱信息。如同显微镜下的场景,点目标"变为"分布式目标,超宽带雷达可以获得很高的距离分辨力,通常能够达到厘米级,此时同一目标的回波覆盖多个距离分辨单元,从而可以区分目标上的各个散射中心。

超宽带雷达因在距离分辨及目标识别等诸多方面具有出色的表现及广阔的应用而备受关注,美国国防部将超宽带雷达技术列为国防关键技术计划中的重要研究内容。随着超宽带技术的快速发展,其应用领域也越来越广泛。利用超宽带电磁波兼具低频与宽频带的特点,对墙体、树木、地表等有较强的穿透能力,可以实现对障碍物后的目标进行检测、成像及跟踪广泛地应用于反恐、安检等非侵入式探测领域。利用超宽带雷达全天时、全天候、高分辨的特点,车载超宽带传感器为驾驶员提供全方位的安全覆盖,在危险情况下向驾驶员发出警报,并可为自动巡航与自动驾驶控制系统提供输入信息。

本书作者 James D. Taylor 是 IEEE 超宽带雷达委员会主席。在美国空军航电实验室的经历,让他接触到了最先进的电子学概念。作为马萨诸塞州汉考斯空军基地美国空军电子系统部技术规划主管,James D. Taylor 负责远程巡航导弹探测项目的研发,并涉足超宽带雷达领域。他曾编写了由 CRC 出版集团出版的《超宽带雷达系统导论》(1995年)和《超宽带雷达技术》(2000年)。本书是 James D. Taylor 的最新著作,书中全面、系统地介绍了超宽带雷达的理论基础、技术问题与解决方案,以及给各个领域带来的改变,内容涵盖了超宽带雷达技术的最新研究进展。

本书由中国空间技术研究院西安分院空间微波技术重点实验室组织翻译,并获得中央军委装备发展部装备科技译著出版基金资助出版。尚社、李小军、宋大伟、李栋、孙文锋、王建晓、罗熹、范晓彦、温媛媛参与了本书的翻译工作，李立、徐进对全书进行了校审，期间得到了空间微波技术重点实验室各位领导和同事的帮助，以及西安电子科技大学陈伯孝教授和南京理工大学陈如山教授、丁大志教授的指导，在此深表感谢。由于翻译水平有限，翻译疏漏和不妥之处在所难免，敬请读者批评指正，以便日后修订完善。

译者<br>
2023 年 1 月于西安

# 前　言

在1990年底,我曾与IPITEC光纤公司的总裁Michael Salour先生共进午餐。当我向他介绍超宽带雷达的时候,他问道:"有没有这方面的相关书籍?",我回答:"目前还没有,这是一个非常新颖的东西"。Michael沉思片刻,说道:"为什么你不写一本呢?"。在Michael的提议下,我相继完成了一系列著作,包括1995年撰写的《超宽带雷达系统导论》(*Introduction to Ultra-Wideband Radar Technology*)、2000年撰写的《超宽带雷达技术》(*Ultra-Wideband Radar Technology*)、2012年撰写的《超宽带雷达技术应用与设计》(*Ultrawideband Radar Technology Applications and Design*)。

每当我编写完一本新书时,都认为这将会是最后一本。然而,在看到超宽带雷达最新研究进展的相关报道之后,我就不由自主地开始着手编写下一本新书了。我衷心地感谢所有撰稿人,他们撰写了与各自研究领域相关的章节。在撰写本书的过程中,所有撰稿人精诚合作、态度积极,并且提出了许多非常重要的修改意见。

本书涵盖了超宽带雷达技术的最新研究进展,并为超宽带雷达技术未来的发展与应用指明了方向。书中向经验丰富的工程师与技术经理介绍了超宽带(UWB)雷达的基本用途,同时从理论角度叙述了超宽带雷达的用途、技术问题与解决方案。

从实际应用的角度出发,现在的UWB雷达代表空间分辨力很小(分辨力小于30cm,即1ft)的雷达,或信号带宽大于500MHz的雷达。高分辨力信号的实用化,极大程度地提高了雷达的遥感能力。随着集成电路和信号处理技术的不断发展,从探测近距离覆盖物到对同步轨道卫星成像等一系列应用都成为可能。在犯罪题材的影视剧或历史频道中,电视观众经常看到侦探使用探地雷达在犯罪现场搜寻证据,或者考古学家使用探地雷达在历史遗迹中寻找文物。未来,民航领域将毫无悬念地需要使用UWB成像雷达,该技术能够检测到乘客随身携带的武器或违禁品。高速公路部门也将使用UWB雷达来检测路基和桥梁的施工质量。

设想,未来在远程诊所或战地医院等简陋的医疗环境中,我们可以使用一种医疗雷达扫描装置。根据本书中描述的现代UWB雷达技术,通过增加回波信号(信号谱)的时频分析来扩展遥感功能,从而实现目标识别、距离测量与成像。

本书的相关章节将介绍雷达如何分析反射信号谱。通过对比时频分析像与数据库,可以为目标识别提供一条新的技术途径。进一步地,雷达可以使发射信号谱与目标相匹配,从而实现基于相关处理的响应增强性能。这将为内部器官成像等医疗用途创造极大的可能性。

  第1章"现代超宽带雷达系统导论",由 James D. Taylor 撰写。本章阐述了超宽带雷达的基本概念,介绍了最近25年来超宽带雷达的发展历程。作为一名撰写人,见证了随着时间的推移 UWB 的含义所发生的相应变化。起初,UWB 指代短程脉冲系统,该系统的带宽大于中心频率的25%。在2002年,美国联邦通信委员会(FCC)将 UWB 的定义拓展为带宽大于500MHz 的系统。现在,UWB 的定义更加实用化,指代任意空间分辨力小于30cm(1ft)的雷达系统。从本书将看到工作频段为 0.5~10GHz 用于材料穿透应用的雷达,以及用于无伤测试的太赫兹雷达。UWB 的应用领域涵盖了从测量路面断层到对同步轨道卫星进行成像等诸多领域。现在,有些车辆也配备了 UWB 防撞雷达系统。

  第2章"用于路面检测的探地雷达在短程距离、介电常数测量方面的研究进展",由 Gennadiy P. Pochanin、Sergey A. Masalov、Vadym P. Ruban、Pavlo V. Kholod、Dmitriy O. Batrakov、Angelika G. Batrakova、Liudmyla A. Varianytsia – Roshchupkina、Sergey N. Urdzik、Oleksandr G. Pochanin 共同撰写。本章介绍了探地雷达(ground penetrating radar,GPR)在精密测距方面的主要研究进展。由于混凝土层、沥青层和路基层的电特性之间差别较小,且产生的回波信号很弱,因此将 GPR 系统用于路面探测会产生很严重的问题。通过记录和分析回波信号谱,科研人员研究了一种测量各路层厚度的方法。在医学成像、无伤材料测试或其他使用多层传输介质的领域中,上述回波波形记录与分析技术都具有极大应用潜力。

  第3章"信号、目标和超宽带雷达系统",由 James D. Taylor、Anatoliy Boryssenko、Elen Boryssenko 共同撰写。本章阐述了目标与 UWB 信号相互作用的概念,并介绍了如何使用 UWB 信号来识别目标以及如何增强特定目标的回波信号。不同的目标对电磁波产生的反射(或二次辐射)也不同。雷达目标的反射特性取决于目标的形状与材质,此时目标可以看作一组谐振体。UWB 信号起 $\delta$ – 狄拉克脉冲函数的作用。当采用 UWB 脉冲探测目标时,通过检测反射信号谱就可以确定目标特性。利用时频分析技术分析回波信号可以产生清晰的目标"像"。通过对比目标回波的时频像与数据库可以实现目标分类识别,如地雷、飞行器、车辆与生物学异常等。改变发射信号以实现与目标谐振特性的匹配,可以为搜寻特定类别目标并抑制其他回波提供一种技术途径。在谐振和视角匹配自适应雷达(resonance and aspect matched adaptive radar,RAMAR)的说明中,Terence Barrett 详细研究了这种方法。这意味着现代 UWB 雷达急需在接收机与发射机技术上取得重大进展。接收机需要精确地保存 UWB 波形数字文件,并且具有足够的分辨力与信噪比来完成时频分析处理。接收机波形的快速、准实时信号捕获可以通过数字化完成,或者采用模/数混合方式完成。模/数混合方式包含最初的模拟变换(时间透镜,从模拟域转换到信息域)、模/数转换器(ADC)以及其他若干易于实现的指标(相较于第一种纯数字方法而言)。数/模转换器(DAC)用于产生特定目标波形,它与ADC正好相反。目前尚不存在适用于宽带与超宽带信号的DAC。本章回顾了几种混合模数转换方法。

第4章"超宽带雷达时频信号处理",由Terence W. Barrett撰写。本章介绍的信号分析方法,在构建基于反射信号的目标时频像时非常有用。同时阐述了信号分析的目的,并测试了可以提供目标(或一类目标)时频像的方法。Barrett已经成功证明了这些方法,并为专利RAMAR提供了技术支撑。

第5章"基于积分方程解的空中与地下谐振物体超宽带脉冲散射建模",由Oleg I. Sukharevsky、Gennady S. Zalevsky、Vitaly A. Vasilets共同撰写。本章介绍了一种预测目标对VHF频带(100~300MHz)UWB信号散射的方法,可以提高非合作雷达的目标识别能力。第4章提到的实验研究表明,使用雷达谐振波段的探测可以激励起目标的二次辐射,本章阐述了预测这种反射场的方法。

第6章"基于超宽带雷达的航空复合材料结构无损检测",由Edison Cristofani、Fabian Friederich、Marijke Vandewal、Joachim Jonuscheit共同撰写。本章采用极高频(EHF)(10~300GHz)材料穿透雷达来检测材料特性。现代飞行器使用复合材料来降低自身的结构重量,由于X射线与X射线断层摄影方法均无法透视芳族聚酰胺与玻璃纤维复合物等电介质材料,因此电介质材料的透视需要相应的在线检测方法。本章表明,材料穿透雷达技术可以对工业瑕疵进行定位,并对使用状态下退化的部分进行定位,使用时频分析能够提供更强的NDT检测能力。

第7章"雷达生物探测应用中超宽带雷达信号建模",由Lanbo Liu撰写。本章介绍了一种基于UWB雷达的人体重要指标检测新方法。本章描述的新方法基于时域有限差分(finite-difference time-domain,FDTD)数值仿真方法与综合计算实验,该方法表明UWB雷达可以用于放射生物学定位,它能够实现人体重要指标的无接触式监控,如安保监控、医疗工程应用、搜索坍塌建筑物的瓦砾中的遇难者以及其他用途。

第8章"雷达生物探测技术在生命体征远程监测方面的应用",由Lesya Anishchenko、Timothy Bechtel、Sergey Ivashov、Maksim Alekhin、Alexander Tataraidze、Igor Vasiliev共同撰写。本章介绍了UWB雷达在医疗用途方面的研究进展。生物雷达为实现精神性情绪波动状态、大型生物体的生理状况远程非接触式监控提供了极大可能。本章介绍的UWB生物雷达由俄罗斯莫斯科国立鲍曼技术大学与宾夕法尼亚州兰开斯特城富兰克林和马歇尔学院共同设计。实验结果表明,生物扫描型的雷达可以同时远程测量呼吸与心脏节拍参数。为了证明生物雷达的潜在用途,编者使用生物雷达辅助系统来检测大量失眠患者。结果表明,放射生物学定位能够准确地诊断并评估睡眠呼吸障碍的严重程度。目前的标准医疗评估方法是多频道睡眠记录技术,该技术需要直接接触患者,因此生物雷达有望取代多频道睡眠记录技术。

第9章"噪声雷达技术与进展",由 Ram M. Narayanan 撰写。本章包含噪声雷达的发展、技术与性能。噪声雷达将随机噪声(窄带或宽带)用作发射波形,因此涉及相应的技术与用途。接收机完成雷达回波的相关处理,用于目标探测与成像。本章回顾了噪声雷达的发展历程,并阐述了与噪声雷达工作原理有关的基本概念。介绍了近60年来的发展历程,涉及目标探测、目标特征分类、目标成像与目标跟踪。与此同时,本章还论述了新型信号处理概念,这些新型概念能够充分利用硬件实现与硬件应用方面的最新研究进展。

第10章"超宽带雷达目标扫描原型及全息信号处理",由 Lorenzo Capineri、Timothy Bechtel、Pierluigi Falorni、Masaharu Inagaki、Sergey Ivashov、Colin Windsor 共同撰写。本章研究了一种基于全息雷达的短程材料穿透雷达解决方案,该方案的不同之处在于测量反射信号的相位。本章介绍的全息雷达演示样机的工作频率为2GHz与4GHz,该雷达能够对大量阻抗不一致的地下目标进行高分辨力成像。如果使用更高频率(大于4GHz)对地下目标进行成像,就需要具备该频段的集成电子设备。这些新技术改善了功率消耗情况、信噪比与高分辨力模数转换器。

第11章"超宽带穿墙感知雷达技术",由 Fauzia Ahmad、Traian Dogaru、Moeness Amin 共同撰写。本章回顾了穿墙(sense through the wall,STTW)雷达系统。穿墙遥感系统通常具有两大主要功能:获得建筑物内部的像(以及与此相关的,构建建筑物的布局);对建筑物内部的关注目标进行探测与定位(通常指人)。人属于有生命的目标,这类目标的特征为躯干和肢体运动、呼吸和心跳。虽然同一个传感器有可能同时集成上述两项功能,但是这两项功能的实现原理仍存在些许差异。本章解决了穿墙雷达的理论与技术问题。

第12章"宽带宽波束运动感知",由 François Le Chevalier 撰写。本章表明,一般通过展宽雷达的带宽就可以提高雷达的多普勒或角分辨力。监视雷达必须具备以下功能:①能够对所有飞行目标进行探测、追踪、成像与分类;②能够探测低速(每秒几米量级)低雷达散射截面($-20\mathrm{dBm}^2$)的不易发现目标;③能够在城市或临海位置与高海况复杂环境中工作。新型雷达设计方案(同时使用多个宽带信号),必须提高对军用和民用射频设备所造成干扰威胁的抵抗能力。本章将介绍提升雷达性能的方法,并研发多功能雷达以便更好地为国土防卫服务。

希望读者能通过本书在超宽带雷达的新领域中发现一些新的有用的观点。

# 主　编

"辞典好似手表，再差的手表也比没有强，但最好的手表也并非总是准确。"

Samuel Johnson（1709—1784）

　　James D. Taylor，美国空军中校退役，获电气工程学士学位、控制理论硕士学位，项目工程师退休，曾任 IEEE 高级会员。超宽带雷达的巨大魅力敦促 James D. Taylor 不断地进行超宽带雷达的相关写作与编辑。James D. Taylor 曾经为 CRC 出版集团撰写的著作包括《超宽带雷达系统导论》（1995 年）、《超宽带雷达技术》（2000 年）、《超宽带雷达应用与设计》（2012 年）。James D. Taylor 衷心感谢 CRC 出版集团的 Ashley Gasque、Andrea Dale 与 Amber Donley 团队对本书的帮助。

　　James D. Taylor 自幼生活在美国马里兰州银泉市。他的父亲 Albert L. Taylor，曾担任美国农业部线虫学研究主管。在 Albert L. Taylor 的言传身教下，James D. Taylor 逐渐踏入科学的殿堂，并且孜孜不倦地探索各种事物的内部运行原理。他的母亲 Josephine S. Taylor，曾在约翰霍普金斯大学应用物理实验室担任雷达工程师的秘书和办公室主管。Josephine S. Taylor 激发了 James D. Taylor 对于雷达的极大兴趣，并在幼年就教他学会数学、盲打及写作。

　　1963 年，James D. Taylor 在弗吉尼亚军事学院获电气工程学士学位。随后，他进入美国陆军服役，并担任防空炮兵军官。在美国陆军防空学校的两次轮训中，他学习了雷达系统和制导导弹系统的理论知识并付诸实践。他先后被派遣到德国与美国第 101 空降师，并于 1968 年被调至美国空军并担任电子研发工程师一职。

　　James D. Taylor 曾在新墨西哥州霍洛曼空军基地的中央惯导测试实验室担任火箭滑轨测试项目工程师，由此开启了他的空军职业生涯。1977 年，他在俄亥俄州的怀特 - 帕特森空军基地的美国空军技术学院获得控制理论硕士学位。他还曾在空军航空电子实验室担任过主管工程师，这段经历使他有机会接触到先进技术与军事需求。最后，他被任命为马萨诸塞州汉考斯空军基地美国空军电子系统部的远程技术规划主管，负责研究远程巡航导弹探测的解决方案，并开始涉猎超宽带雷达这一新领域。

　　自 1991 年退役后，James D. Taylor 开始致力于超宽带雷达的相关咨询和写作工作。他的小说《信号追逐》描述了超宽带雷达在军事上的应用前景。他曾在苏格兰、意大利和俄罗斯讲授过短期课程，担任了IEEE超宽带雷达委员会主席，并编写了IEEE标准1672——"超宽带雷达定义"。2012年，他搬至佛罗里达州庞特维德居住。目前，James D. Taylor是一名工程师、咨询师和主编。

Voltaire（1694—1778）

# 目 录

**第1章　现代超宽带雷达系统导论** ································ 001
  1.1　概述 ························································· 001
  1.2　超宽带雷达应用 ··········································· 002
    1.2.1　基于材料穿透雷达的X射线成像 ················ 002
    1.2.2　远程医疗监护 ······································· 004
    1.2.3　车载雷达安全系统 ································· 005
    1.2.4　用于检测藏匿武器的成像雷达 ·················· 007
    1.2.5　穿墙雷达系统 ······································· 008
    1.2.6　远程超宽带雷达成像 ······························ 009
    1.2.7　未来超宽带雷达的应用潜力 ····················· 010
  1.3　超宽带雷达技术 ··········································· 011
    1.3.1　超宽带雷达研究历程 ······························ 011
    1.3.2　雷达带宽与距离分辨力 ··························· 014
    1.3.3　未经许可的超宽带设备辐射限制 ··············· 014
  1.4　小结 ························································· 016
  参考文献 ·························································· 016

**第2章　用于路面检测的探地雷达在短程距离、介电常数测量方面的研究进展** ······································ 019
  2.1　多层传输介质中探地雷达精确距离测量导论 ······ 019
    2.1.1　多层介质中的传输问题 ··························· 019
    2.1.2　介质脉冲响应的雷达测量 ························ 020
    2.1.3　探地雷达硬路面测量目标 ························ 021
    2.1.4　探地雷达研究目标 ································· 023
  2.2　基于逐层分解方法的探地雷达数据处理与分析 ··· 027
    2.2.1　逆问题的解决方法 ································· 027
    2.2.2　超宽带脉冲信号处理方法 ························ 030
    2.2.3　如何采用变换函数来计算硬路面结构层的厚度 ··· 031
  2.3　薄层厚度的测量精度 ···································· 033
    2.3.1　双站与单站天线系统配置对比 ·················· 034

XI

2.3.2　差分天线系统工作原理 ·················································· 036
　　2.3.3　用于超宽带脉冲探地雷达的高电磁隔离天线系统 ········· 038
　　2.3.4　发射-接收天线系统布局 ············································· 039
　　2.3.5　差分天线的工作模式 ·················································· 041
　　2.3.6　基于差分天线系统的微波层析成像 ······························ 043
2.4　探地雷达数据获取 ····································································· 044
　　2.4.1　探地雷达模数信号数据转换 ········································· 044
　　2.4.2　探地雷达反射信号识别 ················································ 044
2.5　低抖动接收机的数据获取方法 ···················································· 045
　　2.5.1　噪声与信号形状失真与采样阈值宽度的变化关系 ········· 046
　　2.5.2　用于降低抖动的接收信号积累方法 ······························ 051
2.6　雷达数据处理软件 ····································································· 053
　　2.6.1　SignalProcessorEx 数据获取模块 ································· 054
　　2.6.2　GPR ProView 模块 ······················································ 054
　　2.6.3　GeoVizy 软件的计算算法 ············································ 054
2.7　探地雷达原型 ············································································ 055
　　2.7.1　雷达设备组件 ······························································ 055
　　2.7.2　ODYAG 详细说明 ······················································· 055
2.8　ODYAG GPR 测试结果 ····························································· 056
2.9　探地雷达应用范例 ····································································· 058
2.10　小结 ························································································ 060
参考文献 ···························································································· 060

# 第3章　信号、目标和超宽带雷达系统 ············································ 065

3.1　超宽带雷达简介 ········································································· 065
3.2　先进超宽带雷达应用 ·································································· 066
　　3.2.1　超宽带雷达回波信号优势 ············································· 066
　　3.2.2　先进的超宽带雷达技术要求 ········································· 067
3.3　超宽带雷达信号与目标 ······························································· 067
　　3.3.1　超宽带信号与目标的相互作用 ······································ 068
　　3.3.2　模拟脉冲信号 ······························································ 071
　　3.3.3　目标与信号匹配的可行性 ············································· 073
3.4　先进超宽带雷达 ········································································· 074
　　3.4.1　目标性能 ····································································· 074
　　3.4.2　固定信号超宽带雷达的限制 ········································· 075
　　3.4.3　先进的超宽带雷达结构 ················································ 075

3.5　先进超宽带雷达技术需求 …………………………………… 077
3.6　超宽带雷达信号配准 ………………………………………… 078
　　3.6.1　超宽带数字化信号的技术考虑 ……………………… 079
　　3.6.2　模拟数字转换器的工作原理和性能指标 …………… 079
　　3.6.3　超宽带信号模拟数字转换器时间交错数字化策略 … 082
　　3.6.4　非传统模拟数字转换器前端 ………………………… 084
　　3.6.5　压缩感知与采样 ……………………………………… 087
　　3.6.6　超宽带信号时域时间拉伸、时间透镜或时间成像 … 090
3.7　自适应目标超宽带雷达发射机要求 ………………………… 091
　　3.7.1　目标和信号调制目标 ………………………………… 091
　　3.7.2　直接数字合成 ………………………………………… 092
　　3.7.3　模拟滤波 ……………………………………………… 094
　　3.7.4　数字逻辑信号产生与发射 …………………………… 095
　　3.7.5　模拟-数字信号合成 …………………………………… 096
　　3.7.6　直接数字合成 ………………………………………… 097
3.8　小结 …………………………………………………………… 098
参考文献 ……………………………………………………………… 099

# 第4章　超宽带雷达时频信号处理 …………………………………… 103

4.1　介绍与目标 …………………………………………………… 103
　　4.1.1　概述 …………………………………………………… 103
　　4.1.2　现代超宽带雷达时频信号处理要求 ………………… 103
　　4.1.3　时域和频域信号处理方法和目标 …………………… 104
4.2　Wigner–Ville 分布 …………………………………………… 105
4.3　模糊函数 ……………………………………………………… 108
4.4　Weber–Hermite 变化和 Weber–Hermite 波形函数 ……… 111
4.5　分数级傅里叶变换 …………………………………………… 122
4.6　多窗谱分析 …………………………………………………… 129
4.7　Hilbert–Huang 变换 ………………………………………… 131
4.8　载频包络频谱 ………………………………………………… 140
4.9　Radon 变换 …………………………………………………… 144
4.10　目标线性频率响应函数 ……………………………………… 148
4.11　奇异值分解与独立分量分析 ………………………………… 149
　　4.11.1　奇异值分解 …………………………………………… 152
　　4.11.2　独立成分分析 ………………………………………… 152
4.12　盲源分离、匹配追踪和复杂性追踪 ………………………… 154

|     | 4.13 | 小结 ································································· 160 |
| --- | --- | --- |
|     | 4.14 | 信号处理和未来超宽带雷达系统 ······························ 161 |
|     | 附录 4.A | WHWF 的推导 ···················································· 167 |
|     | 附录 4.B | WHWF 与分数微积分的关系 ··································· 177 |
|     | 参考文献 ········································································ 179 |

## 第 5 章 基于积分方程解的空中及地下谐振物体超宽带脉冲散射建模 ······ 187

- 5.1 概述 ·················································································· 187
- 5.2 脉冲散射问题的计算方法 ······················································ 188
- 5.3 基于频域磁场积分方程解的空中和地下理想电导体谐振物的计算方法 ····· 189
  - 5.3.1 自由空间中理想电导体的磁场积分方程解的方法 ··············· 191
  - 5.3.2 简单形状理想电导体散射特性计算结果验证 ····················· 196
  - 5.3.3 使用迭代算法计算复杂形状空中理想电导体的雷达散射特性 ········ 202
  - 5.3.4 地下理想电导体谐振物的磁场积分方程 ··························· 205
- 5.4 基于频域积分方程的空中和地下介质谐振物散射特性计算方法 ········ 205
  - 5.4.1 自由空间中介质物体积分方程组的一种计算方法 ··············· 206
  - 5.4.2 简单形状介质散射特性计算结果验证 ······························ 208
  - 5.4.3 地下介质的积分方程组 ················································· 210
- 5.5 谐振尺寸物体的超宽带脉冲响应计算方法 ································· 211
- 5.6 复杂形状空中谐振体的超宽带高分辨距离像计算 ························ 212
- 5.7 埋藏式地雷的超宽带脉冲响应计算 ·········································· 218
- 5.8 小结 ·················································································· 219
- 参考文献 ···················································································· 220

## 第 6 章 基于超宽带雷达的航空复合材料结构无损检测 225

- 6.1 用于航空结构无损检测的超高频微波超宽带雷达 ························ 225
- 6.2 超宽带雷达无损检测应用 ······················································ 227
  - 6.2.1 现有无损检测技术的研究 ············································· 227
  - 6.2.2 调频连续波雷达无损检测用传感器 ································· 228
  - 6.2.3 超宽带雷达无损检测 SAR 算法的讨论与总结 ···················· 234
- 6.3 超宽带雷达无损检测结果的材料测试与比较 ······························ 234
  - 6.3.1 测试用复合材料的描述 ················································ 234
  - 6.3.2 聚焦调频连续波超宽带雷达对选定样本的测试结果 ············ 237

    6.3.3 所选样本的合成孔径调频连续波超宽带
       雷达成像结果 ……………………………………………… 241
  6.4 极高频超宽带无损检测的半自动图像处理 ……………………… 243
    6.4.1 引言 ……………………………………………………… 243
    6.4.2 无损检测雷达图像数据的准备 ………………………… 244
    6.4.3 图像处理在超宽带雷达测量中的应用 ………………… 246
  6.5 无损检测数据融合技术 …………………………………………… 248
  6.6 小结 ………………………………………………………………… 252
  参考文献 ………………………………………………………………… 253

**第7章 雷达生物探测应用中超宽带雷达信号的建模** …………………… 257
  7.1 概述 ………………………………………………………………… 257
    7.1.1 引言 ……………………………………………………… 257
    7.1.2 无线电生物探测雷达 …………………………………… 258
  7.2 直接雷达生物探测信号建模的基础理论 ………………………… 259
  7.3 用于数字仿真的人类生命体征信号的生成 ……………………… 260
  7.4 有限时域差分建模技术 …………………………………………… 261
  7.5 墙体后的单人目标体的超宽带雷达探测 ………………………… 263
  7.6 坍塌建筑物下有两个幸存者情况的模型 ………………………… 268
  7.7 同时监测到3个病患的生命体征 ………………………………… 274
  7.8 小结 ………………………………………………………………… 279
  参考文献 ………………………………………………………………… 280

**第8章 雷达生物探测技术在生命体征远程监测方面的应用** …………… 283
  8.1 概述 ………………………………………………………………… 283
    8.1.1 引言 ……………………………………………………… 283
    8.1.2 生物探测雷达原理和应用 ……………………………… 283
  8.2 生命体征远程监测应用中雷达生物探测信号的处理方法 ……… 285
    8.2.1 单波生物雷达信号处理方法 …………………………… 285
    8.2.2 两种生物探测雷达信号处理技术在非接触
       心肺参数监测中的对比 ………………………………… 288
  8.3 用标准接触方法验证生物探测雷达 ……………………………… 292
    8.3.1 生物探测雷达和 ECG 的验证 ………………………… 292
    8.3.2 使用呼吸容积描记法对生物探测雷达长时间
       记录信号的验证 ………………………………………… 292
  8.4 未来生物探测雷达技术在生物医学应用方向的实验研究 ……… 295
    8.4.1 长时间隔离期间睡眠质量的自动估计 ………………… 295

XV

8.4.2　使用生物探测雷达非接触监测睡眠呼吸暂停综合症 ……… 298
　　　8.4.3　人类生理心理情绪状态监测和专业测试 ……………………… 299
　　　8.4.4　用生物探测雷达估计实验室小动物活力 …………………… 301
　8.5　小结 ………………………………………………………………………… 304
　参考文献 ………………………………………………………………………… 304

## 第9章　噪声雷达技术与进展 ……………………………………………… 307
　9.1　概述 ………………………………………………………………………… 307
　9.2　噪声雷达的发展历史 …………………………………………………… 307
　9.3　噪声雷达的近期发展 …………………………………………………… 310
　　　9.3.1　噪声雷达的建模与相关检测器的实现 ……………………… 310
　　　9.3.2　噪声雷达的建模与双谱处理的实现 ………………………… 312
　　　9.3.3　模糊函数特性 …………………………………………………… 313
　　　9.3.4　噪声雷达相位噪声特征 ……………………………………… 315
　　　9.3.5　接收机操作特性和检测性能 ………………………………… 317
　　　9.3.6　噪声雷达目标检测问题 ……………………………………… 318
　　　9.3.7　压缩感知 ………………………………………………………… 320
　9.4　新型噪声雷达应用 ……………………………………………………… 321
　　　9.4.1　概述 ……………………………………………………………… 321
　　　9.4.2　噪声信号的多普勒估计 ……………………………………… 322
　　　9.4.3　动目标检测 ……………………………………………………… 323
　　　9.4.4　MIMO、双、多基地雷达噪声 ………………………………… 324
　　　9.4.5　噪声雷达的层析成像 ………………………………………… 328
　　　9.4.6　多功能噪声雷达 ……………………………………………… 329
　9.5　噪声雷达理论与设计的进展 …………………………………………… 332
　　　9.5.1　量化的思考 ……………………………………………………… 332
　　　9.5.2　自适应噪声雷达 ……………………………………………… 334
　　　9.5.3　噪声雷达的任意波形发生器的应用 ………………………… 336
　　　9.5.4　噪声雷达的光子应用 ………………………………………… 336
　9.6　小结 ………………………………………………………………………… 340
　　　9.6.1　噪声雷达技术的局限性综述 ………………………………… 340
　　　9.6.2　未来实用噪声雷达应用 ……………………………………… 340
　参考文献 ………………………………………………………………………… 340

## 第10章　超宽带雷达目标扫描原型及全息信号处理 ………………… 345
　10.1　概述 ……………………………………………………………………… 345
　10.2　RASCAN 全息地下雷达 ……………………………………………… 346

10.2.1　雷达全息原理…………………………………346
　　　10.2.2　空间和频率采样需求……………………………349
　10.3　全息雷达和电信号处理…………………………………349
　10.4　实用的扫描方法和权衡…………………………………350
　　　10.4.1　扫描仪设计目标和约束条件……………………350
　　　10.4.2　机器人物体扫描仪的设计和实现………………351
　10.5　机器人和自动扫描仪实时高分辨力全息成像实例……353
　　　10.5.1　用于快速原位研究介电材料结构的
　　　　　　　高成辨成像算法……………………………………353
　　　10.5.2　地雷探测的室外实验……………………………354
　　　10.5.3　航空航天工业的无损检验和隔热评估…………356
　10.6　小结………………………………………………………363
　参考文献…………………………………………………………364

# 第11章　超宽带穿墙感知雷达技术……………………………367
　11.1　概述………………………………………………………367
　11.2　穿墙感知雷达的超宽带天线……………………………369
　11.3　超宽带穿墙感知成像雷达建模…………………………374
　11.4　利用超宽带雷达穿墙动目标检测………………………380
　11.5　超宽带穿墙感知成像雷达的多径开发…………………385
　11.6　小结………………………………………………………391
　参考文献…………………………………………………………391

# 第12章　宽带宽波束运动感知………………………………397
　12.1　概述………………………………………………………397
　　　12.1.1　监视雷达系统要求………………………………397
　　　12.1.2　雷达空间分辨力…………………………………398
　　　12.1.3　宽带系统的距离分辨力…………………………398
　　　12.1.4　更宽带宽的可用性………………………………399
　　　12.1.5　带宽扩展的技术途径……………………………399
　12.2　多样性：目标一致性和分集增益………………………399
　　　12.2.1　目标一致性………………………………………400
　　　12.2.2　相干性和非单调关联积分………………………402
　12.3　宽带无模糊运动目标指示………………………………404
　　　12.3.1　使用范围迁移信息………………………………404
　　　12.3.2　自适应处理………………………………………407
　12.4　交换范围和角度分辨力：空时编码(相干搭配MIMO)…409

XVII

- 12.4.1 广域监视原理……………………………………………………… 409
- 12.4.2 空时编码………………………………………………………… 411
- 12.4.3 循环码…………………………………………………………… 418
- 12.4.4 具有失配滤波的 Delft 码……………………………………… 422
- 12.4.5 等间距天线示例………………………………………………… 424
- 12.4.6 空时编码作为分集技术的结论………………………………… 426
- 12.5 用于运动目标分析的距离-多普勒曲面……………………………… 427
  - 12.5.1 距离-多普勒特征……………………………………………… 427
  - 12.5.2 人类特性………………………………………………………… 428
  - 12.5.3 距离-多普勒表面概念………………………………………… 429
  - 12.5.4 对不同雷达情况的扩展………………………………………… 434
- 12.6 小结…………………………………………………………………… 435
- 参考文献……………………………………………………………………… 436

# 第 1 章
# 现代超宽带雷达系统导论

James D. Taylor

## 1.1 概　　述

超宽带（UWB）雷达系统能够为用户提供地面、固体材料内部或穿透墙壁的X射线图像。某些专用系统可以检测目标的细微移动，从而远程监测在医院或危险环境下的人体重要参数。UWB 雷达的大型阵列具有实时成像能力，因此在人体通过安检装置时可以检测出藏匿的武器。美国空军航天司令部（AFSPC）的 Haystack UWB 卫星成像雷达（HUSIR）可以在任何天气条件下对地球同步轨道上的卫星进行成像。

在实际应用中，UWB 雷达通常指代信号带宽大于 500 MHz 或测距分辨力 $\Delta r < 30 \text{cm}$ 的无线电探测与测距系统。如果雷达能够同时具备高分辨力的测距能力与电磁波的材料穿透能力，那么该雷达的遥感能力将会非常强大。

目前，UWB 雷达通常指基于脉冲的非正弦波信号的短程设备，工作频率通常为 0.5～10 GHz。在犯罪剧与考古研究中，探地雷达（GPR）的典型形式均为基于传统的脉冲信号的 UWB 雷达。

UWB 雷达现在已经用于使用信号的微波射频（RF）谱，如基于传统技术的调频连续波（CWFM）、随机与伪随机噪声调制等概念。车载 UWB 雷达已经预定了频率为 24 GHz 与 77 GHz 的调频连续波与脉冲形式。美国空军 HUSIR 卫星成像雷达的工作频段为 92～100 GHz，该频段能够穿过大气吸收窗口。第 6 章介绍了一种无损材料检测雷达，该雷达工作于极高频段（信号频率范围为 30～300 GHz）。

目前，UWB 雷达通过使用基于传输信号形式的匹配滤波器来探测反射信号，从而实现测距功能。当 UWB 信号碰到目标时，目标的表面结构和材料的相互作用会影响反射波形的谱。反射信号谱的变化越大，匹配滤波器的输出信号就越弱，如不同目标会产生强弱不同的反射信号。在过去，设计师往往会根据某种给定类型的遥感目标来选择有益的信号带宽和中心频率。这种做法广泛用于实际系统中,并且非常有效。

下一代先进的 UWB 雷达将记录来自不同距离目标的反射波形。接收机将使用时频分析技术来分析回波信号,从而区分特定类别的目标。现代 UWB 雷达可以使用目标时频模块,来实现雷达信号与特定种类目标的匹配。匹配信号将增强特定种类目标的反射能量,并且在匹配滤波过程中抑制其他回波。本书内容将有助于研究下一代 UWB 雷达[1-5]。

本章将向不了解 UWB 雷达系统的读者介绍 UWB 雷达系统的基本原则,并总结 UWB 雷达的概念与潜在应用前景。

## 1.2 超宽带雷达应用

超宽带(UWB)雷达系统的作用距离近至穿透材料时的 1m 以下,远至对同步轨道上的卫星进行成像时的 $10^5$ m。UWB 雷达的作用距离从近距离到太空,本节通过以下应用实例来展示 UWB 雷达的应用场景与多样性。

### 1.2.1 基于材料穿透雷达的 X 射线成像

材料穿透雷达(MPR)发射 0.5~10GHz 的 UWB 信号,该信号可以穿透泥土、石头、混凝土墙体、复合材料等介电材料。在进行近距离测量时,宽带信号可以提供较小的距离分辨力,该频段的电磁波可以穿过固体介质并在介质的内表面发生反射。这类系统能够发现与周围环境电特性形成强烈对比的藏匿式目标,如钢筋、管道与水道等。探地雷达(GPR)系统可以发现泥土层中的掩埋目标。所有材料穿透雷达的应用都受制于目标与周围介质的电特性反差。材料穿透雷达的应用场景如图 1.1 和图 1.2 所示,第 2 章将会详细讨论材料穿透雷达[1-4,6-8]。

由于 GPR 可以发现掩埋目标并测量地表以下的土壤条件,因此已经成为地球物理学、犯罪调查与考古学中非常重要的工具之一。2012 年,莱斯特大学的考古学家与历史学家利用 GPR 发现了英格兰国王理查德三世的遗骸。理查德三世战死于博斯沃斯战役之中,他的随从将其遗体安葬在英格兰莱斯特的教堂墓地。500 年后,当年的教堂早已不见踪迹,墓地也被建成了超市的停车场。2012 年,考古学家和历史学家团队利用 GPR 来确定位于沥青路面之下的墓葬位置。在发掘墓葬时,考古学家和历史学家发现了理查德三世的遗骸(理查德三世的弯曲脊柱具有很高的辨识度)。通过比对遗骸 DNA 与理查德三世后裔的 DNA,最终证实了遗骸的真实身份。2015 年 3 月,研究人员重新按照君主的礼仪安葬了理查德三世国王的遗骸[9]。

# 第1章 现代超宽带雷达系统导论

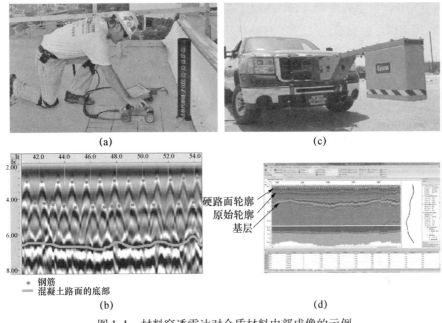

图1.1 材料穿透雷达对介质材料内部成像的示例
（成像效果取决于目标与周围介质的电特性差异程度）
(a)GSSI 手持 StructureScan™ 标准雷达；(b)对混凝土中的钢筋成像；
(c)用于路面与桥梁检测的 GSSI RoadScan™ 雷达；(d) RoadScan™ 雷达成像。
(From GSSI, Complete GPR system for concrete inspection and analysis: StructureScan, 2015. http://www.geophysical.com/Documentation/Brochures/GSSI – StructureScanStandardBrochure. pdf [accessed September 21,2016]; From GSSI, Complete GPR system for road inspection and analysis: RoadScan 30, 2015. http://www.geophysical.com/Documentation/Brochures/GSSI – RoadScan30Brochure. pdf [accessed September 21,2016]. 经许可)

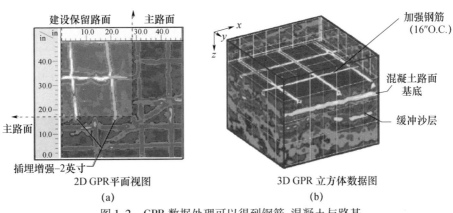

图1.2 GPR 数据处理可以得到钢筋、混凝土与路基
(a)2D 测量图；(b)3D 测量图。
(From Gehrig Inc., Gehrig state of the art noninvasive geophysical site investigations,2014. http://gehriginc.com/ [accessed September 21,2016]. 经许可)

另一个考古队使用 GPR 勘测了位于英格兰的史前巨石柱遗址,他们同时使用 GPR、磁力仪与三维(3D)激光扫描仪来搜寻史前巨石柱附近的建筑、坟墓以及其他人类活动遗迹。这种探测通常需要在石柱周围挖掘探测沟[10]。

如图 1.1(b)所示,现代高速公路部门利用 UWB 雷达来检测道路表面和桥梁的质量。铁路部门使用 UWB 雷达检测路基的质量。采矿公司利用 GPR 来探测矿产的位置与储量。军事机构利用 GPR 来搜寻未爆炸的武器、军火库与地雷等[11]。第 2 章将介绍用于测量硬路层厚度的 GPR 技术的最新研究进展。

## 1.2.2 远程医疗监护

1994 年,微功率冲击雷达(micropower impulse radar, MIR)的发明者 Tom McEwan,发现实验台上的 UWB 雷达会对他的心率做出响应。这个现象极大地激励了 Lawrence Livermore 国家实验室的工程师研究雷达系统来实现远程心率和呼吸次数监测功能。如第 7 章与第 8 章所述,UWB 雷达可以用来搜寻被雪崩、山体滑坡与建筑物坍塌困住的幸存者[12-13]。

2008 年,Immoreev 与 Tao 证实 UWB 患者监测系统能够测量重要的人体参数(相比于传统的接触式测量方法而言)[14]。2011 年,佐治亚州亚特兰大城的 Sensiotec 公司研发了一款 Virtual Medical Assistant®(VMA)UWB 雷达系统,用以监测患者的重要体征。如图 1.3(a)所示,VMA 安装在患者的床垫下方,并将患者的体征信息传送到中心站与医疗护理人员。美国食品药品管理局(Food and Drug Administration, FDA)已经批准允许医院使用 VMA 系统[15]。

在医疗方面,UWB 雷达的潜在用途包括体内成像与肿瘤探测(不需要使用电离辐射),如图 1.3(b)所示。乳腺癌肿瘤与周围组织的电特性之间存在显著的差别,这表明可以使用雷达来检测乳腺癌肿瘤。生物组织的电特性(介电常数、磁导率与特征阻抗)限制了雷达在癌细胞探测与人体组织内部成像方面的应用。这表明,我们需要使用前面介绍的反射信号分析技术与目标信号匹配技术。基于 UWB 雷达的乳腺肿瘤检测概念系统如图 1.3(b)所示。雷达可以消除电离辐射的相关风险[16-17]。

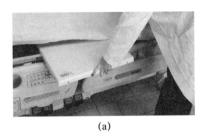
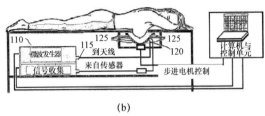

(a)　　　　　　　　　　　　　(b)

图1.3　UWB雷达的医疗用途

（a）Sensiotec公司的VMA®安装在床垫下方用来连续测量心率与呼吸率（Courtesy of Arkin, R., virtual medical assistant, Sensiotec™, Atlanta, GA, 2014. http://sensiotec.com/wp/wp-content/uploads/2014/05/Brochure.pdf [accessed September 21, 2016]. 经许可）；（b）用于乳腺组织成像的UWB雷达可以实现肿瘤检测和成像（From Li, J., Multi-frequency microwave-induced thermoacoustic imaging of biological tissue, US Patent 7,266,407 B2, September 4, 2007.）。

## 1.2.3　车载雷达安全系统

最近，许多汽车和交通工具都使用视频摄像机来提供前方碰撞预警（forward collision warning, FCW）与车道偏离预警（lane departure warnings, LDW）。上述系统能够处理视频图像，当汽车偏离交通车道或靠近其他车辆（或障碍物）时，上述系统会提醒驾驶员。尽管这类系统能够为驾驶员提供极大帮助，但是这种光学系统往往在良好的天气状况下才能看到前方的道路。为了提供完整的360°覆盖，下一代车辆安全系统将使用一套由光学传感器、声学传感器与UWB雷达组成的复杂系统，从而在任何能见度条件下都能辅助驾驶员避免碰撞。

车载雷达的研究和实验工作最早可以追溯到20世纪70年代，但是当时雷达组件的尺寸和成本限制了车载雷达的应用。近些年，集成电路、天线以及信号处理技术都取得了突飞猛进的发展，这为车载电子扫描雷达提供了一种新的解决方案。未来，车辆将使用UWB调频连续波（FMCW）与脉冲雷达传感器为驾驶员提供全方位覆盖，并在危险情况下向驾驶员发出警报。工作频率为77GHz的远距离窄波束雷达可以检测到最远200m处的车辆与障碍物。该雷达可以为自动巡航控制系统提供输入信息，从而保证本车辆与其他车辆之间的安全距离。工作频率为24GHz、26GHz与77GHz的近距离宽波束雷达可以提供30m的距离覆盖，从而为防碰撞预警、变道辅助系统与驻车/启动辅助系统提供相关信息。典型的24GHz与77GHz调频连续波雷达的组成框图如图1.4（a）所示。图1.4（b）显示了各个雷达的不同观测区域并在危险情况下（如超车、前方障碍物、侧向靠近车辆等）向驾驶员发出警报。脉冲UWB雷达可以解决目标探测的诸多问题与宽波束短距离系统的杂波抑制等诸多问题。

Kajiwara 详细介绍了车辆雷达技术[18]。表 1.1 列出了若干种车辆雷达系统的基本特点[19-20]。

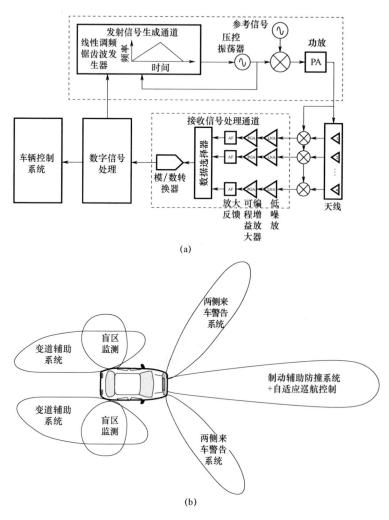

图 1.4　UWB 雷达可以用作车辆警告与控制传感器
(a) 典型的车辆雷达系统框图；
(b) 车辆雷达覆盖能够提醒驾驶员危险情况以控制车辆并防止碰撞。

(来源于 Kajiwara, A. , Ultra - Wideband automotive radar, Advances in Vehicular Networking Technologies, 2011. http://www.intechopen.com/books/advances - in - vehicular - networking - technologies/ultra - wideband - automotive radar [accessed September 21, 2016]；来源于 Autoliv Inc. , Autoliv 提供了大量工业级的雷达传感器，这些雷达传感器能够为车辆提供大量安全参数。http://www.autoliv.com/ProductsAndInnovations/ActiveSafetySystems/Pages/RadarSystems.aspx/ [accessed September 21, 2016]. )

表 1.1　车辆 UWB 雷达的典型特征

| 雷达型号 | 频率/GHz | 距离/m<br>(最小/中/长) | 精度<br>距离/m<br>速度/(m/s)<br>角度/(°) | 视场<br>水平 – 中/长/(°)<br>垂直/(°) |
| --- | --- | --- | --- | --- |
| Delphi – ESR<br>(电扫雷达) | 76.5 | 1/60/174 | 0.5m<br>1.2m/s<br>0.5° | ±10/ ±45 水平<br>4.2~4.75 垂直 |
| Delphi SSR – 2<br>(侧后方雷达) | 76.5 | 最小 0.5<br>最大 80 | 50m 结束<br>10m 开始 | ±75 |
| Delphi SMS URR<br>(智能微型车辆雷达) | 24 | 最小 1<br>最大 160 | ±2.5% 或<br>±2.5m | ±18 水平<br>±4 垂直 |

Source：AutonomouStuff, Radar specification comparison chart, 2015. http://www.autonomoustuff.com/uploads/9/6/0/5/9605198/radar_comp_chart_for_web.pdf.

### 1.2.4　用于检测藏匿武器的成像雷达

在机场与公共赛事等公开场合,安保机构和警务机构必须采用快速且可靠的方法来搜索人体身上藏匿的武器。目前,基本的检查方法包括外观检验、手动搜身、使用金属探测器逐个扫描等。更加复杂的检查方法包括热成像、X 射线成像、微波成像等系统,通常这类系统每次只能检测一人。在机场与其他安全区域,上述过程会产生严重拥塞与延迟。

以色列的 Camero – Tech 研发并演示了一款用于藏匿武器检测(concealed weapons detection, CWD)系统的实时成像雷达系统。当人体穿过走廊或其他狭窄通道时,CWD 雷达可以完成检查任务。当人体从隐蔽的雷达旁边走过时,该雷达使用一套由 142 个 UWB 发射机与接收机组成的天线阵列完成人体扫描。8 帧/s 的实时成像能力可以提供详细的人体图片,这些图片从人体的皮肤向外可以显示衣服或饰品覆盖下的任何携带物。该系统配合特有的图像处理软件即可实现自动搜索武器,并向安全机构发出警报信号。图 1.5(a)所示为使用放置于拐角处的两部雷达实现整个人体成像的工作示意图。图 1.5(b)所示为使用反射板来实现整个人体成像的工作示意图。2010 年研发的 CWD 成像雷达以及论文发表时的进一步改进效果如图 1.5(c)所示[21-22]。

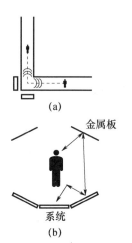
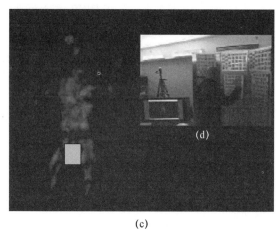

图 1.5 Camero-Tech 公司的实时 UWB 成像雷达系统用于检测藏匿武器
(a)两部雷达可以扫描通过安检点的所有人员;(b)额外添加金属反射体的单部雷达系统可以提供物体的 360°视角像;(c)192 阵元的 3~10GHz 发射机与接收机可以提供实时成像信息;
(d)雷达天线阵列与物体(自动搜索功能可以发现藏匿武器或走私物品)。

(来源于 Camero-Tech Ltd,Milestone in the development of Camero's ultra wide band concealed weapon detection (CWD),whole body imaging project,December. 23,2010;http://www.camero-tech.com/news_item. php? ID = 23 [accessed September 21,2016]. 经许可)

## 1.2.5 穿墙雷达系统

UWB 穿墙雷达系统可以为安全部门探明墙体背后与室内的物体。在讨论材料穿透特性时,众所周知雷达信号可以穿过介电材料,如木材、干式墙、砖块、石头与混凝土等。进一步地,我们知道信号可以穿过墙体并在物体上发生反射,反射波能够再次穿过墙体并进入接收机。通过适当的信号整合与信号处理,可以建立一幅显示人体与无生命物体的图像。

已经有公司研发用于观测建筑物内部(或室内)活动情况的穿墙雷达系统。Camero-Tech 公司研发了 Xaver$^{TM}$ 系列穿墙雷达,该系列雷达可以显示固定物体的位置,并跟踪混凝土墙体或石材墙体背后的人体移动。如图 1.6(a)所示,最先进的 Xaver$^{TM}$ 800 型穿墙雷达可以穿过墙体进行透视,并为操控者提供人体和物体的 3D 图像。图 1.6(b) 所示为 Xaver$^{TM}$ 800 型穿墙雷达的典型图像。Xaver$^{TM}$ 100 型单手雷达系统可以探测墙体或门背后是否有人[23]。

Camero-Tech 公司的 CWD 雷达成像系统和穿墙成像系统都存在一个共性问题,即反射信号太弱。为了解决信号衰落问题与多径问题,Camero-Tech 公司的工程师采用的方法为收集多个距离单元内的微弱雷达回波进行整合、信噪比提升与成像处理。Taylor 等从技术层面解释了 Xaver$^{TM}$ 穿墙雷达的信号处理算法[24]。在第 11 章"超宽带穿墙感知雷达技术"中,Ahmad 阐述了穿墙雷达效应的基础知识,并论述了信号衰落和信号失真出现的根源。

(a)

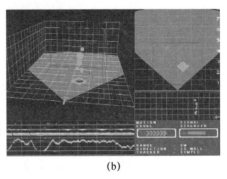
(b)

图 1.6　Camero – Tech 公司的 UWB Xaver™ 800 型穿墙雷达使用
两种复杂信号处理技术来观察混凝土墙体后方的情况
(a)工作状态下的 Xaver™ 800 型穿墙雷达;(b)操作显示器上显示的隐藏在墙体
后方人员的位置与人员的移动以及墙体后方的静态物体。
(From Camero – Tech Ltd,Xaver™ 800 high performance ISR portable through – wall imaging system,2015. http://i – hls. com/wp – content/uploads/2013/11/Xavier – 800 – lo. jpg [accessed September 21,2016]. 经许可)

## 1.2.6　远程超宽带雷达成像

美国空军航天司令部需要追踪和识别太空中的物体。在 20 世纪 60 年代,美国空军航天司令部与麻省理工学院林肯实验室(Massachusetts Institute of Technology – Lincoln Laboratory,MIT – LL)启动了 UWB 雷达的研究计划,希望在任何天气状况下都能利用 UWB 雷达对卫星进行跟踪和成像。表 1.2 归纳了美国空军航天司令部在 UWB 卫星成像雷达方面的研究历程。每一代新型卫星成像雷达的空间分辨力都更高,工作频率都更高[25]。

表 1.2　美国空军航天司令部对于 UWB 卫星成像雷达的研究历程

| 年份/年 | 雷达 | 频率范围/GHz | 带宽/GHz | 空间分辨力/cm |
| --- | --- | --- | --- | --- |
| 1970 | ALCOR C 波段 | 5.4 – 5.9 | 0.5 | 30 |
| 1978 | LRIR X 波段 | 9.5 – 10.5 | 1.0 | 15 |
| 1993 | HAX Ku 波段 | 15.7 – 17.7 | 2.0 | 7.5 |
| 2010 | MMW Ka 波段 | 33 – 37 | 4.0 | 3.75 |
| 2014 | HUSIR W 波段 | 92 – 100 | 8 | 1.88 |

Source:(From MIT – LL,Haystack ultrawideband satellite imaging radar,MIT Lincoln laboratory tech notes,September,2014;Czerwinski,M. G. et al. ,Development of the haystack ultrawideband satellite imaging radar,Lincoln Laboratory Journal,21. 经许可)

MIT-LL 研发的 HUSIR 雷达保护罩内部结构如图 1.7(a)所示。HUSIR 雷达发射 92～100GHz 的电磁波信号,该频段电磁波的大气衰减较小。天线的直径为 35.5m(120ft),该天线确保 HUSIR 能够对位于海平面以上 35786km(22236mile(英里))处同步轨道的卫星进行成像。当分别采用分辨力 30cm(0.5GHz)的信号与分辨力 0.188cm(8GHz)的信号时,卫星图像的仿真结果如图 1.7(b)所示[25-26]。

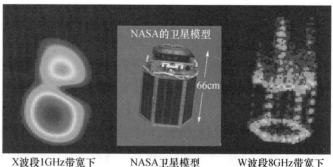

图 1.7 美国空军的 HUSIR 是太空监视网络的一部分并且可以
对高度 35786km(22236mile)处的卫星成像
(a)直径 35.5m 的 HUSIR 天线能够为 W 波段(92～100GHz)信号提供非常好的波束与指向精度;
(b)采用 NASA 的数据对长度为 66cm 的卫星进行成像的仿真结果
((b1)与(b3)的对比表明利用带宽为 1GHz 与 8GHz 信号在分辨力上的区别)。
(From MIT LL, Haystack ultrawideband satellite imaging radar, MIT Lincoln laboratory tech notes, September, 2014; From Czerwinski, M. G. et al, Development of the haystack ultrawideband satellite imaging radar, Lincoln Laboratory Journal, 21. Reprinted with permission courtesy of MIT Lincoln Laboratory, Lexington, MA.)

### 1.2.7 未来超宽带雷达的应用潜力

超宽带雷达系统的用途从探测掩埋物到对空间中的卫星成像。随着电路技术与设备技术的不断进步,现在的雷达系统工作频率为 0.5～300GHz。组件成本的下降使得车辆雷达系统等实际应用逐渐成为日常生活的一部分。下面将介绍超宽带雷达技术的基础知识。

随着超宽带雷达技术的发展,未来将使用数字接收机来记录接收波形并计算由目标引起的波形变化。该技术有可能用于目标识别,还可能用于增强低对比度物体的反射信号。第 2 章介绍了一种数字信号收集和处理方法,该方法可能用于材料穿透、穿墙雷达、无损检测与医疗雷达等用途。第 3 章介绍了一种方法,该方法直观地描述了目标对 UWB 信号的独特影响。通过接收、保存反射信号来确定信号谱的变化成为主要的技术难题。进一步地,通过使用相关滤波器实现信号与目标特性的匹配可以从本质上增强特定类别物体的目标回波。第4章介绍了用于识别目标信号特性的理论分析方法。

## 1.3 超宽带雷达技术

本节将要回顾 UWB 雷达技术的研究历史、工作原理与相关技术定义。

### 1.3.1 超宽带雷达研究历程

从20世纪60年代开始,大量研究人员致力于基于 UWB 信号的雷达与通信系统的研究工作,并冠之以脉冲、视频脉冲、基带、噪声、伪随机噪声、非正弦、宽带等名称。Barrett 介绍了近半个世纪以来通信系统与雷达的发展历程。UWB 这一术语大约出现于1988年,最初被用来描述百分比带宽较大的信号。当时还分不清"脉冲雷达"与"非正弦雷达"的区别。

1990年,美国国防部高级研究计划局(Defense Advanced Research Projects Agency,DARPA)审查委员会对 UWB 这一术语进行了官方确认[27-28]。DARPA 的报告首次定义了 UWB,即百分比带宽 $b_f$ 达到25%以上(相对于中心频率而言)[28]。百分比带宽 $b_f$ 为绝对带宽 $b$ 与信号中心频率 $f_c$ 的比值,即

$$b_f = \frac{b}{f_c} = \frac{2(f_h - f_l)}{(f_h + f_l)} \tag{1.1}$$

式中:$f_h$ 与 $f_l$ 分别为关注频段的最高频点与最低频点[29]。

从2002年开始,政府管理机构逐步给出了 UWB 的正式定义,这些定义基本都基于绝对带宽、百分比带宽或 -10dB 功率带宽。

1990—2012年,许多学者将 UWB 与工作频段 0.5~10GHz 的短程脉冲雷达结合起来。随着传统波形(如调频连续波、线性调频信号、随机、伪随机噪声)逐渐应用于频率更高的系统,百分比带宽的定义将逐渐失去意义。

2002年,美国联邦通信委员会(Federal Communications Commission,FCC)鼓励各方都能提出各自的意见,并且公正地看待 UWB 技术。针对未经许可的 UWB 设备,FCC 制定了限制其频谱与辐射功率的相关规定,这为 UWB 设备的商业研究确立了设计目标。FCC 将 UWB 设备的带宽定义为:①10dB 功率点大于中心频率的20%;②在任意中心频率下,带宽大于500MHz。欧洲联盟与其他国家也对未经许可的 UWB 设备制定了类似的有关频谱和功率方面的限制[30]。

2006年,IEEE AES Society 的 UWB 雷达委员会公布了有关 UWB 雷达定义的标准——IEEE Std$^{TM}$ 1762,该标准涵盖了 DARPA 与 FCC 的定义[30]。

按照百分比带宽与绝对带宽的不同,表1.3总结了3种 UWB 的定义方式

(最近,许多公司都开始讨论 UWB 设备的准则。如果计划制作、出售 UWB 雷达,请仔细查询当地的最新规定)。

表1.3 超宽带信号的定义

| 机构 | 信号百分比带宽 | 绝对带宽/MHz |
| --- | --- | --- |
| DARPA 1990[6] | >25% | |
| FCC 2003 | >25% | >500 |
| EU 2006 | — | >50 |

Source:Ultrawideband Radar Committee of the IEEE AES society,IEEE Std™ IEEE standard for ultrawideband radar definitions,2006;Taylor,J. D. ,Ch. 4,American and European regulations on ultrawideband systems,Taylor,J. D. (ed. ),Ultrawideband Radar Applications and Design,CRC Press,Boca Raton,FL,2012.

在编写 UWB 雷达相关材料的 25 年间,人们已经习惯并指定 UWB 雷达系统的百分比带宽。从实用角度出发,可以这样描述:UWB 表示雷达系统的分辨力达到或优于 30cm(约 1ft)[31-32]。

图 1.8 所示为短信号持续时间脉冲 UWB 雷达系统的基本概念,其中信号波形决定了系统的带宽与空间分辨力。典型的 UWB 波形为非正弦形状,如脉冲、短持续时间(少于 5 个周期)、正弦、随机噪声、伪随机噪声、频扫脉冲。

由于单脉冲信号的产生方法比较简单,因此短程 UWB 雷达系统通常使用单脉冲信号。距离分辨力取决于图 1.9(a)中脉冲系统的信号持续时间,或特殊信号波形的自相关时间。

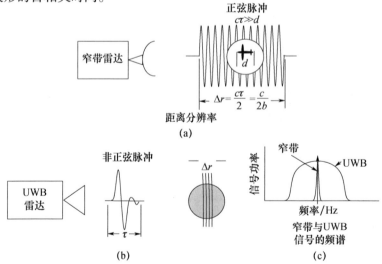

图 1.8 窄带(传统)雷达系统与 UWB 雷达系统的对比
(a)传统雷达的空间分辨力通常略大于目标尺寸;(b)UWB 系统通过发射非正弦(如脉冲、噪声、线性调频等)
波形来获得较小的空间分辨力(空间分辨力能够与目标尺寸相比拟甚至小于目标尺寸,
这会导致来自各个距离处回波的叠加);(c)窄带信号频谱与 UWB 信号频谱之间的对比。

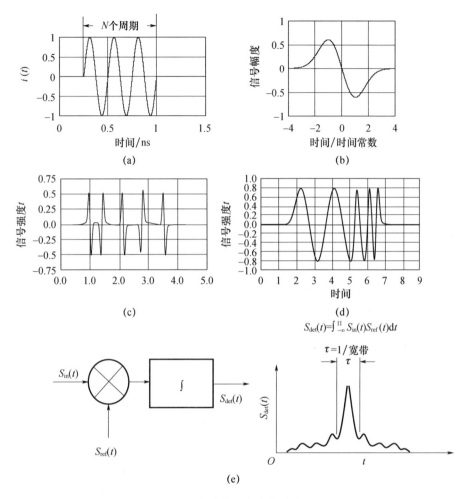

图 1.9 宽带信号与自相关检测

(a) 周期数少于 5 的正弦波将具有 UWB 宽度；(b) 利用高斯形直流脉冲来激励天线，则辐射信号将为高斯脉冲；

(c) 当保持较小的距离分辨力时，采用高斯脉冲构建脉冲序列可以在目标上提供较高的能量等级；

(d) 其他波形 (如调频信号与随机噪声信号) 也能够提供较高的电平与较小的分辨力；

(e) 自相关检测能够产生持续的电压峰值。

雷达研究人员经常在天线上施加高斯型直流脉冲来构建、生成高斯脉冲，如图 1.9(b) 所示。这就使得我们使用理论模型来模拟与计算波形与信号频谱变得非常便利。脉冲信号系统工作于近距离场景下 (通常小于 50cm)，这是由于信号的能量受限以及接收机的噪声电平过高所致。有关发射信号能量的法规限定了未经许可设备的信号能量，如 GPR、通信链路、无线电金属探伤器、区域监视系统等。

如果经过许可的专用系统需要用于远距离场景，就需要采用大功率脉冲信号(或长持续时间的非正弦信号)与自相关检测来检测目标,如图 1.9(c)~(e)所示。例如,CARABAS 机载雷达系统使用极高频段的步进频率信号来获取高质量的 UWB 合成孔径雷达图像[3,33]。

当将长持续时间的 UWB 信号应用于远距离场景(如 HUSIR)时,在接收端会用到一种被称为"相关"的处理方法。该方法可以对比分析发射信号与接收信号。在有关 UWB 的论文中经常使用"自相关""交叉相关"或"匹配滤波"等术语来表述该处理方法[31-32]。

### 1.3.2 雷达带宽与距离分辨力

由脉冲雷达理论可知,雷达的最小空间分辨力取决于信号脉冲持续时间 $\tau$ 与工作介质中的光速 $c$。为了分析雷达,可以用式 $b = 1/\tau$ 来近似表示 3dB 信号带宽,其中 $\tau$ 是脉冲持续时间(单位为 s)。这样,距离分辨力就可以表示为信号带宽或脉冲持续时间的函数,有

$$\Delta r = \frac{c\tau}{2} = \frac{c}{2b} \tag{1.2}$$

注意,式(1.2)中距离分辨力的带宽 $b$ 适用于所有的雷达信号。对基于自相关检测的信号格式(频扫脉冲、步进频调制、伪随机与随机噪声、相移脉冲等)而言,距离分辨力取决于自相关间隔 $\tau$,如图 1.9 所示[32,34]。

### 1.3.3 未经许可的超宽带设备辐射限制

1990 年之前,许多通信专家与频率分配专家纷纷表示 UWB 雷达会对附近的电子设备造成干扰。这种反对的声音扼杀了 UWB 雷达的发展。2000 年,为了建立 UWB 雷达的定义与 UWB 雷达的发射谱限制,美国 FCC 呼吁 UWB 团体正式讨论 UWB 的相关问题。2002 年,对于 UWB 的公开审查过程最终催生了 FCC02—48(委员会对于 UWB 发射系统规定的第 15 部分的修订版)的诞生。该文件为未经许可的 UWB 设备设置了发射谱限制,并且推动了 UWB 技术的商业化进程[35]。

FCC 规定未经许可的 UWB 设备在 960MHz~10.6GHz 之间的特殊发射限制。参考文献[29]给出了详细的要求,涉及频率、发射功率电平及测试方法。

2006 年电子通信委员会—欧洲邮电管理委员会(Electronic Communications Committee – European Conference of Postal and Telecommunications Administrations, ECC – CEPT)颁布了相关法规用以约束欧洲范围内未经当局许可的 UWB 系统[36-37]。

对于未经许可的商业应用而言,美国 FCC 与欧盟 ECC – CEPT 均设置了功率限制以避免干扰广泛使用的 960~10600MHz 频谱信号,如电话信号、GPS 与 WiFi 信号。2014 年,美国、联合王国、加拿大、新西兰、澳大利亚、中国、日本、新

加坡、韩国与国际电信联盟无线电通信组(International Telecommunication Union Radiocommunication Sector,ITU-R)已经就未经许可的 UWB 设备达成了初步共识。各个组织都规定了类似于图 1.10 所示的发射信号要求。由于需要详细解释上述发射信号要求,因此 UWB 设备研发人员必须仔细阅读特别规定的测量流程描述文件。例如,根据 FCC 的规定,在特定距离处添加 1MHz 带宽滤波器来测量 UWB 设备的辐射功率。研发人员必须保证他们提供的设备满足发射功率限制。参考文献[38-40]总结归纳了美国、英国、德国、澳大利亚与加拿大的 UWB 发射功率限制。其他国家也都遵循各自的规定。官方颁布的 UWB 设备发射功率限制的附加条款要求设备必须符合商业设备认证要求。

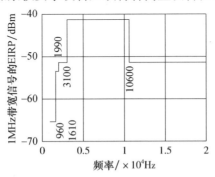

当采用1MHz的分辨率带宽测试时,GPR与WIR的辐射功率不应超过以下平均阈值:

| 频率/MHz | EIRP/dBm |
| --- | --- |
| 960~1610 | -65.3 |
| 1610~1990 | -53.3 |
| 1990~3100 | -51.3 |
| 3100~10600 | -41.3 |
| 10600以上 | -51.3 |

当采用1kHz的分辨率带宽测试时,GPR与WIR的辐射功率不应超过以下平均阈值:

| 频率/MHz | EIRP/dBm |
| --- | --- |
| 1164~1240 | -75.3 |
| 1559~1610 | -75.3 |

图 1.10　美国联邦通信委员会对于未经许可的 UWB 设备的等效全向辐射功率
(effective isotropic radiated power,EIRP)的辐射限制

(许多国家都针对 UWB 设备颁布了类似的法律限制条文。需要注意有关测量滤波器分辨力的特别说明。研发人员应该提前核查 UWB 设备销售区域的相关法规)
(From Federal communications commission(FCC)02-48,Revision of part 15 of the commission's rules regarding ultra-wideband transmission systems,ET Docket 98-153 [released April 22,2002])

## 1.4 小　　结

UWB 雷达已经是一项众所周知的遥感技术,其应用领域从近程 X 射线成像到对太空中的卫星进行成像。本书内容有助于促进 UWB 雷达在材料穿透与微波光谱学方面的应用。

目前,雷达系统仅仅将接收信号视作按照给定时间延迟接收的能量束,且接收信号仅仅表征到物体上特定位置的距离。如果将雷达看成通信系统,就可以将脉冲信号看作传输函数来确定目标,这就需要改变发射信号的形式。

UWB 雷达的下一步研究工作是如何利用雷达反射信号的时频分析方法来提高雷达对特定种类目标的探测性能。本书的后续章节将会给出有助于提升 UWB 雷达性能的相关概念,或者将 UWB 雷达推广到新应用领域的相关概念。

## 参 考 文 献

[1] Taylor, J. D. (ed.) 1995. Introduction of Ultra – Wideband Radar Systems. CRC Press, Boca Raton, FL.

[2] Taylor, J. D. (ed.) 2000. Ultra – Wideband Radar Technology. CRC Press, Boca Raton, FL.

[3] Taylor, J. D. 2012. "Ch. 1 Introduction to Ultrawideband Radar Applications and Design." Taylor, J. D. (ed.) Ultrawideband Radar Applications and Design. CRC Press, Boca Raton, FL.

[4] Sachs, J. 2012. Handbook of Ultra – Wideband Short Range Sensing: Theory, Sensors, Applications. Wiley – VCH Verlag & CO, Weinheim, Germany.

[5] Barrett, T. W. 2012. Resonance and Aspect Matched Adaptive Radar. World Scientific Publishing Co. Hacksack, NJ.

[6] GSSI. 2015. 'Complete GPR System for Concrete Inspection and Analysis: StructureScan,' http://www.geophysical.com/Documentation/Brochures/GSSI – StructureScanStandardBrochure.pdf.

[7] GSSI. 2015. "Complete GPR System for Road Inspection and Analysis: RoadScan 30," http://www.geophysical.com/Documentation/Brochures/GSSI – RoadScan30Brochure.pdf.

[8] Gehrig Inc. 2014. Gehrig State of the Art Noninvasive Geophysical Site Investigations. http://gehriginc.com/.

[9] University of Leicester. 2015. The discovery of RichardⅢ. http://www.le.ac.uk/richardiii/.

[10] Caesar, E. "What lies beneath Stonehenge?". Smithsonian.com http://www.smithsonianmag.com/hi – story/hat – lies – beneath – Stonehenge – 180952437/? no – ist.

[11] Boryssenko, A. and Boryssenko, E. 2012. "Ch. 12 Principles of Materials – Penetrating UWB Radar Imagery." Taylor, J. D. (ed.) Ultrawideband Radar Applications and Design. CRC Press, Boca Raton, FL.

[12] McEwan, T. E., Body monitoring and imaging apparatus and method, U.S. Patent

No. US00557301A, November 12, 1996.

[13] Taylor, J. D. and McEwan, T. E. 2000. "Ch. 6 The Micropower Impulse Radar." Taylor, J. D. (ed.) Ultra – Wideband Radar Technology. CRC Press, Boca Raton, FL.

[14] Immoreev, I. and Tao, T – I. 2008. "UWB radar for patient monitoring." IEEE A&E Systems Magazine, November. pp. 11 – 18.

[15] Arkin, R. 2014. Virtual Medical Assistant. Sensiotec™, Atlanta, GA, 2014. http://sensiotec.com/wp/wp – content/uploads/2014/05/Brochure.pdf.

[16] Taylor, J. D. 2012. "Ch. 9: Medical Applications of Ultrawideband Radar." Ultrawideband Radar Applications and Design. CRC Press, Boca Raton, FL.

[17] Li, J. and Wang, G. Multi – frequency microwave – induced thermoacoustic imaging of biological tissue, US Patent 7,266,407 B2, September 4, 2007.

[18] Kajiwara, A. 2011. "Ultra – Wideband Automotive Radar." Almeida, M. (ed.) Advances in Vehicular Networking Technologies, InTech, http://www.intechopen.com/books/advances – in – vehicular – networking – technologies/ultra – wide band – automotiveradar.

[19] Autoliv Inc., Autoliv offers a wide range of industry leading radar sensors that provide a variety of Active Safety features. http://www.autoliv.com/ProductsAndInnovations/ActiveSafetySystems/Pages/RadarSystems.aspx/.

[20] AutonomouStuff. 2015. "Radar Specification Comparison Chart." http://www.autonomoustuff.com/uploads/9/6/0/5/9605198/radar_comp_chart_for_web.pdf.

[21] Camero – Tech Ltd. Milestone in the Development of Camero's Ultra Wide Band Concealed Weapon Detection (CWD), Whole Body Imaging Project, December 23, 2010. http://www.camero – tech.com/news_item.php? ID = 23.

[22] Taylor, J. D. and Hochdorf, E. 2012. "Ch. 17 The Camero, Inc., UWB Radar for Concealed Weapons Detection." Taylor, J. D. (ed.) Ultrawideband Radar Applications and Design. CRC Press, Boca Raton, FL.

[23] Camero – Tech. 2015. Xaver™ 800 High Performance ISR Portable Through – Wall Imaging System. http://i – hls.com/wp – content/uploads/2013/11/Xavier – 800 – lo.jpg.

[24] Taylor, J. D., Hochdorf, E., Oaknin, J., Daisy, R. and Beeri, A. 2012. "Ch. 24 Xaver™ Through Wall UWB Radar Design Study." Taylor, J. D. (ed.) Ultrawideband Radar Applications and Design. CRC Press, Boca Raton, FL.

[25] MIT LL. 2014. "Haystack Ultrawideband Satellite Imaging Radar." MIT Lincoln Laboratory Tech Notes, September.

[26] Czerwinski, M. G. and Usoff, J. M. 2014. "Development of the Haystack Ultrawideband Satellite Imaging Radar." Lincoln Laboratory Journal, Vol 21 (1).

[27] Barrett, T. W. 2012. "Ch. 2 Development of Ultrawideband Communications Systems and Radar Systems." Taylor, J. D. (ed.) Ultrawideband Radar Applications and Design. CRC Press, Boca Raton, FL.

[28] OSD/DARPA Ultra – Wideband Review Panel. 1990. Assessment of Ultra – Wideband (UWB)

Technology. DARPA, Arlington, VA.

[29] Ultrawideband Radar Committee of the IEEE AES Society. 2006. IEEE Std™ IEEE Standard for Ultrawideband Radar Definitions.

[30] Taylor, J. D. 2012. "Ch. 4 American and European Regulations on Ultrawideband Systems." Taylor, J. D. (ed.) Ultrawideband Radar Applications and Design. CRC Press, Boca Raton, FL.

[31] Immoreev, I. 2000. "Ch. 1 Main Features of UWB Radars and Differences from Common Narrowband Radars." Taylor, J. D. (ed.) Ultra – Wideband Radar Technology. CRC Press, Boca Raton, FL, 2000.

[32] Immoreev, I. "Chap 3: Signal Waveform Variations in Ultrawideband Wireless Systems." Taylor, J. D. (ed.) Ultrawideband Radar Applications and Design, CRC Press. Boca Raton, FL 2012.

[33] Ulander, L., Hellsten, H. and Taylor, J. D. 2000. "Ch. 12 The CARABAS II VHF Synthetic Aperture Radar." Ultra – Wideband Radar Technology. Boca Raton, FL.

[34] Skolnik, M. I. 1980. Introduction to Radar Systems. $2^{nd}$ ed. McGraw – Hill, New York, NY.

[35] Federal Communications Commission (FCC) 02 – 48. Revision of part 15 of the commission's rules regarding ultra – wideband transmission systems. ET Docket 98 – 153, Released April 22, 2002.

[36] ECC – CEPT, Electronic Communications Committee (EDD) decision of 1 December 2006 on the conditions for use of the radio spectrum by ground – and wall – probing radar (GPR/WPR) imaging systems, ECC/DEC/(06)08 Report, December 2006.

[37] ECC – CEPT, Technical Requirements for UWB LDC devices to ensure the protection of FWA (Fixed Wireless Access) systems, ECC Report 94, December 2006.

[38] Rubish, Goland, "US vs Recent Canadian Rules for Ultrawideband Radio Operations." In Compliance Magazine, August 1, 2009. http://www. Incompliancemag. com/index. php? option = com_content&view = article&id = 52: us – vs – recent – canadian – rules – for – ultra – wideband – radio – operations&catid = 25: standards&Itemid = 129.

[39] Ministry of Economic Development. "Spectrum Allocations for Ultra Wide Band Communication Devices, Apr 2008." (Radio Spectrum Policy and Planning Group Energy and Communications Branch, Ministry of Economic Development PO Box 1473, Wellington, New Zealand. http://www. med. govt. nz)

[40] Australian Communications and Media Authority. "Planning for Ultra – Wideband (UWB) Proposals for the introduction of arrangements supporting the use of UWB devices operating in the 3. 6 – 4. 8GHz and 6. 0 – 8. 5GHz bands in Australia." 2010. http://www. acma. gov. au/webwr/_assets/main/lib311844/ifc10_ultra%20wide%20band_consultation%20paper. pdf.

# 第 2 章
# 用于路面检测的探地雷达在短程距离、介电常数测量方面的研究进展

Gennadiy P. Pochanin, Sergey A. Masalov, Vadym P. Ruban,
Pavlo V. Kholod, Dmitriy O. Batrakov, Angelika G. Batrakova,
Liudmyla A. Varianytsia – Roshchupkina,
Sergey N. Urdzik, Oleksandr G. Pochanin

## 2.1 多层传输介质中探地雷达精确距离测量导论

### 2.1.1 多层介质中的传输问题

如果希望充分发挥 UWB 雷达系统的优势,就需要探索能够增强多层介质中距离测量精度的新方法。最终,我们希望通过对 UWB 雷达系统进行创新设计与信号处理来实现较小的空间分辨力[1-4]。由于信号必须穿透若干种不同电性能的材料,因此探地雷达(ground – penetrating radar,GPR)与其他材料穿透雷达在距离测量时存在特有的技术难题。测量距离需要明确各种介质交界面的多次反射与各种介质中传播速度的差异。GPR 采用的方法广泛适用于各种材料穿透雷达(material – penetrating radar,MPR),如医学、防御、安保与无伤检测等[5-7]。

从信号分析的角度看,UWB 雷达的反射脉冲 $e^{(s)}(t,\theta,\varphi)$ 可以提供反射物体的重要信息,如反射物体的形状、材料等。如果能够合理地分析与利用上述信息,那么这些信息将有助于目标识别与提高雷达空间分辨力。从数学观点看,通过以下卷积运算就可以得到反射信号的波形[2],即

$$e^{(s)}(t,\theta,\varphi) = \int_{-\infty}^{+\infty} h(t-\tau,\theta,\varphi) \cdot e^{(i)}(\tau) \mathrm{d}\tau \qquad (2.1)$$

式中:$h(t-\tau,\theta,\varphi)$ 为反射体(或散射体)的脉冲响应;$t$ 为时间;$\theta$ 与 $\varphi$ 为球坐标系下散射信号的来波方向;i 与 s 分别为入射场与散射场。反射信号的波形取决

于入射场脉冲 $e^{(i)}(\tau)$ 的幅度与波形。从物理学观点出发,式(2.1)为因果关系(图2.1)。

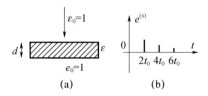

图 2.1 介质层的反射脉冲
(a)介质反射体的几何结构;(b)当入射波为 $\delta$ 脉冲时介质层的反射信号。

例如,当采用 $\delta$ 脉冲照射介质体时(图2.1(a)),反射信号如图2.1(b)所示。选取的各向同性介质体的相对介电常数为 $\varepsilon$、厚度为 $d$,这意味着部分垂直入射波可以穿透介质体并到达介质体的底层。介质体周围介质的相对介电常数为 $\varepsilon_0 = 1$。当脉冲波到达介质体的底层时,一部分脉冲波会穿透介质体的底层,另一部分脉冲波则会反射到介质体的上表面。因此,一部分脉冲波会再次穿透介质体并返回到接收机,设回波信号为 $e^{(s)}(t,\theta,\varphi)$。信号将继续在介质的交界面发生前向与后向反射,延迟的回波信号的形式如图2.1(b)所示[8]。图2.1(b)中,在 $t=0$ 处的第一个负脉冲为介质体的表面反射。接下来,一系列脉冲的出现周期为 $2t_0 = 2d \cdot \sqrt{\varepsilon}/c$,其中,$c$ 为电磁波在自由空间中的传播速度。由于电磁波在介质表面发生部分反射,因此各个回波脉冲的幅度会逐渐降低。反射信号的极性取决于相邻介质层之间的介电常数比例。如果当电磁波从 $\varepsilon$ 较高的介质层传输到 $\varepsilon$ 较低的介质层时,反射信号的极性为正;如果当电磁波从 $\varepsilon$ 较低的介质层传输到 $\varepsilon$ 较高的介质层时,反射信号的极性就为负。

Glebovich 采用以下表达式描述上述目标回波序列,即

$$e^{(s)}(t) = \Gamma_1 e^{(i)}(t) + \Gamma_2 K_1 K_2 e^{(i)}(t-2t_0) + \Gamma_2^3 K_1 K_2 e^{(i)}(t-4t_0) + \cdots \quad (2.2)$$

式中:$\Gamma_2$ 为介质层表面的反射系数,$\Gamma_2 = (\sqrt{\varepsilon}-1)/(\sqrt{\varepsilon}+1)$;$K_1$、$K_2$ 分别为第一边界面与第二边界面的传输系数,$K_1 = 1-\Gamma_2$、$K_2 = 1+\Gamma_2$,且 $\Gamma_1 = -\Gamma_2$,$K_1 K_2 = 1-\Gamma_2^{2}$[8]。

### 2.1.2 介质脉冲响应的雷达测量

根据定义,介质对 $\delta$ 脉冲信号的影响即为介质的脉冲响应,图2.1(b)所示为图2.1(a)情况下的脉冲响应。注意,这种结构的脉冲响应为一个持续时间极短的 $\delta$ 脉冲序列。这意味着,如果能够得到脉冲响应,就可以计算得到反射波与介质各个交界面相互作用的精确时间。

如图2.1(a)所示,利用倒谱数据处理算法可以得到介质体的脉冲响应[9]。

倒谱结果来源于信号估计谱的对数的逆傅里叶变换(inverse Fourier transform, IFT)。倒谱数据处理需要分别求解入射信号与反射信号的复数谱 $\dot{e}^{(i)}(\omega)$ 与 $\dot{e}^{(s)}(\omega)$,还需要根据以下表达式计算复反射系数,即

$$\dot{\Gamma}(\omega) = \frac{\dot{e}^{(s)}(\omega)}{\dot{e}^{(i)}(\omega)} \tag{2.3}$$

为了计算式(2.2)中的功率倒谱 $C(e(t))$,可以通过下式计算,即

$$C(e(t)) = \int_0^\infty \ln[\dot{\Gamma}^2(\omega)] \cdot \exp(j\omega t) d\omega \tag{2.4}$$

数据处理结果与图2.2中类似。

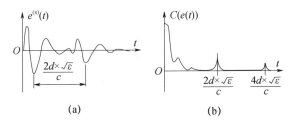

图 2.2　图 2.1(b)中的信号分析
(a)接收信号;(b)功率的倒谱。

Finkelstein 等指出,这种数据处理方法需要较高的信噪比(signal-to-noise ratio, SNR)与准确的反射信号形状(反射信号的形状仅仅与对比度系数的幅度有关)[9]。除了倒谱数据处理方法外,使用众所周知的逆滤波算法与卷积算法也可以解决类似问题。然而,为了精确测量边界的位置,上述算法需要较高的信噪比与波形测量精度。

使用反射信号波形进行探测并分析回波信号的频率信息能够极大程度地提高雷达的测量精度。但是,这意味着 UWB 雷达必须具有以下能力:功率极高的信号;较宽的动态范围;能够精确记录信号波形的接收机。当信号穿过电介质层时,满足上述条件能够提供更大范围的测量精度。

UWB 电磁场脉冲可以穿透许多种电介质,因此 GPR 能够测量地面以下的材料组成,如道路的硬路面[10-12]。在监控路面状况时所使用的工具与方法的适用度与普及度,直接决定了路网管理质量。目前,欧洲的许多研究机构都启动了路面测量系统的研究计划[13-14]。参考文献[15-16]给出了相应的研究成果。

### 2.1.3　探地雷达硬路面测量目标

GPR 探测可以解决道路养护中的两大主要问题:①评估硬路面结构层的厚度,探测路面地下部分的结构瑕疵;②确定路基的不均匀性,路基的不均匀性会

影响道路的稳定性与道路硬路面的寿命。在新道路的建设与质量控制过程中，上述问题都会出现。在施工阶段，GPR 测量可以用来评估道路硬路面的状态。影响路面载重能力（强度）的关键参数包括硬路层的厚度、硬路层的结构瑕疵、硬路面材料层的形变特性。公路建设行业标准需要能够精确测量上述参数的仪器。

虽然 GPR 测量具有上述优点，但是 GPR 目前仍然较少用于延伸结构的连续无损探测。这种现象出现的原因主要有两方面。一方面，GPR 需要训练有素的操作人员来处理复杂的初始雷达数据。GPR 反射信号主要取决于结构层厚度与电物理特性（结构层的电物理特性会影响信号在各个结构层的传播速度）。在确定硬路面结构层的厚度时，这种现象会产生非常严重的测量误差。为了保证 GPR 设备的标称精度，制造商需要可靠的技术途径来解析回波信号数据。另一方面，硬路面上层结构的厚度大约为 5cm，该尺寸基本等于 GPR 探测脉冲的空间分辨力。为了精确测量硬路面的各层厚度，需要改进 GPR 设备并研究专用算法来解决该问题。

为了精确测量介质层的厚度，GPR 设备的设计直接关系到反射信号（特别是低对比度情况下非均匀性产生的反射信号）探测与定位的复杂问题。

当 GPR 设备到非均匀介质的距离小于设备的空间分辨力时，这个问题会变得更加复杂。在这种情况下，前一个边界处的反射电磁场脉冲与下一个边界处的反射电磁场脉冲会在时间域上发生重叠。在实际中，仅仅通过直观方法来检测接收信号几乎不可能区分这两种回波信号。因此，通常很难确定反射信号的准确到达时间。确定层厚度需要精确测量待测位置处材料的介电常数。空间分辨力问题与未知的硬路面特性问题使得精确测量各层交界面之间的距离成为一项非常复杂的工作。

2.2 节将介绍一种回波信号处理算法，该算法通过分析路面与硬路面下层的反射信号，可以同时估算出硬路面各层的介电常数。数学算法利用 Hilbert 变换来确定回波信号的准确到达时间[17]。

2.2 节提出的解决方案使用了一种特殊算法来确定各层的厚度与介电常数。这种算法使用了单频平面波在分层介质上散射问题的辅助解。这个直接问题包括计算各层分界面处的反射系数与传输系数。

使用 GPR 的回波信号数据与 Hilbert 变换可以确定地下各层之间分界面处反射信号的延时与幅度。延时的计算方法为使用基于离散傅里叶变换的 Hilbert 变换。构建一个解析信号，并使用解析信号来确定时间轴上辅助函数峰值之间距离处的时间延时。同时，还需要确定顶层介质的介电常数。此后，GPR 信号处理器可以计算出第一个边界处的传输系数与反射系数，然后计算出第二层介质的介电常数。在完成上述运算之后，根据介质的介电常数与探测信号穿过介质层所用时间的计算结果，GPR信号处理器可以确定介质层的厚度。利用这种测量流程可以从顶层到底层逐层地估算硬路面厚度。

## 2.1.4 探地雷达研究目标

常规的测量方案看似简单并且完全透明。但是，由于问题的特殊性以及GPR的硬件指标苛刻，因此在实现上述测量方案时存在严重问题。根据信号传输物理学可知，雷达设计需求如下。

（1）信号传输物理学。当测量多层介电常数差别极小的介质时，各层交界面的反射系数非常小且反射信号幅度非常低。为了接收微弱的反射信号，需要研发一种功率预算与动态范围均较大的GPR。如果探测信号非常强，那么反射信号的谱就会包含各层介质的电特性信息。为了获取这些信息，接收机必须精确记录反射波形。由于复杂的数字信号处理算法需要识别并考虑回波信号的各个细节，因此足够强的回波信号是先决条件。此外，大功率输出与高动态范围接收将具备探测深度更深、分辨力更高、探测概率更高、探测特定目标的虚警概率更低等能力。

（2）GPR雷达设计指标。Astanin等研究人员证明了UWB反射信号波形携带反射体特征（包含电特性与几何特性）信息的基本原理[2]。在这方面，GPR设计师必须保证能够不失真地接收雷达数据，并采用恰当的方法处理多路回波信号。显而易见，收集的数据越精确，获得的测量精度就越高。接收信号失真的常见原因有以下几个：

① 收、发天线特性与探测信号参数之间的匹配较差；

② 不合理的天线系统结构；

③ 来自邻近反射体的杂波；

④ 噪声；

⑤ 在模/数转换过程中，反射信号的幅度数据收集不准确；

⑥ 采样时间间隔的变化或抖动，这意味着当使用频率闪烁接收机收集信号时采样时间间隔设置将会不准确。

雷达数据处理软件中包含了滤波或背景对消等运算，这些运算可以部分消除某些信号失真。但是，试图修正抖动的影响将有可能导致额外的失真。

这些问题意味着设计师必须确保收集的GPR反射信号数据极其准确，并且抑制后续算法引入的信号干扰。

（3）克服近程信号干扰。由于GPR通常用于近距离工作场景，因此需要接收天线距离发射天线比较近。发射天线发射的高功率脉冲会通过耦合作用进入接收天线。在某些场景下，反射信号可能到达接收天线，并与发射脉冲的后沿发生重叠。在这些情况下，测量的微弱反射信号会叠加在较强的直接耦合信号之上。这种现象限制了超宽带(UWB)短脉冲(SP)探地雷达(GPR)的动态范围,并且加大了测量难度与后续的雷达数据处理难度。一方面,发射脉冲会使得接收信号的细节与精度都发生恶化,从而导致测量结果发生恶化;另一方面,较强的背景信号会导致记录与测量微弱反射信号(由低对比度边界处产生)变得更加困难[18-19]。发射天线与接收天线之间存在高功率的直接耦合信号,这会提高接收数据处理算法的复杂度,并增加灵敏接收机输入电路烧毁的风险。

以干涉效应为例,考虑探测多层介质结构中下层介质内部的金属圆柱模型,如图 2.3 所示[19]。辐射器 Tr 发射 GPR 探测信号。在距离辐射器 $D$ 的接收点 R 处记录反射的散射场。在这种情况下,Tr 与 R 均位于表面上方高度 $H$ 处。随着辐射体 – 观察点沿着表面移动,GPR 接收机可以采集信号进行深入分析。

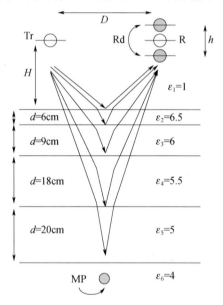

图 2.3　由 5 层介电常数不同的介质构成的平面模型与底层介质下方的金属圆柱(MP)示意图

(From Varyanitza – Roshchupkina, L. A. et al. , Comparison of different antenna configurations for probing of layered media, 8th International Work – shop on Advanced Ground Penetrating Radar (IWAGPR 15) ,7 – 10 July 2015, Florence, Italy. © 2015 IEEE.)。

基于研发的专用软件,地下探测的模拟结果如图 2.4 所示[20]。

数学背景对消可以消除高功率直接耦合信号的影响。该运算可将背景信号看作平均信号进行移除,移除信号趋势[21],或移除雷达数据中记录的一种信号。上述情况都形成了用于减法运算的数据,可以对数据组进行平均或对选定信号进行平均。在平均过程中,假设不存在散射目标的反射信号,但是包含直接耦合信号。该过程从各路分析信号数据中扣除了平均信号。由于在处理过程中极大地消除了直接耦合信号,因此有助于获得清晰的雷达像,并且有助于提高对于反射边界的探测概率。

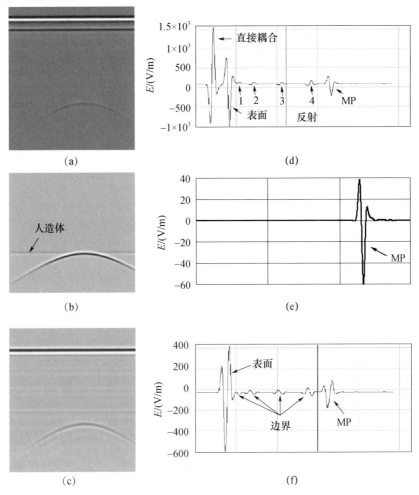

图 2.4　当探测图 2.3 中埋藏金属圆柱时地下 B – scan 仿真
(a)初始数据;(b)背景对消后的数据;(c)差分天线的初始数据;
(d)B – scan 的初始数据显示来自不同介质交界面的反射;
(e)移除背景后得到埋藏金属圆柱的纯净反射信号;(f)差分天线的初始数据。
(From Varyanitza – Roshchupkina,L. A. et al.,Comparison of different antenna configurations for probing of layered media,8th International Work – shop on Advanced Ground Penetrating Radar(IWAGPR 15),7 – 10 July 2015,Florence,Italy. © 2015 IEEE.)

平均信号的计算是基于组成距离像的所有信号,包括来自局部目标的反射。因此,平均信号包含了这些脉冲形式的反射信息。在不存在反射体的探测信号中扣除平均信号即可得到差信号,差信号为不存在目标情况下的微弱脉冲。这样,通过使用数字背景对消,对消可以在雷达像中插入额外信号(伪像信号)。

在扣除选定信号时,相同的伪像问题同样适用。的确无法提前保证地面下方探测路径上某点完全不存在反射目标或散射边界。

进一步假设,考虑沥青硬路层之间的水平边界层产生信号的情况。在平均过程中,介质边界的反射信号仍然包含在减数信号中,因此从完整信号中进一步扣除平均信号将会导致以下情况:当移除反射信号时,这些层的信息也将丧失。这样,背景对消过程看似可以改善雷达像。但是,当移除各层有用信息时也会造成雷达像发生失真,同时还会额外引入无目标信号。

Zhuravlev 等[22]找到了一种从发射天线与接收天线之间的直接耦合信号中去除干扰信号的方法。这种方法提取出一部分激励信号,并将该信号直接送入接收机来补偿干扰信号。这种方法适用于窄带系统,这种系统的工作信号通常为正弦波。从技术层面讲,由于需要额外调节信号的幅度与相位,因此无法在工作频段的各个频率上实现完全补偿。如果在雷达系统周围不存在反射目标,信号发生器与接收机的不稳定性会严重提高调节过程的复杂度。

如文献[23]所述,作者研究了一种新方法来实现完全频率非相关的电磁去耦。在这种情况下,接收天线由两个位于不同高度的偶极子天线 $R_d$ 组成,这两个偶极子相对于发射天线所在平面呈对称排布,如图 2.3 所示。接收偶极子天线之间的距离为 $h$。有用信号是两个偶极子接收天线的差信号。这种天线结构的优势在于,有可能完全消除接收机输入端的强直接耦合信号,并且同时保存图 2.4(c)与图 2.4(f)中存在的散射边界与目标的所有数据。

2.3 节将详细介绍发射-接收(TR)天线系统的设计方法与工作原理。2.4 节将介绍与距离精确测量有关的 ADC 技术与 GPR 接收机。

另一种增加功率预算与 GPR 动态范围的方法是使用能量累加器将目标反射的多路信号进行累加。信号积累可以进一步提高 SNR,SNR 的提高正比于积累信号个数的平方根。当 UWB 雷达使用频闪转换器来记录接收信号波形时,这种能量累加方法尤其便利。然而,为了准确收集信号波形,频闪系统的抖动必须极低。当积累过程的非稳定性较大时,积累将会导致接收信号形状失真,加大了雷达信号处理难度,从而降低雷达分辨力。2.5 节将介绍非同步问题的解决办法。

通常情况下,高分辨力采样接收机需要极宽的工作频带。然而,工作频带越宽,SNR 就越差,同时还会损失有用信息。设计师需要寻找最优工作频段,以便在 SNR 较好的情况下确保信号失真最小。2.5 节分析了采样阈值宽度对变换波形失真的影响,并介绍了一种工作频率可调的数据获取方法[24]。

2.6 节与 2.7 节将简要介绍数据处理软件与雷达系统的原型。2.8 节给出了笔者研发的 UWB GPR 的测试结果。2.9 节给出了用于道路检测的 GPR 雷达的相关结果与结论。

## 2.2 基于逐层分解方法的探地雷达数据处理与分析

在实施路基检测时,存在以下若干个影响并限制 GPR 性能的主要因素。

(1) 路基结构层的介电常数与厚度都会影响测试性能。地下目标探测的结果分析依赖于操作人员的经验,并且需要操作人员直接参与到 GPR 数据处理与分析中。这就导致 GPR 的性能较差,最终无法定量获得待测介质的特性(具体指可以描述待测介质的结构参数与电参数)。

(2) 相较于路基结构层的厚度而言,GPR 的空间分辨力仍然显得较大。另外,如果使用极短的探测脉冲又会产生其他问题,这是由于在道路建设材质中传播的电磁脉冲的信号衰减与散射都非常严重。

(3) 硬路层的各层介质的电物理特性之间的对比度(或差别)较小。例如,干燥沙砾的相对介电常数变化范围为 3.5~4.4,相对介电常数的确切值取决于沙砾的组成比例与沙砾的紧致程度。在 GPR 探测时,沙砾的相对介电常数也可能略有不同,在某些情况下,沙砾的相对介电常数等于干燥沙子的相对介电常数(变化范围为 3.0~3.7)。如果要研究更好的 GPR 道路检测技术,就需要精确测量低对比度材料建造的硬路层。提升道路管理质量意味着需要不断探索新的测量方法与 GPR 工具来区分低对比度介质。最终,我们希望建立一个数据显示器来告知操作人员各个硬路层的厚度。在后面介绍的数值方法将被用于如医学、无损检测、安保等领域的 GPR 与 MPR 问题。

### 2.2.1 逆问题的解决方法

当使用 GPR 测量结构层的介电常数与厚度时,需要考虑的问题是如何解决确定介质参数的逆问题。如果知道路基的介质参数,就可以用解析方法来重建雷达的散射电磁场。

根据期望解的结构,可以将这些逆问题分为以下两类。

(1) 连续类。假设未知量为期望参数的连续分布函数。这种分类非常适用于远程检测土壤湿度分布以及土壤湿度随深度的变化关系。

(2) 分段类。假设未知参量的分布函数为分段连续型。这种分类非常适用于分层产品的无损质量控制,如道路硬路层、层叠结构等。

连续情况需要求解连续分布,该连续分布为无限密集的数组。在分段情况下,期望结果为一个有限数组。在连续分布情况下,求解任务是不适定问题,原因在于:①由于原始数组不完全,因此该问题的解不唯一;②输入数据的微小扰动(测量误差)的不确定性会导致问题的解产生严重误差。为了在一定程度上克服这些困难,Batrakov 与 Zhuck 提出了包括 Newton – Kantorovich 方法在内的各种解决方法[25-27]。

为了讲解这些方法,考虑使用 UWB GPR 来进行硬路面地下探测,探测模型为一组由介质层构成的硬路面,其中道路硬路面模型为多层介质的形式。硬路层检测时第一步完成后获取的 GPR 数据可以用作逆问题解的初始数据,如图 2.5 所示[28]。

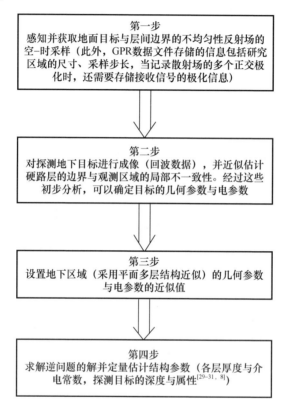

图 2.5 GPR 硬路面测量流程

可以使用平滑函数的极小值方法来精确测量各层的厚度与介电常数 $F[\eta]$ [25,32-33],即

$$F[\eta] = \sum_{j=1}^{N} w_j \left| \boldsymbol{E}^{(j)}(z) - \boldsymbol{E}_{\text{aux}}^{(j)}(z) - \int_{V_p} L^{(j)}(z,z')\eta(\boldsymbol{R})\text{d}z' \right|^2 + \alpha \int_{V_p} w(z') |\eta(z')|^2 \text{d}z'$$

(2.5)

式中:$w_j$、$w(z')$ 分别为非负的权重系数与权重函数;$L^{(j)}(z,z')$ 为积分运算的核函数,该函数定义了实验测量变量的实测值与仿真值之间的关系(电场 $\boldsymbol{E}^{(j)}(z)$、$\boldsymbol{E}_{\text{aux}}^{(j)}(z)$);$j$ 为信息参数的序号(频率、极化状态等);$\eta(z')$ 为未知介电常数分布函数的数值修正,$\eta(z') \equiv \varepsilon_{\text{aux}}(z) - \varepsilon(z)$;$z'$ 为积分坐标,该积分表达式的积分区

域为整个介电常数未知区域。

平滑函数由硬路面散射电磁场实测采样值与模型直接问题解的残差构成,同时还包含一个稳定函数,以便从若干个解中选择最接近 0 的唯一解。由于这种特殊问题状况的存在,该过程将变得非常有效。

最终,该问题可以简化为求解线性代数方程的解,$\eta(z)$ 的表达式为

$$\eta(z) = \frac{1}{aw(z)} \left[ q(z) + \sum_{j=1}^{N} w_j L^{(j)*}(z,z') x_j \right] \quad (2.6)$$

其中,

$$x_j = \text{const} = \int_{V_z} \mathrm{d}z' L^{(j)}(z,z') \eta(z') \quad j = 1,2,\cdots,N$$

$$q(z) = \sum_{j=1}^{N} w_j L^{(j)*}(z,z') \left[ U_{\text{aux}}^{(j)}(z) - U^{(j)}(z) \right]$$

在众多研究中,Goncharsky 等已经开始尝试自动化计算硬路层的厚度[18,34]。为了充分考虑潜在的测试误差,作者引入了两个非线性参数 $(p_1,p_2)$ 与线性参数 $K$。该问题的解为

$$u(x,t) = K \cdot f(t,p_1) + \int_0^\infty A(t-z,p_2) \cdot k(x,z) \mathrm{d}z \quad (2.7)$$

式中:$A(t-z,p_2)$ 为边界的反射函数;$k(x,z)$ 为用深度 $z$ 表示的反射系数函数。

因此,为了解决这个问题非常有必要使用已知的雷达像 $u(x,t)$、核函数 $A(t-z,p_2)$、探测波 $f(t,p_1)$。首先在特定取值范围内搜索相应的数值,通过计算最小残差 $\theta$,最终求解未知参数 $(p_1,p_2)$ 与 $K$ 的关系为

$$\theta = \| u(x,t) - Kf(t,p_1) \|^2 \quad (2.8)$$

式中:$\| \cdot \|^2$ 为 $L^2$ 规范的平方。这样就非常有必要计算积分表达式(2.6)。

最终,在最后一步必须完成雷达成像处理来确定各层的厚度变化。为了解决这个问题,Goncharsky 等建议使用成像处理与图形认知等数学方法[18]。为了完成这项工作,需要检测各条痕迹,并从根据期望层参数确定的大量点迹中选取最亮的点(这些点的坐标用 $(x,z)$ 表示)。在这种情况下,$x$ 为痕迹的编号,$z$ 为参考编号。接下来,计算这些点的权重函数,即

$$W(x,z) = \sum_{i=-n}^{n} \sum_{j=-m}^{m} k(x+i,z(i)+j) \quad (2.9)$$

式中:$z = z(0)$;$k(x+i,z(i)+j)$ 为坐标 $(x+i,z(i)+j)$ 处的强度值。

接下来使用权重函数来确定 $(x,z)$ 点是否为其中某一层的边界。但是,这种方法在实际使用中存在某些问题,这些问题与模型的复杂性、非完整性有关。作者还重点指出了该运算所需要的计算资源。

此外,Cao 与 Karim 还使用其他方法来估算覆层的厚度,这些方法是基于其他初始积分方程(对电场、磁场积分)与其他优化技术(如神经网络)。对这部分内容感兴趣的读者可以查阅参考文献[35 - 37]。

随着 UWB 脉冲 GPR 的不断发展，GPR 有可能用于解决逆散射问题。与窄带探测系统相比，这种基于 UWB 信号辐射与接收原理的 GPR 具有显著的优势。不同于早期使用窄带单色信号作为探测信号来解决逆散射问题，GPR 雷达使用 UWB 脉冲为逆散射问题的求解创造了新的可能性。在通过待测结构之后，这些短间隔脉冲信号与内部瑕疵点的反射信号包含了探测介质的空间信息与电特性信息。因此，除了介质与目标的电动模型外，非常有必要研究模拟分层介质中电磁波传播的直接问题的求解方法与算法，从而能够充分解释和使用该信息。为了构建高效的计算方法，这些求解方法与算法应该基于一种简明的通用技术。

### 2.2.2 超宽带脉冲信号处理方法

在时间轴上确定脉冲位置对应的时间，是时域信号处理与分析的一个基本问题。Glebovich 与 Yelf 指出，即使采用非常浅显的简化，寻找这种对应关系也并非易事[8,38]。在这种情况下，由于前文中提到的探测脉冲的空间宽度相对较大，且各层之间的边界对比度较低，解决该问题的障碍将变得异常复杂。目前，在已知的确定时间轴上脉冲位置的众多方法中，Krylov 等与 Batrakov 等确立了基于 Hilbert 变换的 GPR 信号处理方法[39-40]。这种变换的定义可以表示为以下表达式。

直接 Hilbert 变换为

$$\tilde{x}(t) = \frac{1}{\pi} \int_{-\infty}^{\infty} \frac{x(\tau)}{t-\tau} \mathrm{d}\tau \qquad (2.10)$$

式中：函数 $1/(t-\tau)$ 称为 Hilbert 变换的核。

逆 Hilbert 变换为

$$x(t) = \frac{1}{\pi} \int_{-\infty}^{\infty} \frac{\tilde{x}(\tau)}{t-\tau} \mathrm{d}\tau \qquad (2.11)$$

当 $a=(t-\tau)\to 0$，上述变换表达式的积分存在奇异点，其中将 Cauchy 主值用于计算 $\lim_{a\to 0}\left[\int_{-\infty}^{t-a} + \int_{t+a}^{\infty}\right]$。对脉冲施加这种变换的原因在于这种变换具有理想的移相器特性，即对信号施加一个特定的相位旋转。在这种情况下，该问题简化为复杂解析信号的模型（系数）估计问题，这个复杂解析信号是通过对原始信号施加 Hilbert 变换而获得。该函数为平滑、单极性函数，每个边界只有一个峰值。因此，信号分析可以简化为求解该函数系数的最大值。

首先，我们提议使用离散傅里叶变换（DFT）来计算 Hilbert 变换以确定信号延时；然后，构建一个解析信号来求解延时，正函数在时间轴上的峰值之间的距离 $S(t)$ 为

$$S(t) = |h(t)| = \sqrt{x^2(t) + \tilde{x}^2(t)} \qquad (2.12)$$

根据变换的特点之一,可以确定反射脉冲的极性:最大系数$|h(t)|$对应于实数交替函数的最大系数[40]。为了求解转换系数的最大值,有必要分析函数$x(t)$在恰当时间的符号。

### 2.2.3 如何采用变换函数来计算硬路面结构层的厚度

在最先进的 GPR 系统中,探测脉冲的空间间隔与天线的尺寸小于路面的曲率半径。通常,硬路面不规则度(粗糙度)在本质上小于波前曲率。因此,最有效的硬路面模型假设硬路面为平面分层介质,如图 2.6 所示。在该模型中,通常采用 3 个参数来描述第 $n$ 层介质,即材料的介电常数、电导率与层厚度。在这种情况下,假设下垫层的底部为无限大[17]。

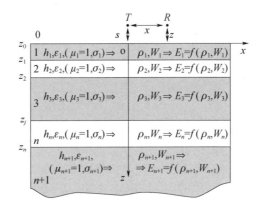

图 2.6 硬路面模型具有多层电特性不同的介质层(底部 $n+1$ 层延伸到无限深)

(From Batrakov, D. O. et al., Determination of thicknesses of the pavement layers with GPR probing, Physical Bases of Instrumentation, 3, 46 – 56, 2014. 经许可)

为了确定各层的介电常数与厚度,可以使用辅助问题的解(平面单色波照射多层介质的反射问题)。这种方法可以计算各层边界处的反射系数与传输系数。

在介质参数已知的情况下,文献[7,29,41,42,5]给出了介质之间交界面处(图 2.7)反射系数 $R$ 与传输系数 $T$ 的计算方法,即

$$\begin{cases} R_{n-1,n} = \dfrac{A_{n,n-1}}{A_{n-1,n}} = \dfrac{\sqrt{\varepsilon_{n-1}} - \sqrt{\varepsilon_n}}{\sqrt{\varepsilon_{n-1}} + \sqrt{\varepsilon_n}} & (2.13\text{a}) \\[2ex] T_{n\mp1,n} = \begin{cases} \dfrac{2\sqrt{\varepsilon_{n-1}}}{\sqrt{\varepsilon_{n-1}} + \sqrt{\varepsilon_n}} \\[2ex] \dfrac{2\sqrt{\varepsilon_{n+1}}}{\sqrt{\varepsilon_n} + \sqrt{\varepsilon_{n+1}}} \end{cases} & (2.13\text{b}) \end{cases}$$

式中:$n-1$、$n$、$n+1$ 为介质层编号;$A_{n-1,n}$ 为从介质 $\varepsilon_{n-1}$ 到介质 $\varepsilon_n$ 交界面的入射信号幅度;$A_{n,n-1}$ 为在介质 $\varepsilon_{n-1}$ 到介质 $\varepsilon_n$ 的交界面上反射到第 $n-1$ 层介质的信号幅度;$A_{n-1,n}=A_0$;$T_{n-1,n}$ 为从第 $n-1$ 层介质照射到第 $n$ 层介质的传输系数(上线);$T_{n+1,n}$ 为从第 $n+1$ 层介质照射到第 $n$ 层介质的传输系数;$R_{n,n-1}$ 为在第 $n-1$ 层介质与第 $n$ 层介质的边界处反射到第 $n-1$ 层介质的反射系数。

可以将该问题近似为单散射问题,即不考虑信号在结构层内部的多次反射。如图 2.7 所示,为了表述方便,令第 $n$ 层介质底部的反射系数为 $R_n = R_{n,n+1}$,第 $n$ 层介质下边界向下的传输系数为 $T_{n,+} = T_{n+1,n}$,第 $n$ 层介质的下边界向上的传输系数为 $T_{n,-} = T_{n+1,n}$。附加因子 $\varphi_{n+}$ 表示向下传播过程中信号幅度的衰减,$\varphi_{n-}$ 表示向上传播过程中信号幅度的衰减,最终信号向上传输到吸收边界(沿着 $OZ$ 轴方向)。为了简洁,引入一个中间参数 $B_{n,n+1}$ 表示从第 $n$ 层到第 $n+1$ 层的介质偏移反射。

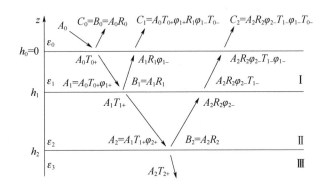

图 2.7 硬路面层的结构与符号

Ⅰ—#1 层;Ⅱ—#2 层;Ⅲ—#3 层。

(From Batrakov, D. O. et al., Determination of thicknesses of the pavement layers with GPR probing, Physical Bases of Instrumentation, 3, 46-56, 2014. 经许可)。

虽然这些系数都相等,但是为了公式的对称性,通常保留这些系数。

本阶段的主要目标:根据结构输出端(上半空间,如空气)的已知(实测)信号幅度,确定某层下边界的反射系数。这里引入层传递函数 $P_n$ 的概念,正如式中的反射系数 $R_n$ 将下层边界的反射波的幅度与返回到上层介质的电磁波的幅度联系起来(第一层介质的上层为自由空间)。例如,如果估算电磁波穿过#0 层与#1 层之间传播路径(沿前向方向与后向方向),则信号传递函数 $P_1$ 可以表示为相应传输系数的乘积,即

$$P_1 = T_{0,1} \cdot T_{1,0} = \frac{2\sqrt{\varepsilon_1}}{\sqrt{\varepsilon_0}+\sqrt{\varepsilon_1}} \cdot \frac{2\sqrt{\varepsilon_0}}{\sqrt{\varepsilon_0}+\sqrt{\varepsilon_1}} = \frac{4\sqrt{\varepsilon_1} \cdot \sqrt{\varepsilon_0}}{(\sqrt{\varepsilon_0}+\sqrt{\varepsilon_1})^2} \quad (2.14)$$

设由接收天线接收的部分反射信号幅度(在下边界处发生的反射)为 $C_n$。如图 2.7 所示,对于第一层介质的下边界来说,存在以下关系式,即

$$C_1 = P_1 \cdot B_1 = (T_{0,1} \cdot T_{1,0}) \cdot A_0 \cdot R_{1,2} \tag{2.15}$$

这种方法具有以下优点:对各个介质层各自的传递函数进行乘积运算,即可得到 $n$ 层介质系统的传递函数。例如,若介质层的编号为 $n$,即可得到以下关系式,即

$$R_{n,n+1} = \frac{A_0^{-1} \cdot C_n}{(P_1 \cdot P_2 \cdots P_n)} = \frac{A_0^{-1} \cdot C_n}{\prod_{n=1}^{N} P_n} \tag{2.16}$$

式中:$P_n = T_{n-1,n} \cdot T_{n,n-1}$。

接下来,由反射系数的定义 $R_{n,n+1} = A_{n+1,n}/A_{n,n+1}$ 与根据式(2.13a)计算得到的数值 $R_{n,n+1}$,可以利用下式计算图 2.6 中的第 $n+1$ 层介质的介电常数,即

$$\sqrt{\varepsilon_{n+1}} = \sqrt{\varepsilon_n} \frac{A_{n,n+1} - A_{n+1,n}}{A_{n,n+1} + A_{n+1,n}} \tag{2.17}$$

根据式(2.17),可以计算得到第 $n$ 层介质下边界的信号穿透率。接下来,需要重复使用式(2.14)~式(2.17)。

最后,根据已知的第 $n+1$ 层介质的介电常数与延迟 $\Delta t_n$,根据以下表达式可以计算得到介质层的厚度 $h_n$,即

$$h_n = \frac{v_n \cdot \Delta t_n}{2} \tag{2.18}$$

式中:$v_n = c/\sqrt{\varepsilon_n}$ 为信号在第 $n$ 层介质中的传播速度;$\varepsilon_n$ 为第 $n$ 层介质的相对介电常数。

在不需要额外实验测量的情况下,根据上述流程即可同时确定道路结构层的介电常数与厚度。使用雷达可以得到单侧数据,即仅仅从路面上方空间进行探测。该方法为多种分层材料测量创造了可能性。

## 2.3 薄层厚度的测量精度

2.2 节的最后一部分介绍了一种多层介质的距离测量方法,这种方法以分层介质介电常数测量与分层介质厚度测量为基础。为了获得准确的雷达测量结果,需要具备以下先决条件。

(1) 电特性不同的多层介质交界面上各个点的反射信号几乎同时到达接收天线。

(2) 不存在其他物体反射造成的信号波形失真。

在上述条件下,可以非常容易地完成以下工作:区分边界的反射信号、计算

多层介质的电特性、计算传输信号与反射信号之间的时间间隔。如2.2节所述，具备这些先决条件的工作状态为：使用垂直于介质表面入射的平面电磁波来测量多层平板介质。为了满足上述条件，有必要考虑天线配置对测量性能的影响。

### 2.3.1 双站与单站天线系统配置对比

在使用近程GPR系统时，发射天线辐射近场非平面电磁波。为了获得精确的测量结果，将发射天线适当远离待测表面，可以使得天线辐射电磁波的波前更加接近平面波前。发射天线到待测平面的距离越远、波前曲率半径越大，发射天线的辐射场就越接近平面波。但是，由于信号的幅度随着距离的增加会快速降低，因此发射天线远离待测表面时所需的辐射功率更高。

如果可以通过提高GPR发射信号的功率来补偿距离造成的信号幅度降低，那么直接耦合进入接收机的功率也会随之提高（由单站发射天线与接收天线之间的耦合作用造成）。

通过拉远发射天线与接收天线之间的距离，可以降低发射天线与接收天线之间的直接耦合。但是，增大发射天线与接收天线之间的间隔会导致传播路径产生以下变化：波前将不再垂直于硬路面表面与分层边界面。这样会降低层厚度的计算精度。由于反射系数会随着频率与入射角度的变化而变化，因此这样还会产生另一个问题，即探测信号波形恶化。

在图2.3所示的双站天线系统中，探测信号的传播路径从发射天线Tr到边界层、再由边界层到接收天线R，该信号传播路径的相关参数为收发天线间距$D$与距离路面的高度$H$。

在仅仅已知距离$D$与高度$H$时，试图得到层间信号传输路径长度解析表达式的所有尝试均以失败告终。因此，基于图2.3所示的双站天线系统，使用分层介质的计算机仿真结果来估算可实现的测量精度。在仿真中使用了基于有限时域差分（FDTD）算法的SEMP软件[43]。为了简化分析，采用垂直于纸面的电流细线作为探测信号源。设该结构中各层介质各向同性，电导率为0。探测信号为0.4ns高斯脉冲的一次偏导数（其中幅度为0.5的持续时间是0.4ns）。可实现精度的分析方法仅仅考虑了GPR结构问题对测量精度的影响。这种精度分析方法无法考虑其他原因，如噪声、天线特性、传输损耗过程中由色散与传输系数造成的波形失真等。

对于图2.3所示的双站天线系统，考虑以下天线布局情况：$H=30\text{cm}$，$D=10\text{cm}$、20cm、30cm、40cm、50cm、60cm（6个数值）。比较双站天线配置与准单站天线配置，记录信号为相隔距离$R_d$的两个接收天线信号之差，图2.3中接收点间距$h=4\text{cm}$。这种准单站差分结构能够帮助消除直接耦合信号[19]。下一段将详细叙述差分天线的特点。

在平面波垂直入射到多层结构的参考情况下,分析参数 $\Delta t$ 为介质层内的信号传播时间 $t_n = (2/c)d_n\sqrt{\varepsilon_n}$ 的偏导数。当发射天线与接收天线为双站天线结构与准单站天线结构时,信号传播时间的偏导数 $\Delta t$ 与收、发天线之间的距离变化关系曲线分别为图 2.8(a) 与图 2.8(b)。由图 2.8 可知,随着天线间距 $D$ 的逐渐增加,偏导数 $\Delta t$ 逐渐增大,精度逐渐降低。当天线距地面的距离变远时,精度也会变差。但是,由图 2.8(a) 可知,双站天线结构的精度恶化程度更加严重。

为了研究双站探测系统,当不存在多层介质时,必须特别计算从辐射体到观察点的直接耦合场。因此,需要研究如何从仿真数据中扣除直接耦合接收信号;否则,在实际中,直接耦合信号的较强背景使我们无法在信号(探测介质表面的反射信号)时间轴上精确地确定目标位置。

许多种天线(如 TEM 喇叭天线或各种形式的屏蔽天线)辐射与/或接收信号的波形都与指向有关。因此,当 GPR 使用这种天线时,设计师必须考虑到它的影响。通常,最小失真对应的方向为天线对称轴的方向。综上所述可知,当发射天线 Tr 与接收天线 R 之间的距离越远,失真就会越严重。因此,需要更加复杂的雷达数据处理算法。

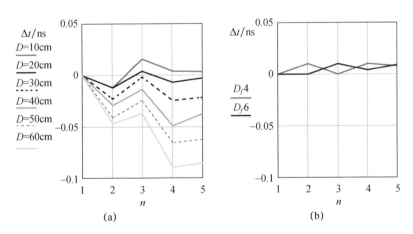

图 2.8 介质层间信号传输时间的偏导数随双站天线之间距离的变化关系
(a) 双站结构;(b) 准单站(差分)结构($D = 10$cm)。
$n$—介质层交界面的数目;$D_f$—接收偶极子之间的距离(此时 $h$ 为 4cm 与 6cm)。

(© 2015 IEEE. Reprinted, with permission, from Varyanitza‐Roshchupkina, L. A. et al., Comparison of different antenna configurations for probing of layered media, 8th International Workshop on Advanced Ground Penetrating Radar (IWAGPR 15), 7–10 July 2015, Florence, Italy.)

考虑到这些天线因素,可以认为单站结构是最精确的测量天线。在这种情况下,单站结构表示发射天线与接收天线为同一个天线,或者沿垂直于探测区域表面成直线排列。

为了防止灵敏接收机输入电路受到强发射脉冲的影响,因此在发射时间间隔(整个探测信号宽度的另一种说法)之间通常存在天线开关。但是,这种天线开关的切换时间通常为几十纳秒或者更长。在这种情况下,为了给接收机做出反应与保护提供足够的切换时间,只有当天线系统距路面较远时,单站结构才可以正常工作。但是,当天线系统远离路面时,电磁场的照射斑点会变大。由于需要对斑点区域上方的结果进行平均,因此会妨碍识别各层厚度的局部变化,这意味着沿着路面方向的测量精度会变差。这就必须使用双站天线配置,并且将发射天线与接收天线放置得较近,同时还需要保证收、发天线之间具有较高的电磁隔离度。由于使用的是 UWB 探测信号,因此必须确保这种电磁隔离适用于整个工作频段。2.3.2 节将介绍天线系统的工作原理。

为了检测低对比度边界,需要的 GPR 输出功率较高,这会提高反射信号的电平,并且提高对于低对比度目标与边界的检测概率。这样,无耦合天线允许根据雷达目标(或边界)的对比度来调节 GPR 输出功率。

最重要的是,完全频率非相关电磁去耦方法允许将发射天线与接收天线放置的距离较近,从而实现期望的单站配置,并提供更加精确的测量结果。

为了满足上述指标要求,建议使用完全非频变的电磁去耦方法,正如 Ukrainian 的专利所叙述的天线系统中发射模块与接收模块之间的去耦方法[23]。接下来将详细阐述收/发(T/R)天线的设计与工作原理。

## 2.3.2 差分天线系统工作原理

如图 2.9(a)所示,去耦天线配置中的两个天线关于 $YOZ$ 平面对称排布,两个天线的激励源分别为 $P_1$ 与 $P_2$,两个天线的极化方向相反。上述天线布局在 $YOZ$ 平面产生的电磁场只有 $E_x$ 分量与 $H_y$ 分量。这意味着,如果在 $YOZ$ 平面放置一块导体平板,则这对辐射对称振子将不会在这块导体上产生感应电流。这样,位于 $YOZ$ 平面的接收天线将不会接收这对偶极子发射天线产生的任何电磁场分量。这种方法能够对这对发射偶极子天线产生的 $E_y$、$E_z$、$H_x$ 与 $H_z$ 分量实现绝对相互补偿。此外,这种补偿方式不仅与激励信号的波形无关,而且与工作频带无关(即适用于任何频带)。

如果发射天线是位于 $YOZ$ 平面的一个偶极子天线,而接收天线是关于 $YOZ$ 面对称放置的一对偶极子天线,就可以实现天线系统的发射模块与接收模块之间的高效、频率非相关电磁去耦。在这种情况下,接收偶极子天线输出端口必须按照图 2.10 所示的方式进行连接。

由于辐射电磁场在接收天线上的感应电动势具有相同的波形与幅度,因此差分天线可以起到去耦的作用。在信号合成单元中扣除来自于接收偶极子天线输出端口的信号,就可以在天线输出端口获得最小信号 $U_{out}$。由于接收天线的输出信号为两个接收天线单元的接收信号之差,因此该系统被称为差分天线系统。

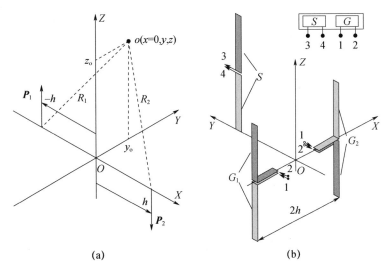

图 2.9 差分天线系统使用电场补偿来实现 GPR 天线去耦
(a)去耦的实现原理;(b)偶极子天线系统。
(From Kopylov, Yu. A. et al., Method for decoupling between transmitting and receiving modules of antenna system, Patent UA 81652, January 25, 2008.)

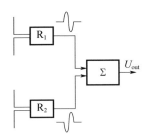

图 2.10 用于差分接收天线模块输出的信号合路器
(经 Springer Science + Business Media 许可:Unexploded Ordnance Detection and Mitigation, Some advances in UWB GPR, NATO Science for Peace and Security Series – B:Physics and Biophysics, Jim Byrnes (ed.), 2009, pp. 223 – 233, G. P. Pochanin.)

接下来,解释一下差分天线系统如何接收目标反射的雷达信号。如图 2.11 所示,天线系统包含:一个发射偶极子天线 Tr,位于目标上方 $H$ 处的两个接收偶极子天线 $R_1$ 与 $R_2$。偶极子的轴线与偶极子上的电流 $I$ 的方向均垂直于纸面。由于距离 $a$ 与距离 $b$ 相等,沿着路径 $a$ 与路径 $b$ 的直接耦合信号在两个接收偶极子上同时产生幅度相等的感应电流,因此从一路接收信号中减去另一路接收信号即可实现二者的相互抵消。这就为天线系统的发射模块与接收模块之间提供了一定的隔离度。发射信号经过目标反射后到达两个接收偶极子天线的路径分别为 $c$ 与 $d$，这两路接收信号的幅度与到达时间均不相同，因此这两路接收信号之差不为零。这就保证了差分天线系统能够接收目标的反射信号。

差分天线系统中的接收模块类似于一个低通滤波器。在这种情况下，最低工作频率取决于接收模块的两个接收天线接收信号之间的相对时延。

这种天线去耦的基本原理类似于背景对消。不同于常见的数字对消方式，差分天线实际上是一种模拟对消方式，仅扣除直接耦合信号。

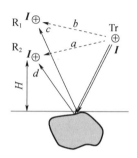

图 2.11　位于目标上方的差分天线系统的信号路径
（沿着路径 $a$ 与路径 $b$ 传播的信号将相互抵消，沿着路径 $c$ 与路径 $d$ 传播的信号将出现在接收机中，不会相互抵消）

### 2.3.3　用于超宽带脉冲探地雷达的高电磁隔离天线系统

假设理论模型如图 2.12 所示，已知介电常数为 $\varepsilon_2 = 6$、$\varepsilon_3 = 5$，厚度为 5cm。本小节将考虑采用何种方法测量沥青硬路面顶层的厚度。这有助于评估以下两种天线系统的效果：考虑直接电磁耦合的天线系统；不考虑直接电磁耦合的天线系统。通过以下方式评估无耦合的情况：从信号中扣除介质层不存在时的仿真结果。在这种情况下，探测脉冲源与观察点位于地面上方 30cm 处，二者的间距 $D = 16$cm。

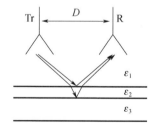

图 2.12　用于测量上层硬路面厚度的 GPR 双站天线结构

探测目标为多层硬路面，探测信号为时间宽度 0.4ns（ $-3$dB 幅度电平对应的时间宽度）的高斯脉冲一阶偏导信号，那么在观察点可以得到图 2.13 所示的信号。在图 2.12 中，信号 $E1$ 对应于考虑发射天线与接收天线之间互耦时的信号，信号 $E2$ 对应于不考虑发射天线与接收天线之间互耦时的信号。

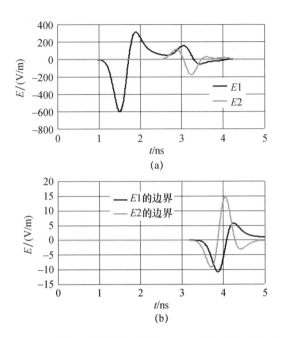

图 2.13 由图 2.12 中天线系统得到的综合 GPR 数据(天线配置参数如前文所述。
$E1$ 为双站天线的信号,$E2$ 为差分天线的信号)
(a)全部反射信号;(b)边界层 $\varepsilon_2 = 6$、$\varepsilon_3 = 5$ 处的反射信号。

如图 2.13 所示,在有耦合的配置中,接收机输入端的信号最大幅度 $E1 \approx 600\text{V/m}$。在无耦合的配置中,接收机输入端的信号最大幅度与路面的电特性有关,该算例中 $E2 \approx 150\text{V/m}$。显而易见,在雷达接收机动态范围相同的前提下,当允许使用高功率探测信号时,无耦合配置可以提高 GPR 功率预算 $4^2 = 16$ 倍,在接收机输入端不损坏(或不过载)时大约可以提高 GPR 电平 4 倍。

由图 2.13(b)可知,在 $\varepsilon_2 = 6$ 与 $\varepsilon_3 = 5$ 两层介质边界处,无耦合配置的反射信号最大幅度大约比有耦合配置的反射信号最大幅度提高 1/3,这为精确探测边界的位置创造了便利。

此外,无耦合配置还有另一个优势:无耦合配置允许根据道路结构层之间边界的雷达对比度来调节 GPR 的发射信号功率。这是由于接收机输入端的最大信号取决于上述边界的雷达对比度。

## 2.3.4 发射-接收天线系统布局

在文献[23]中,Kopylov 描述了一种发射-接收天线系统:差分发射-接收天线使用一种完全频率非相关的隔离方法来实现天线系统中发射天线与接收天线之间的隔离。在这种方法中,发射天线是一个宽带偶极子天线,接收天线是一对宽带偶极子天线,从而实现收发天线之间的隔离度。Pochanin 等研究了若干种差分天线系统原型,并报道了基于这种方法的实验结果[44-46]。

在图 2.14 中,天线系统由位于中间平板的一对椭圆形的偶极子发射天线组成,接收天线为一对椭圆形的金属偶极子天线,这两个偶极子天线对称地分布在中间平板的上方与下方。采用偶极子天线组成天线系统,这种天线单元能够提供额外的优点,即发射脉冲信号的形状与平板的方向无关且发射脉冲的方向垂直于电偶极子。该优点同样适用于信号接收的情况。

接收偶极子的输出端口连接到接收机。因此,当一个偶极子的接收信号附加到另一个偶极子的接收信号上时,发射天线在接收天线上的感应信号会相互抵消。在这种情况下,由于来自外部目标的两路信号时间延迟不同,因此来自外部目标的两路信号不会相互抵消。在接收机输入端对两路信号进行求和,就可以获得雷达目标是否存在的相关信息。

(a)　　　　　　　　　　(b)

图 2.14　基于椭圆形偶极子发射天线(位于中间层)与
接收天线(位于顶层与底层)的差分天线系统布局

在图 2.14 中,接收模块中两个天线单元的间距为 80mm。由于接收模块中两个天线单元相互分离,因此接收天线可以有效接收来自于两个接收天线连线垂直方向的电磁脉冲。电磁脉冲的上升时间通常不超过 0.5ns。使用一个高电压短脉冲(SP)发生器与一个雪崩晶体管开关来驱动发射天线[4,47-48]。发射天线与接收天线都通过匹配巴伦连接到馈线上。

理论上,发射天线与接收天线之间的隔离应该绝对与频率无关。当天线与支撑结构的加工工艺都非常精确时,可以保证隔离度优于 -64.8dB。当驱动信号的幅度为 75.7V 时,直接耦合信号的幅度为 0.038V,在 800~1600MHz 的工作频带内发射天线与接收天线的电压驻波比(VSWR)均优于 1.6[15]。

由上述原理可知,该天线系统可以定向辐射与定向接收 UWB SP 雷达信号[44-45]。如图 2.15 所示,整个雷达天线辐射方向图等于发射天线模块与接收天线模块辐射方向图的乘积。这样,图 2.14 中的雷达天线辐射方向图仅仅在垂直于主平面的方向具有两个峰值点。如图 2.15 所示,雷达天线辐射方向图具有 UWB 天线不同寻常的特性,即存在零辐射方向图。在发射偶极子所在平面(或对称平面)的任意方向,辐射方向图均为零辐射。因此,位于天线对称平面上的目标或其他电磁(EM)辐射源产生的干扰不会影响雷达系统的正常工作[45]。

当使用差分天线系统时,从接收天线到接收机的最大信号,即是距离接收天线最近的反射目标反射的电磁波在天线上产生的感应信号幅度。如果反射目标距离天线系统较远,那么反射波的幅度就较低,因此需要使用一种高电压驱动的激励源来激励发射天线。从本质上讲,这种情况要求发射功率高于 UWB 雷达的发射功率。

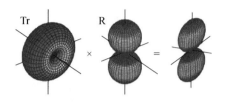

图 2.15　差分天线系统方向图为辐射方向图与接收方向图的乘积

## 2.3.5　差分天线的工作模式

基于差分天线系统的 GPR 具备以下两种工作模式。

1. 水平扫描模式

如图 2.11 所示,在这种常用模式下,天线系统沿着地面上方移动。天线方向图在最低点方向与最高点方向分别具有两个峰值点,在水平面为零点。除了将差分偶极子天线对用作接收天线外,水平扫描模式的 GPR 系统与常见的 GPR 技术也非常类似。由于差分天线系统中收、发天线之间的隔离度更高,因此相较基于传统天线的 GPR 而言,基于差分天线系统的 GPR 能够工作在更高的辐射功率电平下。

2. 小目标精确定位模式

为了提供精确的定义,小目标定位非常必要。如图 2.9 所示,当天线系统沿着 $X$ 轴移动时,天线系统必须沿 $Z$ 轴旋转 $90°$[44-45]。最终配置如图 2.16 所示。

如果图 2.16(b)所示的天线系统在图 2.16(a)的小目标上方沿 $OX$ 轴移动,那么在地面探测过程中,接收信号的波形变化如图 2.17 所示。

距离天线系统较远的目标产生的输出信号幅度也较低。随着天线与目标之间距离逐渐缩短,接收机输出信号会逐渐提高,如图 2.17 所示。当接收天线的一个单元位于目标上方时,输出信号达到最大值,如图 2.17(a)所示。当目标位于天线的 $YOZ$ 对称面时,输出信号的幅度达到最小值,如图 2.17(b)所示。随着天线逐渐远离目标,输出信号幅度又会逐渐升高。当接收天线的另一个单元正好经过目标上方时,接收信号的符号发生变化并达到最大值,如图2.17(c)所示。这样,当雷达移动到小目标的上方时,天线系统的输出信号幅度会减小到零并发生符号变化。当输出信号最小时,天线对称平面对应的位置即为目标的位置。

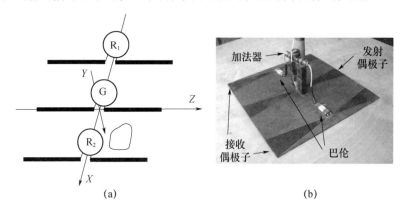

图 2.16　采用 GPR 差分天线扫描小型目标

(a)小型目标位置的精确定义;(b)天线系统。

(经 Springer Science + Business Media 许可:Unexploded Ordnance Detection and Mitigation, Some advances in UWB GPR, NATO Science for Peace and Security Series – B:Physics and Biophysics, Jim Byrnes (ed.),2009,pp. 223 – 233,G. P. Pochanin. )

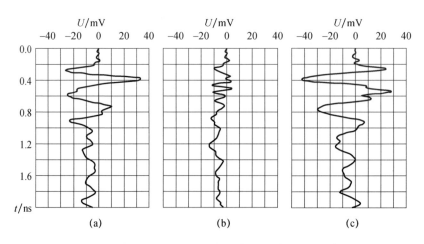

图 2.17　当 GPR 经过遥远目标上方时差分天线输出信号

(a)当天线经过目标正上方时输出信号最大;(b)当目标位于 YOZ 面天线对称面时输出信号最小;
(c)当其他天线经过目标上方时最大输出信号的符号会发生变化。

(经 Springer Science + Business Media 许可:Unexploded Ordnance Detection and Mitigation,Some advances in UWB GPR,NATO Science for Peace and Security Series – B:Physics and Biophysics,Jim Byrnes (ed.),2009, pp. 223 – 233,G. P. Pochanin. )

在对小目标进行精确定位的测试试验中,GPR 接收机的输出信号如图 2.18 所示。未使用任何数据处理流程之前,基于差分天线系统的 GPR 在 1m 路径上采集的初始数据像如图 2.18(a)所示。未使用任何数据处理流程之前,基于双站天线系统的 GPR 在 1m 路径上采集的初始数据像如图 2.18(b)所示。

GPR 对于目标水平位置的测量精度为 2cm。注意,不同于双站天线的水平扫描模式,差分天线系统能够提供更加精确的小目标定位能力,并且在深度较浅时提供较好的水平分辨力。

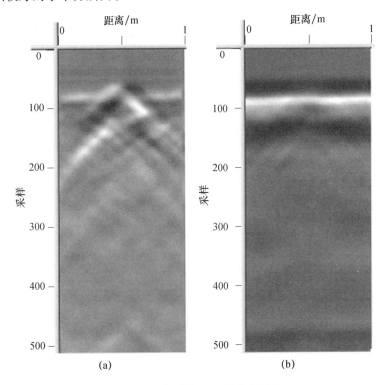

图 2.18 实测的 GPR 接收信号像

(a)差分天线系统的接收信号像;(b)传统双站天线系统的接收信号像。

(经 Springer Science + Business Media 许可:Unexploded Ordnance Detection and Mitigation,Some advances in UWB GPR,NATO Science for Peace and Security Series – B:Physics and Biophysics,Jim Byrnes(ed.),2009,pp. 223 – 233,G. P. Pochanin.)

## 2.3.6 基于差分天线系统的微波层析成像

除了用于 GPR,差分天线系统还可以采集数据用于微波层析分析的后期处理,Soldovieri 与 Persico 等曾研究了微波层析成像处理算法[49-51]。

文献[49]最早对比研究了差分天线系统(由接收天线 – 发射天线 – 接收天

线组成)的成像能力。根据文献[49]所述,接收天线沿着发射天线的三个正交方向对称地偏移,从而形成三种系统配置。在三种系统配置情况下,基于FDTD的雷达数据仿真结果如图2.19所示。进一步地,采用微波层析处理方法分析差分散射场数据,可以获得散射目标的真实图像。散射目标仿真中包含一个金属介质条、一对金属介质球,这对金属介质球用金属介质条以较小的距离隔开。

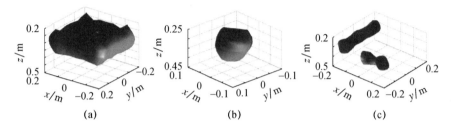

图2.19 采用差分天线与微波层析处理的散射金属目标的雷达像

(a)单个长条;(b)球体;(c)一对长条。

(From Varianytsia - Roshchupkina, L. A. et al., Analysis of three RTR - differential GPR systems for subsurface object imaging, Radiophysics and Electronics 19,48 - 55,2014. 经许可)

## 2.4 探地雷达数据获取

### 2.4.1 探地雷达模数信号数据转换

现代GPR以数字形式收集雷达回波数据,并进行计算机信号处理与分析。这需要接收机中的数/模转换器(ADC)在分辨力、采集速率(每秒采集次数)等方面具有良好的性能指标。ADC输出的每个比特位所代表的模拟信号的最小数值即为ADC的分辨力。采用位数表征ADC的分辨力,这表示转换器输出端所能提供的离散数值的总数。例如,一个12比特位ADC可以提供4096个离散输出数值(0…4095)。电压分辨力等于最大输出代码与最小输出代码对应的电压差除以输出离散数值的总数。如果输入范围为0~1V,则12比特位的ADC每个输出增量代表的输入电压步进为$1/4096 = 0.000244V = 0.244mV$。

### 2.4.2 探地雷达反射信号识别

如果实测的目标反射信号幅度仅仅相差1~2个离散步长,GPR只能确定位于特定距离处的某个物体产生了反射。操作人员不能以此为基础识别反射目标。

为了具有相应的信号识别能力,就需要ADC能够覆盖信号持续时间上的大量离散数值从而恢复波形。第 3 章将介绍接收机信号校准方法,第 4 章将介绍信号的时频分析方法。

为了说明目标识别的概率,对比分析发射天线与接收天线之间强电磁耦合与弱电磁耦合两种情况下的结果,并检查反射信号。将沥青路面(在路面与内部均存在裂纹)模型问题的解用作初始信号,这是一种用于探测车流量大的交通道路的实际探测问题。在这种情况下,最大信号将决定 ADC 的输入范围。既可以将从辐射器到接收机的直接耦合信号作为最大信号,也可以将沥青表面反射信号作为最大信号。噪声电平为 $U_N \sim 1\text{mV}$。

表 2.1 所列为反射信号幅度与理论分析结果。表 2.1 表明,在天线耦合较强的情况下,内部裂纹仅仅会产生 4 个离散 ADC 单位的幅度变化。微弱的反射不足以提供足够的信息来恢复信号形状,并确定反射信号是否存在。由于存在噪声、混杂与仪器的不稳定性,可以断定在强耦合的情况下无法看到内部裂纹的反射。

表 2.1 硬路面探测信号条件与结果

| 信号条件 | 弱耦合 | 强耦合 |
| --- | --- | --- |
| 最大信号幅度 $U_{\max}/\text{V}$ | 0.022 | 0.95 |
| 反射信号幅度: | | |
| ● 表面裂纹/V | 0.001 | 0.02 |
| ● 内部层裂纹/V | 0.002 | 0.001 |
| ADC 采样幅度 $(U_{\max} - U_N)/4096/\text{V}$ | 0.0000051 | 0.00023 |
| 反射信号的 ADC 幅度离散位数: | | |
| ● 表面裂纹 | 196 | 86 |
| ● 内部层裂纹 | 39 | 4 |

当天线耦合较弱或无耦合时,情况会变得截然不同。当探测沥青层内部裂纹产生的反射时,需要 39 个离散的 ADC 单位幅度才足以在存在噪声的情况下区分反射信号。

这表明,为了探测低对比度目标,可以降低从发射天线到接收天线直接耦合信号的幅度,直至耦合信号低于路面反射信号的幅度。通常情况下,为了降低发射天线到接收天线之间的耦合,不仅可以使用差分结构,而且可以使用屏蔽结构。

## 2.5 低抖动接收机的数据获取方法

目前尚不存在直接将纳秒级或亚纳秒级时间间隔信号转换为数字信号的多位 ADC。现有 ADC 的速度都太慢,无法实现该功能。因此,必须使用专为频闪接收机研发的技术(该技术用于采样示波器)。这些技术通常可以将纳秒级或亚纳秒级时间间隔信号转换为微秒级时间间隔信号,目前具备适用于微秒级时间间隔信号的多位 ADC[52-55]。

由于无法将各个反射信号单独数字化,因此必须探索一种能够重复记录这种信号的方法。假定各个反射信号 $s$ 非常接近前一时刻信号与后一时刻信号,即 $s((n-1)t) \approx s(nt) \approx s((n+1)t)$,而且各个接收信号的重复周期为准确的时间间隔 $T_s$。

频闪数字转换的本质如图 2.20 所示,其中包含一系列的步进采样,从信号起点开始按照很小的时间周期 $T_s$ 进行步进采样且重复信号的幅度时间阈值 $\Delta \tau$ 非常小。该过程能够在重复周期中保持选定的幅度,并使用 ADC 对测量信号进行数字化。在收集到信号 $s$ 足够的部分采样后,就有可能重建出观测重复信号的形状。在频闪采集过程中,假设信号具有足够的重复度与时间稳定度以确保采样的收集。下面将讨论在短脉冲雷达场景下如何满足这些假设。

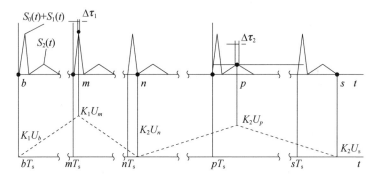

图 2.20　频闪信号转换提供了一种对重复信号波形进行精确数字化的方法
$b,m,n,p,s$—周期数;$K$—幅度转换系数;上图为输入信号;下图为输出信号。

(From Zhuravlev, A. et al., Shallow depth subsurface imaging with microwave holography, Proc. of SPIE Symposium on Defense and Security,9072,90720X-1…9,2014;G. P. Pochanin,Patent UA 81652,Jan 25,2008.)

### 2.5.1　噪声与信号形状失真与采样阈值宽度的变化关系

在 ADC 采样过程中,高灵敏度接收机需要使用新方法来降低接收机噪声电平并提高 SNR。Ruban 与 Pochanin 在"Sampling Duration for Noisy Signal Conversion"论文中研究了这个问题[56]。

已知采样器的噪声电平取决于接收机信号采样器的工作带宽,接收机信号采样器的工作带宽取决于采样阈值宽度。采样器的采样阈值宽度必须充分考虑接收信号频谱的截止频率与测量误差要求[57]。用于波形重构的精确测量所要求的采样阈值宽度更小,即采样工作带宽更宽。

与此同时,接收机输入端的噪声电平会随工作带宽的展宽而升高,这会降低采样器的灵敏度。这意味着,当 SNR 较低时,即使信号频谱与工作带宽匹配良好,测量精度也会严重差于理论结果。这样,在接收弱信号时,展宽工作带宽会导致测量精度恶化,而不可能如同期望的那样提高测量精度。

我们的最终目标是精确地确定微弱接收信号的波形。因此,需要为采样工作带宽定义一种选择准则(采样阈值宽度)。

1. 信号采样建模与分析

在实际中,通常使用一种近似(简化)的采样模型,该模型可以描述为以下周期信号转换 $u(t)$[52],即

$$U(\theta) = \int_{-\tau/2}^{\tau/2} u(t + nT_R + \theta + T_0) dt \quad (2.19)$$

式中:$U(\theta)$ 为 $\theta$ 时刻的平均信号幅度;$\tau$ 为采样阈值宽度;$T_R$ 为重复周期;$T_0$ 为时间延迟;$n$ 为采样数目。

为了表征效率,考虑不同形状脉冲的记录数据,包括高斯脉冲及其一阶、二阶偏导。在该模型中,探测信号为已知信号与噪声电平之和,即 $-u(t) = u_i(t) + u_n(t)$。

2. ADC 采样与转换误差

ADC 过程对接收波形进行了一系列近似。我们不禁要问,对于给定采样速率与采样间隔来说,这种近似的优劣性到底如何?原始信号与采样信号之间的相关系数可以用来衡量 ADC 的有效性。本节将通过对比转换信号 $U(\theta)$ 与真实检测信号 $u_i(t)$,来检测 ADC 转换误差的影响。在该过程中,假设 $\theta = t$ 且使用相关系数 $R_{U,u_i} = \text{cov}(U, u_i)/\sigma_U \sigma_{u_i}$,其中 $\text{cov}(U, u_i)$ 表示信号 $U(t)$ 与 $u_i(t)$ 的协方差,$\sigma_U$ 与 $\sigma_{u_i}$ 分别表示 $U(t)$ 与 $u_i(t)$ 的标准差。

判断相关系数 $R_{U,u_i}$ 的最大值,该最大值表征了无噪声理想信号与采样器转换信号(采样间隔 $\tau$)之间的相似程度。因此,相关系数可以评估转换信号的失真程度。

在采样器输入端噪声电平给定的情况下,信号相关系数与采样间隔之间的关系如图 2.21 所示。每一幅图中包含了高斯脉冲及其一阶偏导信号、二阶偏导信号的相关系数计算结果。在这些计算结果中,按照信号幅度的峰值 $u_{\text{max}}$ 对噪声电平 $\sigma$ 进行纵轴归一化。水平轴表示采样间隔 $\tau$ 按照脉冲间隔 $\delta$(在电平 $0.5u_{\text{max}}$ 处)进行归一化。

在各个噪声电平情况下,相关系数如图 2.22 所示。这是由于当采样器的工作频带较宽时(其中 $\tau \ll \delta$),噪声会导致接收波形严重恶化。当采样器的工作频带较窄时(其中 $\tau > \delta$),转换过程会导致信号严重恶化。在采样间隔上对转换信号的幅度进行平均。在采样时间间隔上,幅度变化被平滑处理并转换为单个幅

值。这些图还表明,噪声电平上升会导致信号相关系数下降,相关系数曲线的最大值向采样间隔较长的方向移动。

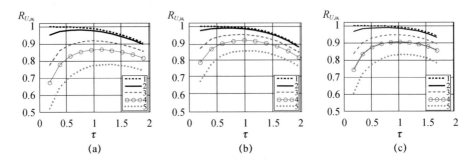

图 2.21 转换信号与源信号的相关系数 $R_{U,u_i}$ 随着采样间隔与噪声电平发生变化

(a)高斯脉冲信号;(b)高斯脉冲的一阶偏导;(c)高斯脉冲的二阶偏导

(图中显示了相关系数随采样间隔 $\tau$ (按照脉冲间隔 $\delta$ 横轴归一化)与噪声电平(按照峰值信号电平 $u_{max}$ 归一化)的变化关系)。

trace1—$0u_{max}$;trace2—$0.2u_{max}$;trace3—$0.5u_{max}$;trace4—$0.7u_{max}$;trace5—$1u_{max}$

(From Ruban, V. P. and Pochanin, G. P., Sampling duration for noisy signal conversion, Proc. of 5th Int. Conf. on Ultra Wideband and Ultra Short Impulse Signals, September 6–10, Sevastopol, Ukraine, pp. 275–277. © 2010 IEEE.)

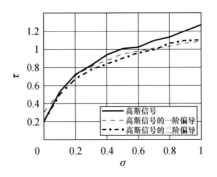

图 2.22 最优采样间隔 $\tau$ 随噪声电平 $\sigma$ 的变换关系

(From Ruban, V. P. and Pochanin, G. P., Sampling duration for noisy signal conversion, Proc. of 5th Int. Conf. on Ultra Wideband and Ultra Short Impulse Signals, September 6–10, Sevastopol, Ukraine, pp. 275–277. © 2010 IEEE.)

显而易见,在噪声电平给定的情况下,相关曲线的最大值对应于某个采样步长。

基于该准则,三种不同类型信号的最优采样间隔随噪声电平的变化曲线如图 2.23 所示。

由图 2.23 可以看出,当噪声电平降为 0 时最优采样间隔趋近于 $2B$ 个采样点每秒的经典准则,其中 $B$ 为信号的最高频率。

最大偏导。评估信号转换误差的另一种方法是计算原始信号 $U_m$ 与转换信号 $U_c$ 之间的幅度关系(在二者差别最大的区域)。结果表明,这些区别最大的区域与信号的极值吻合。因此,利用相对单位(相对于极值最大点)来评估信号幅度的测量误差,这等价于利用信号极值来评估信号幅度测量误差。

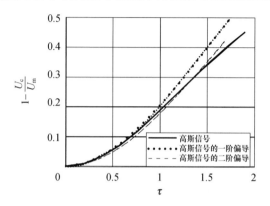

图 2.23　信号转换误差随归一化采样间隔 $\tau$ 的变化曲线

(From Ruban, V. P. and Pochanin, G. P., Sampling duration for noisy signal conversion, Proc. of 5th Int. Conf. on Ultra Wideband and Ultra Short Impulse Signals, September 6–10, Sevastopol, Ukraine, pp. 275–277.© 2010 IEEE.)

在三种不同类型信号的情况下,信号峰值区域处的转换误差与采样间隔之间的关系如图 2.23 所示。在选择最优采样间隔时,这些曲线有助于判断转换信号的最大误差。例如,为了检测高斯信号偏导波形(采样器输出噪声电平 $\sigma=0.7$),根据图 2.22 可知最优采样间隔 $\tau=1$。在这种采样间隔下,转换信号的最大幅度与采样器输入端的幅度相差 20%。当根据传统准则确定采样间隔(采样阈值宽度为 0.1)时,采样器的转换信号如图 2.24(a)所示[52]。当采样间隔为 1 时,采样器的转换信号如图 2.24(b)所示。由图 2.24 中曲线可以清晰地看出,采样间隔增加 SNR 也会提高。在这种情况下,转换波形的变化非常细微。

由测试方法可知以下几点:

(1)在给定噪声电平的情况下,利用最优的采样间隔,对探测到的噪声信号的恶化程度进行评估;

(2)通过对信号转换的允许误差进行评判,提供了一种确定采样器采样间隔的方法;

(3)当原始信号与转换信号之间的交叉相关最大时,提供了一种噪声电平的评估方法。

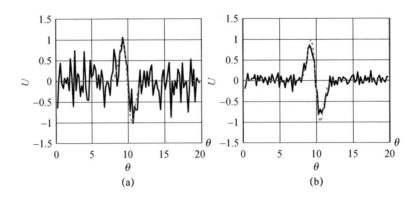

图 2.24 输入信号与输出转换信号的对比
(a) 归一化采样间隔为 0.1;(b) 归一化采样间隔为 1
(其中,输入信号用虚线表示。当增加采样间隔时,SNR 也会提高)。
(From Ruban, V. P. and Pochanin, G. P. , Sampling duration for noisy signal conversion, Proc. of 5th Int. Conf. on Ultra Wideband and Ultra Short Impulse Signals, September 6 – 10, Sevastopol, Ukraine, pp. 275 – 277.© 2010 IEEE. )

**3. 基于可调采样阈值宽度的频闪接收机的数据获取**

由前面可知,存在最优的采样阈值宽度,该采样阈值宽度能够在信号失真最小的情况下提供更好的 SNR。最优采样阈值宽度取决于雷达发射脉冲宽度,但是更受制于接收脉冲的宽度。选择最优采样阈值宽度,能够提供需要的分辨力并尽可能地提高灵敏度[24]。

深埋地下的反射目标产生的反射信号幅度远远弱于其他邻近目标产生的反射信号。与此同时,持续时间较长的脉冲信号具有较长的上升时间与下降时间。因此,在扫描的起点可以选择较窄的采样阈值宽度,这里的反射信号对应接近地面的边界面。这种情况下,探测信号的传输路径非常短,因此衰减不是非常严重,SNR 较高。这种情况意味着,由于宽度较窄的采样阈值能够确保较好的波形重建、较高的雷达测量精度、较好的 GPR 空间分辨力,因此宽度较窄的采样阈值效果更好。

如果接收的反射信号来自深层目标或掩埋目标,那么探测波的传播路径较长且衰减较高,这是由于土壤的特性以及存在来自上层的反射波。这意味着距离较远时 GPR 的 SNR 较低,这就是展宽采样阈值宽度的原因。所以,更宽的采样阈值宽度能够确保较高的 SNR,并改善接收波形的重建性能。这些因素可以产生更高的雷达距离测量精度与 GPR 空间分辨力。

因此,可以改变采样阈值宽度来使 GPR 在特定深度处获得最优性能。这有助于改善接收机灵敏度,从而确保在整个 A – scan 过程中获得更好的波形重建性能与最高的可能分辨力。

由于最优采样间隔是 UWB SP 雷达的最重要指标,因此我们的 GPR 原型中包含一个能够在雷达测量过程中调整采样间隔的计算机软件功能[58-59]。此外,在高 SNR 的情况下(如近距离目标、高对比度目标等),该雷达的特殊工作模式可以缩短采样间隔,从而获得最小的波形失真。对于深层或低对比度目标而言,计算机可以增加采样宽度,从而记录最优的信号波形。

## 2.5.2 用于降低抖动的接收信号积累方法

在无噪声情况下测量信号,ADC 的幅度分辨力直接取决于 ADC 的位数。在实际中,输入信号的 SNR 限制了 ADC 的分辨力。当在 ADC 输入端施加强噪声时,输入信号邻近电平之间的区别将变得不确定,并有可能导致 ADC 分辨力恶化。

对目标反射信号的能量进行积累是一种可能降低噪声电平并提高 UWB 雷达功率预算的方法[46]。对大量信号进行积累或求和可以提高 SNR,提高程度正比于被积累信号数目的平方根。

注意,为了提高测距系统的性能,传统的 SP UWB 系统都使用一种对接收能量进行积累和积分的系统,如 Novelda 纳米级脉冲雷达、Camero 穿墙雷达与成像雷达等[4]。在这些情况下,窄带系统在选择振荡电路中对模拟信号进行累加,该振荡电路可以有选择性地接收选定信号并抑制其他噪声信号与杂散信号。

将频闪转换作为一种接收反射脉冲信号的方法可以改善积累效果。这种积累过程的效果与数字梳状滤波器的滤波效果相同[60]。

GPR 兼具数字积累器与模拟积累器。数字积累器具有以下功能:①记录特定数目的信号,包括接收、频闪转换、模/数转换、计算机数值数据的传输;②累加相同位置点对应的信号幅度数值;③将累加幅度值除以被平均信号的数目。在信号累加之后,处理器将结果保存在一个文件中并显示这些数据。许多 GPR 系统都使用数字积累。

在采样与保持时,模拟积累表示在频闪转换过程中对接收信号能量进行累加。对一组选定的对应于相同时间点的接收信号幅度按照预定次数进行这种模拟积累。在模/数转换之后,信号处理器将信号文件传送到 PC,以便后续记录与处理雷达探测数据。除了可以提高 SNR 外,模拟积累还可以展宽 GPR 接收机的工作带宽,这是由于存在采样及保持能力的额外信息[61]。

在 UWB 雷达系统中,如果希望提高积累的效率,就需要使用高稳定、低抖动的测量设备。如果短时非稳定性非常大,那么积累会导致接收信号形状失真,并增加非稳定性的持续时间。最终,UWB 雷达的距离分辨力会发生恶化。信号形状失真会增加雷达数据处理的难度。Kholod 与 Orlenko 的研究结果表明大量积累信号随抖动的变化关系[62]。根据 Kholod 与 Orlenko 的研究结果,能够积累

的最优脉冲个数可以表示为

$$N = \frac{0.2\sqrt{3}}{n \cdot \zeta} \cdot T \qquad (2.20)$$

式中：$n$ 为信号频谱中最高频率与最低频率的比值；$T$ 为脉冲重复周期；$\zeta$ 为脉冲重复周期的均方根（RMS）误差。

例如，对于一个频率上限为 1GHz、脉冲重复频率为 1MHz 的脉冲雷达信号，当存储脉冲积累数目 $N=10$ 时，脉冲重复周期的非稳定性不超过 $\zeta=35\text{ps}$。对于 35 个脉冲积累而言，需要保证雷达非稳定性 $\zeta \leq 10\text{ps}$。

仪器测量的稳定性越高，意味着信号处理过程可以积累的信号个数越多，这样不会破坏反射信号的信息，从而获得更高的功率预算。

UWB SP 雷达中，频闪转换器的短时非稳定性主要原因有：①功率探测脉冲发生器的同步抖动；②同步脉冲中采样脉冲发生器的抖动会进入频闪转换器。当使用为采样器产生时间偏移的模拟方法时，频闪转换器会更受影响。

可以使用以下两种方法改善设备的稳定性。

（1）在频闪转换器中，采用数字延时线（DDL）替代模拟电路来提供时间偏移，从而确保采样点之间具有固定的时间偏移。

（2）如图 2.25 所示，采用强探测脉冲的小部分能量来实现与 DDL 的同步。

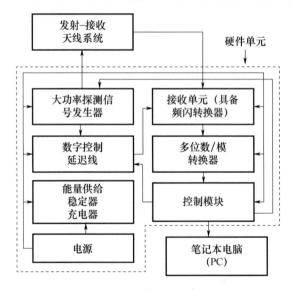

图 2.25　用于记录完整接收信号波形的 UWB 雷达系统框图

在微型芯片中，采用这种时间延迟产生方法有可能产生极低的抖动。目前，芯片数值延迟线可以实现 10ps 甚至 5ps 的增加量。因此，非稳定性不会超过几皮秒。基于发射信号的接收机同步，解决了短暂时刻（对应于接收信号的记录起点)的选取问题。

当使用快速比较器时,可以获得如图 2.26 所示的大约 12ps 的完整抖动,其中将 500 组信号绘制在同一幅图中,并且放大了信号变化最快的部分,以便看清时间间隔。图 2.26 中 500 组信号的时间间隔为 12ps。如图 2.27 所示的分布情况,同步时基误差的均方根的计算结果 $\delta\tau \approx 2.4\text{ps}$。

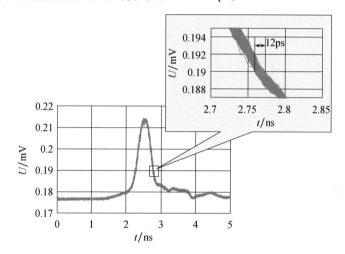

图 2.26　同一幅图中的 500 组信号显示了比较器抖动的影响
($x$ 轴为时间尺度、$y$ 轴为电压)

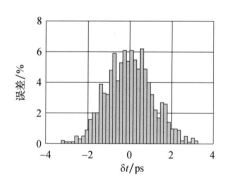

图 2.27　同步性时间间隔误差分布

## 2.6　雷达数据处理软件

为充分发挥雷达的潜在优势,我们研发了三种不同的软件模块:①Signal-ProcessorEx 模块控制雷达数据获取;②GPR ProView 模块完成初步的 GPR 数据处理;③GeoVizy 模块精确计算硬路面边界之间的高度。

## 2.6.1 SignalProcessorEx 数据获取模块

SignalProcessorEx 模块控制 GPR 的所有功能。SignalProcessorEx 模块包含的常用功能有时标选择、确定 A – scan 采样参数、平均接收信号、背景对消等。该模块提供以下可选功能来优化雷达系统性能。

(1) 频闪接收机采样阈值宽度。

(2) 模拟信号积累数目。

(3) 发射信号重复率。

可以使用新功能来优化接收机参数(如 SNR),并且可以展宽 GPR 的动态范围。雷达模块与 PC 之间的数据交换协议具有极大灵活性。操作人员可以通过添加新的计算机程序模块来添加新的雷达功能。

## 2.6.2 GPR ProView 模块

为了提高雷达数据质量,GPR ProView 模块中包含了大量数据处理运算:①频率滤波、空间滤波、屏蔽滤波等不同种类滤波器;②Hilbert 变换、Hough 变换[4,44,63]与傅里叶变换等不同数据变换方式。

## 2.6.3 GeoVizy 软件的计算算法

GeoVizy 软件的算法使用 2.2.3 节的推论,完成了基于变换函数的硬路面结构层的厚度计算。计算过程包括以下步骤。

步骤 1:基于雷达初始数据的 Hilbert 变换,利用算法可以确定来自底层边界信号的时间延迟 $\Delta t_i$ 与信号的幅度[39-40]。同时将这些信息用作算法的输入参数。

步骤 2:利用式(2.17)来确定 $\sqrt{\varepsilon_1}$,从而得到顶层的介电常数 $\varepsilon_1$。在测试开始之前,在测试覆盖区域表面放置金属片并测试反射信号,这一步可以确定入射信号的幅度。

步骤 3:利用式(2.13b) ~ 式(2.16)计算时间 $T_{0,1}$、$T_{1,0}$ 以及幅度 $A_{0,1}$、$A_{1,0}$。在式(2.17)中,再次使用这些变量来计算第二层的介电常数 $\varepsilon_2$。

步骤 4:重复计算,直至确定最底层介质(土壤)的介电常数。

步骤 5:利用以下表达式计算层边界坐标系,即

$$Z_I = \sum_{n=1}^{I} \frac{(t_n - t_{n-1}) \cdot c}{2 \cdot \sqrt{\varepsilon_n}} = \sum_{n=1}^{I} \frac{\Delta t_n \cdot c}{2 \cdot \sqrt{\varepsilon_n}} \tag{2.21}$$

式中:$Z_I$ 为第 $I$ 层边界的坐标(最上层边界的编号为 0);$t_n$ 与 $t_{n-1}$ 分别为步骤 1 中确定的第 $n$ 层边界与第 $n-1$ 层边界的信号传输时间;$\varepsilon_n$ 为步骤 2 或步骤 3 中计算的第 $n$ 层介质的介电常数。

步骤 6：利用以下表达式计算层厚度 $h_n$，即
$$h_n = Z_n - Z_{n-1}; \quad Z_0 = 0, \quad n = 1, 2, \cdots, I \tag{2.22}$$
步骤 7：记录数据，以备后续使用。

这样，在不需要额外实验装置的情况下，直接在路面进行测试，通过 GeoVizy 处理流程就可以确定道路结构层的厚度与介电常数。

## 2.7 探地雷达原型

### 2.7.1 雷达设备组件

图 2.28 为路面监测雷达 ODYAG，该雷达由以下组件构成：发射－接收天线、探测脉冲发生器、控制单元、采样接收机、DDL、ADC、电池电源（6V、7A·h）、充电器。同时还包括与车辆电子系统适配的电源线、馈线与计算机控制线。ODYAG 系统包括用于 GPR 控制与数据获取的计算机软件、雷达数据处理软件和结果分析软件[15]。

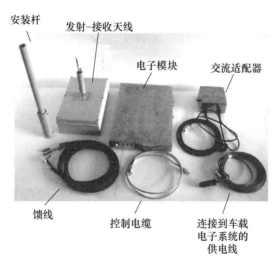

图 2.28　GPR ODYAG 组件

（From Pochanin, G. P. et al., GPR for pavement monitoring, Journal of Radio Electronics, 2013. http://jre.cplire.ru/alt/jan13/8/text.pdf [accessed from September 21, 2016]. 经许可）

### 2.7.2 ODYAG 详细说明

1. 探测脉冲发生器

（1）在 50Ω 负载下，探测脉冲的幅度大于 75.7V。

（2）重复率低于 500kHz。

(3) 脉冲上升时间小于 0.4ns。

2. 发射-接收天线

(1) 发射天线与接收天线的工作频段为 0.8~1.6GHz。

(2) 从发射天线到接收机输入端的信号直接传输衰减高于 64.8dB。

3. 滤波接收单元

(1) 频闪转换器输入端的噪声电平低于 200μV。

(2) 阈值宽度为 10ps。

(3) 频闪转换器的上升时间特性小于 0.2ns。

(4) 抖动小于 3ps。

ADC 具有 16 位分辨力。

4. 控制单元

利用标准电缆连接器(100Mb/s)通过以太网口与计算机之间通信。

扫描范围:5ns、10ns、20ns、40ns。

软件实现 GPR 控制与数据转换功能。软件将探测结果以接收波形(或像)的形式显示在计算机显示器上,软件还将计算硬路面结构层的厚度。

## 2.8 ODYAG GPR 测试结果

如图 2.29 所示,在新近修葺的道路上选择两个不同位置,分别实施 ODY-AG GPR 测试,并且对路面进行钻孔以完成路芯样品与雷达测试结果之间的对比。

(a)　　　　　　　　　　　(b)　　　　　　　　　　　(c)

图 2.29　在新近修葺的道路上实施 GPR ODYAG 测试并采集路芯样本以评估雷达精度

(From Pochanin, G. P. et al., GPR for pavement monitoring, Journal of Radio Electronics, 2013. http://jre.cplire.ru/alt/jan13/8/text.pdf [accessed from September 21, 2016]. 经许可)

第一条道路为 M03 Kyiv-Kharkov-Dovzhansky,如图 2.29 所示;另一条道路为 M18 Kharkov-Simpheropol-Alushta-Yalta,如图 2.30 所示。此次测试的

目的为评估道路硬路面结构层的厚度、评估硬路面地下结构的不均匀性、评估路基的泥土湿度。

图 2.30　在 M18 公路上的 GPR 测量图
(a)沿纵向方向扫描;(b)用于 GPR 测量结果对比的路芯。

GeoVizy 软件处理后的测试结果如图 2.31 所示。硬路层厚度的 GPR 测量结果如表 2.2 所列。

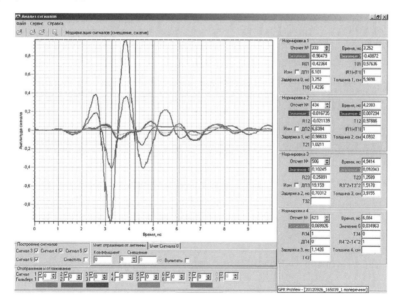

图 2.31　GeoVizy 软件模块的计算机显示工作窗口(俄文版本)
(该测试模块可以确定硬路层的厚度)

(From Pochanin,G. P. et al.,GPR for pavement monitoring,Journal of Radio Electronics,2013. http://jre. cplire. ru/alt/jan13/8/text. pdf [accessed from September 21,2016]. 经许可)

表 2.2　GPR 硬路面结构层厚度测量结果

| GPR 测量实验 | 深度 | |
| --- | --- | --- |
| | 基于路芯测量的实际值 | 基于 GPR 测量结果的计算值 |
| 位置：M03 Kyiv – Kharkov – Dovzhansky 519km 处 | | |
| 沥青层的整体厚度 | 10.5cm | 10.124cm |
| 第一层与第二层的厚度 | 上层：5.5cm | 上层：5.174cm |
| | 下层：5.0cm | 下层：4.9496cm |
| 位置：M03 Kyiv – Kharkov – Dovzhansky 528km 处 | | |
| 第一层 | 上层：6.0cm | 上层：5.989cm |
| 第二层 | 第二层：4.0cm | 第二层：4.09cm |
| 第三层的厚度 | 第三层：4.0cm | 第三层：3.915cm |

## 2.9　探地雷达应用范例

2.8 节的公路硬路面测试证明了 GPR 能够精确测量新近修茸道路的路层厚度，本节将介绍更多 GPR 道路检测应用的测试结果。

下面将通过探测修复路面的应用实例，来进一步证明所提出算法能够用来测量上层硬路面结构层的厚度与电参数，实际测量精度满足相关标准的要求。

如前所述，在克里米亚半岛上，采用最新研发的 GPR 来检测从 Simferopol 城到 Alushta 城之间新近修茸的 5km 道路。图 2.32[16] ~ 图 2.34 分别为初始雷达探测数据、预处理的结果及雷达后处理结果。由图 2.34 可知，上层沥青层（沥青砂石层）的厚度等于 5cm ± 0.5cm。整个覆层的厚度变化范围为 10 ~ 37cm。图 2.35 所示为用来评估公路质量的移动实验装置。

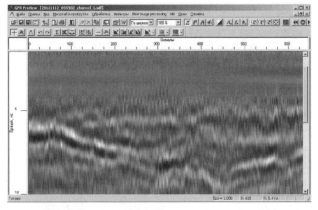

图 2.32　GPR ProView 软件显示的 5km 公路的 GPR 硬路面测试数据
(From Pochanin, G. P. et al., Measuring of thickness of asphalt pavement with use of GPR, Proc. of the 15th International Radar Symposium, University of Technology, Warsaw, Poland, pp. 452 – 455, 2014). 经许可)

# 第 2 章 用于路面检测的探地雷达在短程距离、介电常数测量方面的研究进展

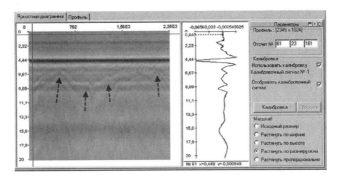

图 2.33 在 680+800～681+000km 区间段沿着纵向方向的扫描结果
（箭头表示地下 15～30cm 深度处的不规则（采用沥青填充的废旧路面裂痕）横截面）

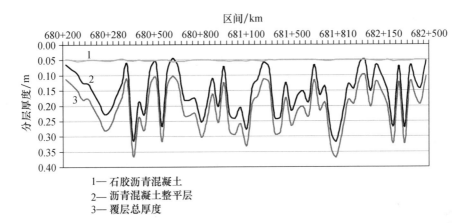

1— 石胶沥青混凝土
2— 沥青混凝土整平层
3— 覆层总厚度

图 2.34　5km 路面测量实验（图 2.32）的后处理结果

图 2.35　用于硬路面监测的移动实验装置

## 2.10 小　　结

本章介绍了可行的技术方法来增加 UWB SP GPR 功率预算,并提高道路硬路面厚度测量精度。

GPR 使用一种完全非频率相关的去耦方式来消除发射模块与接收模块之间的耦合,这种去耦方式具有以下优点。

① 有可能极大程度地提高探测信号功率。

② 雷达对于遮挡物体的灵敏度降低,包括位于天线系统对称面上的雷达硬件。

高度稳定的发射同步性保证系统能够使用大量反射信号实现相干模拟能量积累,从而提高接收机的 SNR。

配套软件能够产生自适应采样阈值宽度,这就允许我们在探测过程中优化采样间隔。这种自适应采样阈值宽度可以将接收信号的失真降到最低,从而为精确地确定接收信号波形提供足够的 SNR。

这些 GPR 与软件的革新可以帮助道路监测用户准确、快速地确定硬路面结构层的厚度。这些雷达测量结果与采集的硬路面样本(路芯)测量结果基本吻合。

当使用 GPR 进行道路检测时,GPR 具有良好的精度与极高的效率。用户可以将 GPR 安装在移动实验装置上,并且以 30~40km/h 的速度进行路况检测。

**编辑后记**

本章所述方法将 GPR 从一种简单的距离测量设备引申为一种非常有价值的仪器,该仪器可以用于测量介质特性与目标特性。硬路面结构层实测实验仅仅是 SP GPR 与信号处理算法的一种潜在用途而已。该方法还有可能用于其他 MPR 问题,如无损检测、安保、医学成像以及其他领域。

## 参 考 文 献

［1］ Harmuth, H. F. 1981. Nonsinusoidal Waves for Radar and Radio Communication. Academic Press,New York.

［2］ Astanin, L. Yu. and Kostylev, A. A. 1997. Ultrawideband Radar Measurements:Analysis and Processing. The Institute of Electrical Engineers,London.

［3］ Taylor,J. D. 1995. Introduction to Ultra – Wideband Radar Systems. CRC Press,Boca Raton,FL.

［4］ Taylor, J. D. 2012. Ultrawideband Radar Applications and Design. CRC Press,Boca Raton,FL,

536 p.

[5] Finkelstain, M. I. 1994. Subsurface Radar. Radio i Svjaz, Moscow. (in Russian)

[6] Daniels, D. J. 2004. Ground Penetrating Radar. The Institution of Electrical Engineers, London.

[7] Grinev, A. Yu. [ed] 2005. Problems of Subsurface Radiolocation. Radiotekhnika, Moscow. (in Russian)

[8] Glebovich, G. V. (ed). 1984. Investigation of Objects Using Picosecond Pulses. Radio and Communication, Moscow. (in Russian)

[9] Finkelstein, M. I., Kutev, V. A. and Zolotarev, V. P. 1986. The Use of Radar Subsurface Probing in Engineering Geology. p. 128, Finkelstein, M. I. (ed), NEDRA, Moscow. (in Russian)

[10] Ground penetrating radar for road structure evaluation and analysis. http://www.geophysical.com/roadinspection.htm.

[11] Concrete & Pavement. //http://www.sensoft.ca/Applications/Concrete – and – Pavement.aspx

[12] Engineering geophysical surveys for highways. URL: http://www.geotechru.com/en/file – manager/download/446/road_inspection.pdf.

[13] Pajewski, L. and Benedetto, A. (eds). 2013. Civil Engineering Applications of Ground Penetrating Radar, Booklet of Participants and Institutions. Aracne, Rome, July 194 pp.; ISBN 978 – 88 – 548 – 6191 – 6.

[14] Cost action TU1208. Civil engineering applications of ground penetrating radar http://gpradar.eu/one – webmedia/BOOKLET%20TU1208%20WEB.pdf.

[15] Pochanin, G. P., Ruban, V. P., Kholod, P. V., Shuba, A. A., Pochanin, A. G., Orlenko, A. A., Batrakov, D. O. and Batrakova, A. G. 2013. "GPR for pavement monitoring," Journal of Radio Electronics. No. 1. Moscow, http://jre.cplire.ru/alt/jan13/8/text.pdf.

[16] Pochanin, G. P., Ruban, V. P., Batrakova, A. G., Urdzik S. N. and Batrakov, D. O. 2014. "Measuring of thickness of asphalt pavement with use of GPR," Proc. of the 15th International Radar Symposium. (Gdansk, Poland, June 16 – 18, 2014), University of Technology, Warsaw, Poland, pp. 452 – 455.

[17] Batrakov, D. O., Batrakova, A. G., Golovin, D. V., Kravchenko, O. V. and Pochanin, G. P. 2014. "Determination of thicknesses of the pavement layers with GPR probing," Physical bases of instrumentation, Vol. 3, No. 2, p. 46 – 56. (in Russian)

[18] Goncharsky, A. V., Ovchinnikov, S. L. and Romanov, S. Yu. 2009. "The inverse problem of wave diagnostics of roadway," Computational Methods and Programming. Vol. 10, pp. 275 – 280. (in Russian)

[19] Varyanitza – Roshchupkína, L. A., Pochanin G. P., Pochanina I. Ye. and Masalov S. A. 2015. "Comparison of different antenna configurations for probing of layered media," 8th International Work – shop on Advanced Ground Penetrating Radar (IWAGPR 15), Conference Proceedings, Florence, Italy, July.

[20] Varyanitza – Roshchupkína, L. A. 2006. "Software for image simulation in ground penetrating radar problems," Ⅲ International Workshop "Ultra Wideband and Ultra Short Impulse Sig-

nals" (UBUSIS 2006):proc. Sevastopol,pp. 150 – 155.

[21] Golovko, M. M. ,Sytnic, O. V. and Pochanin, G. P. 2006. "Removing of the trend of GPR data," Electromagnetic Waves and Electronic Systems. Vol. 11, No. 2 – 3, pp. 99 – 105. (in Russian)

[22] Zhuravlev, A. , Ivashov, S. , Razevig, V. , Vasiliev, I. and Bechtel, T. 2014. "Shallow depth subsurface imaging with microwave holography," Proc. of SPIE Symposium on Defense and Security. Radar Sensor Technology XVIII Conference. Baltimore, MD, May5 – 7, Vol. 9072. pp. 90720X – 1⋯9.

[23] Kopylov, Yu. A. ,Masalov, S. A. and Pochanin, G. P. Method for decoupling between transmitting and receiving modules of antenna system. Patent UA 81652. Jan 25,2008. (in Ukraine)

[24] Pochanin, G. P. and Ruban, V. P. Stroboscopic method of recording signals. Patent UA 96241, Dec. 07,2010. (in Ukraine)

[25] Batrakov, D. O. and Zhuck, N. P. 1994. "Solution of a general inverse scattering problem using the distorted Born approximation and iterative technique," Inverse Problems. Vol. 10, No. 1. pp. 39 – 54. Feb.

[26] Batrakov, D. O. and Zhuck, N. P. 1994. "Inverse scattering problem in the polarization parame – ters domain for isotropic layered media:solution via Newton – Kantorovich iterative technique," Journal of Electromagnetic Waves and Applications. June Vol. 8,No. 6. pp. 759 – 779.

[27] Zhuck, N. P. and Batrakov, D. O. 1995. "Determination of electrophysical properties of a layered structure with a statistically rough surface via an inversion method," Physical Review B – 51, No. 23,June 15. pp. 17073 – 17080.

[28] Batrakova, A. G. 2011. Recommendations for the determination of the thickness of the structural layers of the existing pavement, Ukraine State Road Agency (Ukravtodor) normative document, RV. 2. 3 – 218 – 02071168 – 781. (in Ukraine).

[29] Brekhovskikh, L. M. 1973. Waves in Layered Media. Nauka, Moscow, p. 343. (in Russian)

[30] Masalov, S. A. and Puzanov, A. O. 1997. "Diffraction videopulses on layered dielectric structures," Radio Physics and Radio Astronomy, Vol. 2,No. 1. pp. 85 – 94. (in Russian)

[31] Masalov, S. A and Puzanov, A. O. 1998. "Scattering videopulses on layered soil structures," Radio Physics and Radio Astronomy. Vol. 3,No. 3/4. pp. 393 – 404. (in Russian)

[32] Batrakov, D. O. 1995. Development of radio physical models applied to the problem of inhomo – geneous media sensing. Dissertation of. Dokt. of Sciences, Kharkov. 297 p. (in Russian)

[33] Batrakova, A. G. and Batrakov, D. O. 2002. "Application of electromagnetic waves for the analysis of hydrogeological conditions and diagnostic properties of road pavement," Bulletin of Kharkov National Automobile and Highway University. No. 17. pp. 87 – 91. (in Russian)

[34] Goncharsky, A. V. , Ovchinnikov, S. L. and Romanov, S. Yu. 2009. "Solution of the problem of pavement wave diagnostics on supercomputer," Computational Methods and Programming Vol. 10. pp. 28 – 30. (in Russian)

[35] Cao, Y. , Guzina, B. B. and Labuz, J. F. 2008. Pavement evaluation using ground penetrating

radar, Final Report, University of Minnesota. 102p.

[36] Cao, Y. , Guzina, B. B. and Labuz, J. F. 2011. "Evaluating a pavement system based on GPR full - waveform simulation," Transportation Research Board (TRB) 2011 Annual Meeting, pp. 1 - 14.

[37] Karim, H. H. and Al - Qaissi, A. M. M. 2014. "Assessment of the accuracy of road flexible and rigid pavement layers using GPR," Eng. & Tech. Journal, Vol. 32, Part (A), No. 3, pp. 788 - 799.

[38] Yelf, R. and Yelf, D. 2006. "Where is the true time zero?," Electromagnetic phenomena. Vol. 7, No. 1 (18), pp. 158 - 163.

[39] Krylov, V. V. and Ponomarev, D. M. 1980. "Definition signal delay by Hilbert and methods of its measurement," Radiotechnika i elektronika. Vol. 25, No. 1. pp. 204 - 206. (in Russian)

[40] Batrakov, D. O. , Batrakova, A. G. , Golovin, D. V. and Simachev, A. A. 2010. "Hilbert transform application to the impulse signal processing," Proceedings of UWBUSIS' 2010, Sevastopol, Ukraine, September 6 - 10. pp. 113 - 115.

[41] Born, M. and Wolf, E. 1973. Principles of Optics, Nauka, 1973. 720 p. (in Russian)

[42] Finkelstein, M. I. , Mendelssohn, V. L. and Kutev, V. A. 1977. Radiolocation of layered Earth's surface. Sov. Radio, Moscow. 176 p. (in Russian)

[43] Taflove, A. 1995. Computational Electrodynamics: The Finite - Difference Time - Domain Method. Artech House, Boston - London.

[44] Pochanin, G. P. 2009. "Some Advances in UWB GPR," Unexploded Ordnance Detection and Mitigation, NATO Science for Peace and Security Series - B: Physics and Biophysics, Jim Byrnes(ed), Springer, Dordrecht, (The Nederland). pp. 223 - 233.

[45] Pochanin, G. P. and Orlenko, A. A. 2008. "High decoupled antenna for UWB pulse GPR "ODYAG"," 4th Int. Conf. on "Ultra Wideband and Ultra Short Impulse Signals" September 15 - 19, Sevastopol, Ukraine, pp. 163 - 165.

[46] Pochanin, G. P. , Ruban, V. P. , Kholod, P. V. , Shuba, A. A. , Pochanin, A. G. and Orlenko, A. A. 2013. "Enlarging of power budget of ultrawideband radar," 6th International Conference on "Recent Advances in Space Technologies - RAST2013" June 12 - 14, 2013. Istanbul (Turkey). pp. 213 - 216.

[47] Lukin, K. A. , Masalov, S. A. and Pochanin, G. P. 1997. "Large current radiator with avalanche transistor switch," IEEE Trans. Electromagnetic Compatibility. Vol. 39, May (2), pp. 156 - 160.

[48] Keskin, A. K. , Senturk, M. D. , Orlenko, A. A. , Pochanin, G. P. and Turk, A. S. 2014. "Low cost high voltage impulse generator for GPR," 30th International Review of Progress in Applied Computational Electromagnetics (ACES 2014), Jacksonville, FL, March 23 - 27.

[49] Varianytsia - Roshchupkina, L. A. , Gennarelli, G. , Soldovieri, F. and Pochanin, G. P. 2014. "Analysis of three RTR - differential GPR systems for subsurface object imaging." Radiophysics and Electronics, Vol. 19, No. 4. pp. 48 - 55.

[50] Varianytsia - Roshchupkina, L. A. , Soldovieri, F. , Pochanin, G. P. and Gennarelli, G. 2014.

"Full 3D Imaging by Differential GPR Systems," 7th International Conference on "Ultra Wideband and Ultra Short Impulse Signals" September 15 – 19, Kharkiv, Ukraine, pp. 120 – 123.

[51] Persico, R., Soldovieri, F., Catapano, I., Pochanin, G., Ruban, V. and Orlenko, O. 2013. "Experimental results of a microwave tomography approach applied to a differential measurement configuration," 7th International Work – shop on Advanced Ground Penetrating Radar (IWAGPR 13), Conference Proceedings, Nantes, France. pp. 65 – 69.

[52] Ryabinin, Yu. A, 1972. Sampling Oscillography. Sov. Radio, Moscow, 1972. (in Russian).

[53] TEK Sampling Oscilloscopes, Technique Primer 47W – 7209, http://ww. btricks. om/miscellaneous/tech_publications/scope/sampling. pdf.

[54] TEK Sampling Oscilloscopes, Technique Primer 47W – 7209, http://stilzchen. kfunigraz. ac. at/skripten/comput04/47w_7209_0. pdf.

[55] Jol, Harry M., (ed), 2009. Ground Penetrating Radar Theory and Applications. Elsevier.

[56] Ruban, V. P. and Pochanin, G. P. 2010. "Sampling duration for noisy signal conversion," Proc. of 5th Int. Conf. on "Ultra Wideband and Ultra Short Impulse Signals" September 6 – 10, Sevastopol, Ukraine, pp. 275 – 277.

[57] Astanin, L. Yu. and Kostylev, A. A. 1989. Basic Principles of Ultrawideband Radiolocation Measurements. Radio i Svyaz', Moscow. (in Russian)

[58] Rub an, V. P. and Shuba, O. O. 2012. "Sampling pulse width versus forward current in the step recovery diode," Proc. of 6th Int. Conf. on "Ultra Wideband and Ultra Short Impulse Signals" September 17 – 21, Sevastopol, Ukraine, pp. 72 – 74.

[59] Ruban, V. P., Shuba, O. O., Pochanin, O. G., Pochanin, G. P., Turk, A. S., Keskin, A. K., Dagcan, S. M. and Caliskan, A. T. 2014. "Analog signal processing for UWB sounding," 7th International Conference on "Ultra Wideband and Ultra Short Impulse Signals" September 15 – 19, Kharkiv, Ukraine, pp. 55 – 58.

[60] R. E. Bogner and A. G. Constantinides (eds). 1975. Introduction to Digital Filtering. Wiley, London.

[61] Ruban, V. P., Shuba, O. O., Pochanin, O. G. and Pochanin, G. P. 2014. "Signal sampling with analog accumulation," Radiophysics and Electronics. Vol. 19, No. 4, pp. 83 – 89. (in Russian).

[62] Kholod, P. V. and Orlenko, A. A. 1998. "Optimum synthesis of transmitting – receiving sections of subsurface radar," Proc. of the Third Int. Kharkov Symp. "Physics and Engineering of Millimeter and Submillimeter Waves", MSMW – 98, Vol. 2, Kharkov, Ukraine, September 15 – 17, pp. 546 – 548. (in Russian).

[63] Golovko, M. M. and Pochanin G. P. 2004. "Application of Hough transform for automatic detection of objects in the GPR profile," Electromagnetic Waves and Electronic Systems, Vol. 9, No. 9 – 10, pp. 22 – 30. (in Russian).

# 第 3 章
# 信号、目标和超宽带雷达系统

James D. Taylor, Anatoliy Boryssenko, Elen Boryssenko

## 3.1 超宽带雷达简介

想象下一步雷达通过目标回波信号频谱可以识别目标,同时改变发射信号可以匹配出一批具体的目标。UWB 雷达技术从发射电磁信号被动探测发展至主动检测特定目标。本节将介绍 UWB 雷达系统技术和概念。

UWB 雷达会发射一个虚拟脉冲信号。接收机首先将检测到回波信号;然后将回波信号转变为数字格式信号。信号处理器会分析回波信息,从而确定每个目标的时频特性,利用时频特性实现目标识别。通过调整发射信号频谱,雷达操作人员可以进行目标匹配且提高特定目标群的检测性能。

从传统通信系统理论可以得到,通过无限带宽和极窄三角脉冲激励目标可以确定目标系统传输函数。雷达目标将对由几何形状和材质特性导致谐振的信号产生响应。因此,当目标被激励时将会产生唯一的时频特征的谐振特性。

很多关于窄带和时域宽带雷达系统的研究已经非常成熟,这些研究主要利用目标回波自身产生的唯一信号特征实现目标识别。奇异扩展法(SEM)最早由 C. E. Baum 于 19 世纪 70 年代提出,主要用于被电磁脉冲(EM)照射目标的瞬态电磁散射。SEM 是基于小部分衰减正弦信号的复杂电磁散射体的瞬态响应观测值。从数学角度来看,通过双边拉普拉斯变换后复杂频率 $s$ 的电磁响应解析属性,该理论被有力支持。拉普拉斯变换的奇异值习惯用于描述时域和复杂频域的入射无线电波结构或者驱动源的电磁散射响应(Baum C E,1991)。

近 10 年来,SEM 和包含如地雷等相似不透射目标探测的 UWB 应用再次引起了大家的广泛兴趣(Baum C E,1997)。SEM 的发展主要集中在单站形式的电流散射场。在信号处理方面,SEM 可以提供一些目标形状和照射目标的组成。由于扫描电镜技术对噪声水平的敏感性,该方法在仿真中得到了成功的验证,但对实测数据的有效性较差。例如,在地雷探测中,强土壤衰减降低了可观测共振的 $Q$ 因子,同时也降低了目标的可探测性和信噪比。其他接近方法与 E 脉冲和

K脉冲（激发脉冲）技术相关（Kennaugh E,1981；Martin S,1989；Rothwell E J,1987）。例如,K脉冲技术采用了一种不同的方法,该方法不是用激发所有固有目标共振的脉冲照亮目标,而是用匹配的脉冲照亮目标,从而产生较短的可能检测到的响应,以此类推。

先进的 UWB 雷达系统发射一个宽频谱的虚拟脉冲信号,模拟 Dirac‑delta 脉冲信号。虚拟脉冲频谱带宽将覆盖一类目标的可能共振。目标的不同谐振元件将出现在返回信号中。演示了不同的对象如何唯一地修改超宽带信号的波形（和频谱）。另外,先进的 UWB 雷达可以在微波频谱的任何地方工作,设计者必须保证 UWB 调制带宽覆盖目标类的可能共振（Barrett T W,1996；Barrett T W,2012；VanBlairicum M L,1995）。

先进的 UWB 雷达通过改变传输波形以匹配特定的目标类别,可以进一步推进这一过程。当使用相关检测时,这种波形裁剪将增强特定类别目标响应。所选类之外的目标回报会更低,因为它们的签名与相关参考信号不匹配。

这种先进的 UWB 雷达需要一种能够将短时间脉冲信号转换成数字形式进行存储和时频分析的接收机。对于特殊应用,它可能需要一个发射机,可以改变信号波形,以匹配目标。对目标特性的了解意味着雷达可以通过相关探测来修改信号波形,提高特定类别目标的识别率。该目标探测与信号匹配概念在医学、安全、无损检测等雷达领域有着广泛的应用。

UWB 雷达的概念是作者和 Terrence W. Barrett 在撰写《共振和相位匹配自适应雷达》(Resonance and Aspect Matched Adaptive Radar,RAMAR)时提出的。1996 年和 2006 年,Barrett 为这些基本概念申请了专利。他在 2011 年展示了这一基本技术（Barrett T W,1996、2012）。

本章将介绍 UWB 脉冲信号与目标相互作用现象的概念指南。它将展示如何利用信号频谱变化来识别和增强某些目标类的检测和跟踪。在确定性能目标后,提出了一种先进的 UWB 雷达结构和技术方案。最后一部分介绍了 UWB 雷达数字接收机和发射机的实现。

## 3.2 先进超宽带雷达应用

### 3.2.1 超宽带雷达回波信号优势

捕获 UWB 雷达回波信号可以提供一种检测发射信号与回波信号之间频谱变化的方法。反射回波信号的波形（频谱）取决于发射信号频率的频带以及目标几何形状和材料的物理特性。如果雷达目标包含 UWB 脉冲信号频谱中的谐振,那么将返回信号分解为时间和频率分量的分析为下面的工作提供了可能性。

(1)目标识别。将返回信号频谱与已知返回数据库进行比较,可以提供一种识别目标的方法。识别过程可以确定目标是否属于特定类别的对象。

(2)目标回波增强。利用第 4 章所述的时频信号处理技术可以确定目标的谐振特性。这可以让雷达对发射信号进行修改以匹配目标,增强探测器从特定目标类返回信号的相关输出。将目标类信号频谱作为相关滤波器的参考信号,可以增强对目标类的跟踪,减少来自其他目标的相关检测信号。Barrett 在《共振和相位匹配自适应雷达》中开发并演示了该技术(Barrett T W,2012)。

(3)智能遥感。假设高水平的雷达操作员可以根据先验知识或从即时测量和信号分析中选择信号频谱。这有助于不断修改传输频谱,以搜索特定类别的对象。例如,GPR 可以搜索特定类别的埋藏对象,如地雷、低对比度对象(塑料地雷)和结构。医用雷达可以用无害的低功率电磁辐射搜索低对比度肿瘤或组织病理学。第 2 章描述了利用回波信号分析方法检测硬路面结构层的方法。

### 3.2.2　先进的超宽带雷达技术要求

构建一个先进的 UWB 雷达系统需要包括以下几个重要方面。

(1)时域接收机。它指能够以数字格式记录接收到的信号波形,用于时频分析的天线和宽带接收机。Barrett(2012)描述了这种接收机用于 RAMAR 演示。Pochanin 等在第 2 章中描述了一种基于平稳信号和频闪数字化方法的时域接收机。这就要求捕获具有足够分辨力的信号波形,以便信号处理能够使用第 4 章的技术准确地分析时间频率分量。

(2)信号采样和数字化。采样方法取决于 ADC 的电容率和由目标谐振特性决定的所需信号频谱的带宽。较短的接收信号持续时间和较低的功率电平可能需要增加振幅的技术,以便进行精确的数字化和时间频率分析。

(3)时频信号处理。信号处理系统可以采用第 4 章所述的几种方法之一来确定信号的时频剖面,所得剖面可为目标识别和传输信号波形合成提供依据。

(4)变量波形发射机。为了探测目标,系统必须传输各种各样的波形或者回波增强信号。这将需要一个数字控制发射机,可以从目标时频剖面合成一个信号。

(5)专业的系统架构。所有先进的系统将共享一个共同的体系架构,但在频率范围内运行取决于感兴趣的目标类型。由于运动导致的时频特性发生变化,人工智能(AI)信号处理将在特定类型目标的定位和跟踪中发挥重要作用。

## 3.3　超宽带雷达信号与目标

过去的 UWB 雷达设计已经发现了更好的方法来寻找目标,通过发射固定的波形信号和检测来自给定类别目标的反射能量。这些方法一般采用基于发射信号进行匹配滤波检测的接收机,且不考虑回波信号频谱的变化。信号处理将接收到的多个回波能量存储起来,以便集成得到更高的信噪比级别。特定信号频谱的目标 RCS 设置了系统性能限制。这些简单而有效的设计在许多应用中效果良好。

研究表明,UWB 雷达对目标具有明显的特征,并对其在被动识别中的应用提出了建议。Astanin、Barrett 等提出了针对目标特征的匹配信号。Immoreev 等已经展示了反射的 UWB 信号的波形是如何根据与目标所成的双稳态角的不同而变化的。本节将给出一个直观的解释,即如何利用目标共振效应与虚拟脉冲信号(Astanin L Y,Kostylev A A,1997;Astanin L Y,et al,1994;Immoreev I,2000、2012)。

### 3.3.1　超宽带信号与目标的相互作用

大多数有关雷达的书籍中都有类似于图 3.1(a)所示的,它显示了半径为 $a$、波长为 $\lambda$ 除以球的周长 $2\pi a/\lambda$ 的完全导电金属球的归一化反射能量。反射能量可分为以下 3 个区域。

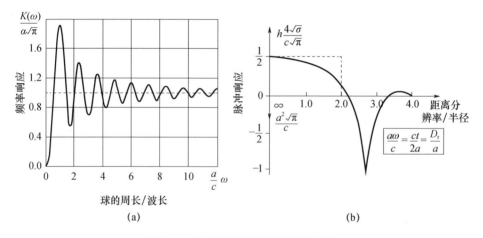

图 3.1　来自完美导电球的信号反射

(a)经典的三重共振响应结果是当入射波阵面在球体周围与直接反射信号的相位一致从而产生增强的 RCS;

(b)反射的能量响应的超宽频脉冲信号持续时间 $\tau$ 产生这种反应。

(From Astanin, L. Y. et al. , Radar Target Characteristics;Measurements and Applications,CRC Press,Boca Raton,FL,1994)

(1) 瑞利区域的波长很长(($2\pi a/\lambda$) < 1.0)。波阵面绕着球体运动,没有明显的弯曲或衍射。与物理尺寸相比,该球体的有效反射面积或 RCS 较低。

(2) Mie 谐振区反射发生在波长接近与球周相同大小时,即(1 < ($2\pi a/\lambda$) < 10)。共振模型根据波动力学假定一个连续的频率信号,这就假定波阵面绕着球

体运动并直接返回源。这种延迟衍射波阵面在与直接反射波结合时产生增强或消除。最大的反射增强(+3dB)发生在$(2\pi a/\lambda)=1$处。最大的RCS增强发生在波长与球面周围路径长度匹配的情况下。在这种情况下,衍射波前增强了由球面前半部分反射的前向散射。根据$2\pi a/\lambda$的比值,任何偏离此条件的偏差都会产生少量的RCS增强(Knott E F,2008)。

(3) 当波长远小于球面周长$2\pi a/\lambda$时,就会产生光学区域。这提供了一个方便的基于目标尺寸(截面面积)和形状的窄带RCS模型。需注意,大多数雷达系统在光学区域工作是为了出于天线大小或频率分配的考虑。

Astanin等(1994)检测了脉冲信号响应球形目标。他们的分析使用了持续时间为$\tau$的UWB脉冲信号,并根据距离分辨力$\Delta r=c\tau/2$除以半径为$a$或$c\tau/2a$的球面绘制出响应曲线。图3.1(b)所示的脉冲响应图表明,对于具有一定特征且维数接近信号空间分辨力的目标,脉冲信号的物理尺寸是最优的。

特别注意,该模型不包括脉冲信号带宽覆盖自然目标共振的情况。

Immoreev(2000、2012)提出了这样一种观点,即物体根据UWB信号$c\tau_a$的物理长度具有独特的响应,其中$\tau_a$为信号自相关的时间。对于与目标尺寸相同的信号长度,即$d=c\tau_a$,产生的目标回波信号将改变波形。他首先假设发射信号在目标中引起电流,然后在各个方向辐射一个新的信号。进一步展示了反射信号的波形是如何根据目标的双静力角或目标相对于到达波前的角度而变化的。

对于$d<c\tau_a$的相反情况,在进一步解析目标的情况下,目标变成了来自每个反射部分的一系列回波,每个反射部分之间的时间延迟虽然不同,但是非常接近。图3.2所示为UWB雷达设计中欠分辨和过分辨目标的效果。对于雷达成像等应用,细粒度目标图像需要系统通过图3.2(b)所示的过分辨力目标返回。对于其他应用,系统可以处理图3.2(c)所示的未充分分解的信号,表3.1总结了连续波和脉冲条件。

Sachs等(2012)指出UWB雷达探测类似于确定电力系统的脉冲响应。虽然解析的Dirac-delta脉冲理论上具有无限的频谱,但是其他具有覆盖目标共振频谱的信号可以达到同样的效果。通过检查雷达回波信号,可以将目标建模为一组多个谐振点。图3.3(a)显示了利用覆盖物体主要共振的信号频谱进行脉冲响应测量的概念。经过适当的信号处理,UWB雷达可以确定物体的存在和电特性,如图3.3(b)所示。在这种情况下,返回的非正弦信号由特征对象谐振的叠加波形组成,如图3.3(c)所示。通过时间频率分析可以发现不同的目标时间频率剖面。Astanin和Immoreev建立了UWB信号波形漂移的基本理论。

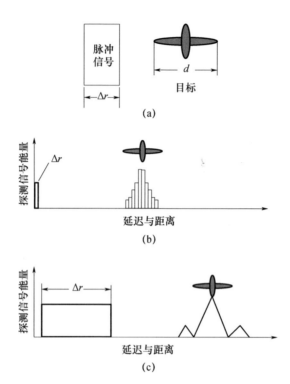

图3.2　UWB 雷达的反射依赖于空间分辨力进行脉冲波形匹配滤波检测
（a）UWB 信号距离分辨力与目标尺寸的比值将决定目标响应的类型；
（b）一个比目标小得多的空间分辨力将导致目标在每个距离增量处的返回。
超分辨力靶盒可以很好地用于 UWB 成像；
（c）超分辨目标用例检测到与目标一般大小相同的大目标并产生单一响应。

表3.1　球面雷达目标响应和空间分辨力条件

| 连续波 | 脉冲信号 |
| --- | --- |
| 球面表面积/波长 | 距离分辨力/球面半径 |
| $2\pi a/\lambda$ | $\Delta r/a$ |
| $2\pi a/\lambda < 1$ 瑞利散射 | $\Delta r/a > 1$　过度分解 |
| $1 < 2\pi a/\lambda < 10$ Mie 谐振 | $\Delta r/a \sim 2.7$　球面最优脉冲响应 |
| $2\pi a/\lambda > 10$ 光学散射 | $\Delta r/a < 1$　未完全分解 |

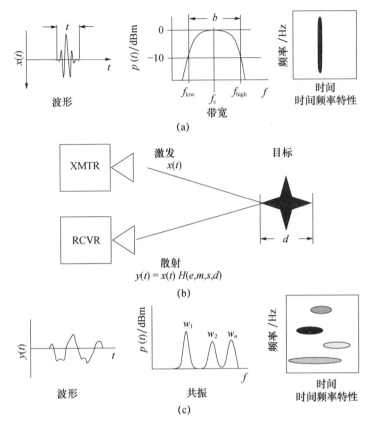

图 3.3 目标的电性和几何特性改变 UWB 雷达脉冲回波信号。如果发射的脉冲信号带宽覆盖了目标的谐振,那么回波信号分析可以确定目标雷达的特性或传递函数

(a) UWB 信号近似于覆盖目标频率的脉冲函数;(b) 目标材料和几何形状决定了对脉冲函数信号的响应;
(c) 回波信号的不同波形的时间频率分析将产生对于不同目标的特征。

将波形偏移与目标特性相结合,是探索雷达光谱和层析成像新领域的第一步,Barrett(2008、2012)在第 4 章中对此进行了阐述。

每个目标将有多个谐振成分,它们将保持不变。Barrett 观察到,改变目标相位将通过改变每个到达信号分量的时序来改变返回信号波形。根据虚脉冲波前的纵横夹角不同,一些谐振成分会产生不同频响,而另一些则会减小。为了理解这个概念,可以想象半波偶极子的辐射模式。谐振的回波在不同时刻对其他 PCB 板产生影响。虽然这些与相位角有关的延迟会改变复合天线的波形,但不会改变反射信号的整体频率内容(Barrett T W,2012)。

### 3.3.2 模拟脉冲信号

假设建造一种先进的 UWB 雷达,用于探测一类特殊的飞机目标,如现代战斗机。已知最大目标尺寸 $d$，如图 3.4(a) 所示。

这意味着目标将与频率 $f_1, f_2, \cdots, f_n$ 有几个共振部分。最低共振频率将存在一个频率 $f_{low} < c/2d$。先进的 UWB 雷达将使用图 3.4(b) 所示的虚拟脉冲信号，该信号将激发目标的共振元件，如机翼、尾翼和机身。

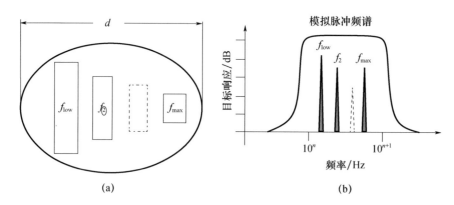

图 3.4 该虚拟脉冲信号具有覆盖给定类别目标谐振器范围的频谱
(a)具有多个谐振器的简化目标模型(物体的整体物理尺寸将决定感兴趣的最低频率。
感兴趣的最大频率将取决于目标结构)；
(b)覆盖与某一类物体有关的共振范围的虚拟脉冲信号谱
(反射信号将由每个谐振频率的强回波组成)。

在实际应用中，雷达目标，如地雷、卡车、飞机、炮弹和导弹，根据材料种类、物理尺寸和相对于雷达光谱线的角度，具有不同的共振特征。Baum、VanBlairicum、Astanin 和 Immoreev 预测了 UWB 信号和目标的这种相互作用，并提出了雷达目标识别的潜在应用。

Barrett(2012) 的 RAMAR 实验证明了在真实世界物体上的目标共振概念。该雷达利用对载波的广谱信号调制来确定目标谐振。在对回波信号进行时频分析后，实现了针对目标的信号调制。第 4 章 Barrett(2012) 提出了 UWB 信号时频分析的方法。通过时频分布可以识别目标，为信号共振建模提供信息。他演示了分析 UWB 信号返回的方法，以提供调优到特定目标类的最佳信号。正如理论研究所预期的那样，现场实验结果表明目标谐振是依赖于目标的波前角度。谐振和相位匹配雷达演示显示了匹配信号到目标共振如何能大幅增加返回信号的振幅。

先进的 UWB 雷达系统识别过程如图 3.5 所示。雷达发射的脉冲信号覆盖了多目标配置的时频特性。例如，这个脉冲信号可以用宽带调制汽车信标，如线性频率、阶跃频率、随机噪声和伪随机噪声调制，在 30GHz 雷达信号上带宽为 3GHz。图 3.5 中雷达接收并数字化来自两个不同目标几何形状的返回结果。

信号处理系统进行时频分析,将回波分解成特定时间范围内的几个不同频率。每个目标类都有不同的目标特征,如图3.5(b)所示。

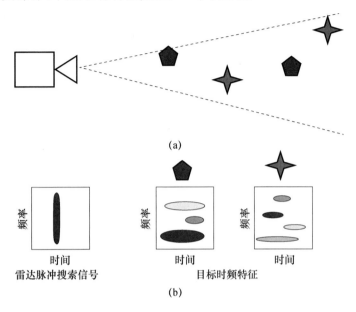

图 3.5 UWB 雷达目标识别过程
(a)雷达以脉冲搜索方式搜索视场以定位属于搜索信号频率特征的目标;
(b)信号处理确定每个回波的时频特征并将其分类,先验数据可以为操作者提供目标的分类。

通过将目标信号与来自以前观测或预测响应的雷达信号数据库进行比较,可以为操作者提供目标识别。例如,星形反射器可以指示特定类别的地雷、飞机、火箭、车辆和材料缺陷,五角形符号代表一个良性的物体。

为了说明 UWB 雷达的先进可能性,假设一个用于探测和定位安全监视雷达网络。操作者可以首先搜索视图字段并确定可见目标的类。信号处理将产生每个返回的时频信号,如图 3.5(b)所示。这将产生按距离向和方位向排列的每个回波,如图 3.6(a)所示。雷达操作者或预先编程的信号控制系统可以合成相匹配的信号。图 3.6(b)显示将会增强卡车的增益而抑制其他增益,因为它们与相关检测器中设置的预期目标增益波形不匹配。

## 3.3.3 目标与信号匹配的可行性

先进的 UWB 雷达可以利用虚拟脉冲信号确定特定目标类的时频分布和特征谐振,这些谐振包含在脉冲信号带宽中。该目标信号匹配特性可以扩展雷达搜索特定目标类的能力。该概念说明超宽带雷达具有广泛的应用,并为实际应用开辟了新的可能性。

Barrett 在本书第 4 章中讨论了各种可用的时频方法。Sukarevsky 在第 5 章中提出了一种预测物体如何散射 UWB 脉冲信号的方法。第 6 章描述了可以从信号分析中获益的无损检测。第 7、8 章介绍了可以从这些目标返回分析技术中获益的生物定位应用程序。在第 12 章中，Francois LeChevalier 提出了另一种将信号裁剪为目标以增强特定性能目标的方法。

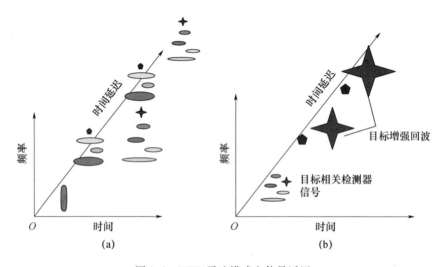

图 3.6　UWB 雷达模式和信号返回

(a)初始搜索确定雷达视场内目标的类别；(b)改变发射信号以配合目标类别的时频分析（可从选定的目标类别产生增强的回波，并抑制不需要的回波）。

## 3.4　先进超宽带雷达

许多研究人员提出了智能或主动无线电信号处理的概念，以加强目标检测或通信。作者和其他研究人员在早期的书籍和论文中提出了这个概念的基础 (Taylor J D, 2012、2013)。这个部分包含了与 Joseph Guerci(2010) 的认知雷达相似的想法，以及与 Simon Haykin(2011) 的认知动态系统：感知 - 动作循环、雷达和无线电。先进的 UWB 雷达概念在很大程度上借鉴了 Barrett(2012) 的 RAMAR 的方法和优点匹配信号波形的具体目标。

### 3.4.1　目标性能

本节对性能目标、技术问题和先进的 UWB 雷达系统进行了直观的概述，该系统可以修改信号以匹配特定的目标类。

## 3.4.2 固定信号超宽带雷达的限制

为什么要建造一个先进的 UWB 雷达用于目标和信号匹配？目前 UWB 雷达系统对目标采用被动固定信号模式，该系统传输适合于特定雷达设计目标和可能目标特性的 UWB 波形信号。传统的 UWB 接收机和信号处理器通过检测反射能量和信号到达时间来确定每个反射面的范围。距离分辨力取决于特定信号的持续时间和自相关时间。相关（匹配滤波器）检测过程假设传输和反射信号之间有很强的相似性，以获得最大的检测器输出。根据到达时间记录收集到的能量返回，将产生一个关于视场中目标的高分辨力距离信息矩阵。图 1.1 ~ 图 1.3 所示的材料穿透雷达（MPR）说明了这种类型的信号处理。

对于大型目标，目标数据矩阵显示来自大型对象的多个部分的返回，如图 1.4 ~ 图 1.7 所示。信号处理方法可以产生特定要求的输出。在每一种情况下，固定的信号波形和目标字符特性都对系统性能设置了固有的限制。固定信号方法为特殊要求提供了实用的效益和经济的解决方案。先进的 UWB 雷达具有目标回波时频分析功能，可为特殊应用提供远程感知。

## 3.4.3 先进的超宽带雷达结构

前面描述的信号目标到匹配概念可以提高雷达性能，具有广泛的特殊应用。具备回波信号分析功能的雷达可以对发射信号格式进行调整，实现对特定目标类检测的最大回波。例如，雷达可以将信号匹配到目标，如地雷类别、地下物体、患病的生物组织、介质复合材料的缺陷以及飞行物体或地面物体。

先进的 UWB 雷达体系结构对于所有的应用都具有相同的功能元素，但不同的配置取决于特定的任务目标（Taylor J D, 2013）。举例如下。

（1）GPR 信号处理系统可以搜索特定对象、土壤差异和其他欲知用途。在第 2 章中，Pochanin 描述了一种分析回波信号波形的探地雷达，以实现精确测距和识别高速公路沥青路面层。在第 7 章中，Lanbo Liu 描述了一种用于搜寻被埋在倒塌建筑下人体的雷达。这两种应用都有可能从这一先进的 UWB 雷达方法中受益，这种方法可通过目标信号匹配来提高探测性能。

（2）无损检测雷达可以搜索材料层的变化，表明有缺陷或损坏的介质部件或结构。在第 6 章中，Cristofani 描述了雷达在检测复合材料飞机部件中的应用，这些部件可以从信号到目标匹配中获益。

（3）图 1.3 所示的医用雷达可以搜索患者组织特征和反射率的变化。在恶劣条件下,如野战医院或偏远诊所,医生可以使用先进的 UWB 雷达快速成像内部组织,并在不使用 X 射线的情况下评估损伤情况。

(4) 如图 1.5 和图 1.6 所示的穿墙、安全成像雷达可以使用最佳信号进行违禁品和武器探测。第 11 章介绍了穿墙雷达系统的基本原理。

(5) 远程监视跟踪雷达可以对其信号进行修改,以增强对特定目标类别的探测能力,如 Barrett 的 RAMAR。

一个先进的 UWB 雷达体系结构如图 3.7 所示,信号优化过程如图 3.8 所示。该体系结构假定使用具有活动用户输入的人工智能进行全面控制,以确定目标类型,如用户可以引导雷达在目标类型之间来回切换。

图 3.8 所示为目标识别信号处理流程的一般过程。在这种情况下,"脉冲信号"一词指的是任何能够提供覆盖目标频率范围的信号格式。正如 Barrett (2012)所指出的,脉冲可能包括调制某些强大的载波信号。对于大功率系统,载波信号可以存在于某一特定频段,具有适合目标的 UWB 调制。

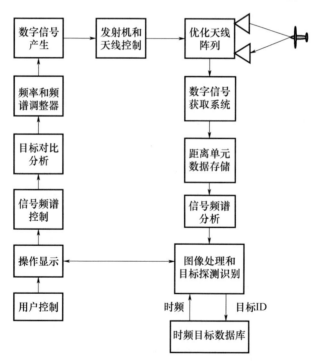

图 3.7　用于确定目标时频特性、识别目标和调整信号以获得
最大目标回波的先进 UWB 雷达体系结构

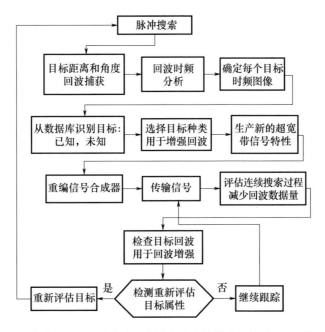

图 3.8　先进的 UWB 雷达可以采用以脉冲信号为起始的主动探测过程来确定视场目标的特征

(在分析了所有的目标返回后,它将选择一类目标进行增强。然后根据选择的目标类调整信号频谱。这将为这些目标提供一个最佳的相关检测输出,并减少其他目标的输出。可定期对目标回波强度/质量进行评价。如果目标返回质量下降,则重新评估目标并调整信号格式)

## 3.5　先进超宽带雷达技术需求

图 3.7 和图 3.8 所示的用于定位和测量目标特征的先进 UWB 雷达组成部分如下。

(1) 具有频率和时域信号处理能力的接收机。

(2) 一种能保持信号波形的数字接收机。非正弦 UWB 波形会为精确的模拟到数字转换带来障碍。3.6 节 UWB 信号注册部分内容将讨论潜在的 ADC 解决方案。第 2 章讨论了接收信号的数字化问题,提出了一种解决方案。

(3) 用于存储和集成多个弱信号的量程存储器可准确地重构用于时频分析的非正弦(多频)波形。

(4) 对回波信号进行时频分析处理,确定目标在视场中的特征。第 4 章总结了 UWB 信号的分析技术。

(5) 用于目标类识别的已知或预测目标时频特征库。

（6）一种搜索模式，使用不同的信号波形来搜索以前未知的目标信号。

（7）存储未知签名，以便进一步处理和识别的功能。

（8）信号修改软件优化一类目标的返回。

（9）一种数字波形合成器，用于将目标时频剖面转换为发射机输入。

（10）一种信号发生器，它转换选定的目标类时频特性，并产生与目标匹配的信号以控制发射机信号。这将涉及特殊的数字－模拟转换器（DAC）技术和特殊的发射机功率放大器。

（11）数字控制发射机和天线。

（12）适应不断变化目标条件的人工智能系统控制器。

在传统雷达中，频域处理是根据反射能量时延对目标进行定位。实际的距离传感器采用多种基于匹配滤波和距离向回波信号集成的检测技术。

时域处理需要记录反射信号波形，以便进一步分析。这可能意味着一些单通道数字化，或集成多个信号的数字转换，以获得成功运行所需的波形细节。图 3.1 ~ 图 3.3 显示了目标材料和物理特性如何对 UWB 雷达回波波形进行修改。时域响应分析可以识别雷达目标的电性和几何特征，从而进行识别。

下面讨论信号 ADC 方法和 UWB 发射机类型。

## 3.6 超宽带雷达信号配准

目前的 UWB 雷达接收机将目标反射视为接收到的具有一定时延的能量束，时延指示目标上某一特定点的距离。先进的 UWB 雷达可以克服系统对所有目标使用一种信号格式的限制。如果用通信系统理论来进行雷达设计，就可以用脉冲信号来激发和确定目标传递函数，从而形成回波信号频谱。理想的 Dirac – delta 脉冲频谱范围是无限的，但实际的 Dirac – delta 脉冲频谱是有限的，因为只有这样的信号才能生成和辐射。与此同时，目标特定的探测脉冲需要覆盖自然共振谱，而不是浪费该频谱的能量。

接收机的性能将限制雷达的性能，因为它能够捕获脉冲探测信号的目标回波进行时频分析。对于复杂的目标波形，量大的 ADC 可以使用多种方法，包括特殊的方法、基于压缩感知的方法以及时间透镜等其他模拟－数字混合方法。我们可以给出一个合理的平稳性假设，即来自给定目标的每个接收到的回波信号都会周期性地重复，这意味着可以对连续的回波进行积分，或者对连续信号的不同部分使用较低的 ADC 采样。一些系统将需要实时或近实时操作，以获得波形在几个连续的信号重复。

## 3.6.1 超宽带数字化信号的技术考虑

先进的 UWB 雷达接收机性能将依赖于 ADC 的信号数据采集、测量和自动化。所有 ADC 处理连续的现实世界的信号成离散的数字格式,从而有效地存储。ADC 输出将用于中央处理器(CPU)、数字信号处理器(DSP)、现场可编程门阵列(FPGA)或图形处理器单元(GPU),以支持实现先进雷达概念所需的主要信号处理例程。下面介绍 ADC 如何转换非正弦短周期信号的。

现代 ADC 具有许多架构,包括 sigma – delta、逐次逼近寄存器(SAR)、高分辨力和高速 ADC(Kester W,2004;Pelgrom M J M,2010)。商业电子在音频和视频频段的通信应用,如 3G,软件定义无线电(SDR)和其他系统现在使用 ADC。UWB 雷达的射频和微波频段具有更高的数据吞吐量和动态范围要求,限制了 ADC 在实时作战中的应用。

本节主要讨论具有高速和高动态范围 ADC 的实时操作。高速 ADC 前端在宽带和 UWB 电磁系统中的应用存在许多技术问题,主要表现在以下几个方面。

(1) 转换速度和转换精度(分辨力)之间的性能权衡,同时减少相关的过度功耗。例如,一些模数转换器具有较高采样率但不是最佳的信噪比。具有良好信噪比的 ADC 通常具有较低的采样率。同时达到良好的信噪比和高速度的能力是相互排斥的单核 ADC。这导致多核 ADC 或由级联和适当计时的低速率 ADC 单元制成的 ADC 得以迅速发展(Rolland N,et al,2005)。

(2) 实现整体功能和与其他子系统的集成。在设计数字时域接收机时,必须从整体上考虑雷达的性能目标和结构。必须将整个系统的硬件和软件部分集成到一个功能单元中。

(3) 经济因素制约了应用范围高速 ADC 的成本使许多应用中难以承受。系统工程师在规划雷达体系结构时,必须清楚地认识和考虑上述各种因素,并权衡各种冲突关系。由于缺乏系统公开的参考资料,设计者必须参考许多数据表、应用程序注释、网络广播和其他来源。特定 ADC 架构和组件的最终选择将涉及系统成本与用户收益的问题。

本节将全面和重点地介绍 ADC 设备的技术能力。

## 3.6.2 模拟数字转换器的工作原理和性能指标

为了更好地理解 UWB 信号数字化问题,首先需要了解 ADC 是如何工作的,以及它们背后的设计思路;另外还必须了解被目标改变的反射 UWB 脉冲信号的性质。

我们对先进 UWB 雷达接收机的讨论将 ADC 视为一个黑匣子。在功能上,ADC 接收一个连续的模拟输入信号(电压),并输出一串数字信号,表示在给定的离散时间间隔内测量到的输入值(Baker B,2011;皮尔森,2011)。信号数字转换需要两个连续的过程,即信号采样和数字化(量化),图3.9所示为高级时域功能方案。

首先,ADC对输入模拟信号进行采样,根据Nyquist定理奈奎斯特采样频率$f_s$至少是已知信号频率的2倍,即目标响应的最大期望信号频率$f_{max}$;然后,采样信号转换成数字格式,图3.9所示,当在输出端产生一个闭合数字量化信号时,ACD是3位的情况。主要参数要求如下:

(1) $n$ 是输出位数(分辨精度);
(2) $A_{IN}$ 是不超过 $v_{max}$ 的模型输入电压;
(3) $v_{REF}$ 是用于比较输入信号的参考电压(或电流)。

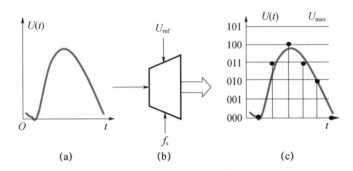

图3.9 在时域内ADC工作以采样频率为$f_s$的对宽频谱输入电压进行采样
(这个3位ADC提供输入信号的输出。准确的信号数字化需要事先知道信号的振幅和频率)

更多的ADC操作特征可以在频域进行评估。这种类型的信息在数据表中为一组单谐波输入信号提供,如图3.10所示,用于频率$f_1$。表3.2显示了ADC的关键参数。

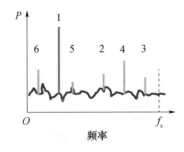

图3.10 ADC频域操作
输入信号音调编号为1(基频),一组谐波乘积编号为2~6,其中谐波4在本例中功率最大,因此将用于SFDR(式(3.6))计算。

表 3.2　ADC 关键参数

| 特征 | 意义 |
| --- | --- |
| 信号功率 | $P_s$ 为单音信号 $f_1$ 的功率 |
| 底噪功率 | ADC 输入通道内由热噪声、干扰等引起的固有噪声 $P_n$。限制最小可解增量 |
| 谐波功率 | 信号功率 $P_i(i=1,2,3,\cdots,6)$ 对应的谐波功率 $f_i=f_1$ |
| 最大支路功率 | 信号功率 $P_H$ 对应的最大谐波功率（第 4 谐波如图 3.10 所示） |

ADC 信噪比是第一个重要特征。信噪比有两种解释，即理论和实际。$n$ 位 ADC 的理论信噪比是数字化重建的均方根（RMS）全量化的比例，当模拟输入电平为 $V$ 时，即 $0.5V/\sqrt{2}$，其均方量化误差为（$V_{LSB}/\sqrt{12}$，其中 LSB 为最小标志位，即

$$\text{SNR} = \frac{2^n \sqrt{3}}{\sqrt{2}} = 1.225 \cdot 2^n \tag{3.1}$$

或在对数分贝（dB）刻度上，即

$$\text{SNR}_{dB} = 6.021 \cdot n + 1.763 \tag{3.2}$$

这个量也可以认为是理论动态范围（DR）仅受量化噪声的限制。如进一步显示的那样，涉及的其他噪声会降低 DR。根据图 3.10 中 2 给出的信号频谱表示，信噪比定义为

$$\text{SNR}_{dB} = 10\lg\left(\frac{P_S}{P_N}\right) \tag{3.3}$$

SNR 和 DR 都是输入信号频率 $f_1$ 的函数，因为 ADC 在一定的频段上运行。这种单频信号通常称为载波，信噪比用单位 dBc 表示，即 dB 到载波。

大多数 ADC 数据表为以下几种操作条件提供频率依赖的 SNR$(f)$ 和 DR$(f)$：

(1) 对低于 Nyquist 极限的若干特征频率点。
(2) 在几个输入信号量值低于最大允许范围时，如图 3.9 中的 $U_{max}$。
(3) 一个或几个转化率。

ADC 本质上是一种非线性器件，它输出许多谐波，这些谐波是无用的分量，对整个输出噪声有贡献。

如图 3.10 所示，2~6 标记的几个谐波通常在数据表中指定，并提供总失真功率，即

$$P_D = P_2 + P_3 + P_4 + P_5 + P_6 \tag{3.4}$$

则总谐波失真（THD）定义为

$$\text{THD} = 10\lg\left(\frac{P_S}{P_D}\right) \tag{3.5}$$

无伪动态范围(SFDRdB)定义为

$$\text{SFDR}_{dB} = 10\lg\left(\frac{P_S}{P_H}\right) \tag{3.6}$$

式中:$P_H$为下个峰值最高点,如图 3.10 中的 $P_H = P_4$。信号功率与噪声和谐波畸变的总功率之比定义了信噪比和畸变(SINAD),即

$$\text{SINAD} = 10\lg\left(\frac{P_S}{P_N + P_D}\right) \tag{3.7}$$

ADC 的一个重要性能指标是有效位元数(ENOB),联合式(3.2)、式(3.3)和式(3.6),可得

$$\text{ENOB}_{bits} = \frac{(\text{SINAD} - 1.763)}{6.021} \tag{3.8}$$

ADC 可以有多个优点组合图(FOM)。下面所示的方法关注最多,即

$$\text{FOM} = F_S \cdot 2^{\text{ENOB}} \tag{3.8a}$$

FOM 表明向 ADC 添加额外的位与增加 1 倍带宽同样困难(Walden R H,1999)。

采样频率的稳定性对 ADC 的性能至关重要。任何不稳定性(通常称为整体抖动)都会导致关键 ADC 参数的退化,如 SNR、SINAD 和 ENOB。

### 3.6.3 超宽带信号模拟数字转换器时间交错数字化策略

在许多情况下,ADC 技术可能不支持单路 UWB 信号数字化。在这种情况下,可以应用于已知的信号可重复性的数字化技术。Pochanin(2010)在第 2 章中描述了频闪方法。时间交错数字化为解决这一问题提供了一种快速的硬件方法。

使用在交错模式下运行的几个 ADC 可以解决在获得良好的信噪比和高采样率之间的权衡。如图 3.11 所示,现代多核时间交错 ADC 在同一个包中组合了几个采样 $f_s$ 速率较低的 ADC,如 $N$ 个单元。所有 ADC 内核都是并行运行的,它们以相同的速率 $f_s$ 进行时钟锁定,并相互调整时间移位,从而支持更高的 $Nf_s$ 采样速率。

每个核心产生的样本在输出时都被组合成一个数据流。当 $N = 4$ 的四核时交错 ADC 块图如图 3.11(a)所示,时序图如图 3.11(b)所示,图中每个连续 ADC 单元的时钟相移 90°(Hopper R J,2015)。

在理想情况下,复合信噪比的性能大致相当于一个 ADC 核心。然而,多核 ADC 的实际硬件方式也引入了误差,降低了整体无伪动态范围(SFDR)。图 3.12 显示了 3 种潜在的模拟误差源,包括通道增益失调、直流偏置和时间偏移。它们的组合效应转化为捕获信号频谱中的伪产物,如图 3.13 所示。特别地,偏移误差引入了一个离散的假频,其数量取决于交错核的数量。对于四核交

错 ADC,交错马刺位于图 3.13 中的 $f_s/4$ 和 $f_s/2$。增益和时钟相位的信号相关误差产生的图像以离散频率 $f_s/4$ 和 $f_s/2$ 为中心,如图 3.13 所示(Hopper R J,2015)。

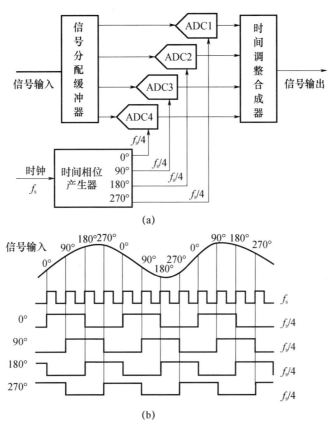

图 3.11 四核交错 ADC 具有良好的信噪比和较高的采样率
(a)四核时交错 ADC 模块图;(b)四核时交错 ADC 时钟时序图。

从几个现成的芯片中构建一个交错 ADC 是可能的,它需要对所有涉及的信号完整性和电路板设计问题进行相当先进的处理(Rolland N,et al,2005)。

然而,一些商业 ADC 芯片已经基于上述的时间交错原理。来自得州仪器的双 ADC ADS54J60 芯片每个通道使用 4 个交错的内核,以实现 1000M/s 的输出采样率。该 ADC 采用专用的数字交错校正块,以调整核心失衡。该校正方案一直在后台工作,对输出数据流没有中断,校正效果优于 80dBc。得州仪器 ADC12J4000 芯片采用 4 个交错内核实现 4 GSPS 的输出采样率。该设备具有几个选项嵌入交错校正,通常可以保持交错毛刺在室温下优于 70dBc(Hopper R J,2015;TI ADC083000,2015;TD ADC 12J000,2015)。

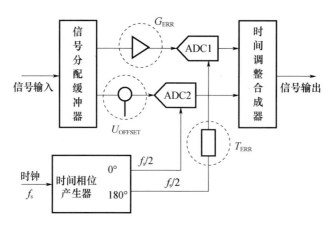

图 3.12　4 核 ADC 中的 3 个主要误差源
（由增益误差 $G_{ERR}$、直流偏置、$U_{OFFSET}$ 和时钟不平衡 $T_{ERR}$ 引起）

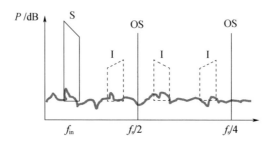

图 3.13　四核 ADC 中的信道误差来自信道增益、直流偏置和时序的失调
（产生一个典型的性能频谱，其输出是伪输出）

S—输入信号；I—输入图像；OS—偏置。

### 3.6.4　非传统模拟数字转换器前端

有一些情况将 ADC 应用于射频，尽管在不正常模式下运行违返了选择奈奎斯特（Nyquist）采样率的 ADC 要求，但也有好处，采样定理指出采样速率必须至少是信号最大带宽的 2 倍。然而，这可以改变为更低（欠采样）和更高（过采样），其一些有效的实际优势将在以下小节中讨论（Hopper R J,2015）。

**1. 混叠 ADC 混频器与欠采样**

在 Nyquist 频率上进行 ADC 采样可以避免混叠，如图 3.14（a）的正弦信号所示。在图 3.14（b）中，虽然保留了相同的采样频率，并且原始信号仍未在与图 3.14（a）相同的时间采样点采样，但信号频率增加了 6 倍。通常这种情况被视为混叠，此时更高的频率将混叠为 ADC 的捕获带宽。从另一个角度来看，图 3.14（b）中的 ADC 就像一个传统的 RF 混频器，使用这种适当设置的欠采样

ADC 技术实现,可以大大简化接收机架构,通过提供一个下变频混合和数字化功能,在 ADC 上的下变频数字混频器执行(Hopper R J,2015)。

为了更好地理解这种利用混叠带来的好处,图 3.15 将整个信号频谱划分为单独的 Nyquist 区域。第一个 Nyquist 区域表示最大采样带宽,等于采样速率 $f_s/2$。较高的 Nyquist 区表示具有等效带宽的相邻频谱带。在混叠模式下发生的下变换可通过频谱折叠回到第一个 Nyquist 区来解释。最终驻留在第一个 Nyquist 区域的每个信号都有位于更高 Nyquist 区域的对应信号。通过适当的模拟滤波,ADC 可以在较高的 Nyquist 区域捕获所需信号,相当于较高的射频频率 (Hopper R J,2015)。

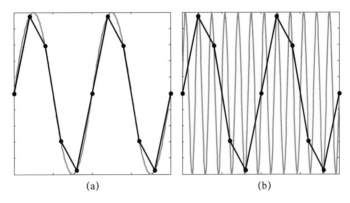

图 3.14 高频混叠用作数字下变频混频器
(a)以 Nyquist 频率采样的信号;(b)以(a)频率的 6 倍采样的信号(但采样时间间隔仍与低频相同)。

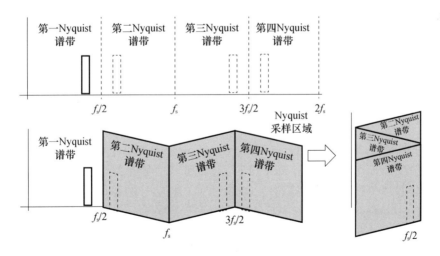

图 3.15 由于混叠原因,Nyquist 谱带与第一 Nyquist 谱带和一系列更高的 Nyquist 谱带折叠回第一 Nyquist 谱带

## 2. ADC 过采样

在实际情况下,如具有顺序采样的探地雷达,带宽或输出频率不是太高的,可以在音频波段采样。在正常情况下,需要使用匹配 Nyquist 采样的低速 ADC 器件。然而,利用射频采样变换器较高的采样率仍有优点。这种情况称为过采样(也称为平均采样),目的是提高信噪比。该方法测量所需信号功率表示整个带宽的第一 Nyquist 区域内的噪声功率的相对电平。Nyquist 区域带宽是采样率除以2,即图 3.16 中的 $f_s/2$。综上所述,所有来自较高 Nyquist 区域的信号和噪声将近似于图 3.16 中的第一 Nyquist 区域(Hopper R J,2015)。

在射频系统中过采样有几个实际的好处。最明显的是,较高 Nyquist 区域的图像信号分量在频率空间中分离得更远、采样频率更高,如图 3.16 所示。如果是这样,那么可以实现反混叠模拟过滤,以更简单和更小的滚转消除干扰信号和减少混叠到捕获带宽的频率分量。过采样的另一个好处是提高了信噪比性能,超越了理论量化噪声的限制。

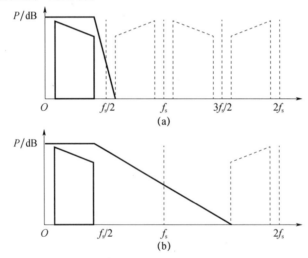

图 3.16 两种采样情况对比

(a)在顶部的 Nyquist 频率附近采样的信号;(b)在底部的 Nyquist 频率间隔较大的情况下采样的信号。

一般来说,量化噪声均匀分布在 Nyquist 带宽内。通过增加采样率,相同的量化噪声分布在更大的 Nyquist 带宽上,而所需信号保持不变。最后,下采样(抽取)通常在数字滤波器中进行,以返回感兴趣信号的原始带限频谱,降低噪声带宽(Hopper R J,2015)。

## 3. 信号电平抖动提高了 ADC 性能

抖动是指在模拟信号数字化前加入一些白噪声。该方法有助于解决 ADC 中带宽与动态范围之间的权衡问题。图 3.17 显示在 ADC 输入端添加外部噪声以提高 ADC 信噪比的常用方法。这是一种违反直觉和错误的方法,因为它可能降低信噪比。然而,事实并非如此。此外,抖动可以解释为一种统计线性化的方法,即平滑阶梯状 ADC 传递函数。该技术起源于 20 世纪 30 年代的音频领域,通过扩展磁带录音机的动态范围来提高模拟音频信号的声音质量。类似地,这种方法也适用于 ADC,通过将信号的伪谱内容扩展到频谱来增强动态范围。抖动由于时间上的去相关噪声以及噪声与信号之间的去相关而产生了积极的影响。在低

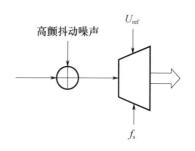

图 3.17 抖动时在 ADC 输入端加入白噪声可以提高 ADC 的信噪比

电平信号量子化引起的频谱失真特别不受欢迎的应用中,抖动的应用尤其有益。显然,为了使信噪比最大化,同时避免伪随机动态范围(SFDR)的上升,需要适当地设置白噪声水平,如图 3.16(b)所示。对于理想的转换器,最优抖动是电压水平约为 1/3LSB rms 时的白噪声(模拟器件,2004;Baker B,2011;Hopper R J,2015;Leon Melkonian L,1992;Pearson C,2011;Pelgrom M J M,2010)。

## 3.6.5 压缩感知与采样

移动更多的无线系统操作,信号处理进入数字领域已经产生了较大的进展。软件无线电(软件定义无线电)和认知无线电都依赖于在信号通道中观察到的一些特征。利用实信号在时域或频域的稀疏性,或两者兼有,可以大大改善无线和传感系统的主要功能。

用于现代宽带系统的 Nyquist 采样需要本章前面讨论的昂贵、快速和耗电的 ADC。此外,这将产生大量的数据转发到数字处理单元。这种情况源于传统的强迫捕获和数字化 UWB 雷达系统的雷达回波信号。

为了便于理解图 3.18 所示的时频坐标下,利用二维信号谱图对信号进行更广泛的验证。在图 3.18 中信号只出现在一个或几个局部区域,而大多数图实际上是空白的。在传统的方法中,占主导地位的空白区域必须被获取、数字化和处理。

数字化空白会产生大量的冗余计算,对系统性能没有任何意义。ADC 会使成本、尺寸、重量和功耗明显增加。这种通过向硬件的方法会产生大量的数据,导致下游处理和信息提取算法不能满足需求。这些基于硬件的方法在解决信号处理瓶颈的同时增加了计算机的处理能力,但在带宽 – 比特产品的优点方面却不能产生最优的系统。

对于许多雷达和传感器操作场景来说,完整的信号谱图与图 3.18 类似,其信号本质上是稀疏的,即在有限的时间内只有少数点在有限的频带内。这意味着,如从数学的角度来看,总时间、带宽产品(TBWP)占用可能远小于收集TBWP

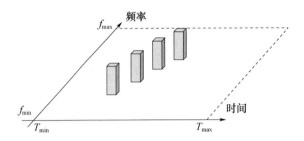

图 3.18 时频平面上的信号分布呈现稀疏结构
（压缩感知消除了对无信息区域的数字化处理）

总面积,即 $TBWP_{max} = (T_{max} - T_{min})(f_{max} - f_{min})$。

例如,如果 $f_{max} - f_{min} = 6GHz$,这种瞬时带宽将传统上定义的 Nyquist 采样率高达 $f_s \geqslant 12GHz$ 且 ADC 至少需要 12Gbit/s 能力时的情况。如果接收机在 12GHz Nyquist 采样频率下工作,那么记录的数据 $O(TBWP/TBWP_{max})$ 中只有一小部分有意义,由于信号的稀疏性,空的数字记录将占用大部分数据存储容量。因此,需要一种智能的方法来解决这个问题,即利用设计来避免上述冗余的新硬件架构,这将大大改善尺寸、重量和功率（交换）、功能和成本（Davenport M A,et al, 2010；Donoho D L,2006；Ender J,2013）。

为了正确地记录图 3.18 所示的真实世界的稀疏雷达信号,已经进行了许多尝试。其中一个成功的尝试是使用压缩感知（CS）,本研究仅从 Nyquist 子采样的相关角度考虑。也就是说,CS 提供了一种简单、有效的信号采集方法,其速率低于 Nyquist 极限,然后进行计算重构。利用 CS 信号处理技术,使随机采样比 Nyquist 采样更少（Laska J N,et al,2006；Liu Y、Wan Q,2011）。

假设 CS 信号具有稀疏性,在数学意义上这些信号是可压缩的,如通过同时测量频率和时间域的 $O(TBWP/TBWP_{MAX})$ 稀疏度。因此,CS 信号采样框架允许 Nyquist 子采样速率一样小 $f_s/M(M \approx TBWP/TBWP_{MAX})$。实际上,根据具体的操作细节,$M$ 可以在数十和数百之间。CS 领域的一些理论发展可以利用稀疏信号的结构来降低采样率,从而实现综合采样,用于直接模拟到信息转换（AIC）。一个典型的 AIC 结合了硬件 - 软件架构,由前端硬件编码器和后端软件解码器组成,其低速率 Nyquist 子采样如图 3.19 所示,中间是低速率 ADC 采样（Liu Y、Wan Q,2011）。

图 3.19 中的 AIC 的硬件部分包括模拟混合器（调制器）操作在伪随机数发生器（PRNG）±1 序列以在 Nyquist 采样率下。在满足一定条件的情况下,采样信号在 CS 框架中是完全可以恢复的,并且在数字域中使用多种算法进行恢复。图 3.20 给出了在 Matlab 中仿真 AIC 性能预测的一些结果。在该模型中,AIC 变换器中使用的 12 位 ADC 对一个由 1.85GHz 和 6GHz 的连续波（CW）信号组成的测试信号进行采样。这表示两个信号在频域是稀疏的,在时域是采样的,使得

它们在 CS 框架中是可处理的。Nyquist 采样要求 12Gb/s,但 Nyquist 子采样是在两个频率下进行的:①低 4 倍,即图 3.20(a)、(c)所示的 3GSPS;②低 10 倍,即图 3.20(b)、(d)所示的 1.2GSPS。原始信号和恢复信号的功率谱密度(PSD)如图 3.20 所示,PSD 允许估计最终的 SFDR,其定义类似于 ADC。在仿真中,信号恢复是在 11-magic Matlab 支持下通过凸编程实现的。SFDR 范围在前面的图 3.14(b)中定义为原始信号振幅与最大距之间的差。结果表明,在 3GHz(比 Nyquist 频率低 4 倍)下的采样几乎保留了模型图 3.20 中使用的 12 位 ADC 的全部动态范围,而较低的 Nyquist 子采样速率降低了右侧图 3.20 中的 SFDR(Baraniuk R、Steeghs P,2007)。

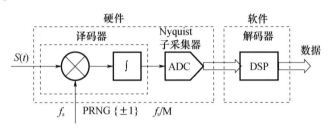

图 3.19 模拟到信息转换器(AIC)具有低速率的 Nyquist 子采样和全数字域信号恢复

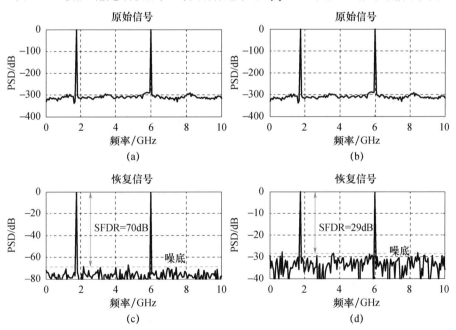

图 3.20 两个连续波信号分别在 1.85GHz 和 6GHz 下的 AIC 模拟采样
((a)、(b)为原始 PSD;(c)、(d)为 Nyquist 子采样;(a)、(c)为在 3GSPS 下采样,比 Nyquist 12GSPS 低 4 倍,恢复 70dB SFDR 信号;(b)、(d)为采样在 1.2GSPS 下进行,即 Nyquist 12GSPS 降低 1/10,恢复 29dB SFDR 信号)

## 3.6.6 超宽带信号时域时间拉伸、时间透镜或时间成像

除了数字实时 UWB 信号配准的标准技术外,还有一种基于时间拉伸、时间透镜或时间成像的替代方法(Kolner B,1994;Kolner B H、Nazarathy M,1989)。这种方法起源于超快光学波形测量的光学领域。用高速光电二极管和取样示波器进行的这种测量通常仅限于几皮秒的分辨力。为了实现飞秒分辨力,超高速光学波形可以被拉伸到与高速电子仪器兼容的时间尺度(Coppinger F,et al.,1999;Jalali B、Han Y,2013)。这在一定程度上解释了图 3.21 中时间成像的含义。图 3.22 中衍射的空间问题与色散的时间问题为时间、空间耦合性又增加了意义。

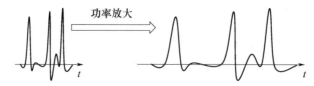

图 3.21 信号时间放大通过时间拉伸(缩放)

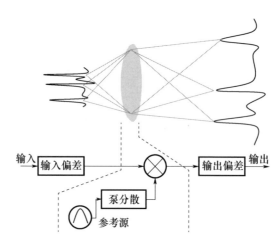

图 3.22 光学显微镜和时间显微镜使用类似的基本操作原理
(光学透镜在空间中放大(传播)图像以便进行精确的测量。泵和参考源将短信号转换为长信号,以便在较低的采样频率下进行采样和数字化)

时空对偶性的说明一般波传播的简化解。对于这些解,色散介质中调制平面波对应的慢变包络方程与描述有限空间范围内单色波传播(衍射)的傍轴方程具有相同的形式。色散问题中的时间变量与衍射问题中的横向空间变量存在对应关系。

图 3.22 显示了光学显微镜和时间显微镜类似的操作原理。在这种情况下,

光学显微镜使用凸透镜放大原始物体的图像,如泵信号、啁啾脉冲和非线性乘法器(混频器)的工作原理与光学透镜类似。混合前,输入信号经过输入色散块,泵信号经过泵色散块。然后混频器通过输出色散块得到放大后的输入信号。透镜的放大率主要由3个色散块的色散系数来定义,泵源光谱需要与初始信号光谱一致。简单的数学演示了这种信号转换的工作原理。与理想的数学情况相比,其在实际硬件中的实现存在一定的局限性和缺陷。

光带色散是用色散纤维制成的(Coppinger F,et al.,1999)。在射频和微波波段拉伸中,采用两种典型的方法:①过渡到光带,在光带中进行拉伸,将光信号转换回电信号;②执行电气领域的所有功能。到目前为止,这两种方法已经在射频和微波波段得到了一定程度的成功验证(Schwartz J D,et al.,2007)。在时间上拉伸这些信号,使得采样时 ADC 的速率较慢,低于初始 Nyquist 极限,但不会丢失信息(Kolner B,1994;Kolner B H、Nazarathy M,1989)。

注意,通过改变应用色散线的泵浦色散的顺序,脉冲的时间压缩也是可以实现的。除了本章所考虑的方法外,这种方法也适用于信号的形状/频谱控制(van Howe J,et al.,2004)。例如,可以使用进一步描述的慢速率直接数字合成(DDS)生成波形,然后通过压缩及时转换成更高的频带。

## 3.7 自适应目标超宽带雷达发射机要求

### 3.7.1 目标和信号调制目标

目标自适应 UWB 雷达必须生成波长是目标波长 2 倍的信号,如 3.6.2 节所述。目标匹配信号将覆盖特定类别目标,如地雷、车辆和肿瘤。发送的目标匹配信号可以有以下两种格式。

(1)由产生的脉冲宽度和形状决定的,如高斯波和方波,在 $f_{low}$ 和 $f_{high}$ 之间有分量的短时 UWB 脉冲,这是短距离雷达系统的典型例子。

(2)在调频连续波和类似雷达中发现了关于中心频率的载波调制,远距离雷达系统可能会使用这种方法,如第 1 章所述的 Haystack 宽带卫星成像雷达(HUSIR)。在第 9 章,Ram Narayanan 描述了在使用噪声信号雷达方面取得的进展。

在这两种情况下,信号带宽必须覆盖目标类的谐振(Barrett T W,1996、2012)。目标匹配信号的波长将是目标 $d$ 的 2 倍。目标大小将决定 $f_{low}$,空间分辨力或感兴趣的最高目标共振将决定 $f_{high}$。图 3.23 所示为基于半波偶极谐振频率 $f_{res}=c/2d$ 的目标尺寸函数频率。实际物体的频率可能与物理尺寸有更复杂的关系。

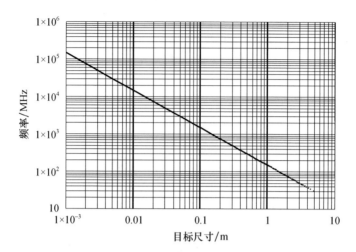

图 3.23 基于 $f_{res}=c/2d$ 的目标谐振频率随尺寸的估计

(其中 $d$ 表示目标部件的一些特征尺寸,如直径、长度、机翼和跨度。
一个真实的物体可以比图中曲线表示更高的多个频率响应的最大维度)

先进的 UWB 雷达系统发射机需要特殊的硬件才能实现,以提供可重构的不同脉冲形状和频谱。每个雷达应用程序都有特殊的要求,以实现更低功耗、更低复杂性和更低成本的更多功能。

通过查阅现代文献和互联网资源,可以对产生这种可调谐 UWB 信号的方法进行以下分类:①传统高斯脉冲产生;②上变频技术;③模拟滤波;④数字逻辑器;⑤模拟/数字合成。

### 3.7.2 直接数字合成

一些相关的技术发展已经展现了 UWB 通信系统的前景,其中的可调性意味着调制(Win M Z、Scholtz R A,2000)。注意,这些产生的信号需要成功传输所需的功率。这需要高功率放大器,从而不会扭曲这些产生信号需要发射一定功率脉冲,或操作可控和可接受的扭曲。

发射器必须发射两种类型的信号,即覆盖潜在目标共振范围的虚拟脉冲信号和由目标共振频率组成的目标匹配信号。主要技术问题集中在实现适当的雷达功能水平所需的专门信号产生和功率放大方面。这些设备的一般形式如图 3.24 所示。

以下内容描述产生具有特定功率谱特征的 UWB 信号的方法。

1. 传统信号产生方法

早期产生高斯脉冲信号的技术不能满足先进 UWB 雷达系统的作战要求,

主要是这些基于半导体有源元件的方法,如阶跃恢复二极管、漂移恢复二极管、雪崩晶体管等,在产生定制信号方面的灵活性有限(Protiva P,2007)。

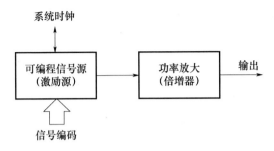

图 3.24　用于虚脉冲和目标匹配信号的发射机通用框图(虚拟脉冲信号代码将取决于目标的期望电平大小,虚拟脉冲反射信号的时频分析将决定目标匹配信号的频谱)

2. 上变频技术

基于模拟载波的 UWB 脉冲主要采用两种产生技术:①外差产生技术,如图 3.25 所示;②可选时间门控振荡器,如图 3.26 所示。

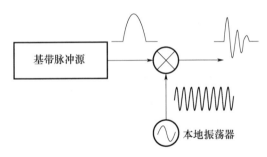

图 3.25　外差发射机以较低的频率产生基带脉冲(为便于实现,将脉冲发生器输出与更高频率的本地振荡器(LO)混合,在输出脉冲处产生基带和 LO 频率之和)

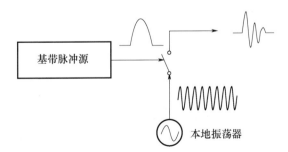

图 3.26　脉冲产生的可选时间门控(该方法利用短周期正弦波产生 UWB 脉冲信号。得到的输出具有类似正弦波的频谱)

在外差技术中,如图 3.25 所示,脉冲首先在低通频谱的基带产生,这通常更容易做到。反过来,基带信号源可以使用后面第 4~6 章所讲述的方法进行制作。其次,使用 LO 和混频器(倍增器)将基带信号向上转换为更高的目标频带。LO 可以使用固定或可变连续波源。显然,频率上变频在一定程度上放宽了对基带信号源的要求。然而,转换效率可能较低,需要提升功率,如图 3.28 所示。这种方法可以使用几种可用的调谐选项:①初始基带信号调整;②由电压控制振荡器(LO)控制的中心频率调整。

短时正弦波(小于 5 个周期)具有 UWB 特性。图 3.26 显示了如何用时间门控振荡器产生短时正弦波。在这种情况下,连续运行的 LO 提供基本的正弦波。由宽带脉冲控制的时间门控开关打开和关闭连续波信号,形成持续时间短的正弦波脉冲。另一种方法是打开和关闭 LO 本身,以实现相同的输出(Song F, et al. ,2008)。在这种情况下,一个典型的输出是由几个周期的 LO 在时域和正弦频谱中具有矩形振幅包络线,产生的输出信号将具有功率谱密度与带宽显示。这种方法具有较窄的调优能力,可根据开关控制允许的 LO 频率和循环次数进行调整(Song F,et al. ,2008)。

### 3.7.3 模拟滤波

直接数字滤波另一种方法是生成基带脉冲,然后对基带脉冲进行模拟滤波,形成所需的脉冲,如图 3.27 所示。这种方法的调优能力非常有限,由第 4~6 章所讲述的方法制作的基带源定义。基带源主要定义中心频率和带宽。注意,当基带信号需要辐射时,这种滤波器变换经常不可避免地在天线中发生(Rajesh N、Pavan S,2015)。

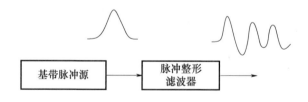

图 3.27 基带脉冲的产生和滤波(可以通过控制脉冲整形滤波器来实现所需的信号频谱,从而简化设计。脉冲整形滤波器的设计必须补偿天线的特性)

天线的频率响应特性也会影响脉冲的形状。在激励脉冲成形过程中,工程师必须考虑天线产生的脉冲畸变。这需要同时考虑天线和发射机天线的特性(Boryssenko A、Schaubert D H,2006)。光学手段可以提供另一种低能效的脉冲整形方法(Hedayati H,et al. ,2011)。

## 3.7.4 数字逻辑信号产生与发射

利用数字逻辑的可调谐 UWB 脉冲产生显示出许多可能性。脉冲发生器有许多特定的特性,但都在信号产生电路中使用了一些延迟、逆变器和 NOR/NAND 门(Bourdel S,et al.,2010;Chang K C、Mias C,2007)。图 3.28 显示了由单个逆变器时延和单个 NOR 门组成的简化典型方案。示例脉冲发生器触发器将一个脉冲分解为两个信号路径,其中一个路径有延迟。具有适当相互延迟的两条路径的信号进入 NOR 门,该门在触发脉冲的每一个下降沿上产生输出脉冲。可以用"NAND"门代替"NOR"门。这使得在解发器的每一个上升边缘上都

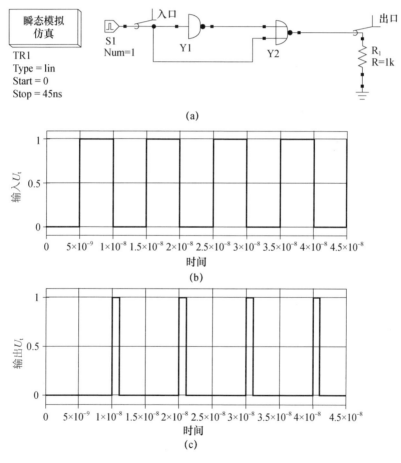

图 3.28 数字逻辑脉冲发生器采用逆变器作为时延来确定输出脉冲时间
(输出脉冲宽度和带宽取决于逆变器的时延)
(a)逻辑单元数字脉冲产生器;(b)脉冲产生输入;(c)脉冲产生输出。

能产生极性相反的脉冲。为了简单起见,图 3.28 中的电路只显示了两个信号相位。这种实用电路有许多信号相位和逻辑功能元件。这样的脉冲发生器可以用离散数字逻辑来构建(Schwoerer J,et al.,2005)。然而,由于许多技术难点,它们的功能受到了限制。这些难点可能与印制电路板的公差、时间不匹配以及与基于集成电路(IC)的电子产品,与离散制造的电子产品相关的其他影响导致的信号完整性问题有关。基于集成电路的数字逻辑元件可以提供更高的准确性、功能性、带宽和性能。这里有两种方法,使用互补金属氧化物半导体工艺定制 IC 逻辑和可重新编程的现成的 FPGA 逻辑。它们的优点和缺点对设计者来说也有利有弊。带宽和特殊特性的缺乏可能成为可再编程的现成 FPGA 逻辑的主要瓶颈(Strackx M,et al.,2013)。

### 3.7.5 模拟－数字信号合成

模拟－数字合成通过将基带脉冲信号的多个副本组合在一起产生信号,这些基带脉冲信号分别经过延迟和加权得到给定的幅度和极性。图 3.29 显示了一组 $N$ 基带脉冲发生器(BPG)如何在分布式波形发生器中生成特殊的超宽频带波形。该过程首先将触发器发送到由级联 $T_D$ 延迟组成的数字延迟线,采样频率 $f_s = 1/T_D$。如果利用 BPG 方式,为脉冲成形和光谱调优提供了灵活性。BPG 阵列是使用自定义模拟－数字混合集成电路最可行的方法。图 3.30 显示了这种模拟－数字信号合成器的另一个版本,它通过直接加权触发器信号的延迟边缘,并将它们组合成适当的脉冲整形来避免 BPG(Cutrupi M,et al.,2010;Zhu Y,2007;Zhu Y,2009;Zhu Y,et al.,2009)。

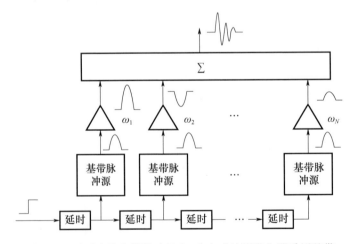

图 3.29　通过多种宽带脉冲组合,分布式波形发生器采用基带脉冲发生器阵列合成特殊的超宽带波形

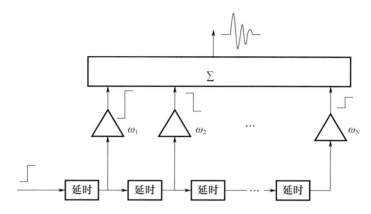

图 3.30　联合触发边缘 UWB 脉冲发生器消除了图 3.29 中的 BPG
（它使用多个时间延迟产生一系列快速上升的时间触发脉冲。它通过直接加权触发
信号的延迟边缘，并将其组合成单个输出脉冲来实现脉冲整形）

## 3.7.6　直接数字合成

一种更有前景且通用的 UWB 脉冲产生方法是使用高速直接数字合成（DAC）波形合成。图 3.31 显示了通用的 DAC 波形合成器。从理论上讲，高速 DAC 具有良好的分辨力，可以直接产生具有必要的时频特征的信号，虽然完全可重构(可编程)。然而，就像前面考虑的 ADC 一样，这种 DAC 需要在高采样率下运行。例如，对于 3～10GHz 的 UWB 脉冲，DAC 必须具有至少 20GHz 的采样频率，并且具有 6 位或更高的分辨力。高采样率对 DAC 和从数字存储器生成输入数字数据流提出了性能挑战，如图 3.31 所示。这种方法增加了设计的复杂性和功耗。如果 UWB 脉冲持续几纳秒，那么在一个脉冲中只有几十个样本。由于脉冲形状不需要高速改变，时间交错 DAC 似乎是一个有发展的路径，类似于时间交错 ADC 获得高采样率。总体来说，获得必要的 DAC 能力所需的总体技术优势可与先进的 UWB 雷达系统 ADC 相媲美。

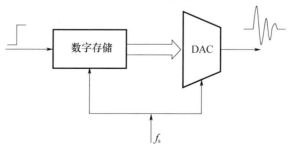

图 3.31　利用直接数字波形合成技术实现 UWB 脉冲

有一些现成的 DAC 芯片可以在几个吉赫兹频段上工作。例如，DAC 3482 是一种低功耗、高动态双通道、16 位 DAC，采样率高达 1.25GSPS。来自 Texas Instruments 公司的 AD9912 是一个集成了 14 位 DAC 的 1GSPS DDS 芯片。来自模拟设备的 AD9119/AD9129 是高性能的 11/14 位射频 DAC，可以支持高达 2.85GSPS 的数据速率(Baranauskas D、Zelenin D, 2006)。

一种与软件定义无线电(SDR)相关的 DDS 类似的方法可以操作几吉赫兹，但信号带宽不超过 100 MHz(如芯片上的模拟设备 AD936x SDR) (Pu D, et al. ,2015)。

## 3.8 小　　结

先进的 UWB 雷达概念为扩展遥感能力提供了许多可能性。全面发展先进的 UWB 雷达，包括信号和目标相互作用现象、数字接收机设计、信号处理方法、可变波形发射机设计和控制体系结构，则可能需要专用的书籍来解释。本章概述了概念、潜在的技术问题以及进一步创新的建议。

特殊的 UWB 雷达系统将不断发展，应充分利用回波信号分析和信号匹配的可能性。本书的其余章节介绍了更好的性能和新的应用程序的概念。

本章介绍了建造先进的 UWB 雷达所需要的主要技术考虑，该雷达可以实现以下功能：

(1) 通过对目标反射信号的时频分析，识别目标种类；

(2) 改变传输的波形以匹配目标特性，增强来自特定目标种类的回波；

为某一特定功能建造先进的 UWB 雷达需要以下条件：

(1) 了解目标类别和虚拟脉冲信号之间的交互；

(2) 根据目标类调整信号带宽和空间分辨力；

(3) 建立一个时域接收器，可以数字化每个反射信号进行时频分析，这需要将 ADC 功能与选择性采样、压缩感知和其他技术相匹配；

(4) 建立一种能从时频分析信息中生成目标匹配信号的信号合成器；

(5) 建立一种能够综合和传输目标匹配信号的发射机和天线。

先进的 UWB 雷达性能将取决于现有的 ADC 技术能力。目标匹配 UWB 信号的综合能力将限制其应用于特定的信号调制带宽和目标类别。ADC 技术的进一步发展将扩大应用范围。虽然一般原则保持不变，但每项新的技术都取决于功能需求，如用于塑料矿井定位的先进探地雷达的设计与用于特定级别的飞机、车辆或船只进行区域监视的雷达有很大不同。

我们介绍了建造先进 UWB 雷达的主要性能目标和技术考虑。根据目标类和功能性能目标，每种情况都需要在新的层次上理解信号和目标之间的交互。第 12 章宽频宽波束运动传感将从不同的角度讨论目标和信号修正。

## 参 考 文 献

[1] Analog Devices. 2004. Data Conversion Handbook. Newnes, Oxford, UK.

[2] Astanin, L. Y. and Kostylev, A. A. 1997. Ultrawideband Radar Measurements Analysis and Processing, The Institution of Electrical Engineers. London, UK.

[3] Astanin, L. Y., Kostylev, A. A., Zinoviev, Yu. S. and Pasmurov, A. Ya. 1994. Radar Target Characteristics: Measurements and Applications. CRC Press, Boca Raton, FL.

[4] Baker B. 2011. A Glossary of Analog – to – Digital Specifications and Performance Characteristics, Texas Instrument Application Report Texas Instrument Application Report SLAA510, January.

[5] Baranauskas, D. and Zelenin, D. 2006. A 0.36W 6b up to 20GS/s DAC for UWB wave formation. IEEE International Solid – State Circuits Conference, February pp. 2380 – 2389.

[6] Baraniuk, R. and Steeghs, P. 2007. Compressive Radar Imaging. Radar Conference, 2007 IEEE. pp. 128 – 133.

[7] Barrett, T. W. 1996. Active Signaling Systems. US Patent No. 5,486,833 dated January 23. Barrett, T. W. 2008. Method and application of applying filters to n – dimensional signal and image in signal projection space. US Patent No. 7,496,310, September 16, 2008.

[8] Barrett, T. W. 2012. Resonance and Aspect Matched Adaptive Radar. World Scientific Publishing Co.

[9] Hacksack, NJ. Baum, C. E. 1976. Transient Electromagnetic Fields, Ch. The Singularity Expansion Method, pp. 128 – 177, Springer – Verlag, New York.

[10] Baum, C. E. 1997. Discrimination of buried targets via the singularity expansion, Inverse Problems, vol. 13, no. 3, pp. 557 – 570.

[11] Baum, C. E., Rothwell, E. J. and Chen, K. M. 1991. The singularity expansion method and it application to target identification. Proc. IEEE, 79 (10), pp. 1481 – 1482.

[12] Boryssenko, A. and Schaubert, D. H. 2006. Electromagnetics – Related Aspects of Signaling and Signal Processing for UWB Short Range Radios. J. VLSI Signal Process. Syst. Vol. 43(1), pp. 89 – 104.

[13] Bourdel, S., Bachelet, Y., Gaubert, J., Vauche, R., Fourquin, O., Dehaese, N. and Barthelemy, H. 2010. A 9 – pJ/Pulse 1.42 – Vpp OOK CMOS UWB pulse generator for the 3.1 – 10.6 – GHz FCC band. IEEE Transactions on Microwave Theory and Techniques, Vol. 58(1), pp. 65 – 73.

[14] Chang, K. C. and Mias, C. 2007. Pulse generator based on commercially available digital circuitry. Microwave and Optical Technology Letters. Vol. 49(6). pp. 1422 – 1427.

[15] Coppinger, F., Bhushan, A. S. and Jalali, B. 1999. Photonic time stretch and its application to ana – log – to – digital conversion. Microwave Theory and Techniques, IEEE Transactions on. Vol. 47(7), pp. 1309 – 1314.

[16] Cutrupi, M., Crepaldi, M., Casu, M. R. and Graziano, M. 2010. A flexible UWB Transmitter for

breast cancer detection imaging systems. Design, Automation & Test in Europe Conference & Exhibition 8 – 12 March 2010, pp. 1076 – 1081.

[17] Davenport, M. A., Schnelle, S. R., Slavinsky, J. P., Baraniuk, R. G. and Wakin M. B. 2010. A Wideband Compressive Radio Receiver'. 2010 Military Communications Conference, pp. 1193 – 1198.

[18] Donoho, D. L. 2006. Compressed Sensing, IEEE Trans. on Information Theory, Vol. 52 (4), pp. 1289 – 1306, April.

[19] e2V Semiconductor, 2001, Dithering in Analog to Digital Conversion, SAR 20017. http://www.e2v.com/shared/content/resources/File/documents/broadband – data – converters/doc 0869B.pdf.

[20] e2V Technologies, 2016, Broadband data converters, http://www.e2v.com/products/semi-conductors/broadband – data – converters/Ender, J. 2013.

[21] A Brief Review of Compressive Sensing Applied to Radar, 14th International Radar Symposium, pp. 3 – 22.

[22] Guerci, J. R. 2010. Cognitive Radar: The Knowledge – Aided Fully Adaptive Approach. Artech House, Boston, MA.

[23] Haykin, S. 2011. Cognitive Dynamic Systems: Perception – Action Cycle, Radar, And Radio. Cambridge University Press, Cambridge, UK.

[24] Hedayati, H., Arvani, F., Noshad, M., Mir – Moghtadaei, V. and Fotowat – Ahmady, A. 2011. Design of an optical UWB pulse leading to an in – band interference tolerant impulse radio UWB transceiver, Ultra – Wideband (ICUWB), 2011 IEEE International Conference on, pp. 25 – 28.

[25] Hopper, R. J. 2015. TI E2E Community, RF sampling series blogs. http://e2e.ti.com/tags/RF%2bsampling%2bseries.

[26] Immoreev, I. 2000. "Ch. 1: Main Features of UWB Radars and Differences from Common Narrowband Radars." Taylor, J. D. (ed.) Ultra – Wideband Radar Technology. CRC Press, Boca Raton, FL.

[27] Immoreev, I. 2012. "Ch. 3: Signal Waveform Variations in Ultrawideband Wireless Systems." Taylor, J. D. (ed.) Ultrawideband Radar Applications and Design. CRC Press, Boca Raton, FL.

[28] Jalali, B. and Han, Y. 2013. Tera Sample – per – Second. Ch 9. Microwave Photonics, Second Edition, Lee, C. H. (ed). Taylor & Francis. Boca Raton, FL, pp. 307 – 361.

[29] Kennaugh, E. 1981. "The K – pulse concept." IEEE Transactions on Antennas and Propagation. Vol. 29(2) pp. 327 – 331.

[30] March. Kester, W. 2004. Data Conversion Handbook. Analog Devices Inc.

[31] Kim, Tae Wook. 2015. Ultrawideband radar, US Patent No. 9,121,925, September 1, 2015.

[32] Knott, E. F. 2008. "Ch. 14 Radar Cross Section." Skolnik, M. I. The Radar Handbook. 3rd Edition, McGraw Hill, New York, NY.

[33] Kolner, B., 1994. Space – time duality and the theory of temporal imaging. Quantum Electronics, IEEE Journal of, Vol. 30(8). pp. 1951 – 1963.

[34] Kolner, B. H. and Nazarathy, M. 1989. Temporal imaging with a time lens. Optics Lett., 14: 630 – 632. l – 1 Magic 2006. http://users.ece.gatech.edu/justin/l1magic/

[35] Laska, J. N., Kirolos, S., Massoud, Y., Baraniuk, R., Gilbert, A., Iwen, M. and Strauss, M. 2006. Random Sampling for Analog – To – Information Conversion of Wideband Signals. IEEE Dallas Circuits and Systems Workshop (DCAS) 2006. pp. 119 – 122.

[36] Li, Yong, and Tian, Y. Gui. 2008. "A Radio – frequency Measurement System for Metallic Object Detection Using Pulse Modulation Excitation." 17th World Conference on Nondestructive Testing. 25 – 28 October 2008, Shanghai, China.

[37] Liu, Y. and Wan, Q. 2011. Anti – Sampling – Distortion Compressive Wideband Spectrum Sensing for Cognitive Radio, Int. Journal of Mobile Communications.

[38] Martin, S. 1989, A Comparison of the K – Pulse and E – Pulse Techniques for Aspect Independent Radar Target Identification, Naval Postgraduate School Monterey Ca ADA220172.

[39] Melkonian, L. 1992. Improving A/D Converter Performance Using Dither, AN – 804, National Semiconductor Application Note 804, February.

[40] Pearson, C. 2011. High – Speed, Analog – to – Digital Converter Basics, Texas Instrument Application Report SLAA510, January.

[41] Pelgrom, M. J. M. 2010. Analog – to – Digital Conversion, Springer Science & Business Media. Protiva, P., Mrkvica, J. and Machacm, J. 2007. Universal Generator of Ultra – Wideband Pulses. Radioengineering Vol. 17(4), pp. 74 – 78, December.

[42] Pu. D., Cozma, A. and Hill T. 2015. Four Quick Steps to Production: Using Model – Based Design for Software – Defined Radio, Analog Dialogue, Analog Devices. http://www.analog.com/library/analogdialogue.

[43] Rajesh, N. and Pavan, S. 2015. Programmable analog pulse shaping for ultra – wideband applications, Circuits and Systems (ISCAS), 2015 IEEE International Symposium on, pp. 461 – 464.

[44] Rolland, N., Benlarbi – Delai A. Ghis, A. and Rolland, P. A. 2005. 8 – GHz bandwidth spatial sampling modules for ultrafast random – signal analysis, Microwave and Optical Technology Letters, Wiley, 44, pp. 292 – 295.

[45] Rothwell, E. J., Chen, K. M. Nyquist, P. and Sun, W. 1987. "Frequency domain E – Pulse synthesis and target discrimination." IEEE Trans. Antennas Propagation, vol. AP – 35, No. 4, pp. 426 – 434, April.

[46] Sachs, J. 2012. Handbook of Ultra – Wideband Short Range Sensing: Theory, Sensors, Applications. Wiley – VCH Verlag & CO, Weinheim, Germany.

[47] Schwartz, J. D., Azaa, J. and Plant, D. V. 2007. A Fully Electronic System for the Time Magnification of Ultra – Wideband Signals. Microwave Theory and Techniques, IEEE Transactions. Vol. 55(2), pp. 327 – 334.

[48] Schwoerer, J., Miscopein, B., Uguen, B. and El – Zein, G. 2005. A discrete fully logical and

low-cost sub-nanosecond UWB pulse generator. Wireless and Microwave Technology, 2005. WAMICON 2005. The 2005 IEEE Annual Conference, pp. 43-46.

[49] Song, F., Wu, Y., Liao, H. and Huang, R. 2008. Design of a novel pulse generator for UWB applications. Microw. Opt. Technol. Lett. Vol. 50(7), pp. 1857-1861.

[50] Strackx, M., Faes, B., D'Agostino, E., Leroux, P. and Reynaert, P. 2013. FPGA based flexible UWB pulse transmitter using EM subtraction, Electronics Letters, Vol. 49(19) pp. 1243-1244, September 12.

[51] Taylor, J. D. 2012. "Ch. 1 Introduction to Ultrawideband Radar Applications and Design." Taylor, JD., Ultrawideband Radar Applications and Design. CRC Press, Boca Raton, FL.

[52] Taylor, J. D. 2013. "Ultrawideband Radar Future Directions and Benefits." Progress In Electromagnetics Research Symposium Proceedings, Stockholm, Sweden, August 12-15, pp. 1575-1578.

[53] Texas Instruments, ADC12J4000, 2015. 12-Bit, 4.0 GSPS RF sampling ADC with JESD204B interface. http://www.ti.com/product/ADC12J4000.

[54] Texas Instruments, ADC083000, 2015, 8-Bit, 3 GSPS, High Performance, Low Power A/D Converter. http://www.ti.com/product/adc083000.

[55] VanBlairicum, M. L. 1995. "Ch. 9 Radar Cross Section and Target Scattering." Taylor, James D. (ed.) Introduction to Ultra-Wideband Radar Systems, CRC Press, Boca, Raton, FL.

[56] van Howe, J., Hansryd, J. and Xu, C. 2004. Multiwavelength pulse generator using time-lens compression. Opt. Lett. No. 29, pp. 1470-1472.

[57] Walden, R. H. 1999. Analog-to-digital converter survey and analysis, IEEE Journal on Selected Areas in Communications, Vol. 7(4), April. pp. 539-549.

[58] Win, M. Z and Scholtz, R. A. 2000. Ultra-wide bandwidth time-hopping spread spectrum impulse radio for wireless multiple-access communications. IEEE Transactions on Communications, No. 48:679-689, April.

[59] Zhu Y. 2007. A 10 Gs/s distributed waveform generator for subnanosecond pulse generation and modulation in 0.18um standard digital CMOS, Radio Frequency Integrated Circuits (RFIC) Symposium, 2007 IEEE, pp. 35-38.

[60] Zhu, Y. 2009. Distributed waveform generator: A new circuit technique for ultra-wideband pulse generation, shaping and modulation. IEEE Journal of Solid-State Circuits, Vol. 44(3), pp. 808-823.

[61] Zhu, Y., Zuegel, J. D., Marciante, J. R. and Wu, H. 2009. Distributed Waveform Generator: A New Circuit Technique for Ultra-Wideband Pulse Generation Shaping and Modulation. IEEE Journal of Solid State Circuits, Vol. 44(3), pp. 808-823, March.

# 第 4 章
# 超宽带雷达时频信号处理

Terence W. Barrett

## 4.1 介绍与目标

### 4.1.1 概述

香农定理表明,可靠的通信信道通信取决于带宽(BW)和信噪比(SNR)。同样的概念应用于雷达,意味着具有大信号带宽和高信噪比雷达回波的反射信号包含有关目标的信息。问题在于如何分析回波信号,用来获取有关目标的相关信息,并以一种可用的格式确定其特征,获得目标的描述,以此作出判定依据。如第 1 章所述,这些新的信号分析方法的意义需要理解 UWB 雷达系统与传统窄带雷达系统的区别。简而言之,传统的窄带雷达采用频域(能量)采集方法,而用于目标识别的先进 UWB 雷达采用时频(时频)采集和分析方法。

我们知道,UWB 雷达回波将包含特定目标的大小和几何形状所特有的特征。通过回波信号分析来进行目标识别,关键在于找到一种数学描述目标回波信号的方法,并给出目标回波的时频特性。UWB 信号的分析需要应用适合于反射瞬态波形中包含的短时间长度和宽频率范围的技术。在许多情况下,如果雷达信号处理器能够将目标回波的时频特性与已知回波进行比较,那么它就能够识别目标类型。根据 Barrett(1996、2012)的描述,智能自适应雷达可以改变信号波形的变化来改进目标检测。这为 UWB 雷达在医学、无损检测、安全等领域的应用提供了多种可能性。

本章给出了确定 UWB 信号目标回波时频特性的分析技术。

### 4.1.2 现代超宽带雷达时频信号处理要求

本节将介绍一些分析 UWB 目标信号的新方法,以确定雷达图像处理器可以与已知信号匹配的不同时频特征来识别目标及其各方面。以下内容将演示分析军用悍马卡车和道奇公羊皮卡的短时间脉冲回波的方法,这两种卡车的总体尺寸类似，也适用于其他目标。信号分析结果将显示不同的几何形状如何产生不同的 UWB 雷达回波。

时频目标检测和识别需要一个具有高 A/A 转换速度的雷达接收机来精确记录返回信号波形，以保持定时和频率内容。为了保留频率内容，接收器必须采样回波信号，并记录振幅在时间间隔远远小于信号的持续时间。时域方法的充分利用具有良好的信噪比和模数转换能力，可以重构接收到的信号波形。ADC 数字化速率限制了实验室雷达时域接收机的发展。Barrett 在 RAMAR 书中描述了这些测试中使用的两个时频接收机。

注：本章假设有一个来自样本目标的数字化 UWB 信号。现在需要找到处理这些接收到的信号和获取有用信息的方法。

### 4.1.3 时域和频域信号处理方法和目标

目标识别是指选择的信号处理系统必须检测出目标回波信号波形中的一个或多个重要特征。这适用于单回波或合成孔径雷达（SAR）地图，以便对目标的探测、识别和分类作出决策（同样的程序适用于多个目标）。每一种信号处理方法都对所接收到的信号有一定的前提条件，这些前提条件会影响到对信号的处理方法。有些未知因素使选择最佳方法来突出信号中某些需要的特征变得复杂。选择方法时需要在增强所需的信号特征同时模糊不太重要的特征之间进行权衡。因此，所选择的信号处理方法及其有效应用的前提，将取决于对所选择的决策过程最有用的信号有时是未知的特征。信号处理问题也因信号是长时间信号或准稳态信号、还是短时间信号或暂态信号而变得复杂。这些观察结果可以归结为一个结论，即要采用的信号处理方法应该是探索并突出和考虑决策中有用的信号特征。

所有这些考虑都特别适用于时频 UWB 雷达以及 RAMAR（谐振和相位匹配雷达）（Barrett,2012），其定义是处理瞬态信号，而不是准稳态信号。处理这类信号需要采用时频方法，而不仅仅是时域或频域方法。因此，在下面几节中，将研究各种信号处理方法，从中了解信号的前提和要求以及有关它们的有效应用。这些方法与 UWB 信号和时频分析方法等瞬态信号具有特殊的相关性。

可以将信号处理方法分为以下几类。

(1) 检查整个信号的非本地或全局信号处理方法，如傅里叶变换（FT）可以提供频率精度但不能提供时间精度。

(2) 局部方法，单独处理部分信号，如小波方法（Meyer,1993；Mallat,1999）。这些方法在时间上是精确的，但在频率上是不精确的。

(3) 混合时频双线性方法，如 Wigner – Ville 分布（WVD）和模糊函数（AF）。

所有其他相互竞争的信号分析和分解方法都有不同的假设和缺陷。举例如下。

（1）本征信号/本征图像分解（SVD）是由信号/图像本身的性质定义的基信号/图像。然而，这并不是一种有效的处理信号/图像的方法，因为这些基信号/图像从一个信号/图像变化到下一个信号/图像，其提取的属性会发生变化。因此，所得到的特征值不能用于压缩和传输。

（2）Karhunen – Loève（或霍特林）变换假设信号/图像处理是遍历性，也就是说，单个信号或图像的空间或时间统计在一组信号或图像上是相同的。但情况并非总是如此，因为信号和图像并非随机过程的简单结果，它们始终存在一个确定性的基础部分。

（3）基本信号/图像由传统 FT 构造。这些假设信号或图像在各个方向周期性地重复，信号或图像反映的是信号带宽而不是空间或时间有限。

（4）这里讨论的 Weber – Hermite 变换（WHT）不需要这些假设。此外，传统的 FT 不提供局部信息，即在特定时间内有关信号的信息，而设计 WHT 来处理这些时间内的信息和信号频率。

（5）小波变换和 WHT 变换在频率检测中以最小的不准确度换取信号在某一时刻的局部信息。

接下来将研究这些先进的信号分析方法，指出它们的优点和缺点，并介绍新的技术，如 WHT 和载波频率 – 包络频率（CFEF）光谱方法，这些方法适用于 UWB 回波信号分析。

我们首先检查双线性方法，包括 WVD 和 AF。在确定了目标之后，可以检查每种方法，展示结果的示例，并比较每种方法的相对优点。

## 4.2 Wigner – Ville 分布

时频方法包括著名的谱图，是为线性但非平稳的数据而设计的。时频分布是由信号在过去的时间和未来的时间的乘积，或者等效地，从一个信号的高频率分量和一个信号的低频率分量的乘积。因此，时频分析不是非局部转换，而是全局转换。由于分析信号在这些定义中使用了两次，因此时间频率分布称为双线性或二次（Hlawatsch & Boudreaux – Bartels, 1992）。时频分析是分析频率分布和幅值随时间变化，且相移不变量的非平稳信号的有效方法。但这些方法有一个缺点，即在分析多分量信号时可能出现交叉项"互耦（互相关）"。然而使用窗口函数可使交叉项减少，从而减少分辨力的损失。时频法适用于瞬时 BW 较窄的信号，特别是线性时变系统的信号。

一般类或 Cohen 类、C，对于所有的时频表示如下（Cohen,1989、1995），即

$$C(t,\omega) = \frac{1}{4\pi^2}\iiint_{-\infty}^{+\infty} s^*\left(u-\frac{\tau}{2}\right)s\left(u+\frac{\tau}{2}\right)\varphi(\theta,\tau)\exp[-\mathrm{i}\theta t - \mathrm{i}\tau\omega + \mathrm{i}\theta u]\mathrm{d}u\mathrm{d}\tau\mathrm{d}\theta$$

(4.1)

或者

$$C(t,\omega) = \frac{1}{4\pi^2}\iiint_{-\infty}^{+\infty} S^*\left(u+\frac{\theta}{2}\right)S\left(u+\frac{\theta}{2}\right)\varphi(\theta,\tau)\exp[-\mathrm{i}\theta t - \mathrm{i}\tau\omega + \mathrm{i}\tau u]\mathrm{d}\theta\mathrm{d}\tau\mathrm{d}u$$

(4.2)

式中:$\varphi(\theta,\tau)$为一种称为 kernel(Claasen & Mecklenbräuker,1980a–c;Janssen,1981、1982、1984)的函数;$s$ 为时域信号;$S$ 为时频域信号;$t$ 为时间;$\omega$ 为辐射频率;$u$ 为通用的将内核定位在信号长度上的可变寻址时间或频率;$\tau$ 为时滞变量,用于自相关分析,即内核用 $\tau$ 来映射信号;$\theta$ 为多普勒频率,即由 $\theta$ 和 $\tau$ 得到的内核映射信号。

可以用特征函数 $M$ 来定义一般的信号类,即

$$C(t,\omega) = \frac{1}{4\pi^2}\iint_{-\infty}^{+\infty} M(\theta,\tau)\exp[-\mathrm{i}\theta t - \mathrm{i}\tau\omega]\mathrm{d}\theta\mathrm{d}\tau \quad (4.3)$$

其中,

$$M(\theta,\tau) = \varphi(\theta,\tau)\int_{-\infty}^{+\infty} s^*\left(u-\frac{\tau}{2}\right)s\left(u+\frac{t}{2}\right)\exp[\mathrm{i}\theta u]\mathrm{d}u$$

$$= \varphi(\theta,\tau)A(\theta,\tau) \quad (4.4)$$

与 $A(\theta,\tau)$ 对称的 AF。这允许分类时频分布的核函数 $\varphi(\theta,\tau)$(Cohen,1989、1995)。

确定性自相关函数定义为

$$R(\tau) = \int_{-\infty}^{+\infty} s^*(u)s(u+\tau)\mathrm{d}u \quad (4.5)$$

同时定义确定性广义局部自相关函数为(Choi & Williams,1989;Cohen,1989)

$$R_\tau(\tau) = \iint_{-\infty}^{+\infty} s^*\left(u-\frac{\tau}{2}\right)s\left(u+\frac{\tau}{2}\right)\varphi(\theta,\tau)\exp[\mathrm{i}\theta(u-t)]\mathrm{d}\theta\mathrm{d}u \quad (4.6)$$

因此,自相关函数取决于时间。

从一般属性开始,将研究 WVD(winger–ville Distribution.)即时变自相关函数的傅里叶变换(Wigner,1932;Ville,1948),定义为

$$\mathrm{WVD}(t,\omega) = \frac{1}{2\pi}\int_{-\infty}^{+\infty} s^*\left(t-\frac{\tau}{2}\right)s\left(t+\frac{\tau}{2}\right)\exp[-\mathrm{i}\tau\omega]\mathrm{d}\tau$$

$$= \frac{1}{2\pi}\int_{-\infty}^{+\infty} s^*\left(\omega-\frac{\theta}{2}\right)S\left(\omega+\frac{\theta}{2}\right)\exp[-\mathrm{i}\tau\theta]\mathrm{d}\theta \quad (4.7)$$

式中:$s$ 为时域信号且为实数;WVD 为 FT 对 $\tau$ 的自相关,具体定义为

$$R(t,\tau) = s^*\left(t-\frac{\tau}{2}\right)s\left(t+\frac{\tau}{2}\right) \quad (4.8)$$

或者

$$R(t,\tau) = \int_{-\infty}^{+\infty} \text{WVD}(t,\omega)\exp(\mathrm{i}\tau\omega)\mathrm{d}\omega = s^*\left(t - \frac{\tau}{2}\right)s\left(t + \frac{\tau}{2}\right) \quad (4.9)$$

当 $\varphi(\theta,\tau)=1$ 时，WVD 特征函数为

$$M(\theta,\tau) = A(\theta,\tau) \quad (4.10)$$

图 4.1 所示为利用 WVD 对图 4.1(a)和图 4.1(b)的正弦和脉冲测试信号进行分析，得到交叉项出现的结果。从图 4.1 中可以看出，WVD 可以突出正弦波和测试脉冲，即简单的信号，没有多分量和交叉干扰，但在图 4.1(c)所示的多分量信号中，三条轨迹的交叉项在亮光区出现。

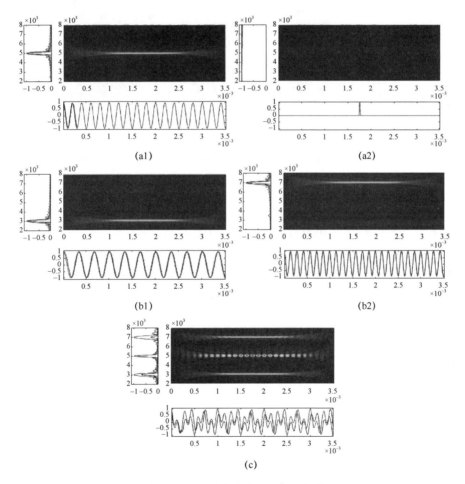

图 4.1 （见彩图）单侧 WVD 时频谱

(a1)正弦曲线；(a2)脉冲；(b1)低频正弦曲线；(b2)高频正弦曲线；(c)低频和高频正弦曲线的组合。
（在所有情况下的边缘，蓝色的线表示 WVD 的边缘，红色的线表示傅里叶变换的边缘。
可见，(b1)和(b2)中没有交叉项，(c)中有"杂波干扰"，横轴表示时间，纵轴表示频谱的幅度）

为了演示 WVD 变换的实际应用,可以分析长 4.7m、宽 2.16m、高 1.83m 的悍马车的 UWB 雷达回波。发射脉冲为 2ns 包络调制脉冲,载波为 35.3GHz(Ka 波段),BW 为 1GHz,功率小于 0.5W。这一系列实验的目标在 150m 范围内。

单侧 UWB WVD 时频谱图如图 4.2 所示,为悍马目标在 0°、45°、90°、180° 等角的时频谱图。使用 Choi – Williams(1989)对 WVD 进行修改。然而,很难确定 WVD 中哪些分量是信号分量,哪些是残差交叉项。

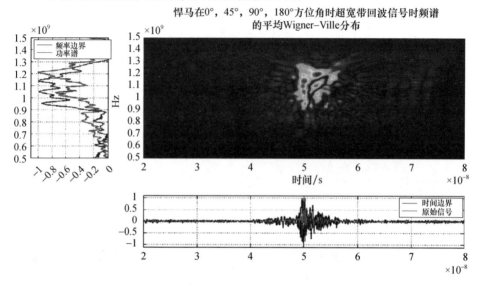

图 4.2 (见彩图)WVD 的 UWB 时频谱回波信号从悍马车平均返回信号的目标方面的角度(0°、90°和 180°)(在边线上,蓝线表示 WVD 边线,红线表示傅里叶变换边线)

## 4.3 模糊函数

模糊函数(ambiguity function, AF)是与 WVD 变换相关的时频变换。对称 AF 的定义为

$$\mathrm{AF}(\theta,\tau) = \int s^*\left(t - \frac{\tau}{2}\right) s\left(t + \frac{\tau}{2}\right) \exp(\mathrm{i}\theta t)\,\mathrm{d}t \tag{4.11}$$

它通常是复杂的。因此,AF 是自相关的关于 $t$ 的傅里叶变换,在定义 WVD 时也引入并使用了以上定义,即

$$R(t,\tau) = s^*\left(t - \frac{\tau}{2}\right) s\left(t + \frac{\tau}{2}\right) \tag{4.12}$$

或者

$$R(t,\tau) = \int_{-\infty}^{+\infty} \mathrm{AF}(\theta,\tau) \exp[-\mathrm{i}\theta t]\,\mathrm{d}\theta = s^*\left(t - \frac{\tau}{2}\right) s\left(t + \frac{\tau}{2}\right) \tag{4.13}$$

AF 最初由 Ville(1948)和 Moyal(1949)提出,并被 Rihaczek (1969)和 Hershkowitz(1996、2000)广泛应用于常规雷达信号。Woodward、Davies (1950) 和 Woodward (1953)描述了 AF 与匹配滤波器的关系,AF 是 WVD 的特征函数。具体地说,WVD 是对称 AF 的双 FT,即

$$\text{WVD}(t,\omega) = \iint_{-\infty}^{+\infty} \text{AF}(\theta,\tau)\exp[-\text{i}(\omega\tau+\theta t)]\text{d}\theta\text{d}\tau \qquad (4.14)$$

但 AF 与 WVD 的区别在于,信号项集中在原点附近,交叉项集中在原点以外。因此,在模糊域内应用低通二维滤波器可以抑制交叉项。AF 是将自相关概念扩展到非平稳信号(Flandrin,1998)。

单向的 AF 滞后时间 $\tau$ 时频光谱测试信号如图 4.3 所示,悍马车在一个方面 0°角如图 4.4 所示。交叉项离原点较远,AF 的时间对称性是由于自相关滞后范围的对称性选择所致。

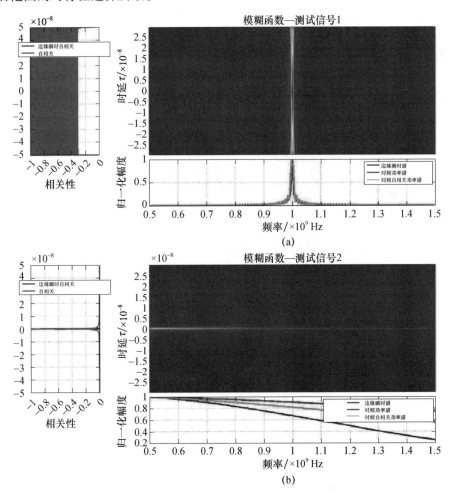

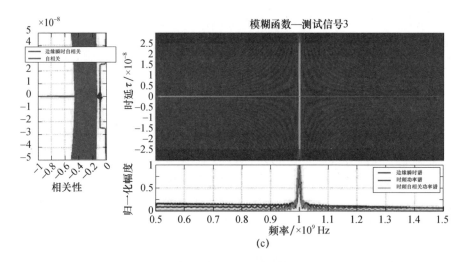

图 4.3 （见彩图）单边带模糊函数的时频谱特性

(a)单频正弦曲线；(b)脉冲曲线；(c)正弦曲线和脉冲复合。

（左图为模糊函数自相关特性，底部图为傅里叶变换图和自相关特性。模糊函数的对称性是由于选择的时间距离间隔的对称性所致）

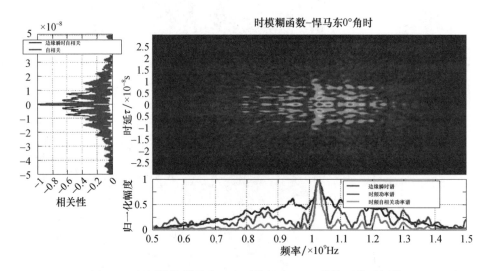

图 4.4 （见彩图）悍马车 0°角时的单边 UWB 模糊函数时频谱

（左图为模糊函数自相关特性，底部图为傅里叶变换图和自相关特性。模糊函数的对称性是由于选择的时间距离间隔的对称性所致。发射脉冲信号是 2ns 的包络调制脉冲，载频 35.3GHz(Ka 频段)，带宽 1GHz，功率小于 0.5W。目标位于 150m 处）

## 4.4 Weber–Hermite 变化和 Weber–Hermite 波形函数

Weber–Hermite 波形函数(WHWF)由 Slepian 团队(Landau & Pollk,1961、1962;Slepian,1964、1978;Slepian & Pollk,1961)提出,它同时具有全局和局部应用,能够解决众所周知的能量约束问题和时宽–带宽积(TBP)约束问题。

Slepian 团队解决能量约束问题的途径是利用椭球波形函数(PSWF)序列,该序列虽然不能解析生成,但可以循环产生。利用可提供解析函数的抛物线圆柱或 WHWF 序列(Barrett,1972、1973a、b),可解决上述序列产生问题。PSWF 占用较小的带宽,但却占用较大时宽,这里使用 WHWF 函数,因为该函数是解析的。

WHWF 与 Weber's(Weber,1869)方程之间关系为

$$\frac{d^2 \psi_n(x)}{dx^2} + \left(n + \frac{1}{2} - \frac{1}{4}x^2\right)\psi_n(x) = 0 \quad (4.15)$$

广义 Weber 方程或抛物线圆柱微分方程(Abramowitz & Stegun,1972)可以表示为

$$\frac{d^2 \psi_n(x)}{dx^2} + (ax^2 + bx + c)\psi_n(x) = 0 \quad (4.16)$$

该方程的解为抛物柱面或 WHWF:

$$\psi_n(x) = 2^{-n/2} \exp\left[\frac{-x^2}{4}\right] H_n\left(\frac{x}{\sqrt{2}}\right) \quad n = 0,1,2,\cdots \quad (4.17)$$

式中:$H_n$ 为 Hermite 多项式。

当 $n$ 为整数时,Weber–Hermite 方程变为 Hermite 多项式的比例项。基于以下几点原因,许多学者更倾向于 WHWF:①Hermite–Gaussian 适用于所有多项式,$n = 0,1,2,\cdots$,但是 Gaussian 仅适用于一阶,如 $n = 0$;②相比于 Hermite 方程,Weber 方程更具通用性;③Weber–Hermite 这个名称沿袭了数学百科全书(Hazewinkel,2002)的惯例;④其他一些实验,如 Morse、Feshbach(1953)和 Jones(1964)同样使用了"Weber–Hermite"这个术语。

WHWF 可用以下的物理表达式表示,一维波形函数方程为

$$-\frac{1}{2m}\frac{\partial^2 \psi}{\partial x^2} + V(x)\psi = E\psi \quad (4.18)$$

其中弹性势能为

$$V(x) = \frac{1}{2}kx^2 = \frac{1}{2}m\omega^2 x^2 \quad (4.19)$$

式中:$\omega$ 为角速度,$\omega = \sqrt{k/m}$;$k$ 为弹性系数;$m$ 为质量;$x$ 为振幅。

通过定义独立变量 $\xi = \alpha x$ 和特征值 $\lambda$ 以及

$$\alpha^4 = mk, \lambda = 2E\left(\frac{m}{k}\right)^{1/2} = \frac{2E}{\omega} \tag{4.20}$$

波形方程可以表示为以下无量纲的形式,即

$$\frac{\partial^2 \psi}{\partial \xi^2} + (\lambda - \xi^2)\psi = 0 \tag{4.21}$$

式(4.21)是 Weber 方程的另一种形式,其解为 $n = E/2\beta - 1/2$。

为了使解可以二次可积分,参数 $n$ 必须为整数,即 $n = 0,1,2,\cdots$(Morse、Feshbach,1953),而解可以表示为如下的 Weber – Hermite 或抛物柱面方程形式,即

$$\psi_n(t) = \frac{1}{\sqrt{2^n n!}}\left(\frac{\alpha}{\pi}\right)^{1/4}\exp\left(-\frac{\alpha t^2}{2}\right)H_n(t\sqrt{\alpha}) \tag{4.22}$$

式中:$H_n$ 为埃尔米特多项式;$\alpha$ 为时频传递函数/变量,$\alpha = m\omega$。

如果存在函数 $f(x)$,满足以下表达式,即

$$f(x) = a_0\psi_0(x) + a_1\psi_1(x) + \cdots + a_n\psi_n(x) + \cdots \tag{4.23}$$

其中

$$a_n = \frac{1}{\sqrt{(2\pi)^{1/2} n!}} \int_{-\infty}^{+\infty} \psi_n(t)f(t)\mathrm{d}t \tag{4.24}$$

WHWF 的前 6 项(WHWF 0~5)的时频特性显示在图 4.5 中。从图 4.5 中可以看出,在 WHWF 的时宽带宽积(TBP)在带宽方向($x$ 轴)会随着 $n$ 的增加而增大。就像 FT 可以将一个信号分解为若干个三角函数的和一样,Weber – Hermite(WH)变换可以将信号分解为若干个 WHWF 的和。两个变换最大的不同是三角函数包含无穷项,而 WHWF(图 4.5(a))只有有限项,图 4.5(b)中每个 WHWF 具有一个精确且有限的时宽带宽积。因此,WHWF 变换更适合分解具有起始和终止的瞬态信号。

与 FT 相类似,WHT 也可以用矩阵方式构建,图 4.6(a)展示了一个 $128 \times 256$ 的 WH(对数幅度)矩阵,如果定义复 WH 矩阵为一维矩阵 $\boldsymbol{W}$,且 $\boldsymbol{WW}^\dagger = \boldsymbol{I}$,其中 $\boldsymbol{W}^\dagger$ 是 $\boldsymbol{W}$ 的共轭移位,$\boldsymbol{I}$ 是单位矩阵,如图 4.6(b)所示。$\boldsymbol{W}$ 的逆矩阵 $\boldsymbol{W}^{-1}$ 与共轭移位矩阵相等,即 $\boldsymbol{W}^{-1} = \boldsymbol{W}^\dagger$。

WHWF 变换的效果可以用车辆目标来测试,图 4.5 给出了利用 WHWF$n$ 序列的第二项产生的波形($n = 0,1,2,\cdots$),即 WHWF1。它提供了滤波器 $Q$ 为 4 的微分滤波器。图 4.7 给出了不同角度下车辆目标的 2ns UWB 脉冲回波的 WHT 时频特性。本章附录 4.A 推导了 WHWF 的分数阶傅里叶变换(FRFT)与微分变换的关系。

第4章 超宽带雷达时频信号处理

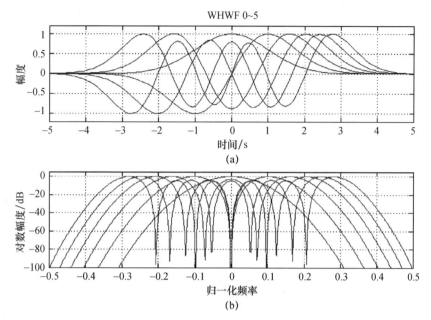

图 4.5 随着 $n(n=0,1,2,3,4,5)$ 的增大,WHWF 前 6 项的时频特性(a)
及其对数幅度谱(b)的变换关系

(随着 $n$ 的增大,时间长度和带宽都会增加,所以时宽带宽积增大)

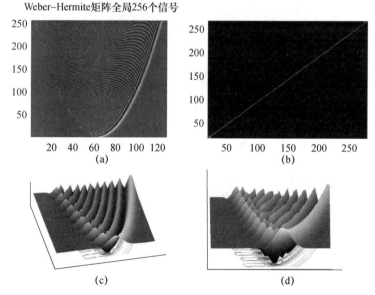

图 4.6 WHWF 矩阵实例

(a)$128\times 256$ 全局 WH 矩阵(幅度);(b)生成复 WH 矩阵 $W$ 且其为单位矩阵($WW^\dagger=I$,其中 $W^\dagger$ 是 $W$ 的共轭移位);(c)和(d)展示了(a)的前 20 个信号(当 WHWF 矩阵乘以其共轭移位矩阵,表明信号可以变换到 WH 域,WH 变换的逆变换能重组这个信号的前提是前向逆矩阵存在且没有信息损失)。

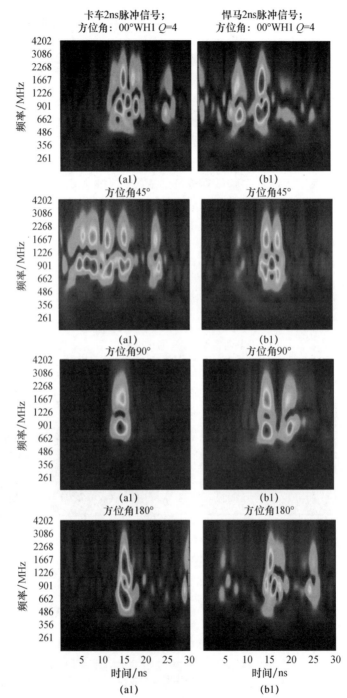

图 4.7 （见彩图）利用 WHWF 获得的时频谱（WHWF1）、$Q=4$ 的微分滤波器
（图(a1)是卡车目标，图(b1)是悍马车目标。UWB 信号时宽 2ns 脉冲，
目标观方位度自上而下为 0°、45°、90°和 180°）

随着 TBP 的增加,WHWF 可以表示成全局或者局部分布式矩阵的形式。如图 4.8 和图 4.9 所示,两个矩阵都为前向单位矩阵,一维信号和二维信号的全局和局部逆 WH 变换如图 4.10 所示。图 4.11 和图 4.12 给出了 WH 变换和傅里叶变换的相关性。连续波信号是 FT 变换的基底函数,傅里叶变换的功率谱能够很好地区分连续波信号,但 WH 变换不能。相反地,WH 信号是 WH 变换的基底函数,能够很好地区分 WH 信号,而傅里叶变换不能。

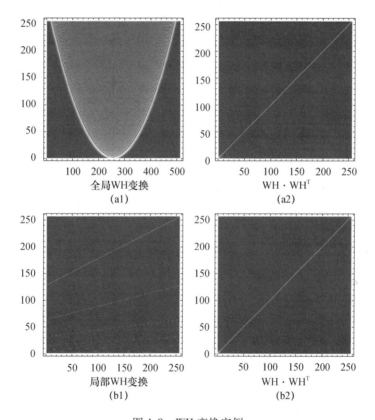

图 4.8 WH 变换实例

(a1)全局 WH 变换矩阵;(b1)局部 WH 变换矩阵。

(两个图中时宽带宽积从底部到顶部按照 $\Delta f \Delta t = 1/2(2n+1)$,$n=0,1,2,\cdots$递增。图(a1)和(b1)是单位矩阵,每个矩阵与自身的共轭矩阵相乘是右边的矩阵。因此,给出了全局与局部 WH 变换,前向与逆矩阵,一维二维信号。最重要的是当全局或局部 WH 矩阵乘以合适的共轭移位矩阵,一个信号就能够变换到 WH 全局或局部域中,合适的逆 WH 变换能够重组信号,前提是前向和逆变换存在且没有信息损失)

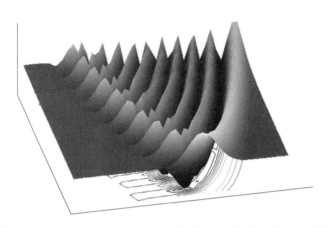

图4.9 图4.8(a1)(b1)的20个WHWF信号(基本元素)的全局WH矩阵的透视图

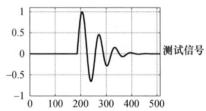

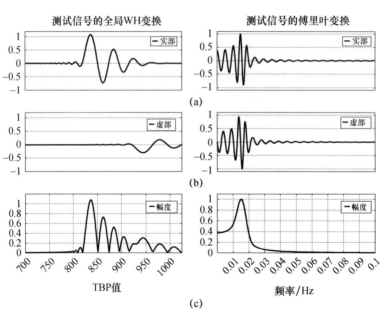

图4.10 瞬态测试信号的全局WH变换和傅里叶变换的实部(a)、虚部(b)和幅度(c)成分

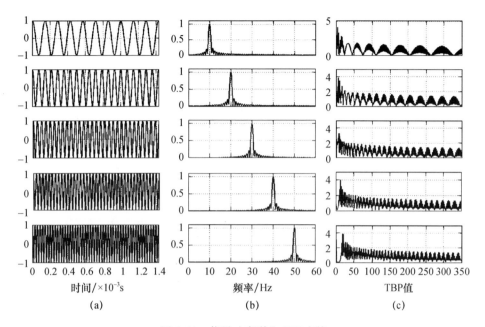

图 4.11 信号功率谱和 WH 变换

(a)时域连续(CW)信号;(b)信号功率谱;(c)全局 WH 变换。

(由于 CW 信号是傅里叶函数的基础函数,所以傅里叶变换可以很好地区分连续波信号,但 WH 变换不能)

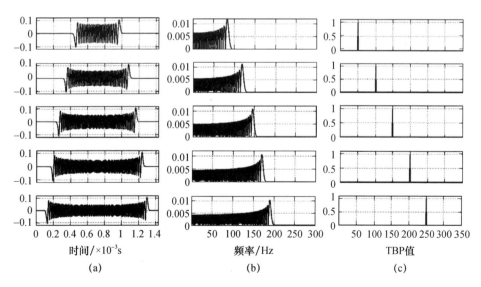

图 4.12 对比图

(a)时域连续波 WH 信号;(b)WH 信号功率谱;(c)全局 WH 变换。

(由于 WH 信号是 WH 的基础函数,所以 WH 变换可以很好地区分 WH 号,但傅里叶变换不能)

通过区分错误和正确的信号,并且在变换域分离错误信号的能力是 WH 变换区分特定种类信号的标准。图 4.13 至图 4.15 表明了 WH 变换具有区分瞬态信号的能力,但是 FT 变换不能。因此,WH 变换在分析 UWB 信号的特征时能够起到重要的作用。

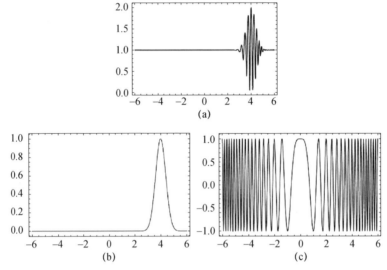

图 4.13　WH 变换用于区分瞬态信号和错误部分
(a)测试信号(错误信号);(b)一部分(期望信号);(c)其他部分(错误部分)。

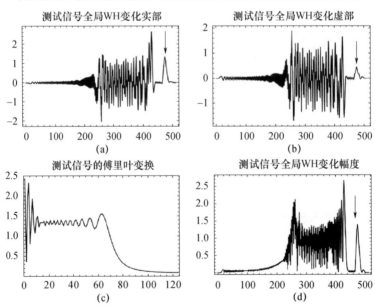

图 4.14　图 4.13 测试信号的全局 WH 变换的实部、虚部和幅度
(错误信号部分和期望部分(箭头指示部分)被清晰地分开。但是,错误信号的傅里叶变换(c)无法区分两个信号)

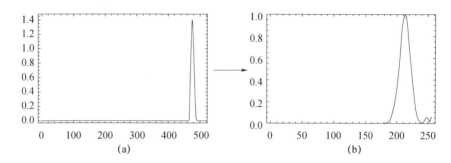

图 4.15 利用 WH 变换获得的错误信号
(a) 去除虚假信号后期望信号被保留下来;
(b) 在原始域内没有错误信号时的期望信号的 WH 逆变换。

利用 WH 变换分析两个相似飞行目标的连续波回波,图 4.16 表明了每个目标的统一特征。在接下来的回波分析中,利用 35.3GHz(Ka 频段)雷达发射的 2ns 调制信号,带宽 1GHz,发射功率小于 0.5W。这次测试的一系列目标在 150m 以外,图 4.17 表明在频域 600MHz 带宽两个目标 UWB 回波清晰的差别,显然在图 4.18 中 UWB 信号回波的 WH 变换的差别可达 31.2dB。

图 4.16 UWB 雷达卡车目标(4.7m 长、2.16m 宽、1.83m 高)和
悍马车(5.5m 长、1.9m 宽、1.7m 高)

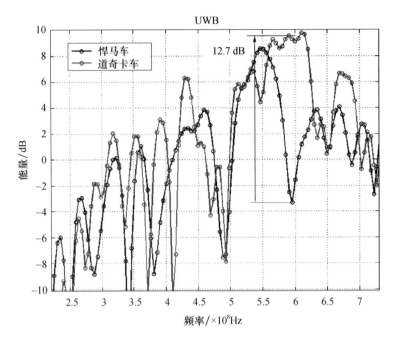

图 4.17　卡车的傅里叶 UWB 谱(600MHz 能够区分两个目标)

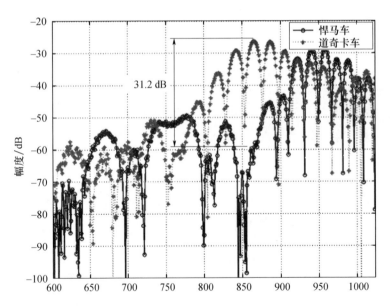

图 4.18　图 4.17 中的悍马车和道奇卡车的 UWB 回波的 WH 变换谱
(WH 波形函数上具有 31.2dB 的显著区别,这些信号是从飞过目标的小型飞行器上获得的)

另一个对炮口防护罩的 WH 变换应用如图 4.19 所示,UWB 回波的时频分析,并非利用傅里叶分析,600MHz 的回波响应如图 4.20 所示。

图 4.19 炮壳（155mm×667mm）雷达测试目标

（期望响应是 $3\times10^8/(667\times10^{-3})=4.4978\times10^8$ 或约 450MHz，忽略头罩顶部的影响，并显示了 600MHz 的主要响应）

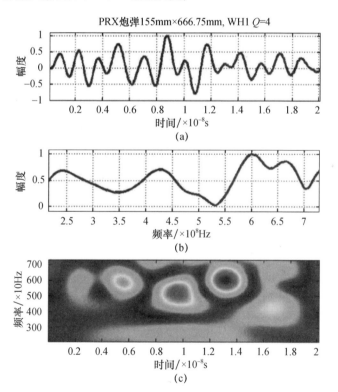

图 4.20 155mm 炮弹头罩的 UWB 回波（RX）

(a) 时域 RX 信号；(b) 傅里叶谱；(c) WH 时域谱。

（另外，傅里叶谱（时不变系统（LTI）描述）具有多个共振峰值，WH 时频谱具有主共振峰）

可以明显看出,WH 变换可以清晰地分辨目标的 UWB 回波。

错误信号为

$$s(t) = \exp[-\pi(x-4)^2](\exp[-i\pi t^2]\text{rect}[t])$$
$$\text{rect}[t] = 1 \ (-8 \leqslant t \leqslant +8)$$
$$\text{rect}[t] = 0 \ (t < -8; t > +8)$$

期望信号或者指定的信号为

$$[-\pi(x-4)^2]$$

错误信号为

$$\exp[-i\pi t^2]\text{rect}[t]$$

## 4.5 分数级傅里叶变换

二次分数级傅里叶变换(FRFT)是传统傅里叶的归纳。相反地,线性正则变换(LCT)、特定仿射傅里叶变换(SAFT)及 ABCD 变换都可以归结于 FRFT。FRFT 在时频域可以得到很好地表示,FRFT 的一个基本特性是 $a$ 阶 FRFT 操作依据 WVD 准则,通过 $\alpha$ 参数沿顺时针方向旋转 WVD 的原始信号($\alpha = a\pi/2; a = \alpha 2/\pi$),或者将信号分解为线性调频信号。传统的傅里叶可以看作线性微分操作,FRFT 依据连续阶数参数 $\alpha$,因此 $\alpha$ 阶 FRFT 是傅里叶运算的 $\alpha$ 次幂。

传统的傅里叶是 FRFT 的特例,FRFT 为信号分析增加了一个新的分数自由变量 $\alpha$,因此信号分析的解可以根据变量 $a$ 的选择进行优化。

物理图片是基于衍射光学的,众所周知,远场衍射是衍射物体的傅里叶变换,因此可以归纳为 FRFT 是近场的集合。一幅图片是由不同距离区分开的多个透镜拍摄而成的,FRFT 就是整个透镜系统的波散射的幅度分布。当有光穿过系统时,幅度分布就反映在 FRFT 增加的阶数上。

然而,传统的 FT 运算利用复数指数和稳定的基函数,FRFT 利用幅度调制或者线性基函数反映频域上持续时间最长的信号,当波穿过色散介质时,波的散射可能发生于表面。在下面一系列公式中,阶数参数变量 $\alpha$ 的取值是在 $-2 \sim +2$ 之间。当 $\alpha = +1$ 时,上述变换是传统的正向傅里叶变换,当 $\alpha = -1$ 时,上述变换是传统的逆傅里叶变换。当 $\alpha = 0$ 时,时域信号可以恢复,而当 $\alpha = +2$ 时,时域信号仍然能够恢复,但部分已经改变了。对于其他的取值,$a$ 阶 FRFT 的结果对应于相应的基函数,具体的关系式为

$$\text{FRFT}_a = \int_{-\infty}^{+\infty} K_a(u,t)f(t)\text{d}t \quad (4.25)$$

其中

$$K_a(u,t) = A_a\exp[i\pi(u^2\cot\alpha - 2ut\csc\alpha + t^2\cot\alpha)] \quad (4.26)$$

$$A_a = \sqrt{1 - i\cot\alpha} \tag{4.27}$$

$$\alpha = \frac{a\pi}{2} \tag{4.28}$$

注意 $K_a(u,t)$ 核是如何以 Green 函数的方式表示著名的薛定谔方程。

当 $a = 1$ 时,则 $\alpha = \pi/2, u = f$,有

$$\mathrm{FRFT}_1(f) = \mathrm{FT}(f) = \int_{-\infty}^{+\infty} \exp[-\mathrm{i}2\pi f t] f(t) \mathrm{d}t \tag{4.29}$$

式(4.29)是传统 FT 的表达式。

当 $a = -1$ 时,则 $\alpha = -\pi/2, u = f$,有

$$\mathrm{FRFT}_{-1} = \mathrm{FT}(f) = \int_{-\infty}^{+\infty} \exp[+\mathrm{i}2\pi f t] f(t) \mathrm{d}t \tag{4.30}$$

式(4.30)是传统逆 FT 的表达式。

利用上述形式,FRFT 可以归结为特殊的拟化傅里叶变换(SAFT)(Pei、Ding,2000)。例如,当:

$$O_\mathrm{F}^\alpha(f(t)) = \mathrm{FRFT}_\alpha \tag{4.31}$$

因此 SAFT 或者范式变换(Moshinsky、Quesne,1971;Abe、Sheidan,1994)可以写成

$$O_\mathrm{F}^{(a,b,c,d)}(f(t)) = \sqrt{\frac{1}{|b|}} \exp[\mathrm{i}\pi(u^2(d/b) - ut(1/b)) + t^2(a/b)] f(t) \mathrm{d}t, b \neq 0 \tag{4.32}$$

$$O_\mathrm{F}^{(a,b,c,d)}(f(t)) = \sqrt{d} \exp[\mathrm{i}\pi(u^2(cd))] f(du) \mathrm{d}t, b = 0 \tag{4.33}$$

同时还需满足 $ad - bc = 1$。

FT 可以表示为式(4.33)的 $90°$ 旋转,即

$$\begin{bmatrix} a & b \\ c & d \end{bmatrix} = \begin{bmatrix} 0 & 1 \\ -1 & 0 \end{bmatrix} \tag{4.34}$$

FRFT 可以表示为任意角度的旋转,即

$$\begin{bmatrix} a & b \\ c & d \end{bmatrix} = \begin{bmatrix} \cos\theta & \sin\theta \\ -\sin\theta & \cos\theta \end{bmatrix} \tag{4.35}$$

SAFT 具有加法和可逆属性,即

$$O_\mathrm{F}^{(d,-b,-c,a)}(O_\mathrm{F}^{(a,b,c,d)}(f(t))) = f(t) \tag{4.36}$$

FRFT 是以 $a$(或 $\alpha$)为参数、周期为 $4$(或 $2\pi$)的。因此,该变换定义范围在 $a \in (-2, 2]$ 或 $\alpha \in (-\pi, \pi]$。下面的关系式中 $\boldsymbol{F}^i$ 是当 $a = i$ 时的 FRFT,$\boldsymbol{J}$ 是恒等矩阵,$\boldsymbol{P}$ 代表等价代换,即

$$\boldsymbol{F}^0 = \boldsymbol{J} \tag{4.37}$$

$$\boldsymbol{F}^1 = \boldsymbol{F} \tag{4.38}$$

$$F^2 = P \tag{4.39}$$

$$F^3 = FP = PF \tag{4.40}$$

$$F^4 = F^0 = J \tag{4.41}$$

$$F^{4j+a} = F^{4k+a} \tag{4.42}$$

式中 $j$ 和 $k$ 为任意整数。

FRFT 是加性的,如 0.3 阶 FRFT 加 0.6 阶 FRFT 等于 0.9 阶 FRFT。$(F^a)^{-1}$ 表示 $\alpha$ 阶逆 FRFT 运算,$F^a = F^{-a}$ 因为 $F^{-a}F^a = J$。

乘法操作 $U$ 可以定义为冲击脉冲 $\delta$,求导运算 $D$,两者都是厄米特运算,有

$$[U, D] = \frac{i}{2\pi} J \tag{4.43}$$

具有以下特性,即

$$Uf(u) = u(f(u)) \tag{4.44}$$

$$Df(u) = \frac{1}{2\pi i} \frac{\mathrm{d}}{\mathrm{d}u} f(u) \tag{4.45}$$

对于 FRFT,厄米特运算 $H$ 是恒值的,即

$$H_F = 2\pi \frac{1}{2}(D^2 + U^2) = 2J \tag{4.46}$$

调频信号的乘法就可以表示为

$$H_m \equiv 2\pi \frac{1}{2} U^2 \tag{4.47}$$

一个调频卷积为

$$H_c \equiv 2\pi \frac{1}{2} D^2 \tag{4.48}$$

在式中 FRFT 定义为

$$\begin{aligned} F^a &= \exp[-\alpha H] = \exp[-\mathrm{i}a(\pi(D^2 + U^2) - 1/2)] \\ &= \exp[-\mathrm{i}\pi(\csc\alpha - \cot\alpha)U^2 \exp[-\pi\sin\alpha]] \cdot \\ & D^2 \exp[-\mathrm{i}\pi(\csc\alpha - \cot\alpha)U^3 \exp[\mathrm{i}\alpha/2]] \end{aligned} \tag{4.49}$$

因此,FRFT 可以表示如下:
(1) 调频乘积;
(2) 调频卷积;
(3) 调频乘积;
(4) 复数相乘。

因为 FRFT 是 WVD(Lohmann,1993)的旋转,因此可以描述如下。
(1) $a$ 的换算,如一维信号转换为二维信号;
(2) WVD 的旋转变换;
(3) 一维 FT。

步骤(2)的 WVD 的旋转变换可以分解为 3 个过程,如左变换、下变换、右变换。

FRFT 可以从 FT 特征函数(Pei、Ding,2002)的角度进行描述,定义 $\psi_n$($n = 0,1,2,3,\cdots$)为普通 FT 的特征函数,依靠阶数参数 $a$,FRFT 可以使调频乘法($a = 0,2,4,8,\cdots$)或者是调频卷积($a = 1,3,5,7,\cdots$),其均值、微分和哈密尔顿函数之间的关系为

$$\pi(D^2 + U^2) = \psi_n(u) = (n + 1/2)\psi_n \qquad (4.50)$$

$$H\psi_n(u) = \lambda_n \psi_n(u) \qquad (4.51)$$

从正交基函数角度计算信号的 FRFT,具有复指数线性调频(Almeida,1994)。虽然对于所有同类信号的 FRFT 的定义,这些定义均不满足所有的特性。但是,Pei 和 Ding(2000)提出了一种具有连续 FRFT 所有特性的采样限制,包括可逆性,但不包含加性特征。采样运算表示如下:

$$O_{\text{DFRFT}}^{-\alpha,\Delta u,\Delta t} = O_{\text{DFRFT}}^{\alpha,\Delta t,\Delta u}(f(t)) = f(t) \qquad (4.52)$$

式中:以 $\Delta u$ 为输入采样间隔、$\Delta t$ 为输出采样间隔的 $-\alpha$ 阶 DFRFT 是 $\alpha$ 阶的 DFRFT 的逆变换,逆变换的输入采样间隔为 $\Delta t$,输出采样间隔为 $\Delta u$。

FRFT 谱是 $\alpha$ 阶参数频率谱。随着阶数参数 $\alpha$ 的变化,直角基函数也会随之变化。因此,FRFT 谱的幅度峰值位置取决于所分析信号是否含有调频分量,即变化的瞬时频率。图 4.21 通过 3 个测试信号验证了以上分析:①500MHz 的连续波;②0～1GHz 线性调频信号;③矩形信号。对于第一个信号,连续波没有频率调制,FRFT 表明峰值幅度出现在 $a = 1.0$,这和传统的 FT 是一致的。对于第二个信号,线性调频信号,峰值幅度出现在 $a = 1.4386$,与传统 FT 不一致。对于第三种方波信号,仍没有频率调制,峰值幅度出现在 $a = 1.0$,这和传统的 FT 是一致的。

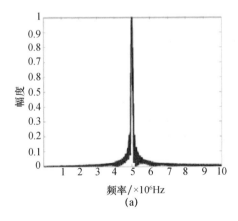

(a)

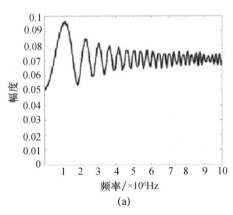

(a)

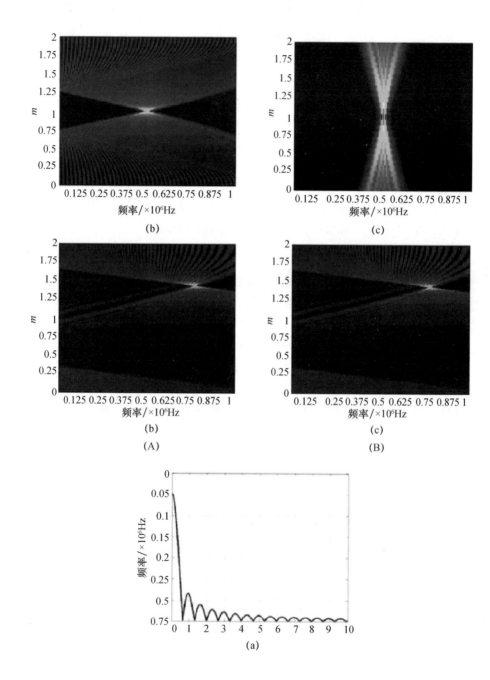

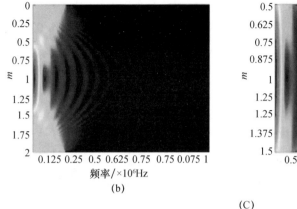
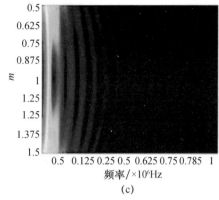

(C)

图 4.21 3 个测试信号波形

(A)500MHz 连续波;(B)0~1GHz 线性调频;(C)方波。

((a)是测试信号的 FT 结果;(b)测试信号的 α 阶 FRFT 频率谱;(c)是图(b)的幅度谱。信号(i)的幅度峰值在 $a=1.0$,这和传统的 FT 是一致的;对于(ii)线性调频信号,峰值幅度出现在 $\alpha=1.4386$,与传统 FT 不一致;对于(iii),峰值幅度出现在 $\alpha=1.0$,这和传统的 FT 是一致的)

图 4.22 给出了图 4.21 的 3 个测试信号幅度峰值的剖面图。在图 4.22(a)给出了传统的傅里叶变换在 $a=1.0$ 的峰值,(b)给出了 $a=1.4386$ 处的峰值剖面,并非传统的傅里叶变换,(c)给出了传统 FT 在 $a=1.0$ 的峰值,表明 FRFT 能够提供 FM 信号的最优特性。

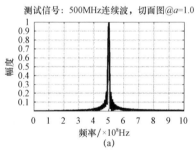

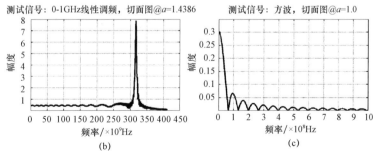

图 4.22 图 4.21 中(i)~(iii)3 个测试信号的 $a$ 频率谱的 FRFT 幅度峰值的剖面图

(a)传统 FT 在 $a=1.0$ 处的剖面图;(b)非传统的傅里叶变换在 $a=1.4386$ 处的峰值剖面图;
(c)传统傅里叶变换在 $a=1.0$ 处的剖面图。

图 4.23 和图 4.24 给出了真实目标信号在频率色散介质中的特性。图 4.23 给出了一辆卡车和战车目标的 UWB 回波信号的 FRFT 频率谱。对于 $0<\alpha<0.995$ 和 $1.005<\alpha<2$,两端谱并不对称。两个目标的 FRFT 信号,在 $\alpha=1.0$ 的附近并不对称,对于传统的 FT,目标回波穿过了微分色散介质,在边缘处,每个传统傅里叶变换结果都用红色标出;而微分边界谱是 $1.005<\alpha<2$ 平均谱减去 $0<\alpha<0.995$ 平均谱。对于传统的傅里叶变换,微分边界谱能够比基函数方法提供目标更丰富、更详细的信息。图 4.24 给出了图 4.23 中两个目标重叠部分的微分边界谱。

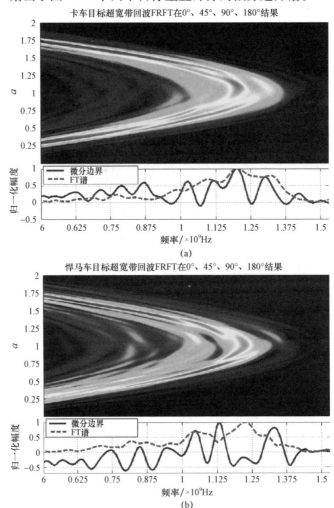

图 4.23 (见彩图)$0°、45°、90°、180°$ 观测条件下目标的 UWB 信号回波的分数阶傅里叶变换
(a)卡车目标($0<\alpha<2$);(b)悍马车目标($0<\alpha<2$)。

(对于两个目标的 FRFT,在 $\alpha=1.0$ 的附近并不对称,表明目标回波穿过了不同介质。在边缘处,每个传统 FT 结果都用红色标出;而微分边界谱是 $1.005<\alpha<2$ 平均谱减去 $0<\alpha<0.995$ 平均谱(蓝色)。对于传统的傅里叶变换微分边界谱能够比基函数方法提供目标更丰富和详细的细节信息)

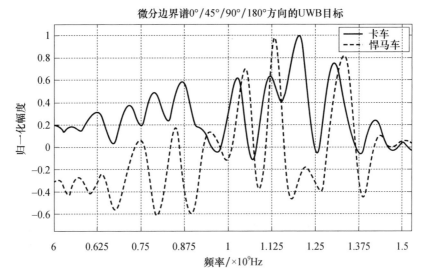

图4.24 图4.23中重叠部分的微分边界谱(两个目标被清晰地分开了)

FRFT的核心主要与阶数$\alpha$的小波变换有关。因此,FRFT在$\alpha$域的滤波可以在小波域解释。FRFT的正交基数是WHWF。但是,FRFT并不需要基于WHWF,正如Li(2008)所说明的,不同种类的FRFT可以可用不同的小波正交基获得。WHWF和FRFT之间关系的详细论证件附录4.B。

## 4.6 多窗谱分析

由于连续的变化或非平稳性,线性时变(LTV)雷达信号的均值并非显而易见的,多窗谱分析为随机非平稳信号的低误差方差谱分析提供了一种方法。本节介绍WHWF是如何计算多窗谱的。具体过程包含如下两个步骤。

(1)利用WHWF序列处理UWB信号回波、定标函数和小波序列。例如,偶数阶数滤波器都是定标函数或者均值,如WHWF0、WHWF2、WHWF4、WHWF6等;而奇数阶滤波器是小波变换或微分器,如WHWF1、WHWF3、WHWF5、WHWF7等。只有8个滤波器WHWF 0~7被用在了这里,图4.25给出了8个局部的时间-频率谱。

(2)对时-频谱取平均,信号集合本地多窗时频分析结果,如图4.25所示。另一个例子如图4.26所示,其中的4.26(a)是圆桶目标的时域UWB回波,其MTWFA谱如图4.26(b)所示。

MTWFA弥补了小波变换的缺点,这个缺点是小波变换在高频上时间基准很准确,但低频时时间基准就相对较差,被称为斜率/变量问题。为了解决上述问题,Thomson(1982)建议利用一系列不同的窗函数计算整个信号的各段谱,然后将谱计算结果进行平均来重构谱估计结果。为了获得低斜率和低变量估计,窗函数必须是正交的(用来计算最小变量)并且频率最优集中(减小斜率)。

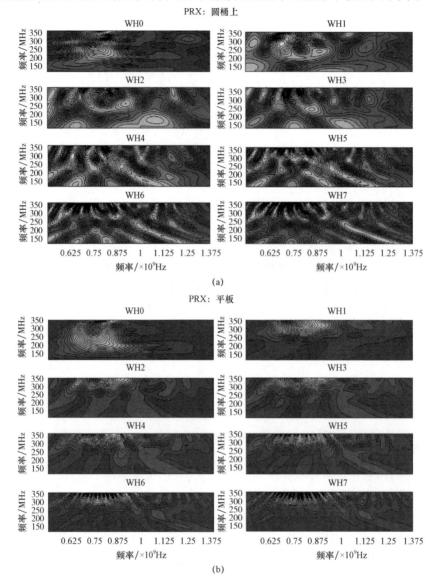

图4.25 （见彩图）发射信号是一个中心频率472.5MHz、带宽515MHz(215~730MHz)的调幅瞬态信号。接收端采样频率是10GSPS。UWB回波的WH值是利用有多组标定函数（均值滤波器）和小波变换（导数滤波器）组成的WHWF序列计算得到的。所有偶数号滤波器均为标定滤波器，如WHWF0、WHWF2、WHWF4、WHWF4等；所有奇数号滤波器均为导数滤波器，如WHWF1、WHWF3、WHWF5、WHWF7等。这里只用到了8个滤波器，即WHWF0~7。对上述8个滤波器进行时频分析
(a)一只圆桶直径22.5in(57.15cm)、高33.5in(85cm))目标的超宽带回波的8个谱图(WHWF 0~7)；
(b)板面(5m×0.91m)目标的UWB回波的8个谱图(WHWF0~7)。

# 第4章 超宽带雷达时频信号处理

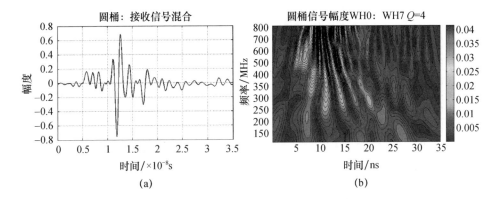

图 4.26 （见彩图）圆桶目标的时域 UWB 回波信号实例

(a)圆桶目标(直径 22.5in(57.15cm),高 33.5in(85cm))从顶部垂直照射的 UWB 平均时域回波；
(b)8 个 WHWF(WHWF0~7)时频多窗分析结果(上述是 UWB 回波获得后平均得到的结果)。

上述例子从 WHWF 的 Thomson 多窗函数法的角度解释了 MWTFA，是一个时频分布估计的随机过程分析方法。它可以代替短时估计精度不高的傅里叶变换周期函数，Thomson 原始方法利用一系列正交窗函数计算频率然后再取平均(Xu et al.,1999)。

## 4.7 Hilbert – Huang 变换

Hilbert 变换(HT)给出了信号瞬时谱轮廓和图 4.27 所示的瞬时频率表达。而 Hilbert – Huang 变换(HHT)给出了非平稳和非线性信号分析的能量 – 时间 – 频率方法。HHT 利用经验模式分解(EMD)和这些 EMD 的 HT，来分析非平稳和非线性信号。

这种方法的目的是，根据任何先验选择的基础进行的分析都不能适应所有系统产生的信号(Huang、Shen,2005)。换句话说,在数学上或物理上,一个基集不满足所有基集使用条件。因此 HHT 采用一种自适应的方法,将非线性和非平稳信号分解为多个分量。这种自适应方法称为筛选过程,并产生一个本征模函数(IMF)成分的经验基集。基集是从数据本身派生出来的。在某些情况下,它可以提供比小波方法(Shan、Li,2010)更精确的非平稳系统辨识。

由于 HHT 是相对较新的方法,因此转换仍然存在一些问题需要继续解决,如信号包络生成方法(Chen et al.,2006)的选择、筛分过程的停止准则以及某些信号的模式混合产生(Datig、Schlurmann,2004;Huang、Wu,2008)。HHT 方法对物理定义(而不是数学定义)的瞬时频率提供了有意义的见解。

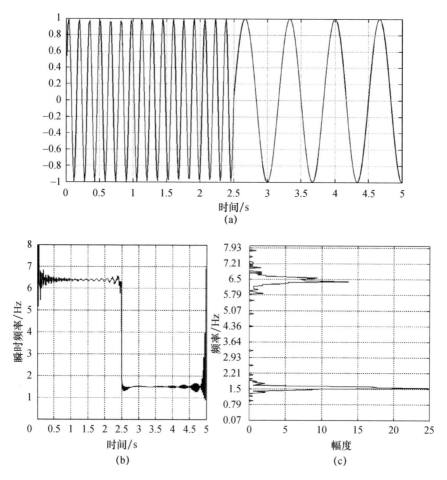

图 4.27　两个频率测试信号的 Hilbert 变换(6.4Hz 和 1.5Hz($f_s$ = 70SPS))
(a)测试信号的时域表示;(b)测试信号 Hilbert 变换;(c)Hilbert 边界谱。

Hilbert 变换获取信号瞬时频率方法为

$$y(t) = \frac{1}{\pi} P \int_{-\infty}^{+\infty} \frac{x(\tau)}{t-\tau} \mathrm{d}\tau \quad (4.53)$$

式中:$P$ 为奇异积分的柯西原理值。

信号定义为

$$z(t) = x(t) + \mathrm{i}y(t) = a(t)\exp[\mathrm{i}\varphi(t)] \quad (4.54)$$

式中:$a(t)$ 为瞬时幅度,$a(t) = \sqrt{x^2 + y^2}$;$\varphi(t)$ 为瞬时相位函数,$\varphi(t) = \arctan(y/x)$。

瞬时频率定义为

$$\omega = \frac{\mathrm{d}\varphi}{\mathrm{d}t} \quad (4.55)$$

它只为单分量信号提供有物理意义的结果(Huang et al.,1998)。

另外,HHT 方法涉及 Hilbert 变换信号的本征模函数(IMF)分量,这些分量由 EMD 过程提取,并寻找多分量信号的结果。分解方法如下。

本征模函数提取的必要条件如下:①信号必须与局部零均值对称;②具有相同数量的过零点或极值点。分解按以下步骤进行。

(1) 确定 $x(t)$ 的局部最大值,并使用(如3次)曲线连接它们,以提供上包络 $e_1(t)$。

(2) 确定 $x(t)$ 的局部最小值,并使用(如3次)曲线连接它们,以提供下包络 $e_2(t)$。

(3) 计算局部平均值,即

$$m_1(t) = \frac{e_1(t) - e_2(t)}{2} \tag{4.56}$$

(4) 计算差值,即

$$c_1(t) = x(t) - m_1(t) \tag{4.57}$$

(5) 重复步骤(1)~(4),使用 $c_1(t)$ 替换 $x(t)$ 获得

$$c_{11}(t) = x(t) - m_{11}(t) \tag{4.58}$$

(6) 重复此筛选过程 $k$ 次,有

$$c_{1k}(t) = c_{1(k-1)}(t) - m_{1(k-1)}(t) \tag{4.59}$$

得出第一个本征模函数为

$$C_1(t) = c_{1k}(t) \tag{4.60}$$

本征模函数受到以下限制:

① 极值数和过零点数必须等于或相差最大值1。

② 在任何时刻,由局部极大值定义的包络和由局部极小值定义的包络的平均值必须为零。

(7) $k$ 由一个停止准则定义。停止筛分过程的一个标准是当 SD = 0.2~0.3 时,其中 SD 的定义为

$$\text{SD} = \sum_{t=0}^{N} \left[ \frac{|c_{1(k-1)}(t) - c_{1k}(t)|^2}{c_{1(k-1)}^2(t)} \right] \tag{4.61}$$

使用的另一个标准是过零点的数目和极值的数目必须相等。

(8) 根据下式从信号中减去 $C_1(t)$,即

$$r_1(t) = x(t) - C_1(t) \tag{4.62}$$

用 $r_1(t)$ 替换 $x(t)$,重复步骤(1)~(6)。

(9) 结果是本征模函数的一系列值,$C_i(t)(i=1,2,\cdots,n)$,最后的 $r_n(t)$ 残变为非单调函数(Huang et al.,1998),即

$$x(t) = \sum_{i=1}^{n} C_i(t) + r_n(t) \tag{4.63}$$

（10）因为 $r_n(t)$ 是单调的且可以忽略，$C_i(t)$ 的 Hilbert 变换得到 Hilbert 频谱，即

$$X(t) = \mathrm{Re}\left(\sum_{i=1}^{n} a_i(t) \exp\left(\mathrm{i} \int \omega_i(t)\,\mathrm{d}t\right)\right) \tag{4.64}$$

作为对比，原始数据的傅里叶变换为

$$F(\omega,t) = \mathrm{Re}\left(\sum_{i=1}^{\infty} a_i \exp(-\mathrm{i}\omega_i t)\right) \tag{4.65}$$

式中：$a_i$ 和 $\omega_i$ 为常数。因此，本征模函数是广义的傅里叶展开式。

首先以一个测试信号为例演示该方法。这个测试信号比我们经验中遇到的普通信号更难重构。构建的测试信号如图 4.28 所示。前两个分量信号是振荡的调频信号。这些类型的信号往往希望使用时频方法来进一步单独处理。

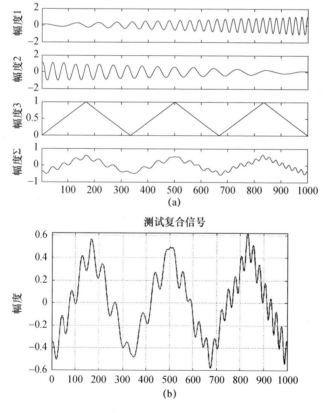

图 4.28　信号组成描述

（a）前两个信号是振荡的调频信号，第三个信号是慢直流分量，第四个信号是前 3 个信号的合成（表示处理前的接收信号）；(b) 放大后的第四个合成信号（模型信号基于 Flandrin & Gonçalvès(2004)）。

图 4.28 中第三个信号是慢直流分量,第四个信号是前 3 个分量的组合,代表示例接收信号(RX)。调用这个测试 RX 信号 $C_0$,计算信号包络(图 4.29)并开始筛选过程。经过 50 次筛选迭代(50 次的选择是任意的且与信号有关)后,得到第一个本征模函数 $C_1$。通过关系式 $C_0 = C_1 + R_1$,可以看出 $C_1$ 几乎占据了合成信号的整个直流分量(图 4.30)。$C_1$ 包含了原始信号几乎全部的高频成分(图 4.31 和图 4.32),$C_1$ 和 $R_1$ 都可以使用如时间 - 频率方法来分别处理。这个例子在一个阶段的筛选之后恢复了信号成分,但大多数情况下需要更多的阶段。这个例子表明,HHT 作为预处理方法,以类似于滤波器组的方式分解接收信号以进行单独的频谱分析(Flandrin et al.,2003、2004)。

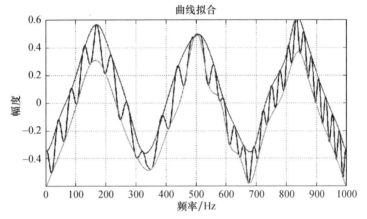

图 4.29 复合信号与由曲线拟合计算的包络线

(瞬时平均值由包络差计算,并从原始合成信号中减去,即 $C_0$。减法的结果是第一个固有模函数,被指定为 $C_1$(或 $C_0$ 的高频分量),剩余被指定为 $R_1$(或者 $C_0$ 的低频分量))

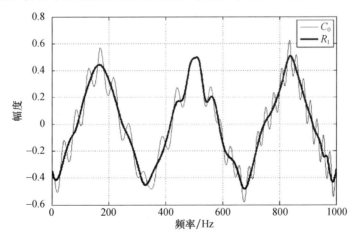

图 4.30 原始合成信号 $C_0$ 和第一个低频本征模函数 $R_1$

($C_1$ 是通过递推减去瞬时平均值得到的,允许提取信号中的高频成分。这个过程称为"筛选"。其余的是 $R_1 = R_0 - C_1$。在这里,$R_1$ 几乎捕获了 $C_0$ 信号中的整个直流分量)

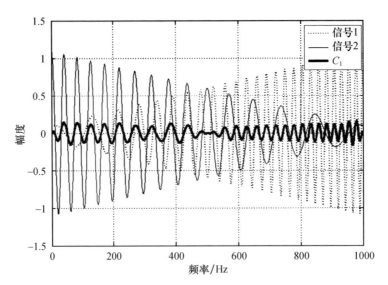

图4.31 原始合成信号的两个独立振荡分量(图4.28中的信号1、2)和原始信号 $C_0$ 的高频分量 $C_1$(通过筛选过程获得,$C_0 = C_1 + R_1$)

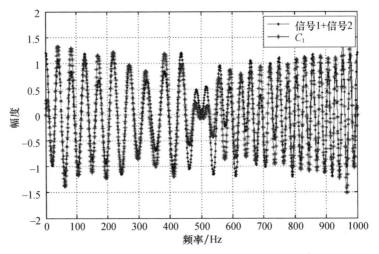

图4.32 复合 $C_0$ 信号的两个附加振荡分量(信号1+信号2和通过筛选过程获得的高频本征模函数信号 $C_1$,$C_0 = C_1 + R_1$。很明显,筛选过程从复合信号 $C_0$ 中提取了几乎所有的振荡高频成分 $C_1$)

同样的程序也适用于经验(MAP)接收数据。图4.33显示了定位在上方的圆桶目标的 UWB 回波信号的计算包络(上、下)。UWB 回波信号被指定为 $C_0$。从这些包络线计算瞬时平均值,然后从 PRX 或 $C_0$ 中减去,得到 $C_1$(高频本征模函数),剩余为 $R_1$(低频剩余本征模函数)。使用 $C_1$ 重复该过程以获得 $C_2$ 和 $R_2$,依此类推。

图4.34显示了目标圆桶向上和圆桶侧面UWB回波信号的时间域$C_0 \sim C_8$本征模函数。$C_0 \sim C_4$和$R_1 \sim R_4$本征模函数的频谱如图4.35所示。高频$C$本征模函数和低频$R$本征模函数的分离逐渐下移——从$R_i$中减去$C_{i+1}$得到$R_{i+1}$本征模函数——剩余信号$R_{i+1}$朝向低频。图4.35显示了$R$和$C$在每一级$i$形成了低、高通频率滤波器对的输出。这让人想起小波多分辨力分析(Flandrin et al.,2003)。

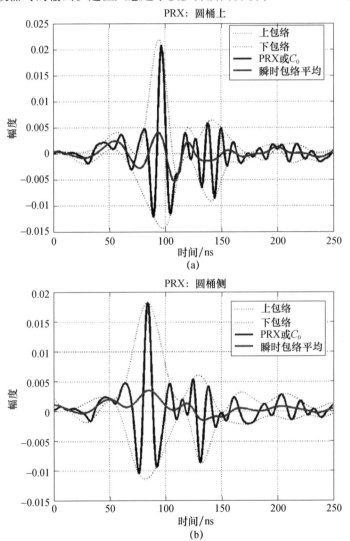

图4.33 UWB信号从桶直径22.5in(57.15cm)、高度33.5in(85cm)返回
(a)$C_0$=UWB返回信号圆桶目标向上定位;(b)$C_0$=UWB返回信号圆桶目标位于其一侧

(根据包络差计算的第一个瞬时平均值的快照,并在筛选过程中递归更新。然后,从UWB返回信号(PRX)或$C_0$中减去此处未示出的最终瞬时平均值,得到$C_1$。剩余部分是$R_1$。使用$C_1$重复筛选过程,以获得$C_2$和$R_2$等)。

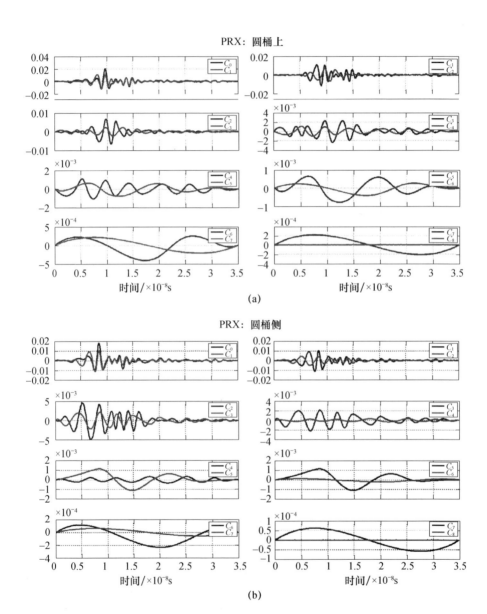

图 4.34 圆桶反射信号的时域特性。

计算(筛选)目标的超宽带 $C_1$、$C_2$、$C_3$、$C_4$、$C_5$、$C_6$、$C_7$ 和 $C_8$ 本征模函数。

(a)圆桶向上;(b)圆桶侧向放置。

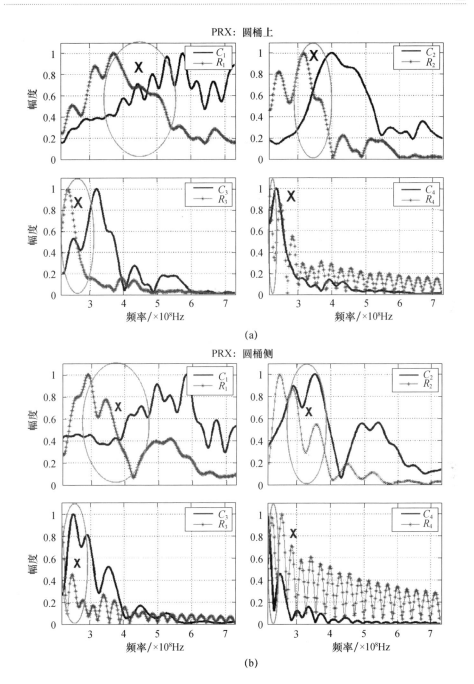

图 4.35　圆桶反射信号的频域特性

(计算(筛选)UWB $C_1$、$R_1$、$C_2$、$R_2$、$C_3$、$R_3$ 和 $C_4$、$R_4$ 本征模函数,用于(a)圆桶向上和(b)圆桶(直径 22.5in (57.15cm)、高度 33.5in(85cm))侧向放置。注意,$C(i)$ 和 $R(i)$ 形成高通、低通对,分析前面的 $R(i-1)$)

依图 4.35 中两个目标的高通 $C_1 \sim C_4$ 和低通 $R_1 \sim R_4$ IMF 的相关性,使圆桶朝上和圆桶朝下,如表 4.1 所列。原始的 UWB 回波信号来自同一个圆桶目标,但在两个不同的方面,如向上和侧向。

表 4.1　圆桶向上和圆桶切向高通和低通本征模式

| H – P | 相关系数 | L – P | 相关系数 |
| --- | --- | --- | --- |
| C1s | 0.8627 | D1s | 0.9683 |
| C2s | 0.9122 | D2s | 0.7735 |
| C3s | 0.7894 | D3s | 0.8443 |
| C4s | 0.9030 | D4s | 0.8290 |

## 4.8　载频包络频谱

在接收并变换到频域之后,如果时域中的 UWB 回波信号不重要,即不需要关于目标方向的信息,则图 4.36 所示的频率 – 频率或载频包络谱提供重要信息。图 4.36 中的载频包络谱是通过多窗口时频分析(MWFTA)每条线的傅里叶变换得到的(图 4.36(a))。载频包络谱的 $y$ 轴与多窗口时频分析(MWFTA)的 $y$ 轴相同,但载频包络谱的 $x$ 轴也是一个频率轴,消除了时间抖动的影响。为了获得平均信号,对多个载频包络谱进行平均,使得抖动对平均值没有影响,得到了接收信号到达信息丢失时间的平均值。载频包络谱方法提供有关目标返回的详细频谱信息。图 4.36(b)显示了关于目标返回信号的"包络"频率以及"载波"频率的信息。

将真实信号预处理为其 Weber – Hermite(WH)变换提供复数形式的信号分解。返回信号被分解成更适合线性时变(LTV)信号分析(与线性时不变(LTI)相反)的分层时宽带宽积(TBP),而不像传统的傅里叶分解那样被分解成恒定频率正弦基函数。

如上所述,Weber – Hermite 波函数(WHWF)级是一对尺度函数和小波的层次结构。所有偶数阶滤波器都是缩放函数或平均值,如 WHWF0、WHWF2、WHWF4、WHWF6 等,所有奇数阶滤波器都是小波或微分器,如 WHWF1、WHWF3、WHWF5、WHWF7 等。任意地,在这个分析中只使用了 8 个过滤器,即 WHWF 0 ~ 7。缩放这些滤波器提供了 8 个局部化的时频谱。对这些谱求和提供了多窗口聚集定域级数时频谱,如图 4.36(a)所示。这些频谱的实部用于以下分析。

对多窗口频谱的每条谱线进行傅里叶变换,得到一个频率×频率的谱,或识别载波信号频率调制包络的两个频率的载频包络频谱(图 4.36(b))。图 4.36(b)中的"载波频率"的峰值,表示返回信号(RX)的载波频率分量在与 RX 载波频率分量相同的频率下的幅度包络调制-在相同频率下载波和包络的双重调制。同时也有较低的包络频率峰值,表示稳定的脉冲穿过所有载波频率,即尖峰,在左边指示为垂直频带。

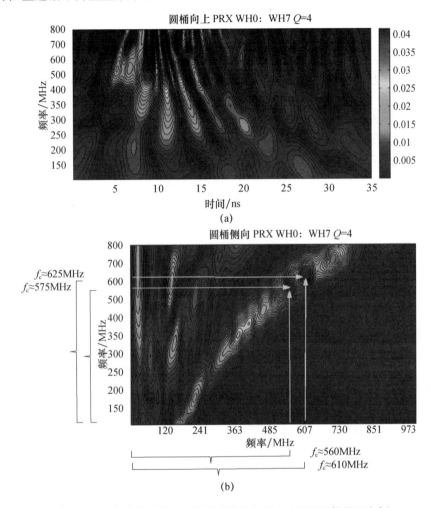

图4.36 (见彩图)多窗口时频分析(MWFTA)处理返回信号的实例
(a) 返回信号的多窗口时频谱(目标圆桶直径22.5in(57.15cm)、高度33.5in(85cm),通过使用滤波器的8个时频谱的平均值计算 WHWF 0~7,$Q=4$);(b)载波频率包络(CFEF)谱。
(这些图是多窗口时频频谱的每条频率线的傅里叶变换,提供多窗口频谱的载波信号频率调制包络的频谱(100 MHz~1GHz)。在特定频率的"载波频率"和"包络"调制下,这些频谱中存在峰值。也有较低的包络频率峰值,表示稳定的脉冲穿过所有载波频率,即在左边指示为垂直频带的尖峰)

这些图的基本原理是纠正这样一个事实,即时频图的时间比较(或时间平均值)要求所比较的图是在同一时间(在所有时频谱中的相同位置)到达接收器的信号。通过对时频谱分析的每条谱线进行傅里叶变换,消除了不同信号到达时间的时差,并提供了有关包络调制的附加信息。而接收信号到达信息的所有时间都会丢失。

图 4.37 显示了目标的 UWB 载频包络频谱,如微波炉、圆桶向上、圆桶侧向和顶板;图 4.38 显示了 3 辆卡车 UWB 回波信号。

图 4.36(a)所示多窗口时频分析中各频率分量的傅里叶变换级数。所示频谱表示返回信号载波频率的频谱以及这些载波的调制包络的频谱。可以看出,在载波频率附近,频谱会出现峰值,通过 $y$ 轴的读数可看到峰很短且是单周期的,在某些适当频率下频谱值又突然增大。通过读取 $x$ 轴,可以看到调制载波的包络频率。在最左边,指示由低频包络调制的宽带载波信号。任何长的垂直波段都表示宽带尖峰脉冲。中间有"孤岛",表示调制"载波频率"的短时包络,即载波包。在 $y$ 轴和 $x$ 轴上也有大致相同频率的载波包,表示返回信号的"载波频率"分量的载波包络调制与那些"载波频率"分量的频率相同,这种双重调制包括相同的"载波"和包络频率。

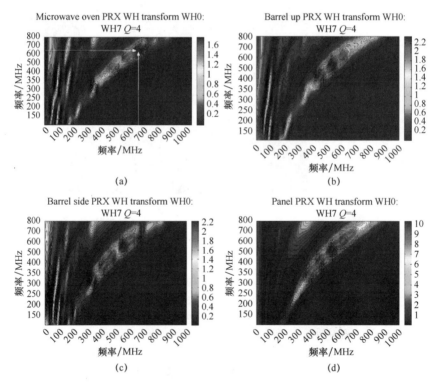

图 4.37 （见彩图）载频包络频率接收目标的 UWB 信号谱

(a)微波炉(顶部 $0.54m^2$、侧面 $0.047m^2$);(b)圆桶(直径 22.5in(57.15cm)、高度 33.5in(85cm));(c)圆桶侧向;(d)顶板($5m \times 0.91m$)。

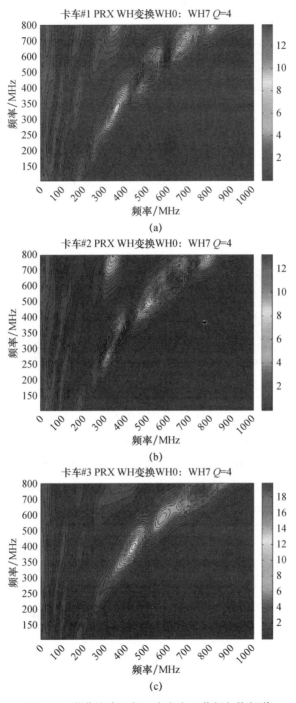

图 4.38 载货汽车目标 3 个方向上载频包络频谱
(a) 0°；(b) +6°；(c) -6°。

这种载波频率包络频谱分析的目的是为了避免不同时频谱精确表示接收端到达信号的问题,也就是说,只有当时间轴对齐时,时频谱才是可以比较,这就要求不同的目标与发射机之间的距离必须完全相同。通过图 4.38(a)所示的时间-频率谱的每个频率线处进行傅里叶变换,信号到达的特定接收器时间的链路断开,使接收信号到达信息的所有时间都会丢失。

## 4.9　Radon 变换

Radon(1917)展示了如何根据函数的积分投影定义函数。投影的映射称为 Radon 变换。另一种变换是 Hough 变换,使用模板检测图像中的直线(Hough, 1962)。两者都是从图像空间(或源空间)到参数空间(或目标空间)的映射。两种映射方法的区别在于,Radon 变换考虑了目标空间中的数据点是如何从源空间中的数据获得的,而 Hough 空间则考虑了源空间中的数据点是如何从目标空间中的数据获得的(Ginkel et al.,2004)。原始的 Hough 变换也可以看作 Radon 变换的离散形式。然而,两种变换的数学形式是相同的(Deans,1981;Illingworth & Kittler,1988);Gel'fand 等(1966)根据 Dirac-delta 函数定义了 Radon 变换,允许将 Radon 变换视为模板匹配的一种形式。因此,Radon 变换和 Hough 变换是模板匹配的等价形式,下面只讨论 Radon 变换。

根据 Ginkel 等(2004),Radon 变换可以用广义的函数表示,即

$$(L_c \boldsymbol{J})(\boldsymbol{p}) = \int_R C(\boldsymbol{p}, x) \boldsymbol{J}(x) \mathrm{d}x \quad (4.66)$$

式中:积分是在图像的(实数)范围内;$L_c$ 为线性积分核算子;$C$ 为广义函数;$\boldsymbol{J}$ 为二维图像;$\boldsymbol{p}$ 为包含参数的向量;$x$ 为空间坐标;其中的积分是体积积分。

交叉 Wigner-Ville 分布(WVD)的 Radon 变换(或 RCWVD)与分数阶傅里叶变换有关(Lohmann & Amp;Soffer,1993)。WVD 的 Radon 变换等于第一个函数的 $p$ 阶 FRFT 乘以第二个函数的 $p$ 阶共轭 FRFT(Raveh & Amp;Mendlovic, 1999)。

Radon 变换及其逆变换在计算机轴向断层扫描、条形码扫描仪、病毒和蛋白质复合物等大分子组装体的电子显微镜、反射地震学以及双曲型偏微分方程的求解、断层或图像重建等都有着广泛的应用(Deans,1983;Barrett,1984;Helgason, 1999;Ramm & Katsevich,1996;Kak & Slaney,2001)。一般描述如下:一个$(x,y)$图像的全向$(0°\sim180°)$Radon 变换是 $g(s,\theta)$ 沿着与 $y$ 轴成 $\theta$ 角且距离原点 $s$ 处倾斜的线积分的集合。线积分在 $s$ 中是空间限制的,且 $\theta$ 以 $2\pi$ 为周期(图4.39)。

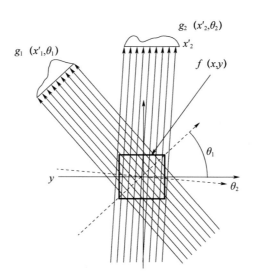

图 4.39 Radon 变换
(两个角 $\theta_1$ 和 $\theta_2$ 的平行投影,$f(x,y)$ 表示图像)

图 4.39 中,如果在角 $\theta$ 或投影处的 Radon 变换是 $g_\theta$,图像 $f(x,y)$ 为

$$g_\theta(\theta,x') = \int f(x'\cos\theta - y'\sin\theta, x'\sin\theta - y'\cos\theta)\mathrm{d}y' \tag{4.67}$$

如果 $f(x,y)$ 是一维信号的 WVD 变换,则有

$$g_\theta(\theta,x')[\mathrm{WVD}] = |\mathrm{FRFT}_a|^2 \tag{4.68}$$

或者,换一种说法,一维信号的二维 WVD 变换在 $x'_i$ 上的一维 Radon 变换或投影,使 $x$ 轴上的 $\theta = \alpha\pi/2(\mathrm{rad})$ 等于信号的 $\alpha$ 阶 FRFT 的平方模。更简单地说,Radon – Wigner 变换是 FRFT 的平方级数(Wood & Barry,1994a、b、c)。

在信号处理中使用 Radon 变换的一个目的是实现二维图像的全向滤波(0°~180°)。一维信号通过 WVD 和 AF 变换得到二维图像表示,特征增强要求全方位应用滤波器。然而,传统的信号、图像表示方法并没有提供全方位滤波的算法,即在任何方向上都是无偏的。例如,正交镜(小波)滤波器的二维泛化处理趋势(平均值)和波动(差异)的分析,通过计算来分解图像:①先沿行,再沿列;②先沿行,然后沿列的波动;③沿行的波动,然后沿列;④沿行和沿列的波动。在金字塔式的滤波方案中,每一级产生 4 个系数阵列(尺寸减小),并且仅在垂直和水平方向上进行滤波。此过程的选择偏向行和列的正确角度。传统的将一维滤波器推广到二维形式的方法对特定角度的图像特征没有检测能力。然而,通过对图像的二维投影空间表示(图像的 Radon 变换)应用一维滤波器,可以全方位(0°~180°)分析趋势和波动(Barrett,2008)。因此,在投影空间中,图像是二维全向表示,图像沿 $x$ 轴分布,与图像的笛卡儿角成函数关系;并且可以通过所有角度(0°~180°)进行一维滤波。

同样的方法也适用于传输的图像压缩。在利用传统方法对二维图像进行二维小波压缩的情况下,通过金字塔分析得到的重要系数与重要性映射一起被发送。如果需要全向表达且使用传统的方法,则相同的过程要应用 $n$ 次来在所有 $n$ 个角度压缩二维图像。然而,使用 Radon 变换方法,可以使用一维滤波器(如小波)全方位(0°~180°)压缩二维图像的方法,但仅在一个过程中使用。然后用重要性映射来传送得到的系数。

这种观察也适用于图像增强方法。在通过传统方法对二维图像进行二维小波图像增强的情况下,仍然是特定方向的,如二维小波来处理图像。为了提供图像的全方位处理,经过相同方法处理后小波的方向仍需根据图形增强而变换。因此,以 $n$ 个角度处理图像需要 $n$ 个处理序列。然而,在投影空间中应用检测滤波器,可以通过对 Radon 变换后的图像进行一维滤波,然后对滤波结果进行逆 Radon 变换,在一个处理序列中增强任意方向的二维图像。

因此,转换到投影空间可以通过对图像的二维投影空间表示(图像的 Radon 变换)应用一维滤波器来全方位地分析趋势和波动。在投影空间中,图像是线性化的全向表示形式,可以通过 0°~180°的一系列一维过程进行滤波。简而言之,这些结果是通过:①图像或矩阵的 Radon 变换;②所选择的一维滤波器与如一维 Ram - Lak 或其他带限滤波器的卷积;③所得一维滤波器与二维 Radon 变换或投影空间图像的每个一维列的卷积;④线性滤波投影空间图像的逆 Radon 变换返回到笛卡儿空间全向滤波形式。

利用反投影算子求逆 Radon 变换。$(r,\phi)$ 处的反投影算符是沿 $(x',\theta)$ 面上正弦 $x' = r\cos(\theta - \phi)$ 的线积分 $g(x',\theta)$。因此,反投影算子将 $(x',\theta)$ 坐标的函数投影成空坐标的函数 $(x,y)$ 或 $(r,\varphi)$ 中,并在所有角度 $\theta$ 上集成到每个图像像素中。缺点之一是生成的图像被点扩散函数所模糊,但补救办法在于,反投影是逆 Radon 变换的伴随,逆 Radon 变换可以通过具有各种近似值的滤波操作获得 $(x',\theta)$,如 Ram - Lak、Shepp - Logan 等,Ram - Lak 是最常见的(Ramm & Katsevich,1996;Kak & Slaney,2001)。

图 4.40(a)和图 4.40(b)中的测试图像说明了笛卡儿空间和 Radon 变换投影空间中的对应关系。笛卡儿空间中的峰变成投影空间中的线;投影空间中的线变成峰。在图 4.40(c)中,被高斯噪声污染的图像得到了恢复。

第 4 章 超宽带雷达时频信号处理

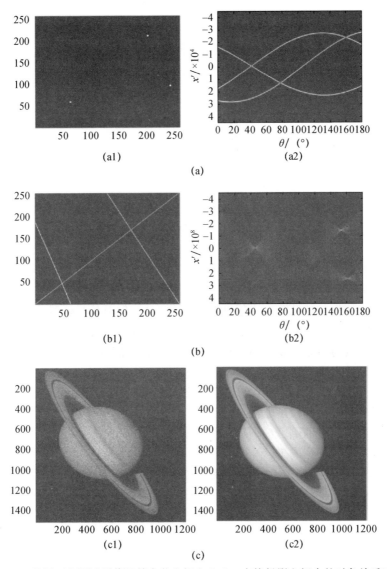

图 4.40 使用两个测试图像的笛卡儿空间和 Radon 变换投影空间中的对象关系示例

（a1）有 3 个点或峰的图像（正方形）；（a2）3 个点或 3 个峰图像的 Radon 变换（3 个点（正方形）显示为 3 条曲线）；（b1）有 3 条直线的图像；（b2）3 条直线图像的 Radon 变换（这 3 条线在投影空间中表现为 3 个峰值。投影空间中的峰值与笛卡儿空间中的直线有关：(ⅰ)投影空间 $x$ 轴上 $\theta$ 角处的峰值表示笛卡儿空间中与垂直线的倾角；(ⅱ)投影空间 $y$ 轴 $x'$ 处的峰值表示距离笛卡儿空间图像中心 $x'$ 处的直线）；（c1）带有高斯噪声的土星图像；（c2）土星的图像（通过以下方法去除了噪声：(ⅰ)投影空间或投影域的 Radon 变换；(ⅱ)一维低通滤波器在投影空间各个角度的应用，即等效于笛卡儿空间或域中的全向滤波；(ⅲ)笛卡儿空间的逆 Radon 变换）。

（Barrett 的《对信号投影空间中的 $n$ 维信号和图像应用滤波器的方法和应用》，美国专利号 7426310，日期：2008 年 9 月 16 日）

## 4.10 目标线性频率响应函数

计算线性频率响应函数(FRF)有三种主要方法。这三种方法由以下方程式描述,即

$$H(f)_1 = \frac{S(f)_{xy}}{S(f)_{xx}} \tag{4.69}$$

$$H(f)_2 = \frac{S(f)_{yy}}{S(f)_{yx}} \tag{4.70}$$

$$H(f)_3 = \frac{S(f)_{yy} - S(f)_{xx} + \sqrt{(S(f)_{xx} - S(f)_{yy})^2 + 4|S(f)_{xy}|^2}}{2S(f)_{yx}} \tag{4.71}$$

式中:$S(f)_{xx}$ 为发送(TX)信号的谱或谱密度函数;$S(f)_{yy}$ 为接收(RX)信号的谱或谱密度函数;$S(f)_{xy}$ 和 $S(f)_{yx}$ 为 TX 和 RX 信号的交叉谱;$H(f)_1$、$H(f)_2$ 和 $H(f)_3$ 为分数级傅里叶分别对输出噪声、输入噪声以及输入和输出噪声是无偏的。

分数级傅里叶的计算取决于计算系统的输入(发射信号激励在目标上的响应)和系统的输出(直接在目标之后和目标辐射的返回信号)。因此,下面的补偿被应用于发射器处的发射信号和接收器处的接收信号:

(1) 开关寄生(在发送路径上);

(2) 发送幅度补偿功能(在发送路径上);

(3) 接收幅度补偿函数的逆函数(在接收路径上);

(4) 电缆损耗的倒数(在传输路径上)。

以这种方式补偿的 TX 和 RX 信号提供 $S(f)_{xx}$、$S(f)_{xy}$ 和 $S(f)_{yx}$。通过此计算的 $H(f)_1$、$H(f)_2$ 和 $H(f)_3$ 示于图 4.41 和图 4.42 中。

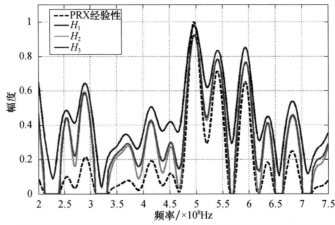

图 4.41　(见彩图)微波炉目标的频率响应函数频率(由返回信号估计和经验获得。具体如下:经验获得的超宽带回波信号 PRX;$H(f)_1$ 对输出噪声无偏;$H(f)_2$ 对输入噪声无偏;$H(f)_3$ 对输入和输出噪声无偏)

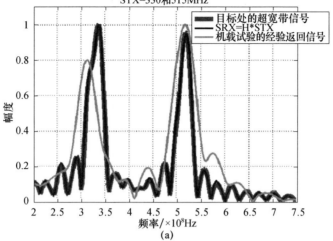

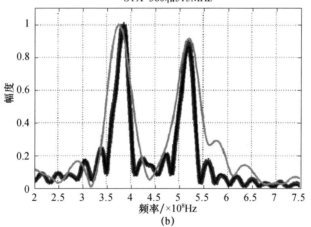

图 4.42 （见彩图）传递函数计算

((a)和(b)显示：①从发射机的经验发射 UWB 信号 STX 开始，计算并补偿目标处的 STX；②从目标传递函数 H 计算的返回信号 SRX，其本身是使用 STX 和目标处的 SRX 计算的；③经验获得的 UWB SRX 谱）

## 4.11 奇异值分解与独立分量分析

如果能建立一个目标信号返回的文档，即先验信息，那么基于特定目标返回的目标识别可以参照该文档以多种方式进行。

本节描述一种利用未知传输信号 UTX 集或矩阵模型的求解可能方法。UTX 进入一个通道，接收到一组已知信号 KRX（图4.43）。KRX 可由一组从多个方位角的目标回波求得的信号返回来起作用。通过假设信道和 UTX 的一些统计特性，在 UTX 所采用的明确假设下，KRX 可以分解以获得返回信号的共同估计值，即制定的一组信号 ERX。因此，ERX 是 UTX 或 ETX 的估计。然后，进一步返回的信号可以与用于目标识别的 ERX/[UTX]信号集合中的任何一个相关，并且为所获得的相关提供了识别置信水平的度量。

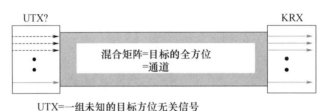

图4.43 利用未知传输信号集成矩阵模型

目标在该模型中是一个混合矩阵，这是一个基本的模型，有几种提取源信号 ERX/[UTX]的策略，如主成分分析(PCA)、奇异值分解(SVD)、独立成分分析(ICA)、Gram-Schmidt 正交化(GSO)。然而所采用的方法只与该方法中隐含的假设一样有效。现在介绍其中一些方法及假设。主成分分析特征分解与因子分析(FA)[①]相关，是一种多变量分析或将多个变量作为一个单一实体进行多元分析，在原始数据中显示潜在信息，主成分分析和因子分析都是基于相关技术的源信号分离。这个过程会导致数据缩减。数据中的信息分为信号子空间和噪声子空间两个子空间。如果已知，则信号子空间应该是数据中正弦数的 2 倍。主成分分析通过转换成一组新的不相关变量——主成分(PC)进行分析。主成分也是正交的，并且在可变性方面是有序的。然而，只有当原始变量是高斯变量时，不相关的主成分才是独立的，因为主成分分析只使用 2 阶统计量，如方差（具有高斯分布的变量在 2 阶以上具有零统计量）。主成分分析的一种广义形式是 SVD。

在这个目标识别模型中，未知的方位无关信号 UTX 的集合或矩阵进入信道，并且接收到一组已知的信号 KRX（如在设定的目标方位角处的返回信号）。通过假设信道的一些统计特性，KRX 可以分解以获得对 RX 信号的估计，即一组指定为 ERX 的信号。因此，ERX 是 UTX 或[UTX]的估计。随后接收的任何 RX

---

① FA 是 PCA 的一种形式，它添加了额外的项目来建模传感器噪声相关的信号混合。

信号可与为目标识别目的而设置的任何 ERX/[UTX]相关。目标在该模型中的作用是作为一个混合矩阵。提取源信号的策略有多种 ERX/[UTX]，如 PCA、SVD、ICA、GSO 等，但所采用的任何方法都仅与该方法中隐含的假设一样有效。

主成分分析的另一种描述：它是一种通用的多变量技术，即首先对信号进行去相关；然后根据其方差的降序提取成分。主成分分析提供了一种计算信号的特征向量和特征值的技术，如信号的返回信号（RX）矩阵（Jolliffe, 2002）。该技术涉及一组相关变量的线性变换，以达到一定的优化条件，其中最重要的是变换后的变量是不相关的（Jackson, 2003）。主成分分析假设 UTX 信号具有高斯概率分布。

相关 SVD 是一种基于主成分分析矩阵的方法，用于在不必获得协方差矩阵情况下获得主成分。SVD 要求假设信号矩阵 UTX 中的"重要"源信号不在较小的特征向量中，这是目标识别所需的。另一种去校正的一组信号方法是 Gram-Schmidt 正交化（GSO）。GSO 依赖于 ERX/[UTX]信号中的初始值，移除所选信号，并将剩余的缩减信号集投影到低维平面上。因此，正确的初始值至关重要。

独立分量分析（ICA）是主成分分析、因子分析和盲源分离（BSS）的一种推广。独立分量分析假设 UTX 和任何噪声分量都是非高斯的、统计独立的，并且使用不同的优化准则。统计独立性的要求使独立分量分析有别于其他方法。主成分分析和因子分析发现一组相互不相关的信号 ERX/[UTX]，独立分量分析则发现一组相互独立的信号 ERX/[UTX]。应当指出，缺乏相关性是比独立性更弱的属性：独立性意味着缺乏相关性，而缺乏相关性并不意味着独立性（Stone, 2004）。独立分量分析可以使用主成分分析预处理步骤来解除 KRX 的相关性。独立分量分析有很多不同的形式，如时间、时空、局部（Hyvärinen et al., 2001; Cichocki、Amari, 2002）独立分量分析比主成分分析对噪声更敏感，并且假设信号是独立源瞬时线性组合的产物。有两个主要的假设，即来源是独立的和非高斯的。与主成分分析不同，独立分量分析使用高阶统计量。相关性是测量两个信号（如 $x$ 和 $y$）之间协变量的一种方法，它只依赖于 $x$ 和 $y$ 的概率密度函数的第一时刻：$pdf_{xy}$。独立性是信号可以相互分离的前提条件，是测量概率函数 $pdf_{xy}$ 所有时刻的协变量。

另一种方法是复杂性追踪。假设源信号 UTX 具有信息性的时间或空间结构。复杂性追求使用复杂性的度量，如 Kolmogorov 复杂性（Cover、Thomas, 1991）、提取复杂度最低的信号（Hyvärinen, 2001）。该方法可用于超高斯、高斯和亚高斯 KRX 的混合。

这些方法也与盲均衡有关，因为系统辨识类似于均衡线性信道的问题（Ding、Li, 2001）。在这种情况下，盲均衡的目标是仅基于先验数据的概率和统计特性来恢复潜在的目标响应特性。

## 4.11.1 奇异值分解

图 4.44 表明在奇异值分解(SVD)方法的假设下,UTX 信号为高斯信号,SVD 方法可以根据 P-51 型和 C-160 型飞机的返回信号 RX 和源于 SVD 的 ERX/[UTX]识别模型目标。

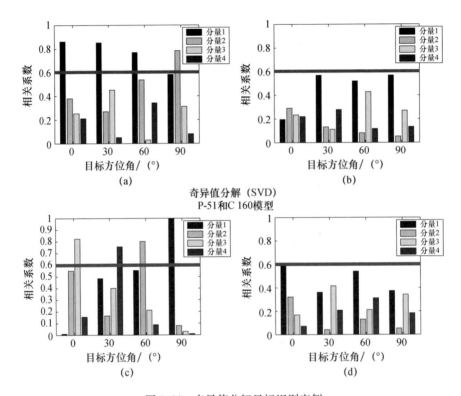

图 4.44 奇异值分解目标识别实例

(通过 0°、30°、60°和 90°方位角的目标回波与目标[UTX] = SVD 分量的相关性。(a)P-51-MRX 与 P-51 模型[UTX]的相关性;(b)C-160-MRX 与 P-51 型[UTX]的相关性;(c)C-160-MRX 与 C-160 型[UTX]的相关性;(d)P-51-MRX 与 C-160 型[UTX]的相关性)

## 4.11.2 独立成分分析

如图 4.45 所示,在独立成分分析(ICA)要求的假设下(UTX 信号是非高斯的,且统计独立的),同样的 P-51 和 C-160 飞机模型目标也可以根据它们的 RX 和 ICA 源[UTX]来识别。图 4.46 同样证明了卡车和悍马的目标是可以识别的。

# 第 4 章 超宽带雷达时频信号处理

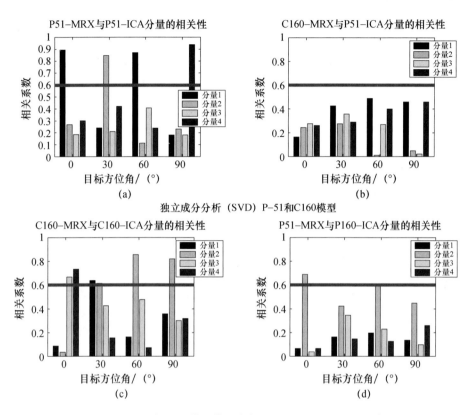

图 4.45 ICA 目标飞机模型辨识实例:0°、30°、60°和90°方向角的
目标 MRX 与目标[UTX] = ICA 分量的相关性

(a)P-51-MRX 与 P-51 模型[UTX]的相关性;(b)C-160-MRX 与 P-51 模型[UTX]的相关性;
(c)C-160-MRX 与 C-160 模型[UTX]的相关性;(d)P-51-MRX 与 C-160 模型[UTX]的相关性。

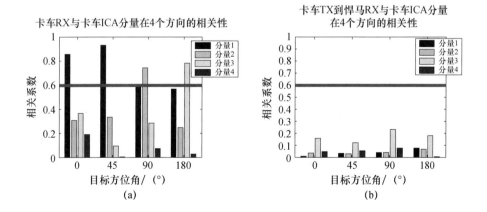

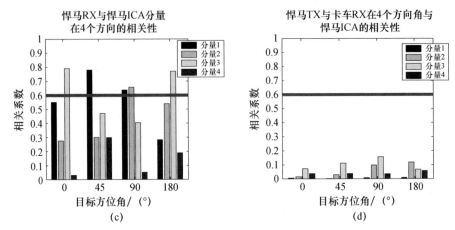

图 4.46 ICA 卡车目标识别示例:0°、30°、60°和 90°方向角的
目标 RX 与目标[UTX] = ICA 分量的相关性

(a)卡车 RX 与卡车[UTX]的相关性;(b)悍马车 MRX 与卡车[UTX]的相关性;
(c)悍马车 RX 与悍马车[UTX]的相关性;(d)卡车 MRX 与悍马车[UTX]的相关性。

## 4.12 盲源分离、匹配追踪和复杂性追踪

WVD 变换时频方法是一种分析形式,它将目标的返回信号 RX 分解为识别信号的局部或瞬态特征的时频谱,与传统的基于傅里叶变换的方法相反,这种方法可以找到全局或恒定波长的特征。

WVD 基于瞬时自相关,提供信号的能量图像。例如,特定时间的频率和特定频率的时间,以及分别在该特定时间特定频率提供信号能量。如上所述,WVD 可以与 AF、FRFT 和光学中已知的其他测量关联。然而,WVD 的缺点是变换中产生的交叉项。这些交叉项虽然在光学中具有物理意义,但用 WVD 变换描述和解释非光学信号时仍然是一个障碍。应用滤波器可以减少交叉项(Choi、Williams,1989),但是应用最佳滤波器需要对被分析信号的频率成分有先验知识。与 WVD 相比,基于 FT 的所有经典方法都存在 Marple(1987)所述的缺陷。

其他谱估计和分析方法也有假设,在某些特定情况下,这些假设可能适用也可能不适用。例如,多信号分类算法(MUSIC)是一种非参数特征分析频率估计过程(Bienvenu、Kopp,1983;Schmidt,1986)。与经典方法相比,MUSIC 算法具有更好的分辨力和频率估计特性,特别是在高的白噪声水平下。然而,在有色噪声环境下,其性能较差。特征分解产生降阶特征值和正交特征向量。由于不保留信号功率,因此所得谱不是真实的功率谱估计。因此,MUSIC 谱被认为是伪谱

和频率估计。

另一种信号分解方法是复杂度追踪,它是基于一个假设,即混合信号通常比组成源信号中最简单(最不复杂)的信号(复杂性推测)更复杂。因此,复杂度追踪是一种盲源信号分离方法,它寻找一个权重向量,该权重向量提供一组信号混合物的正交投影,使得每个提取的信号复杂度最小。复杂度可以用不同的方式定义;但在复杂度追踪中,它是用与 Kolmogorov 复杂度相关的准则定义的(Cover、Thomas,1991),最小复杂度搜索策略是基于梯度上升的。

信号分解还有其他方法,包括自回归(AR)参数建模、修正协方差法(AR法)和无限冲激响应(IIR)参数建模,所有这些方法都假定线性和正确的模型阶数。

现在,UWB 雷达的基本假设是没有输入和 TX 分量的乘法,并且 RX 分量在统计上是独立的。假设 RX 是独立分量的混合,且混合的时间复杂度大于最简单(最不复杂)源信号的时间复杂度。

在 ICA 的情况下,假设同样要求提取的信号源在统计上是独立的(这并不意味着不相关的信源在统计上也是独立的,这是比前面提到的相关性更强的要求)。因此,在这种假设下,由于目标的返回信号的方差是由相位角的变化提供的,所以可以假设从不同相位角的目标响应的多个 RX 的混合中提取的源或 ICA 分量应该大致匹配。事实上,图 4.47 显示了卡车和悍马车目标 RX 的近似匹配。功率谱和 ICA 分量谱的良好拟合说明 RX 是:①源和瞬时线性组合的独立源(位于目标上)的乘积;②独立的;③非高斯的。①②③同时成立也是 ICA 分析的假设。

当然,在所有条件下,将属性①~③外推到所有目标上是不必要的,但对于这些测试目标和类似目标,外推在一定程度上是必要的。然后可以求解 RX 表达式:目标 RX 的最佳基本表示是什么?为回答这个问题而提出的一种技术是匹配追踪、根据匹配追踪,只有在包含反映分析信号结构的函数库中才能实现有效的分解(Mallat、Zhang,1993;Durka,2007)。这种方法的一个优点是可以在分析的信号中捕获瞬态和恒定波长信号;缺点是选择滤波器库的前提是要知道正在处理的信号类型。此外,有效分解只能在包含反映分析信号结构的函数库中实现,因为匹配追踪过程如下:在库中找到一个最适合信号的函数;从信号中减去;然后在余项上重复。

如图 4.48 和图 4.49 所示,在匹配追踪分解中,库和基的选择有很大的余地。在图 4.48 中,时域 MRX 信号被分析成正弦向量的库或基。从正弦波矢量的基或库表示重建被认为是原始 MRX 信号的精确表示。然而,分解为增加时间带宽积(TBP)的 WH 滤波器/小波提供了同样精确的重建,如图 4.49 所示。但是,对于恒定波长的信号,FT 是最佳的;而对于瞬态信号,WH 变换是最佳的。

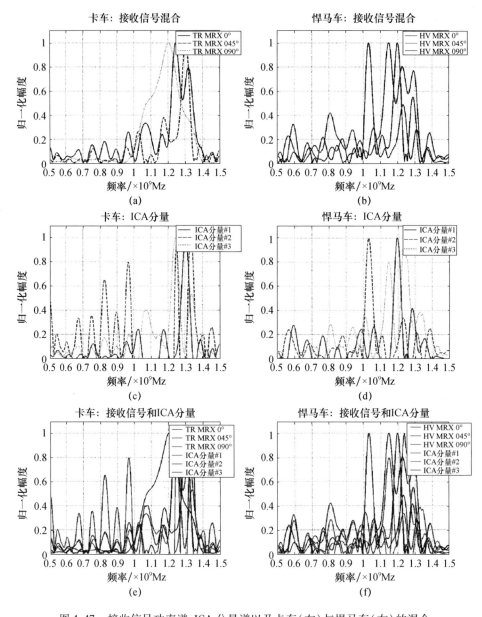

图 4.47 接收信号功率谱、ICA 分量谱以及卡车(左)与悍马车(右)的混合

(顶行:两个目标在方位角 0°、45° 和 90° 的接收信号的功率谱。中行:相同接收信号混合物的 ICA 分量谱。下行:上两行重叠。功率谱和 ICA 分量谱的良好拟合支持这样的假设,即接收信号是 (a) 独立源(位于目标上)的瞬时线性组合的乘积,且源是 (b) 独立的和 (c) 非高斯的,因为 (a)~(c) 是 ICA 分析的假设。然而,在所有可能的条件下,将这些属性外推到所有可能的目标上是不合理的)

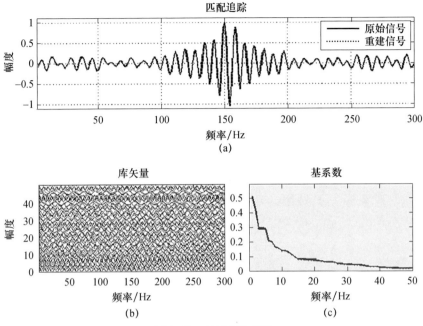

图 4.48 时域接收信号

（a）被分析成一个库或正弦向量的基；（b）中的系数显示在（c）中。用基或库表示的重构是原始接收信号的精确表示。

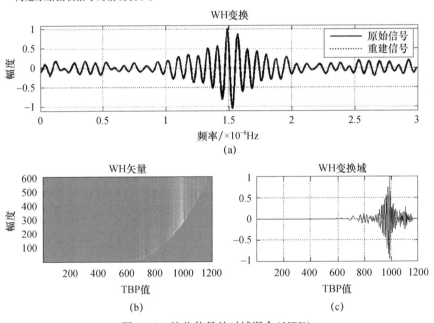

图 4.49 接收信号的时域混合（MRX）

（a）WH 变换；（b）（c）显示一个时间带宽乘积 WH 矢量表示。从 WH 变换表示的重构也是原始接收信号的精确表示。

图 4.47～图 4.49 所示的盲源分离(BSS)中使用的标准涉及联合概率密度函数(PDF)的矩或对任意库或基础的拟合。另一个标准是熵最大化。在某种意义上,熵是对有界值集分布均匀性的度量,使得完全均匀性对应于最大熵(Cover、Thomas,1991)。关键是,具有最大熵分布的变量在统计上是独立的(Stone,2004、2005)。

通过最大化熵来寻找独立信号称为 infomax(Bell、Sejnowski,1995),相当于极大似然估计(MLE)。为了描述从混合信号中提取最小复杂源信号的过程,提出了复杂度追踪这一术语(Hyvärinen,2001)。在这种情况下,假设最大可预测性等于最小复杂性(Xie et al.,2005)。因此,不像主成分分析和独立分量分析假设信号的功率密度函数模型,复杂度追踪只取决于信号的复杂性。

图 4.50 和图 4.51 显示了从返回信号混合中提取复杂追踪源分量的盲源分

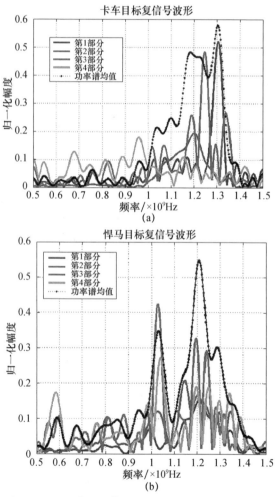

图 4.50 以混合返回信号 RX 提取复杂追踪信号算法

(a)卡车目标;(b)悍马目标四个追踪信号分量与传统功率谱均值对比结果表明两者符合性非常好。

离示例。这里将4个提取的源分量与传统的混合平均功率谱进行了比较。可见,分离出的分量与平均功率谱基本一致。然而,再一次推断 infomax 假设在所有条件下对所有目标的有效性是不必要的。

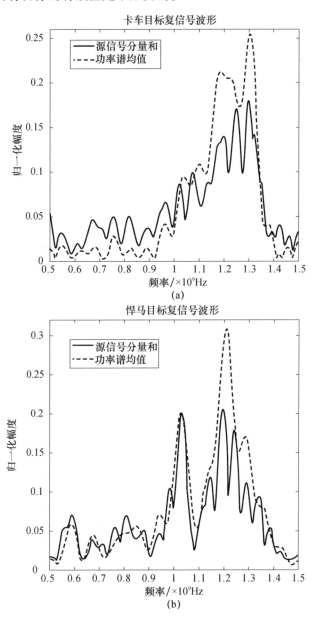

图 4.51 利用与图 4.50 同样的数据,分别对比了4个分量和结果与功率谱均值的差异,可以看出分离成分与功率谱均值高度吻合

本节回顾了几种方法在使用各种假设的盲源分离中的应用。结果表明,其中一些技术和假设适用于车辆目标。然而,由于(统计上)不可能证明零假设,因此不能在各种条件下推断所有目标的适用性。经验是,使用各种假设的各种信号处理技术应该应用于从新遇到的一类目标接收信号的混合盲源分离。然而,对于被测试的目标,似乎支持输入和发送分量不相乘,并且接收的分量在统计上独立的假设。接收信号可以假设为独立分量的混合,并且混合的时间复杂度大于最简单的源信号的时间复杂度。

## 4.13 小　　结

在 UWB 时频回波信号处理中,将哪些信号放在中心,而将哪些剩余信息放在后台,有很多选择;同时,确定信号是否满足特定处理选择的前提条件。另一个选择是酉变换。酉变换,如 WHWF 变换、许多小波变换、WVD 变换和 FT 变换,都允许对原始信号进行逆运算。然而,有时不需要进行逆运算,这使得在不可能进行逆运算的信号空间中采用可靠的处理方法成为可能。更复杂的是,这些操作假设目标的传递函数是线性的,大部分情况是可以满足该条件的。如果非线性操作需要处理,那么在处理非线性系统分析方面已经有了一个开端(Bendat,1990;Bendat,Piersol,1993、2000),但在这个方向上还需要进一步发展。

考虑到所处理的目标是线性的,就产生了另一个问题。传统的信号处理将目标视为 LTI 系统。然而,在 UWB 的情况下,收、发信机回波信号组件的信号到达时间的变化决定了目标被视为线性时变系统或 LTV 系统。UWB 瞬态脉冲进行目标检测是 LTV 系统的概念,具有重要的意义。广泛使用的 FT 严格地说只适用于 LTI 系统。对于 LTV 系统,更合适的技术是本书所讨论的这些时频和小波技术。

此外,来自 LTV 系统的 UWB 回波信号不同于来自 LTI 系统的回波信号(LTI 系统由 Bell 在 1988、1993 年提出;Haykin,2006;Guerci,2010)。然而,在短脉冲瞬态和 UWB 发射和接收脉冲的情况下,区分 LTV 和 LTI 系统具有实际意义。例如,变量网络定义为一个或多个元素值以指定的方式依赖于 3 个变量(如时间、输入和输出)的组合。而在 LTI 系统,传递或系统函数定义为 FT 的响应单位脉冲,因此它是关于频率和相位函数,但在 LTV 系统中一个独立时间,传递或系统函数被定义为一个时间作为参数的频率和相位函数(Zadeh,1950a、b)。在时间无关的极限情况下(可归结为方向无关),LTV 传递函数可归结为 LTI 传递函数,但在时间相关(和方向相关)的情况下(如 UWB 雷达),LTV 传递函数不同于 LTI 传递函数。LTV 传递函数是瞬时传递函数。这些差异决定了 UWB 信号处理与常规雷达信号处理的不同信号处理方法的选择。

## 4.14 信号处理和未来超宽带雷达系统

UWB学界认为,要充分利用UWB信号,就必须采用传统的窄带恒波长信号处理方法以外的方法来处理信号。正如这里所演示的,没有一种方法可以为所有应用程序提供完全令人满意的信号处理解决方案。

信号处理工程师必须定义处理目标,然后从可用的时频方法库中进行选择,以便为特定的应用程序找到最佳方法。一些特殊的情况可能需要从表4.2所列的变换方法库中派生出新的方法。

设计人员必须根据发射信号的格式、目标特性(即材料、几何形状、相对于信号空间分辨力的大小)和信号分析目标找到最佳方法。不同的目标和目的需要不同的方法。

发展基于本书所述技术的信号分析方法可极大地提高UWB雷达的价值,超越简单的距离剖面和成像。时频信号分析技术的实际应用将使UWB雷达在医疗、无损检测、安全、防御和未来未知系统方面更有价值。

表4.2 频率和时频分析变换的总结

| 变换 | 函数使用 | 评价 |
| --- | --- | --- |
| 傅里叶变换 | 确定连续信号的频率成分,并依赖于基元的相长干扰和相消干扰 | ① 全局分析方法;<br>② 确定波形的全局(常量)特征;<br>③ 恒波长信号的最佳变换;<br>④ 以信号频率检测的精确性为代价,以开始时间的不精确性和频率发生的偏移为代价;<br>⑤ 基函数是时间无限的正弦波;<br>⑥ 假设恒定波长的信号持续时间是无限的;<br>⑦ 对非物理的瞬态信号分析的误导;<br>⑧ 相长干扰和相消干扰 |
| 小波变换 | 提供信号在规定时间内的本地频率信息内容 | ① 局部分析方法;<br>② 以信号频率开始的定时精度和频率检测的不精确性为代价;<br>③ 由二元或二元扩展和平移(在频率和时间上)形成的基元;<br>④ 基于常数时间带宽的产品,即 $\Delta f \Delta t = 1/2\pi$<br>⑤ 选择各种可能的小波变换,使不同的信号元素最大化,如何选择由所分析的信号的特性和用户/操作员/接收者的目标决定 |

续表

| 变换 | 函数使用 | 评价 |
|---|---|---|
| 模糊函数 | ① 全局分析<br>② 时间延迟和多普勒频率的二维函数 | ① 缺点:提供高频率的最佳时间定位,但低频率的时间定位很差——偏差/方差困境;<br>② 全局和局部分析方法;<br>③ 提供时间(滞后)-频率(多普勒)频谱;<br>④ 通过傅里叶变换与 Wigner-Ville 分布相关;<br>⑤ 参考信号本身的自相关或互相关匹配滤波器的滞后和多普勒 |
| Wigner-Ville 分布(WVD)变换 | 将目标的回波信号分解成时间-频率谱的一种分析形式 | ① 全局和局部非线性分析方法;<br>② 用平均时间和时间延迟表示的自相关函数的傅里叶变换;<br>③ 显示信号的局部或瞬态特征;<br>④ 缺点:在复杂信号中出现交叉项,部分通过滤波得到缓解 |
| 基于 Weber-Hermite 波形函数(WHWF)系列的 WH 变换 | 以全局和局部分析的形式存在 | 既存在于全局形式,也存在于局部形式<br>① 由非二元或非二元扩展和平移(在频率和时间上)形成的基函数;<br>② 基于变化的时间带宽产品的扩展,即 $\Delta f \Delta t = 1/2\pi(2n+1)(n=0,1,2,\cdots)$<br>③ 在全局形式中,信号分解为 $n$ 个 WHWF 基函数;<br>④ 在局部形式中,选择偶数个 WHWF 作为平均小波滤波器,选择奇数个 WHWF 作为微分滤波器,有关扩展椭球形波形变换;<br>⑤ 为偏差/方差困境提供解决方案 |
| Hilbert 变换(HT) | 一个线性算子或非因果 FIR 滤波器将函数 $u(t)$ 映射到具有相同域的函数 $H(u)(t)$ 上。原始信号的相移是 $\pi/2$ | ① Hilbert 变换用于计算"解析"信号,如果原始信号是 $\sin(\omega t)$,Hilbert 变换是 $-\cos(\omega t)$,则解析信号是 $\sin(\omega t) - j\cos(\omega t)$;<br>② 解析信号没有负频率分量 |

续表

| 变换 | 函数使用 | 评价 |
|---|---|---|
| Hilbert – Huang 变换 (HHT) | 提供一个信号的瞬时谱剖面和时间相对瞬时频率的表示,使用一种适合于非平稳和非线性信号的能量 – 时间 – 频率的信号分析方法 | ① 该方法的动机是,以任何一个先验选择基进行分析,都不能适合所有系统产生的信号,即一个基集不能适合所有系统(数学上或物理上);<br>② 采用自适应方法将非线性和非平稳信号分解为多个分量,这种自适应方法称为筛选过程,产生一组固有模态函数组件的经验基集,基集是从数据本身派生出来的;<br>③ 在某些情况下,与小波方法相比,HHT 可以提供更准确的非平稳系统识别;<br>④ 仍然存在以下问题,即信号包络线生成方法的选择、筛选过程的停止标准以及一些信号的模态混合的产生 |
| 多窗口时频分析 (MWTFA) | MWTFA 是线性时变(LTV)雷达信号的平均,解决了常(随机)变化或非平稳性问题,提供了一种处理随机、非平稳信号的方法,并提供了低偏差和方差谱估计 | ① MWTFA 技术消除了小波变换的一个缺陷,即小波分析提供了高频率的良好时间定位,但在低频率的时间定位很差。这就是偏差/方差困境;<br>② 通过使用不同的窗口集来计算整个信号的几个光谱,然后对得到的光谱进行平均,从而构建光谱估计,从而解决了这个难题;<br>③ 为了获得低偏差和低方差的估计,窗口必须是正交的(以最小化方差)和最佳集中在频率上(以减少偏差) |
| 载波包络频率 (CFEF) | ① 丢弃时域中的信号信息;<br>② 提供 CFEF 双频频谱中信号载波频率与包络频率的关系 | ① CFEF 是通过多窗口时频分析 (MWTFA)中每一行的傅里叶变换得到的;<br>② 消除了信号平均中时间抖动的影响;<br>③ 平均信号是在不受时间抖动影响的情况下获得的,是以损失回波信号到达信息为代价的信息;<br>④ 关于回波信号的"包络"频率和"载波"频率的信息被显示 |
| Radon 变换 | ① 信号到积分投影的映射;<br>② 从信号空间(或源空间)到参数空间(或目标空间)的映射;<br>③ 模板匹配的形式;<br>④ 在数学形式上与 Hough 变换相同 | Radon 变换明确了目标空间中的数据点是如何从源空间中的数据所获得的 |

续表

| 变换 | 函数使用 | 评价 |
|---|---|---|
| Hough | ① 设计用于在使用模板的图像中检测直线；<br>② 模板匹配的形式；<br>③ 在数学形式上与 Radon 变换相同 | ① Hough 空间考虑源空间中的数据点是如何从目标空间中的数据获得的；<br>② Radon 变换的离散版本 |
| 分数傅里叶变换（FRFT） | FRFT 是常规傅里叶变换（FT）的扩展 | ① 提供时间（或空间）和频率域的泛化；<br>② 运行第 $\alpha$ 个 FRFT 算子后，进行在顺时针方向旋转角度参数为 $\alpha$ 的原始信号的 WVD，或将信号分解为调频；<br>③ 第 $\alpha$ 阶 FRFT 是 FT 算子的第 $\alpha$ 个功率；<br>④ 传统的 FT 是 FRFT 的一个特例，通过引入分数或命令参数 $\alpha$ FRFT 添加一个额外的自由度；<br>⑤ 信号分析可以最优化取决于在一个特定 $\alpha$ 的目标及所选择的优化准则；<br>⑥ FRFT 明确了信号的主光谱成分是正弦还是调频（chirp） |
| Radon–Wigner | 分数傅里叶变换的模的平方 | |
| 盲源分离（BSS） | BSS 寻求一种权重向量，它提供一组信号混合物的正交投影，BSS 中使用的准则包括联合概率密度函数（PDF）的矩或对任意字典或基的拟合 | ① BSS 可以通过多种技术来实现，如 SVD，ICA；<br>② 根据接收到的信号和对目标传输函数的假设，BSS 尝试重构所传输的信号 |
| 主成分分析（PCA）特征分解 | ① 多元分析或将多个变量视为单一实体的分析；<br>② 一种通用的多元技术，信号去相关，然后根据其方差的递减顺序提取成分；<br>③ 这些成分是使总方差最大化的正交线性组合；<br>④ 相反，在相关因子分析（FA）中，这些因子是最大化方差共享部分的线性组合，即潜在的结构 | ① 可以在原始数据中找到潜在的信息；<br>② 基于相关技术进行源分离；<br>③ 信号中的信息被分成两个子空间，即信号子空间和噪声子空间。如果已知数据，信号子空间应该是正弦信号数目的 2 倍；<br>④ PCA 通过转换成一组新的不相关的变量——主成分（PC）来进行操作；<br>⑤ PC 在可变性方面也是正交和有序的；<br>⑥ 缺点：只有当原始变量是高斯分布时，不相关的 PCs 才是独立的，因为 PCA 只使用 2 阶统计量，如方差（具有高斯分布的变量在 2 阶以上的统计量为零）；<br>⑦ 奇异值分解（SVD）是 PCA 的一种广义形式 |

续表

| 变换 | 函数使用 | 评价 |
|---|---|---|
| 因子分析（FA） | ① FA 使用多种优化例程，与 PCA 不同，其结果取决于所使用的优化例程和这些例程的起点；<br>② FA 是 PCA 的一种形式，用额外的附加项来建模与每个混合信号相关的传感器噪声 | ① 基于相关技术进行源分离；<br>② 提取的因子是线性组合，最大化了方差的共享部分，即潜在结构；相反，在 PCA 中，成分是使总方差最大的正交线性组合；<br>③ FA 使用多种优化例程，与 PCA 不同，其结果取决于所使用的优化例程和这些例程的起点 |
| 奇异值分解（SVD） | 基于 PCA 矩阵的方法无需获得协方差矩阵即可获得主成分 | SVD 要求假设目标识别所需的信号矩阵中的"重要"源信号不在较小的特征向量中 |
| 独立成分分析（ICA） | PCA、FA 的概括，BSS 的一种形式 | ① 假设传输信号和任何噪声分量是非高斯的且统计独立的；<br>② ICA 是 PCA、FA 的概括，是 BSS 的一种形式，ICA 假设未知源信号和任何噪声分量是非高斯的且统计独立的；<br>③ 统计独立性的要求（假设）将 ICA 与其他方法区分开来；<br>④ PCA 和 FA 找到一组相互不相关的估计源信号，ICA 找到一组相互统计独立的估计源信号；<br>⑤ 缺乏相关性比独立性更弱：独立性意味着缺乏相关性，而相关性的缺乏并不意味着独立性；<br>⑥ ICA 比 PCA 对噪声更敏感，并假设信号是独立源的瞬时线性组合的产物。有两个主要的假设，即源是独立的和非高斯的；<br>⑦ 与 PCA 不同，ICA 使用高阶统计。相关性是对两个信号（如 $x$ 和 $y$）之间的协变量的度量，仅依赖于 $x$ 和 $y$ 的概率密度函数的第一个矩；<br>⑧ 独立性——信号分离的一个更强的条件——是对概率函数所有矩的协变的度量 |
| Gram – Schmidt 正交化（GSO） | 解相关信号 | ① GSO 依赖于信号之间的初始选择，去除选择的信号，并将剩余的简化信号集投射到更低的维度平面上；<br>② 正确的初始选择是至关重要的 |

续表

| 变换 | 函数使用 | 评价 |
|---|---|---|
| Karhunen–Loève（或 Hotelling）变换 | 通过最小化总均方误差,将随机过程表示为正交函数的无限线性组合。正交基函数由协方差函数确定 | ① 假设要处理的信号/图像是遍历的,即单个信号或图像与一组信号或图像的空间或时间统计量是相同的;<br>② 但情况并不总是这样,信号和图像不是随机过程的简单结果,总是存在确定性的基础部分 |
| 复杂度的求取 | ① 复杂度求取是一种盲源分离（BSS）方法,它寻找一个权向量,该向量提供一组混合信号的正交投影,使得每个提取的信号都具有最小复杂度;<br>② 从混合信号中提取最小复杂度的源信号 | ① 提供一组混合信号的正交投影,使得每个提取出的信号的复杂度最低,并且提取出复杂度最低的信号;<br>② 假设混合信号通常比其组成信号中最简单（最不复杂）的信号更复杂;<br>③ 假设最大的可预测性等于最小的复杂性;<br>④ 假设源信号具有信息的时间或空间结构;<br>⑤ 使用复杂度度量,如 Kolmogorov 复杂度;<br>⑥ 与 PCA 和 ICA 假设信号的功率密度函数模型不同,复杂度的求取只取决于信号的复杂度 |
| 匹配的求取 | 通过包含反映分析信号结构的函数的字典来实现信号分解 | ① 捕捉瞬态和常数特性;<br>② 选择滤波词典的前提是要了解被处理信号的类型;<br>③ 有效的分解只能在包含反映分析信号结构的函数字典中实现 |
| 多信号分类算法（MUSIC） | 非参数特征分析频率估计过程 | ① 比传统方法具有更好的分辨力和频率估计特性,特别是在高白噪声水平下;<br>② 在有色噪声存在时性能变差;<br>③ 特征分解产生降序的特征值,和标准正交的特征向量,产生的谱不被认为是真实的功率谱估计,因为信号功率没有被保留;<br>④ MUSIC 频谱被认为是伪谱和频率估计器 |
| 自回归(AR)参数化建模和无限脉冲响应(IIR)参数化建模,所有这些都假设线性和一个正确的模型顺序 | 参数化建模方法 | 这些方法采用线性和正确的模型顺序 |
| 信息最大化 | 通过最大化熵来寻找独立信号 | ① 相当于最大似然估计(MLE);<br>② 假设最大的可预测性等于最小的复杂度 |

## 附录 4.A  WHWF 的推导

WHWF 与 FRFT 的关系如下。设 $\psi_i(u)$ ($i=0,1,2,3,\cdots$) 表示 WHWF, 它是普通 FT 算子关于特征值 $\lambda_i$ (Wiener, 1933; Dym、McKean, 1972; McBride、Kerr, 1987) 的特征信号 (或特征函数), 并让这些函数为表现良好的有限能量信号 (函数) 的空间构建一组标准正交基。FRFT 由 (Ozaktas et al., 2001) 给出, 即

$$F^a \psi_i = \lambda_i^a \psi_i(u) = \exp(-ia_i)\psi_i(u) = \exp(-ia_i\pi/2)\psi_i(u) \tag{4.A.1}$$

对于给定的函数 $f(u)$, 可以展开为 WHWF 的线性叠加式, 即

$$f(u) = \sum_{i=0}^{\infty} C_i \psi_i(u) \tag{4.A.2}$$

其中

$$C_i = \int \psi_i(v) f(v) \, dv \tag{4.A.3}$$

两边同时应用 $F^a$, 得到

$$F^a f(u) = \sum_{i=0}^{\infty} \exp\left(-\frac{ia_i\pi}{2}\right) C_i \psi_i(u) = \int \sum_{i=0}^{\infty} \exp\left(-\frac{ia_i\pi}{2}\right) \psi_i(u) \psi_i(v) f(v) \, dv \tag{4.A.4}$$

且

$$K_a(u,v) = \sum_{i=0}^{\infty} \exp\left(-\frac{ia_i\pi}{2}\right) \psi_i(u) \psi_i(v) \tag{4.A.5}$$

提供 WHWF 与 FRFT 的关系。

现在转到 WHWF 的推导, 有一些稍微不同的推导, 但每个都值得注意, 因为它们都对这些函数的物理本质提出了不同的见解。我们研究了以下 7 个方面。

(1) 经典的推导过程如下。抛物柱面函数或称 WH 函数, 是韦伯方程的解 (Weber, 1869):

$$\frac{d^2 \psi_n(x)}{dx^2} + \left(n + \frac{1}{2} - \frac{1}{4}x^2\right)\psi_n(x) = 0 \tag{4.A.6}$$

其中一般有韦伯方程或抛物线柱面微分方程 (Abramowitz、Stegun, 1972), 即

$$\frac{d^2 \psi_n(x)}{dx^2} + (ax^2 + bx + c)\psi_n(x) = 0 \tag{4.A.7}$$

点 $x = \infty$ 为强奇异。

这个方程有两个解 (Whittaker, 1902、1903; Whittaker、Watson, 1927), 即

$$\begin{cases} \psi = x^{-1/2} W_{k,m} \\ z = \dfrac{x^2}{2} \end{cases} \tag{4.A.8}$$

式中:$W_{k,m}$ 为 Whittaker 函数(Whittaker、Watson,1927;Abramowitz、Stegun, 1972),有

$$\frac{d}{zdz}\left[\frac{d^2(wz^{1/2})}{zdz}\right] + \left(-\frac{1}{4} + \frac{2k}{z^2} + \frac{3}{4z^4}\right)wz^{1/2} = 0 \quad (4.A.9)$$

则

$$\frac{\partial^2 w}{\partial z^2} + \left(2k - \frac{1}{4}z^2\right)w = 0 \quad (4.A.10)$$

将 Weber 方程转化为 Whittaker 方程,Whittaker 方程是流超几何方程的一个特例①。尤其是当 $R(z) > 0$ 时,有

$$\psi_n = (2^{\frac{n}{2}+\frac{1}{4}})(z^{-\frac{1}{2}})\left(W_{\frac{n}{2}+\frac{1}{4},-\frac{1}{4}}\left(\frac{1}{2z^2}\right)\right)$$
$$= \frac{1}{\sqrt{z}}2^{n/2}\exp[-z^2/4](-iz)^{1/4}(-iz)^{1/4}{}_1F_1\left(\frac{1}{2}n+\frac{1}{4};\frac{1}{2};\frac{1}{2}z^2\right)$$
$$(4.A.11)$$

式中:${}_1F_1(a;b;z)$ 为一个流超几何函数(Gauss,1812;Abramowitz、Stegun,1972)。且有

$$w = z^{-1/2}W_{k,-1/4}\left(\frac{1}{2}z^2\right) \quad (4.A.12)$$

式中:$W$ 为式(4.A.12)中定义的 Whittaker 函数。Weber 方程可以分为

$$\frac{d^2U}{du^2} - (c + k^2u^2)U = 0 \quad (4.A.13)$$

或者 Weber 的第一个导出方程,即

$$\frac{d^2V}{dv^2} + (c - k^2v^2)V = 0 \quad (4.A.14)$$

或者 Weber 的第二个导出方程。

对于非负 $n$,经过重整化后 Weber 第一个导出方程的解可归纳为

$$U_n(x) = 2^{-n/2}\exp[-x^2/4]H_n\left(\frac{x}{\sqrt{2}}\right) \quad n = 0,1,2,\cdots \quad (4.A.15)$$

它们是抛物柱面函数或 WHWF,其中 $H_n$ 是一个 Hermite 多项式。

同样地,完成了这个方程,韦伯的第二个导出方程可以写为

$$\frac{\partial^2\psi}{\partial x^2} + \left[a\left(x + \frac{b}{2a}\right)^2 - \frac{b^2}{4a} + c\right]\psi = 0 \quad (4.A.16)$$

---

① 超几何微分方程是一个二阶线性常微分方程,其解由超几何级数给出。超几何级数的形式如下:$\left(\sum_{n=0}^{\infty}a_n\right)\left(\sum_{n=0}^{\infty}b_n\right) = \sum_{n=0}^{\infty}c_n$ 其中 $c_n = a_nb_{n-k}$。流超几何方程是超几何方程的退化形。

定义：$u = x + b/2a$；$\mathrm{d}u = \mathrm{d}x$，且替换后有

$$\frac{\partial^2 \psi}{\partial u^2} + [au^2 + d]\psi = 0 \qquad (4.\text{A}.17)$$

式中：$d = -b^2/4a + c$。同样这个方程有两个解，一个是偶数，一个是奇数。继续偶数解，解为

$$\psi(x) = \exp\left[\frac{-x^2}{4}\right] {}_1F_1\left(\frac{1}{2}a + \frac{1}{4}; \frac{1}{2}; \frac{1}{2}x^2\right) \qquad (4.\text{A}.18)$$

式中：${}_1F_1(a;b;z)$ 和之前一样是流超几何函数，再强调一次，这个方程的解是抛物线柱面或 WHWF。

（2）第二个平行推导从一维波动方程开始，即

$$-\frac{1}{2m}\frac{\partial^2 \psi}{\partial x^2} + V(x)\psi = E\psi \qquad (4.\text{A}.19)$$

其中

$$V(x) = \frac{1}{2}kx^2 = \frac{1}{2}m\omega^2 x^2 \qquad (4.\text{A}.20)$$

式中：$\omega$ 为角频率，$\omega = \sqrt{k/m}$；$k$ 为刚度常数；$m$ 为质量；$x$ 为振荡器的场偏转。
或者

$$-\frac{1}{2m}\frac{\partial^2 \psi}{\partial x^2} + \frac{1}{2}kx^2\psi = E\psi \qquad (4.\text{A}.21)$$

这种波动方程可以用无量纲形式通过定义自变量 $\xi = \alpha x$ 和一个特征值 $\lambda$ 来表示，并要求

$$\alpha^4 = mk, \quad \lambda = 2E\left(\frac{m}{k}\right)^{1/2} = \frac{2E}{\omega} \qquad (4.\text{A}.22)$$

无量纲形式为

$$\frac{\partial^2 \psi}{\partial \xi^2} + (\lambda - \xi^2)\psi = 0 \qquad (4.\text{A}.23)$$

式(4.A.23)为 Weber 方程的一种形式。

（3）基于熟悉模型的推导如下。振动弦的波动方程与弦的总动能及其势能之差尽可能小有关。如果弦以简谐运动振动，则其对时间的依赖关系表示为

$$\psi(x,t) = \psi(x)\exp[-\mathrm{i}\varepsilon\alpha^2 t] \qquad (4.\text{A}.24)$$

函数 $\psi$ 必须满足 Helmholtz 方程，即

$$\frac{\partial^2 \psi}{\partial x^2} + k^2\psi = 0 \qquad (4.\text{A}.25)$$

式中：$k$ 为常数。

当 $k = 0$ 时，式(4.A.25)为一维拉普拉斯方程；当 $k^2$ 是坐标函数时，有

$$\varepsilon = \frac{2M}{(h/2\pi)^2} \cdot E \qquad (4.\text{A}.26)$$

这个方程是具有常数 $E$ 的粒子的薛定谔方程(Morse、Feshbach,1953)。当 $\psi$ 与空间相关时,波动方程为

$$\frac{\partial^2 \psi}{\partial x^2} + (\varepsilon - \alpha^2 x^2)\psi = 0 \qquad (4.A.27)$$

式中:$\alpha = M\omega/(h/2\pi)$,这是 Weber 方程的另一种形式。这个方程允许解是以下函数,即

$$n = \frac{\varepsilon}{2\beta} - \frac{1}{2} = \frac{E}{\left(\dfrac{h}{2\pi}\right)\omega} - \frac{1}{2} \qquad (4.A.28)$$

为了使解是二次可积的,$n$ 必须取整数值,如 $n = 0,1,2,\cdots$(Morse、Feshbach,1953)。在归一化因子下,解为 Weber – Hermite(WH)或抛物柱面函数(Morse、Feshbach,1953),即

$$\psi_n(t) = \frac{1}{\sqrt{2^n n!}}\left(\frac{\alpha}{\pi}\right)^{1/4}\exp\left[\frac{-\alpha t^2}{2}\right]H_n(t\sqrt{\alpha}) \qquad (4.A.29)$$

式中:$\alpha = M\omega/(h/2\pi)$。

对于经典的结果,替换 $(h/2\pi) \to 1$,则 $\alpha$ 变成时频交易参数/变量。这是 WHWF 的一般形式。

对于一个函数,$f(x)$ 的展开形式为

$$f(x) = a_0\psi_0 + a_1\psi_1 + \cdots + a_n\psi_n + \cdots \qquad (4.A.30)$$

如果在 $+\infty \sim -\infty$ 中逐项积分是合理的,则

$$a_n = \frac{1}{\sqrt{(2\pi)^{1/2}n!}}\int_{-\infty}^{+\infty}\psi_n(t)f(t)\mathrm{d}t \qquad (4.A.31)$$

这样一个函数可以用系数为 $a_n$ 的 $n$ 个 WHWF 来展开。

(4) 有一个基于 Helmholtz 方程的推导。这个推导从抛物柱面坐标下的 Helmholtz 方程开始,即

$$\frac{1}{u^2 + v^2}\left(\frac{\partial^2 \psi}{\partial u^2} + \frac{\partial^2 \psi}{\partial v^2}\right) + \frac{\partial^2 \psi}{\partial z^2} + k^2\psi = 0 \qquad (4.A.32)$$

方程可分解为

$$\psi(u,v,z) = U(u)V(v)Z(z) \qquad (4.A.33)$$

则

$$\frac{1}{u^2 + v^2}\left(VZ\frac{\partial^2 U}{\partial u^2} + UZ\frac{\partial^2 V}{\partial v^2}\right) + UV\frac{\partial^2 Z}{\partial z^2} + k^2 UVZ = 0 \qquad (4.A.34)$$

除以 $UVZ$ 且分离出 $Z$ 部分,得到

$$\frac{\partial^2 Z}{\partial z^2} = -(k^2 + m^2)Z \qquad (4.A.35)$$

可以求解且允许以下推导,即

$$\left(\frac{1}{U}\frac{\partial^2 U}{\partial u^2} - k^2 u^2\right) + \left(\frac{1}{V}\frac{\partial^2 V}{\partial v^2} - k^2 v^2\right) = 0 \qquad (4.\text{A}.36)$$

若

$$\left(\frac{1}{U}\frac{\partial^2 U}{\partial u^2} - k^2 u^2\right) = c \qquad (4.\text{A}.37)$$

$$\left(\frac{1}{V}\frac{\partial^2 V}{\partial v^2} - k^2 v^2\right) = -c \qquad (4.\text{A}.38)$$

则有

$$\frac{\mathrm{d}^2 U}{\mathrm{d}u^2} - (c + k^2 u^2) U = 0 \qquad (4.\text{A}.39)$$

或者 Weber 的第一个导出方程,即

$$\frac{\mathrm{d}^2 V}{\mathrm{d}v^2} + (c - k^2 v^2) V = 0 \qquad (4.\text{A}.40)$$

或者 Weber 的第二个导出方程。

Weber 第一个导出方程的解约为

$$U_n(x) = 2^{-n/2} \exp\left[\frac{-x^2}{4}\right] H_n\left(\frac{x}{\sqrt{2}}\right) \quad n = 0, 1, 2, \cdots \qquad (4.\text{A}.41)$$

或者像以前一样是 WHWF。

(5) 可以基于电赫兹矢量 $\boldsymbol{\Pi}_e$ 进行推导。赫兹(1889、1893)指出,电磁场可以用一个向量函数来表示。这种势被称为赫兹(电)矢量、极化势或"超势"。与磁极化有关的第二个赫兹矢量,"赫兹磁矢势" $\boldsymbol{\Pi}_m$ 由 Righi(1901)提出。$\boldsymbol{\Pi}_e$ 和 $\boldsymbol{\Pi}_m$ 一起形成一个六向量(即一个二阶反对称张量)。$\boldsymbol{\Pi}_e$ 和 $\boldsymbol{\Pi}_m$ 在 $\boldsymbol{\Pi}_e$ 的情况下与 $\boldsymbol{E}$ 和 $\boldsymbol{B}$ 有相似的转化性质,在 $\boldsymbol{\Pi}_m$ 的情况下与 $\boldsymbol{D}$ 和 $\boldsymbol{H}$ 有相似的转化性质(Born、Wolf,1999)。它们的关系如下。

假设洛伦兹规范是一个矢量,称为极化矢量,$\boldsymbol{p}$ 是关于实际电荷和电流的定义(Panofsky、Phillips,1962),即

$$\frac{\partial \boldsymbol{p}}{\partial t} = \boldsymbol{J}; \nabla \boldsymbol{p} = -\rho \qquad (4.\text{A}.42)$$

式中:$\boldsymbol{J}$ 为自由电流密度;$\rho$ 为自由电荷密度。

综合引入磁密度矢量 $\boldsymbol{m}$,使这些方程成为(Chapou Fernández et al.,2009)

$$\frac{\partial \boldsymbol{p}}{\partial t} = \boldsymbol{J} - \frac{1}{\mu\varepsilon}(\nabla \times \boldsymbol{m}); \nabla \boldsymbol{p} = -\rho \qquad (4.\text{A}.43)$$

$\boldsymbol{\Pi}_e$ 和 $\boldsymbol{\Pi}_m$ 被定义为两个时延势(Born、Wolf,1999),即

$$\boldsymbol{\Pi}_e = \frac{1}{\varepsilon} \int_V \frac{[\boldsymbol{p}]}{R} \mathrm{d}V' \qquad (4.\text{A}.44)$$

$$\boldsymbol{\Pi}_m = \mu \int_V \frac{[\boldsymbol{m}(r')]}{R} \mathrm{d}V' \qquad (4.\text{A}.45)$$

式中：$R$ 为在点 $r'$ 上从点 $r$ 到体积元 $\mathrm{d}V'$ 的距离，方括号 $[\ ]$ 表明 $p$ 将在延迟时间 $\dfrac{t-|r-r'|}{v}$ 上进行计算，其中 $v$ 是传播速度。

根据 $\boldsymbol{\Pi}_e$ 和 $\boldsymbol{\Pi}_m$ 电磁场可以由下面的 $\boldsymbol{A}$ 向量势场（Jones,1964；Born、Wolf,1999）来进行定义：

$$\boldsymbol{A} = \mu\varepsilon\frac{\partial \boldsymbol{\Pi}_e}{\partial t} + \nabla \times \boldsymbol{\Pi}_m \tag{4.A.46}$$

$$\varphi = -\nabla \cdot \boldsymbol{\Pi}_e \tag{4.A.47}$$

$$\nabla^2 \boldsymbol{\Pi}_e - (\mu\varepsilon)^2 \frac{\partial^2 \boldsymbol{\Pi}_e}{\partial t^2} = -\frac{\boldsymbol{p}}{\varepsilon} \tag{4.A.48}$$

$$\nabla^2 \boldsymbol{\Pi}_m - (\mu\varepsilon)^2 \frac{\partial^2 \boldsymbol{\Pi}_m}{\partial t^2} = -\mu\boldsymbol{m} \tag{4.A.49}$$

$$\nabla \cdot (\nabla^2 \boldsymbol{\Pi}_e) = \nabla^2(\nabla \cdot \boldsymbol{\Pi}_e) \tag{4.A.50}$$

真空中，在无源区电磁场中可以用电势或磁赫兹势来描述。

对于没有磁极的磁场，有

$$\boldsymbol{A} = \mu\varepsilon\frac{\partial \boldsymbol{\Pi}_e}{\partial t} \tag{4.A.51}$$

$$\varphi = -\nabla \cdot \boldsymbol{\Pi}_e \tag{4.A.52}$$

$$\boldsymbol{E} = \nabla(\nabla \cdot \boldsymbol{\Pi}_e) - \mu\varepsilon\frac{\partial^2 \boldsymbol{\Pi}_e}{\partial t^2} \tag{4.A.53}$$

$$\boldsymbol{B} = \mu\varepsilon\left(\nabla \times \frac{\partial \boldsymbol{\Pi}_e}{\partial t}\right) \tag{4.A.54}$$

$$\nabla^2 \boldsymbol{\Pi}_e - (\mu\varepsilon)^2 \frac{\partial^2 \boldsymbol{\Pi}_e}{\partial t^2} = \frac{-\boldsymbol{p}}{\varepsilon} \tag{4.A.55}$$

对于没有电极化的场，有

$$\boldsymbol{A} = \nabla \times \boldsymbol{\Pi}_m \tag{4.A.56}$$

$$\varphi = 0 \tag{4.A.57}$$

$$\boldsymbol{E} = -\mu\varepsilon\frac{\partial(\nabla \times \boldsymbol{\Pi}_m)}{\partial t} \tag{4.A.58}$$

$$\boldsymbol{B} = \nabla \times (\nabla \times \boldsymbol{\Pi}_m) \tag{4.A.59}$$

$$\nabla^2 \boldsymbol{\Pi}_m - (\mu\varepsilon)^2 \frac{\partial^2 \boldsymbol{\Pi}_m}{\partial t^2} = -\mu\boldsymbol{m} \tag{4.A.60}$$

对于同时具有电极化和磁极化的场，有

$$\boldsymbol{A} = \mu\varepsilon\frac{\partial \boldsymbol{\Pi}_e}{\partial t} + \nabla \times \boldsymbol{\Pi}_m \tag{4.A.61}$$

$$\varphi = -\nabla \cdot \boldsymbol{\Pi}_e \qquad (4.\text{A}.62)$$

$$\boldsymbol{E} = \nabla(\nabla \cdot \boldsymbol{\Pi}_e) - \mu\varepsilon \frac{\partial^2 \boldsymbol{\Pi}_e}{\partial t^2} - \mu\varepsilon \frac{\partial(\nabla \times \boldsymbol{\Pi}_m)}{\partial t} \qquad (4.\text{A}.63)$$

$$\boldsymbol{B} = \mu\varepsilon\left(\nabla \times \frac{\partial \boldsymbol{\Pi}_e}{\partial t}\right) + \nabla \times (\nabla \times \boldsymbol{\Pi}_m) \qquad (4.\text{A}.64)$$

对于没有源的导体,有

$$\boldsymbol{E} = \nabla(\nabla \cdot \boldsymbol{\Pi}_e) - \mu\varepsilon \frac{\partial^2 \boldsymbol{\Pi}_e}{\partial t^2} - \mu\sigma \frac{\partial \boldsymbol{\Pi}_e}{\partial t} = \nabla \times (\nabla \times \boldsymbol{\Pi}_e) \qquad (4.\text{A}.65)$$

$$\boldsymbol{B} = \mu \nabla \times \left(\varepsilon \frac{\partial \boldsymbol{\Pi}_e}{\partial t} + \sigma \boldsymbol{\Pi}_e\right) \qquad (4.\text{A}.66)$$

$$\nabla^2 \boldsymbol{\Pi}_e - \mu\varepsilon \frac{\partial^2 \boldsymbol{\Pi}_e}{\partial t^2} - \mu\sigma \frac{\partial \boldsymbol{\Pi}_e}{\partial t} = 0 \qquad (4.\text{A}.67)$$

得到变换的不变性,即

$$\boldsymbol{\Pi}'_e = \boldsymbol{\Pi}_e + \nabla \times \boldsymbol{F} - \nabla G \qquad (4.\text{A}.68)$$

$$\boldsymbol{\Pi}'_m = \boldsymbol{\Pi}_e - \mu\varepsilon \frac{\partial \boldsymbol{F}}{\partial t} \qquad (4.\text{A}.69)$$

式中:矢量 $\boldsymbol{F} = F_x \boldsymbol{i} + F_y \boldsymbol{j} + F_z \boldsymbol{k}$ 和标量函数 $G$,分别以 $\boldsymbol{i}$、$\boldsymbol{j}$ 和 $\boldsymbol{k}$ 定义在三维笛卡儿坐标上 $x$、$y$ 和 $z$ 轴的单位矢量,是波动方程的解,即

$$\nabla^2 \boldsymbol{F} - (\mu\varepsilon)^2 \frac{\partial^2 \boldsymbol{F}}{\partial t^2} = 0 \qquad (4.\text{A}.70)$$

$$\nabla^2 G - (\mu\varepsilon)^2 \frac{\partial^2 G}{\partial t^2} = 0 \qquad (4.\text{A}.71)$$

应用一般定义,$\nabla$ 为梯度算子(grad),即

$$\nabla F = \frac{\partial F_x}{\partial x}\boldsymbol{i} + \frac{\partial F_y}{\partial y}\boldsymbol{j} + \frac{\partial F_z}{\partial z}\boldsymbol{k} \qquad (4.\text{A}.72)$$

$\nabla \cdot$ 为散度算子(div),即

$$\nabla \cdot \boldsymbol{F} = \frac{\partial F_x}{\partial x} + \frac{\partial F_y}{\partial y} + \frac{\partial F_z}{\partial z} \qquad (4.\text{A}.73)$$

$\nabla \times$ 为旋度算子(curl),即

$$\nabla \times \boldsymbol{F} = \left(\frac{\partial F_z}{\partial y} - \frac{\partial F_y}{\partial z}\right)\boldsymbol{i} + \left(\frac{\partial F_x}{\partial z} - \frac{\partial F_z}{\partial x}\right)\boldsymbol{j} + \left(\frac{\partial F_y}{\partial x} - \frac{\partial F_x}{\partial y}\right)\boldsymbol{k} \qquad (4.\text{A}.74)$$

$\nabla^2$ 有时为 $\Delta$ 作为拉普拉斯算子或散度梯度(del):

$$\Delta F = \nabla \cdot (\nabla F) = \nabla^2 F = \frac{\partial F_x^2}{\partial x^2} + \frac{\partial F_y^2}{\partial y^2} + \frac{\partial F_z^2}{\partial z^2} \qquad (4.\text{A}.75)$$

式中:$\mu$ 为磁导率$((\text{kg} \cdot \text{m})/(\text{s}^2 \cdot \text{A}^2))$;$\varepsilon$ 为介电常数$((\text{A}^2 \cdot \text{s}^4)/(\text{kg} \cdot \text{m}^3))$;$\sigma$ 为电导率$((\text{A}^2 \cdot \text{s}^3)/(\text{kg} \cdot \text{m}^3))$;$\rho$ 为电荷密度$((\text{A} \cdot \text{s})/\text{m}^3)$;$\boldsymbol{m}$ 为磁化或磁

密度(A/m);$p$ 为极化密度((A·s)/m²);$J$ 为电流密度(A/m²);$E$ 为电场强度(kg·m)/(A·s³),其中 A = 安培;$B$ 为磁通量密度或磁感应(kg/(A·s²));$A$ 为矢量势((kg·m)/(A·s²));$\varphi$ 为标量势((kg·m²)/(A·s³))。

在抛物柱面坐标 $u$、$v$、$z$ 中,电赫兹矢量 $\boldsymbol{\Pi}_e$(Jones,1964)为

$$\boldsymbol{\Pi}_e(u,v,z) = U(u)V(v)Z(z) \quad (4.A.76)$$

则

$$\frac{\partial^2 Z}{\partial z^2} = m^2 Z \quad (4.A.77)$$

$$\frac{\partial^2 U}{\partial u^2} + [(m^2 + k^2)u^2 - h]U = 0 \quad (4.A.78)$$

$$\frac{\partial^2 V}{\partial v^2} + [(m^2 + k^2)v^2 + h]V = 0 \quad (4.A.79)$$

式中:$m$ 和 $h$ 为分离常数。$U$ 和 $V$ 中的方程可以用类似的方法处理。替换

$$u = [4(m^2 + k^2)]^{-1/4} X$$

且

$$i\left(v + \frac{1}{2}\right) = (4(m^2 + k^2)^{-1/2}) X \quad (4.A.80)$$

式中:$X$ 为占位符,给出

$$\frac{\partial^2 U}{\partial u^2} + \left(\frac{1}{4}X^2 - i\left(v + \frac{1}{2}\right)\right)U = 0 \quad (4.A.81)$$

进一步替换 $X = x\exp[(1/4)\pi i]$,得到

$$\frac{\partial^2 U}{\partial u^2} + \left(v + \frac{1}{2} - \frac{1}{4}x^2\right)U = 0 \quad (4.A.82)$$

这就是 Weber 的方程。如前所述解为 WHWF,即

$$U_n(x) = 2^{-n/2}\exp\left[\frac{-x^2}{4}\right]H_n\left(\frac{x}{\sqrt{2}}\right) \quad n = 0, 1, 2, \cdots \quad (4.A.83)$$

赫兹矢量 $\boldsymbol{\Pi}_e$ 和 $\boldsymbol{\Pi}_m$ 在一起形成一个六向量系统(Nisbet,1955),并在波导中 TE 和 TM 波可根据 $\boldsymbol{\Pi}_e$ 和 $\boldsymbol{\Pi}_m$ 来进行定义,并证明是由励磁机系统所产生的,分别等效于与传播方向平行(Essex,1977)的电振偶极子和磁振偶极子。两赫兹矢量法与 Whittaker(1904、1951)用两个标量函数表示电磁场的方法有关。

矢量 $\boldsymbol{\Pi}_e$ 和 $\boldsymbol{\Pi}_m$ 可以联合在一个协变式中,从而得到一个 2 阶的斜张量(Nisbet,1955;McCrea,1957;Chapou Fernández et al.,2009)。这个赫兹张量的定义式为

$$\boldsymbol{\Pi}^{0i} = (\boldsymbol{\Pi}_e)_i; \boldsymbol{\Pi}^{ij} = \varepsilon^{ijk}(\boldsymbol{\Pi}_m)_k \quad (4.A.84)$$

式中:$\varepsilon^{ijk}$ 为 Levi – Civita 置换符号。

对应于电赫兹矢量 $\boldsymbol{\Pi}_e$ 分量这个势张量 $\boldsymbol{\Pi}^{\mu\nu}$($\mu$、$\nu$ = 0,1,2,3),有空时分量,对应于磁赫兹矢量 $\boldsymbol{\Pi}_m$ 分量这个势张量有纯空间分量。赫兹张量根据选择的量规变换。

还应注意到 $\Pi^{em}$ 具有八元数的八维代数特征(Conway、Smith,2003;Baez,2002、2005;Baez、Huerta,2011),它们具有不同于矢量和张量的变换性质。

另一种处理赫兹矢量的方法是"源标度化"方法。在这种方法中,任意定向源的任何给定分布都被简化为单分量平行电源和磁源的等效分布(Weigelhofer,2000;Georgieva、Weiglhofer,2002;Weigelhofer、Georgieva,2003)。目的是用两个所谓的"标量波"势——实际上是矢量势,来完整地描述电磁场。该方法已扩展到在层状陀螺介质中传播的情况(De Visschere,2009)。

(6) 从经典力学到量子力学,从一个粒子的哈密顿量出发,量子力学推导为

$$H = \frac{p^2}{2m} + \frac{1}{2}m\omega^2 x^2 \qquad (4.A.85)$$

式中: $x$ 为位置算符; $p$ 为动量算符: $p = -i\hbar\partial/\partial x$,其中第一项是粒子的动能,第二项是势能。

灵感来自于光的类比的一维薛定谔波动方程,即

$$-\frac{\hbar^2}{2m}\frac{d^2\psi}{dx^2} + V(x)\psi = E\psi \qquad (4.A.86)$$

或

$$-\frac{\hbar^2}{2m}\frac{d^2\psi}{dx^2} + \frac{kx^2\psi}{2} = E\psi \qquad (4.A.87)$$

这个方程可以用下面的无量纲形式来表示,即

$$\xi = \alpha x; \alpha^4 = mk/\hbar^2; \lambda = (2E/\hbar)(m/k)^{1/2} = (2E)/\hbar\omega \qquad (4.A.88)$$

这种无量纲形式的波动方程变成了 Weber 方程,即

$$\frac{d^2\psi}{d\xi^2} + (\lambda - \xi^2)\psi = 0 \qquad (4.A.89)$$

或者通过坐标变换,即

$$x = \left(\frac{\hbar}{m\omega}\right)^{1/2}\xi \qquad (4.A.90)$$

波动方程为

$$\left(\frac{d^2}{d\xi^2} + \frac{2E}{\hbar\omega} - \xi^2\right)\psi = 0 \qquad (4.A.91)$$

这也是韦伯的方程。除非当 $\xi = \infty$ 时解为

$$\psi = \exp\left(\pm\left(\frac{1}{2}\right)\xi^2\right)^{1/2} y \qquad (4.A.92)$$

则

$$\left(\frac{d^2}{d\xi^2} - 2\xi\left(\frac{d}{d\xi}\right) + \frac{2E}{\hbar\omega} - 1\right)y = 0 \qquad (4.A.93)$$

$n$ 次多项式的解为

$$-2n + \frac{2E}{\hbar\omega} - 1 = 0 \quad (4.\text{A}.94)$$

得到特征值为

$$E_n = \left(n + \frac{1}{2}\right)\hbar\omega \quad (4.\text{A}.95)$$

$y$ 的解为

$$y_n = H_n(\xi) = (-1)^n \exp[\xi^2] \frac{\mathrm{d}^n}{\mathrm{d}\xi^n} \exp[-\xi^2] \quad (4.\text{A}.96)$$

式中:$H_n(\xi)$ $(n=0,1,2,\cdots)$ 为 Hermite 多项式,且满足

$$\left(\frac{\mathrm{d}^2}{\mathrm{d}\xi^2} - 2\xi \frac{\mathrm{d}}{\mathrm{d}\xi} + 2n\right) H_n(\xi) = 0 \quad (4.\text{A}.97)$$

对于 $2n = \lambda - 1$ 或 $\lambda = 2n + 1$。因此,替换后 $\psi$ 的解为

$$\psi = \exp\left(\pm \frac{1}{2}\xi^2\right)^{1/2} H_n(\xi) \quad n = 0,1,2,\cdots \quad (4.\text{A}.98)$$

这也就是 WHWF。

(7) 另一种量子力学观点是从括号中(描述量子态的符号)的与时间无关的一维薛定谔方程的形式开始,即

$$H|\psi\rangle = E|\psi\rangle \quad (4.\text{A}.99)$$

这就是 Weber 的方程,即

$$\frac{-\hbar^2}{2m} \frac{\mathrm{d}^2\psi(x)}{\mathrm{d}x^2} + \frac{1}{2}m\omega^2 x^2 \psi(x) = E\psi(x) \quad (4.\text{A}.100)$$

它有一个通解,即

$$\langle x|\psi_n\rangle = \frac{1}{\sqrt{2^n n!}} \left(\frac{m\omega}{\pi\hbar}\right)^{1/4} \exp\left(-\frac{m\omega x^2}{2\hbar}\right) H_n\left(\sqrt{\frac{m\omega}{\hbar}} x\right) \quad n = 0,1,2,\cdots$$

$$(4.\text{A}.101)$$

式中:$H_n(x) = (-1)^n \exp(x^2) \frac{\mathrm{d}^n}{\mathrm{d}x^n} \exp(-x^2)$ 为 Hermite 多项式;或

$$\psi_n(z) = \left(\frac{\alpha}{\pi}\right)^{1/4} \frac{1}{\sqrt{2^n n!}} H_n(z) \exp\left(\frac{-z^2}{2}\right) \quad n = 0,1,2,\cdots \quad (4.\text{A}.102)$$

对于 $z = \sqrt{\alpha} x$ 和 $\alpha = m\omega/\hbar$,这是 WHWF 的标准形式。

相应的能级为

$$E_n = \hbar\omega\left(n + \frac{1}{2}\right) \quad (4.\text{A}.103)$$

势能的期望值为

$$\langle V_n \rangle = \int_{-\infty}^{+\infty} \left(\frac{1}{2}\right) \psi_n^* k x^2 \psi_n(x) \mathrm{d}x = \left(\frac{1}{2}\right) k \frac{2n+1}{2\alpha^2} = \left(\frac{1}{2}\right)\left(\frac{n+1}{2}\right)\hbar\omega = \left(\frac{1}{2}\right) E_n$$

$$(4.\text{A}.104)$$

因此,有

$$\Delta x \Delta p = \frac{1}{2}(2n+1)\hbar \quad n = 0,1,2,\cdots \quad (4.A.105)$$

用 $x \to t$、$p \to f$、$\hbar \to 1$ 代替经典情况,则 WHWF 的 TBP 为

$$\Delta t \Delta f = \frac{1}{2}(2n+1) \quad n = 0,1,2,\cdots \quad (4.A.106)$$

需要注意的是,这些时间带宽乘积(TBP)指的是信号持续时间的一个标准差和信号 BW 的一个标准差,而不是工程上通常使用的信号持续时间和 BW 的 90% 或 99% 的支持。

## 附录 4.B  WHWF 与分数微积分的关系

Herrmann(2011)指出,Hermite 多项式的积分表示为

$$H_n(x) = e^{x^2}\frac{2^{n+1}}{\sqrt{\pi}}\int_0^\infty e^{-t^2}t^n \cos\left(2xt - \frac{\pi}{2}n\right)dt \quad n \in \mathbb{N} \quad (4.B.1)$$

可以推广到分数阶 Hermite 多项式的定义,即

$$H_n(x) = e^{x^2}\frac{2^{n+1}}{\sqrt{\pi}}\int_0^\infty e^{-t^2}t^\alpha \cos\left(2xt - \frac{\pi}{2}\alpha\right)dt \quad \alpha \in \mathbb{C} \quad (4.B.2)$$

但是,正交性能否继续存在是一个"悬而未决的问题"。在这里证明了正交性只存在于复傅里叶域中。

这可以通过取 6WH 多项式(0~5)[①]——数字 6 是任意的(图 4.B.1),然后根据以下步骤对这些多项式进行分次 FT 运算,即

$$\text{FracFT}_a = \int_{-\infty}^{+\infty} K_a(f,t)f(t)dt \quad (4.B.3)$$

其中

$$K_a(f,t) = A_a \exp\left[i\pi(\cot(\alpha f^2) - 2\csc(\alpha ft) + \cot(\alpha f^2))\right] \quad (4.B.4)$$

$$A_a = \sqrt{1 - i\cot\alpha} \quad (4.B.5)$$

$$\alpha = \frac{a\pi}{2} \quad (4.B.6)$$

在 $a=1$ 时,$\alpha = \pi/2$,则

$$\text{FracFT}_1(f) = \text{FT}(f) = \int_{-\infty}^{+\infty} \exp[-i2\pi ft]f(t)dt \quad (4.B.7)$$

---

[①] WHWF 还有其他名称,例如 hermite-gaussian 函数。我更喜欢 WHWF 这个名称,因为(a)hermite-Gaussian 在所有多项式中都包含了 Gaussian,$n=0,1,2,\cdots$ 而不是 $n=0$ 的第一个;(b)Weber 方程比 hermite 方程更一般;(c)"Weber-hermite" 遵循数学百科全书(Hazewinkel,2002 年)的用法;(d)其他文本,例如(Morse & Feshback,1953 年,第 2 卷,1642 页;Jones,1964 年,第 86 页)使用了"Weber-hermite"。

变量 a 的取值范围为 -2 ~ +2。当 a = +1 时变换是常规的前向傅里叶变换;当 a = -1 时,这个变换是常规的傅里叶递变换。当 a = 0 时,得到未变换的时域信号。在 a 的其他值处得到了 a 阶分形的结果。WHWF 的断口光谱如图 4.B.2 所示。

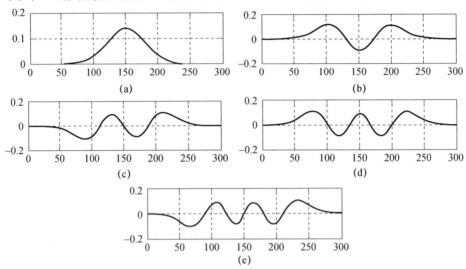

图 4.B.1 Weber – Hermite (WHWF)多项式 0 ~ 5
(坐标轴是通用的:x 轴是频率;y 轴是幅值)

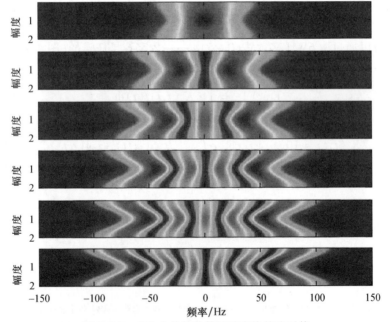

图 4.B.2 400 个分数阶傅里叶变换的绝对值
((a) ~ (f),WHWF0 ~ 5,a 范围为 0 ~ 1(传统的傅里叶变换)再到 2400 次。
坐标轴是通用的:x 轴是频率;y 轴是幅值)

如果对于400行($0 < a < 2$)而不是$a = 1$取图4.B.2中这6个复信号之间的点积,结果接近于0。此外,如果对任意单个复信号($0 < a < 2$)而不是$a = 1$进行点积,则结果接近于0。然而,如果对每个多项式在$a = 1$上取点积,即传统的FT,结果是统一的。因此,虽然在分数WHWF(对于$\alpha \in \mathbb{C}$,见式4.B.2)之间丢失了正交性,但是对于WHWF的FRFT则保留了正交性,即对于$n \in \mathbb{N}, a \in \mathbb{N}$, $a \neq 1$,有$\text{FRFT}_a(H_n(x))$, $n \in \mathbb{N}, 0 < a < 2$(见式(4.B.1))。

## 参 考 文 献

[1] Abe, S. & Sheridan, J. T. (1994) Optical operations on wave functions as the Abelian subgroups of thespecial affine Fourier transformations. Opt. Lett. ,19,pp. 1801 – 1803.

[2] Abramowitz, M. & Stegun, C. A. , (Eds. ) (1972) "Parabolic Cylinder Functions". Chapter 19 in Handbookof Mathematical Functions with Formulas, Graphs and Mathematical Tables, Dover, New York, pp. 685 – 700.

[3] Almeida, L. B. , (1994) The Fractional Fourier Transform and Time – frequency Representations. IEEE Trans. Signal Processing, 42, pp. 3084 – 3091.

[4] Baez, J. C. , (2002) The octonions. Bull. American Math. Soc. , 39, pp. 145 – 205.

[5] Baez, J. C. , (2005) Review of: On quaternions and octonions: Their geometry, arithmetic, and symmetry, by John H. Conway and Derek K. Smith, A. K. Peters, Ltd. , Natick, MA, 2003, Bull. American Math. Society, 42, pp. 229 – 243.

[6] Baez, J. C. & Huerta, J. , (2011) The strangest numbers in string theory. Scientific American, 304, pp. 60 – 65.

[7] Barrett, H. H. , (1984) The Radon transform and its applications. In Progress in Optics XXI, Chapter 3, pp. 217 – 286, Elsevier, Amsterdam.

[8] Barrett, T. W. , (1972) Conservation of Information, Acustica, 27, pp. 44 – 47.

[9] Barrett, T. W. , (1973a) Analytic Information Theory, Acustica, 29, pp. 65 – 67.

[10] Barrett, T. W. , (1973b) Structural Information Theory, J. Acoust. Soc. Am. 54, pp. 1092 – 1098.

[11] Barrett, T. W. , (1996) Active signalling systems. United States Patent 5,486,833 dated January 23rd, 1996.

[12] Barrett, T. W. , (2008) Method and application of applying filters to n – dimensional signals and images in signal projection space. United States Patent No 7,426,310, dated Sep. 16, 2008.

[13] Barrett, T. W. , (2012) Resonance and Aspect Matched Adaptive Radar (RAMAR), World Scientific, Singapore.

[14] Barrett, T. W. , (2012) Resonance and Aspect Matched Adaptive Radar (RAMAR), World Scientific, Singapore.

[15] Bell, A. J. & Sejnowski, T. J. , (1995) An information – maximization approach to blind separation and blind convolution. Vision Research, 37, pp. 1129 – 1159.

[16] Bell, M. R. (1988) Information theory and radar: Mutual information and the design and analysis of radar waveforms and systems. Ph. D. dissertation, California Institute of Technology, Pasadena.

[17] Bell, M. R., (1993) Information theory and radar waveform design. IEEE Trans. Information Theory, 39, pp. 1578 – 1597.

[18] Bendat, J. S., (1990) Nonlinear System Analysis and Identification from Random Data, (John Wiley, New York).

[19] Bendat, J. S. & Piersol, A. G., (1993) Engineering Applications of Correlation & Spectral Analysis, 2nd edition, (John Wiley, New York).

[20] Bendat, J. S. & Piersol, A. G., (2000) Random Data Analysis and Measurement Procedures, 3rd Edition, (John Wiley, New York).

[21] Bernardo, L. M. (1996) ABCD matrix formalism of fractional Fourier optics. Opt. Eng., 35, pp. 732 – 740.

[22] Bienvenu, G. & Kopp, L., (1983) Optimality of high resolution array processing using the eigensystem approach," IEEE Trans. Acoustics, Speech and Signal Processing, 31, pp. 1234 – 1248.

[23] Born, M. & Wolf, E., (1999) Principles of Optics, 7th Edition, Cambridge University Press.

[24] Candan, C., Kutay, M. A. & Ozaktas, H. M., (2000) The discrete Fractional Fourier Transform. IEEE Trans. Signal Processing, 48, pp. 1329 – 1337.

[25] Cariolaro, G., Erseghe, T., Kraniauskas, P. & Laurenti, N., (1998) Unified framework for the Fractional Fourier Transform. IEEE Trans. Signal Processing, 46, pp. 3206 – 3219.

[26] Chapou Fernández, J. L., Granados Samaniego, J., Vargas, C. A. & Velázques Arcos, J. M., (2009) Hertz tensor, current potentials and their norm transformations. Progress in Electromagnetics Research Symposium, Proceedings, Moscow, Russia, Aug 18 – 21, pp. 529 – 534.

[27] Chen, Q., Hunag, N., Riemenschneider, S. & Xu, Y. (2006) A B – spline approach for empirical mode decomposition. Advances in Computational Mathematics 24, pp. 171 – 195.

[28] Choi, H. I. & Williams, W. J., (1989) Improved time – frequency representation of multi – component signals using exponential kernels. IEEE Trans. Acoust. Speech Signal Processing, 37, pp. 862 – 871.

[29] Cichocki, A. & Amari, S., (2002) Adaptive Blind Signal and Image Processing, Wiley, New York.

[30] Claasen, T. A. C. M. & Mecklenbräuker, W. E. G., (1980a) The Wigner distribution – A tool for time – frequency signal analysis – Part I : Continuous time signals. Philips J. Research, 35, pp. 217 – 250.

[31] Claasen, T. A. C. M. & Mecklenbräuker, W. E. G., (1980b) The Wigner distribution – A tool for time – frequency signal analysis – Part II : Discrete time signals. Philips J. Research, 35, pp. 276 – 300.

[32] Claasen, T. A. C. M. & Mecklenbräuker, W. E. G., (1980c) The Wigner distribution – A tool

for time – frequency signal analysis – Part Ⅲ: Relations with other time – frequency transformations. Philips J. Research, 35, pp. 372 – 389.

[33] Cohen, L., (1989) Time – frequency Distributions – A Review. Proc. IEEE, 77, pp. 941 – 981.

[34] Cohen, L., (1995) Time – frequency Analysis, (Prentice – Hall, Englewood Cliffs, New Jersey).

[35] Conway, J. H. & Smith, D. K., (2003) On Quaternions and Octonions: Their Geometry, Arithmetic, and Symmetry, A. K. Peters, Ltd., Natick, MA.

[36] Cover, T. M. & Thomas, J. A., (1991) Elements of Information Theory, Wiley, New York. Datig, M. & Schlurmann, T., (2004) Performance and limitations of the Hilbert – Huang transformation (HHT) with an application to irregular water waves. Ocean Engineering, 31, pp. 1783 – 1834.

[37] Deans, S. R., (1981) Hough transform from the Radon transform. IEEE Transactions on Pattern Analysis and Machine Intelligence, 3, pp. 185 – 188.

[38] Deans, S. R., (1983) The Radon Transform and Some of Its Applications, John Wiley, New York.

[39] Deley, G. W., (1970) Waveform Design. Chap. 3, M. I. Skolnik (Ed.) Radar Handbook, McGraw – Hill.

[40] De Visschere, P., (2009) Electromagnetic source transformations and scalarization in stratified gyrotropic media. Progress in Electromagnetics Research, 18, pp. 165 – 183.

[41] Dickinson, B. W. & Steiglitz, K., (1982) Eigenvectors and functions of the discrete Fourier transform. IEEE Trans. Acoust. Speech Signal Process. ASSP – 30, pp. 25 – 31.

[42] Ding, Z. & Li, Y., (2001) Blind Equalization and Identification, Marcel Dekker, New York.

[43] Durka, P., (2007) Matching Pursuit and Unification in EEG Analysis, Artech House, Norwood, MA.

[44] Dym, H. & McKean, H. P., (1972) Fourier Series and Integrals, Academic Press, New York.

[45] Erseghe, T., Kraniauskas, P. & Cariolaro, G., (1999) Unified fractional Fourier transform and sampling theorem. IEEE Trans. Signal Processing, 47, pp. 3419 – 3423.

[46] Flandrin, P. (1998) Time – frequency and Time – Scale Analysis, Academic Press. Volume 10 in the series: Wavelet Analysis and Applications.

[47] Flandrin, P. & Gonçalvès, P., (2004) Empirical mode decompositions as data – driven wavelet – like expansions. Int. J. of Wavelets, Multiresolution and Information Processing, 2, pp. 477 – 496.

[48] Flandrin, P., Rilling, G. & Gonçalvès, P., (2003) Empirical mode decomposition as a filter bank. IEEE Signal Processing Letters, 10, pp. 1 – 4.

[49] Flandrin, P., Rilling, G. & Gonçalvès, P., (2004) Empirical mode decomposition as a filter bank. IEEE Signal Processing Letters, 11, pp. 112 – 114.

[50] Frazer, G. & Boashash, B., (1994) Multiple window spectrogram and time – frequency distributions. Proc. IEEE Int. Conf. Acoustic, Speech, and Signal Processing – ICASSP'94, volume IV, pp. 293 – 296.

[51] Gauss, C. F. (1866) Disquisitiones Generales Circa Seriem Infinitam. $\left[\dfrac{\alpha\beta}{1-\gamma}\right]\chi\ +$

$$\left[\frac{\alpha(\alpha+1)\beta(\beta+1)}{1\cdot 2\cdot \gamma(\gamma+1)}\right]\chi^2 + \left[\frac{\alpha(\alpha+1)(\alpha+2)\beta(\beta+1)(\beta+2)}{1\cdot 2\cdot 3\cdot \gamma(\gamma+1)(\gamma+2)}\right]\chi^3 + etc.$$ Pars Prior. Commentationes Societiones Regiae Scientiarum Gottingensis Recentiores, Vol. Ⅱ. 1812. Reprinted in Gesammelte Werke, Bd. 3, pp. 123 – 163 & 207 – 229.

[52] Gelfand, I. M., Graev, M. I., & Vilenkin, N. Ya., (1966) Generalized Functions. Volume 5, Integral Geometry and Representation Theory. Academic Press, New York.

[53] Georgieva, N. K. & Weiglhofer, W. S., (2002) Electromagnetic vector potentials and the scalarization of sources in a nonhomogeneous medium. Phys. Rev. E, 66, 046614 – 1 – 8.

[54] Ghavami, M., Michael, L. B. & Kohno, R., (2007) Ultrawideband Signals and Systems in Communication Engineering, 2nd Edition, Wiley.

[55] Ginkel, M. van, Hendricks, C. L. L. & Vliet, L. J. van, (2004) A short introduction to the Radon and Hough transforms and how they relate to each other, Number QI – 2004 – 01 in the Quantitative Imaging Group Technical Report Series, Delft University of Technology, Delft, The Netherlands.

[56] Guerci, J. R., (2010) Cognitive Radar, Artech House, MA.

[57] Haykin, S. (2006). Cognitive Radar: A Way of the Future, IEEE Signal Processing Magazine, 23, pp. 30 –40.

[58] Hazewinkel, M., (Ed.) (2002), Encyclopaedia of Mathematics, Springer, New York.

[59] Helgason, S., (1999) The Radon Transform, 2nd Edition, Birkhuäser, Boston.

[60] Herrmann, R., (2011) Fractional Calculus: An Introduction for Physicists. World Scientific.

[61] Hertz, H., (1889) Ann. d. Physik, 36, 1.

[62] Hertz, H., (1893) The forces of electric oscillations, treated according to Maxwell's theory. Wiedemann's Ann. 36, pp. 1 – 23, 1889. Reprinted in H. Hertz, Electric Waves, Macmillan, 1893, reprinted Dover Publications, 1962.

[63] Hlawatsch, F. & Boudreaux – Bartels, G. F., (1992) Linear and quadratic time – frequency representations. IEEE Signal Processing Magazine, 9, pp. 21 – 67.

[64] Hough, P. V. C., (1962) Method and means for recognizing complex patterns. United States Patent No. 3,069,654 dated 1962.

[65] Huang, N. E. & Attoh – Okine, N. O., (2005) The Hilbert – Huang Transform in Engineering, (Taylor & Francis).

[66] Huang, N. E. & Shen, S. S. P., (2005) Hilbert – Huang Transform and Its Application, (World Scientific).

[67] Huang, N. E., Shen, Z. & Long, R. S., (1999) A new view of nonlinear waves – the Hilbert spectrum. Ann. Rev. Fluid Mech., 31, pp. 417 – 457.

[68] Huang, N. E., Shen, Z., Long, S. R., Wu, M. C., Shih, H. H. & Zheng, Q., (1998) The empirical mode decomposition and the Hilbert spectrum for nonlinear and nonstationary time series analysis. Proc. R. Soc. Lond. A, 454, pp. 903 – 995.

[69] Huang, N. E. & Wu, Z. H., (2008) A review on Hilbert – Huang transform: Method and its applicationsto geophysical studies. Reviews of Geophysics, 46, RG2006, doi:10.1029/2007RG000228.

[70] Huang, N. E. , Wu, M. L. , Long, R. S. , Shen, S. S. , Qu, W. D. , Gloersen, P. & Fan, K. L. , (2003) A confidence limit for the empirical mode decomposition and Hilbert spectral analysis. Proc. Roy. Soc. Lond. A,460,pp. 1597 – 1611.

[71] Hyvärinen, A. , (2001) Complexity pursuit: Separating interesting components from time series. Neural Computation,13,pp. 883 – 898.

[72] Hyvärinen, A. , Karhunen, J. & Oja, E. , (2001) Independent Component Analysis, Wiley, New York.

[73] Illingworth, J. & Kittler, J. , (1988) A survey of the Hough transform. Computer Vision, Graphics and Image Processing,44(1),pp. 87 – 116.

[74] Jackson, J. E. , (2003) A User's Guide to Principle Components, Wiley, New York.

[75] Janssen, A. J. E. M. , (1981) Positivity of weighted Wigner distributions. SIAM J. Mathematical Analysis,12,pp. 752 – 758.

[76] Janssen, A. J. E. M. , (1982) On the locus and spread of pseudo – density functions in the time – frequency plane. Philips J. Research,37,pp. 79 – 110.

[77] Janssen, A. J. E. M. , (1984) Positivity properties of phase – plane distribution functions. J. Math. Phys. ,25,pp. 2240 – 2252.

[78] Jolliffe, I. T. , (2002) Principal Component Analysis,2nd edition, Springer, New York.

[79] Jones, D. S. , (1964) The Theory of Electromagnetism, Pergamon Press, New York.

[80] Kak, A. C. , & Slaney, M. (2001) Principles of Computerized Tomographic Imaging, Society for Industrial and Applied Mathematics, Philadelphia, PA,2001.

[81] Landau, H. J. & Pollak, H. O. , (1961) Prolate Spheroidal wave functions, Fourier Analysis and Uncertainty – II , Bell Syst. Tech. J. ,40,pp. 65 – 84.

[82] Landau, H. J. & Pollak, H. O. , (1962) Prolate spheroidal wavefunctions, Fourier analysis and uncertainty – III : The dimension of the space of essentially time – and band – limited signals", Bell Syst. Tech. J. ,41,pp. 1295 – 1336.

[83] Li, B. , Tao, R. & Wang, Y. , (2007) New sampling formulae related to linear canonical transform. Signal Processing,87,pp. 983 – 990.

[84] Li, Y. (2008) Wavelet – fractional Fourier transforms. Chinese Physics B,17,pp. 170 – 179.

[85] Lohmann, A. W. , (1993) Image rotation, Wigner rotation, and the Fourier transform. J. Opt. Soc. Am. ,A10,pp. 2181 – 2186.

[86] Lohmann, A. W. , Mendlovic, D. , Zalevsky, Z. & Dorsch, R. G. , (1996) Some important fractional transformation for signal processing. Opt. Commun. ,125,pp. 18 – 20.

[87] Lohmann, A. W. & Soffer, B. H. , (1993) Relationship between two transforms: Radon – Wigner and fractional Fourier," in Annual Meeting, OSA Technical Digest Series (Optical Society of America, Washington, D. C. ,1993), Vol 16, p. 109.

[88] Mallat, S. , (1999) A Wavelet Tour of Signal Processing,2nd Edition, Academic Press, New York.

[89] Mallat, S. & Zhang, Z. , (1993) Matching pursuit with time – frequency dictionaries. IEEE

Trans. Signal Processing, 41, pp. 3397 – 3415.

[90] Marple, S. L., (1987) Digital Spectral Analysis with Applications, Prentice – Hall, Englewood Cliffs, New Jersey.

[91] Martin, W. & Flandrin, P., (1985) Wigner – Ville spectral analysis of nonstationary process. IEEE Trans. Acoust., Speech, Signal Processing, 33, pp. 1461 – 1470.

[92] McBride, A. C. & Kerr, F. H., (1987) On Namias' fractional Fourier transforms. IMA J. Appl. Math., 39, pp. 159 – 175.

[93] McCrea, (1957) Hertzian electromagnetic potentials. Proceedings of the Royal Society, A, 240, pp. 447 – 457.

[94] Meyer, Y., (1993) Wavelets: Algorithms & Applications, Society for Industrial & Applied Mathematics, Philadelphia.

[95] Morse, P. M. and Feshbach, H., (1953) Methods of Theoretical Physics, 2 Volumes, McGraw – Hill, NY.

[96] Moshinsky, M. & Quesne, C., (1971) Linear canonical transformations and their unitary representations. J. Math. Phys., 12, pp. 1772 – 1783.

[97] Moyal, J. E., (1949) Quantum mechanics as a statistical theory. Proc. Camb. Phil. Soc., 45, pp. 99 – 124.

[98] Namias, V., (1980) The fractional order Fourier transform and its application to quantum mechanics. J. Inst. Math. Appl., 25, pp. 241 – 265.

[99] Nisbet, A., (1955) Hertzian electromagnetic potentials and associated gauge transformations. Proceedings of the Royal Society, A, 231, pp. 250 – 262.

[100] Onural, L. (1993) Diffraction from a wavelet point of view. Opt. Lett., 18, pp. 846 – 848.

[101] Ozaktas, H. M., Barshan, B., Mendlovic, D. & Onural, L., (1994) Convolution, filtering and multiplexing in fractional domains and their relation to chirp and wavelet transforms. J. Opt. Soc. Am., A11, pp. 547 – 559.

[102] Ozaktas, H. M. & Mendlovic, D., (1993) Fourier transforms of fractional order and their optical interpretation. Optics Communications, 101, pp. 163 – 169.

[103] Ozaktas, H. M., Zalevsky, Z. & Kutay, M. A., (2001) The Fractional Fourier Transform with Applications in Optics and Signal Engineering, (John Wiley, New York).

[104] Panofky, W. G. H. & Phillips, M., (1962) Classical Electricity and Magnetism, 2nd Edition, Addison – Wesley, Reading, Massachusetts.

[105] Papoulis, A., (1977) Signal Analysis, McGraw – Hill, New York.

[106] Pei, S. C. & Ding, J. J., (2000) Closed form discrete fractional and affine fractional transforms. IEEE Trans Signal Processing, 48, pp. 1338 – 1353.

[107] Pei, S. C. & Ding, J. J., (2001) Relations between fractional operations and time – frequency distributions, and their applications. IEEE Trans Signal Processing, 49, pp. 1638 – 1655.

[108] Pei, S. C. & Ding, J. J., (2002) Eigenfunctions of linear canonical transform. IEEE Trans Signal Processing, 50, pp. 11 – 26.

[109] Radon, J. , (1917) über die Bestimmung von Funktionen durch ihre Integralwerte lnägs gewisser Mannigfaltigkeiten. Berichte Sächsische Akademie der Wissenschaften, Leipzig, Mathematisch – Physikalische Klasse, 69, pp. 262 – 277.

[110] Ramm, A. G. & Katsevich, A. I. , (1996) The Radon Transform and Local Tomography, CRC Press, Boca Raton.

[111] Raveh, I. & Mendlovic, D. , (1999) New properties of the Radon Transform of the Cross Wigner/Ambiguity Distribution Function. IEEE Trans. Signal Processing, 47, pp. 2077 – 2080.

[112] Righi, A. (1901) Sui campi elettromagnetici e particolarmente su quelli creati, da cariche elettriche o da poli magnetici in movimento. Nuovo Cimento, 2, pp. 104 – 121.

[113] Rihaczek, A. W. , (1969) Principles of High – Resolution Radar, McGraw – Hill, NY.

[114] Rihaczek, A. W. & Hershkowitz, S. J. , (1996) Radar Resolution and Complex – Image Analysis, Artech House, MA.

[115] Rihaczek, A. W. & Hershkowitz, S. J. , (2000) Theory and Practice of Radar Target Identification, Artech House, MA.

[116] Saxena, R. & Singh, K. , (2005) Fractional Fourier transform: A novel tool for signal processing. J. Indian Inst. Sci. , 85, pp. 11 – 26.

[117] Schmidt, R. O. , (1986) Multiple emitter location and signal parameter estimation. IEEE Trans. Antennas & Propagation, AP – 34, pp. 276 – 280.

[118] Shan, P – W. & Li, M. , (2010) Nonlinear time – varying spectral analysis: HHT and MODWPT, Mathematical Problems in Engineering, Volume 2010, Article ID 618231, doi: 10. 1155/2010/618231.

[119] Slepian, D. , (1964) Prolate spheroidal wave functions, Fourier analysis and uncertainty – IV: Extensions to many dimensions; generalized prolate spheroidal functions, Bell System Tech. J. , 43, pp. 3009 – 3057.

[120] Slepian, D. , (1978) Prolate spheroidal wave functions, Fourier analysis and uncertainty – V. The discrete case, Bell System Technical J. , vol. 57, pp. 1371 – 1430.

[121] Slepian, D. & Pollak, H. O. , (1961) Prolate speheroidal wave functions, Fourier analysis and uncertainty – I. Bell System Tech. J. , 40, pp. 43 – 64.

[122] Stone, J. V. , (2004) Independent Component Analysis: A Tutorial Introduction, MIT Press, Cambridge, MA.

[123] Stone, J. V. , (2005) Independent Component Analysis. Encyclopedia of Statistics in Behavioral Sciences, B. S. Everitt & D. C. Howell, Editors, Volume 2, pp. 907 – 912, John Wiley.

[124] Thomson, D. J. , (1982) Spectrum estimation and harmonic analysis. Proc. IEEE, 70, pp. 1055 – 1096. Ville, J. , (1948) Theorie et applications de la notion de signal analytique. Cables et Transmission, 2A, pp. 61 – 74.

[125] Weber, H. , (1869) Über die Integration der partiellen Differentialgleichung: $\partial^2 u/\partial x^2 + \partial^2 u/\partial y^2 + k^2 = 0$, Math. Ann. , 1, pp. 1 – 36.

[126] Weiglhofer, W. S. , (2000) Scalar Hertzian potentials for nonhomogeneous uniaxial dielectric –

magnetic mediums. Int. J. Appl. Electrom. ,11 ,pp. 131 – 140.

[127] Weiglhofer, W. S. & Georgieva, N. , (2003) Vector potentials and scalarization for nonhomogeneousi sotropic mediums. Electromagnetics, 23, pp. 387 – 398.

[128] Whittaker, E. T. , (1902) On the functions associated with the parabolic cylinder in harmonic analysis. Proc. London Math. Soc. , 35, pp. 417 – 427.

[129] Whittaker, E. T. , (1903) On the partial differential equations of mathematical physics. Math. Ann. , 57, pp. 333 – 355.

[130] Whittaker, E. T. , (1904) On an expression of the electromagnetic field due to electrons by means of twos calar potential functions. Proc. London Math. Soc. , Series 2, 1, pp. 367 – 372.

[131] Whittaker, E. T. , (1951) History of the Theories of Aether and Electricity: Volume 1: The Classical Theories; Volume II: The Modern Theories 1900 – 1926, New York, Dover Publications.

[132] Whittaker, E. T. , & Watson, G. N. , (1927) A Course of Modern Analysis, 4th Edition, Cambridge University Press.

[133] Wiener, N. , (1933) The Fourier Integral and Certain of Its Applications, Cambridge U. Press.

[134] Wiener, N. , (1958) Nonlinear Problems in Random Theory. MIT Press & Wiley.

[135] Wigner, E. P. , (1932) On the quantum correction for thermodynamic equilibrium. Phys. Rev. , 40, pp. 749 – 759.

[136] Wood, J. C. & Barry, D. T. , (1994a) Tomographic time – frequency analysis and its application toward time – varying filtering and adaptive kernel design for multicomponent linear – FM signals. IEEE Trans Signal Processing, 42, pp. 2094 – 2104.

[137] Wood, J. C. & Barry, D. T. , (1994b) Linear signal synthesis using the Radon – Wigner transform. IEEE Trans Signal Processing, 42, pp. 2105 – 2111.

[138] Wood, J. C. & Barry, D. T. , (1994c) Radon transformation of time – frequency distributions for analysis of multicomponent signals. IEEE Trans Signal Processing, 42, pp. 3166 – 3177.

[139] Woodward, P. M. , (1953) Probably and Information Theory with Applications to Radar, Artech, MA, USA.

[140] Woodward, P. M. & Davies, I. L. , (1950) A theory of radar information. Phil. Mag. , 41, p. 1001.

[141] Xie, S. , He, Z. & Fu, Y. , (2005) A note on Stone's conjecture of blind signal separation. Neural Computation, 17, pp. 321 – 330.

[142] Xu, Y. , Haykin, S. & Racine, R. J. , (1999) Multiple window time – frequency distribution and coherence of EEG using Slepian sequences. IEEE Trans. Biomed. Eng. , 49, pp. 861 – 866.

[143] Zadeh, L. A. , (1950a) Frequency analysis of variable networks. Proc. I. R. E. , 38, pp. 291 – 299.

[144] Zadeh, L. A. , (1950b) Correlation functions and power spectra in variable networks. Proc. I. R. E. , 38, pp. 1342 – 1345.

# 第❺章

# 基于积分方程解的空中及地下谐振物体超宽带脉冲散射建模

Oleg I. Sukharevsky, Gennady S. Zalevsky, and Vitaly A. Vasilets

## 5.1 概 述

本章研究了使用 UWB 信号(频谱在甚高频(VHF)和超高频(UHF)范围内)来增强非合作目标的雷达识别。许多雷达书中都有一个经典的图形,显示了当信号频率在 Mie 区(或谐振区)时理想金属(PEC)球的雷达散射截面积(RCS)没有明显的上边界。当圆的周长与波长之比介于 1~10 之间时,会出现这种情况。在第 4 章中曾提到的实验研究描述了如何使用雷达谐振波段探测信号可以激发物体的二次辐射。本章描述怎样预测这些反射场。

隐身飞机和导弹的威胁使得许多国家建立了甚高频雷达系统,用来加强对微弱和电小尺寸目标的探测。这些甚高频雷达[1-3]对于获取谐振尺寸的目标,如导弹、无人飞行器(UAV)和小型飞机的雷达信息是有效的。另外,隐身飞机的雷达吸波涂层通常在这些波段不能有效地工作。

探地雷达(GPR)使用频谱在 100~4000MHz[4-6] 的 UWB 信号,因为这些频率的信号提供了最好的地面穿透性。这些特殊的 UWB 信号可以帮助识别地下物体,如有干扰物背景下的各种矿物。它们也可以用来区分位于低深度(几厘米)矿物的雷达响应和来自地表界面的强反射。矿物也可以有类似之前提到的小型飞机一样的雷达谐振特性。此外,有必要说明的是,探地雷达天线系统是工作在近场区的。

过去 30 年里,已经证明了在 UWB 雷达信号中基于它们复杂自然谐振(CNR)的目标识别可能性。许多文章和专著叙述了复杂自然谐振的特征和机载[7-12]及地下[13-16]目标的分离技术。从理论上讲,复杂自然谐振并不依赖于物体相对于信号的视线角,这种属性减少了识别算法中的参数个数[7-16]。当搜索谐振尺寸目标时,UWB 信号探测比小带宽信号探测具有显著的优点。

开发有效的雷达目标散射信号处理算法需要对散射特性进行研究。幸运的是,可以通过计算机仿真来预测目标的散射特性。最常用的仿真方法包括以下几种:①高频渐近法(AHFMs);②时域有限差分法(FDTD);③边界积分方程法(IEs)。渐近高频法在计算电大尺寸目标时十分准确[1,17-20]。时域有限差分法主要应用于小尺寸目标[21-22]。边界积分方程法是计算各种电尺寸的复杂形状谐振尺寸目标准确和通用的方法。

基于求解边界积分方程的现代数值方法已经有许多文献,特别是针对自由空间中的理想导体[2,23-38]、介质中的理想导体(地下物体)[14,16,39-41]、自由空间中的介质和复合材料物体[23,24,32-34,42-47]、电介质和复合地下物体[15-16,40-41,48-49]。本章将简要分析积分方程法的优点和缺点。

5.2 节介绍了电磁(EM)问题。5.3 节和 5.4 节将会详细给出作者针对特定问题开发的数值计算方法。所给出的算法可以计算以下物体的电磁散射问题:

(1)以理想导体表面建模的空中物体,如 VHF 频段下的导弹、无人飞行器及小型飞机。

(2)地下理想导体(见 5.3.4 节)和电介质(见 5.4 节),如不同类型的矿物或埋藏在地下的其他爆炸物。

利用本书开发的数值方法应用于频域积分方程的解。5.5 节介绍了计算物体 UWB 脉冲响应(高分辨力雷达距离像)的算法。5.6 节和 5.7 节中则介绍了一些实际的计算例子,包括巡航导弹、埋藏反坦克和杀伤性地雷的 UWB 脉冲响应。

## 5.2 脉冲散射问题的计算方法

被谐振尺寸物体散射的电磁波模型如图 5.1 所示。其中第一个模型是表面为 S 的三维散射体 $V_2$ 在相对介电常数 $\varepsilon_1 = 1$ 的自由空间 $V_1$ 中(图 5.1(a))。$V_2$ 的相对介电常数为复数 $\varepsilon_2 = \varepsilon_2' + i\varepsilon_2''$(这里 i 是虚部单位)。对于理想电导体,$\varepsilon_2'' \to \infty$,$V_2$ 中的电磁场为零。同时也考虑了地下物体 $V_2$ 置于相对介电常数 $\varepsilon_3 = \varepsilon_3' + i\varepsilon_3''$ 的介质半空间 $V_3$ 中(图 5.1(b))的情况。$xoy$ 面定义了两个半空间 $V_1$ 和 $V_3$ 的界面。

相对介电常数 $\varepsilon_2$ 和 $\varepsilon_3$ 是频率的函数。而相对磁导率 $\mu$ 在这里一直认为等于 1。建模时,首先通过外部源激励场(电场矢量和磁场矢量分别为 $E^0$ 和 $H^0$)来探测物体。这种分析可以将单站或多站(更一般的情况)的发射和接收天线分别置于点 $Q_{tr}$ 和 $Q_{rec}$,位于雷达目标的远场或近场区。图 5.1 中的单位矢量 $p^{tr}$、$p^{rec}$ 分别代表了入射场和散射场的方向。

# 第5章 基于积分方程解的空中及地下谐振物体超宽带脉冲散射建模

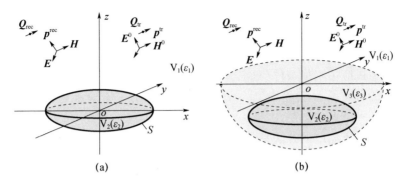

图 5.1　两种情况下的电磁波散射模型
(a)自由空间中的物体;(b)地下物体。

本章中所有的电磁场都有时间相位因子 $\exp(-\mathrm{i}\omega t)$(这里角频率 $\omega = 2\pi f$,$f$ 是频率、$t$ 是时间)。电磁场在空间中的任意点都满足麦克斯韦方程,介电常数和磁导率是空间坐标的连续函数。在电物理参数不连续的地方,电磁场满足切向场分量连续的边界条件[23,24,29,34]。对于理想电导体,电磁场的分量在其内部为零。电场矢量的切向分量在理想导体表面也是零。除了这些边界条件外,本章中所涉及的电磁场满足在无限距离辐射的条件[23,24,29,34]。

本章将会介绍单站和双站情况下,在各种雷达探测参数,包括极化、空间、探测信号的时频参数时,各向同性(自由)空间中谐振尺寸物体以及位于介质半空间的物体散射电磁场($E$,$H$)的计算方法。这些方法都是基于频域积分方程边界解的。

## 5.3 基于频域磁场积分方程解的空中和地下理想电导体谐振物的计算方法

边界积分方程法解决了物体表面电流密度的计算。通过计算电流密度,可以利用基尔霍夫型积分计算得到的散射电磁场[34]。对于在自由空间中的理想电导体,其电表面电流密度的计算方法有以下几种:①磁场积分方程(MFIE)[2,3,23-27,29-37];②电场积分方程(EFIE)[23,24,28,30,33,34,38];③组合场积分方程(CFIE),即这些方程的线性组合[23,28,29,33,34,38]。积分方程一般情况下通过矩量法求解[14,25-29,32,34,35,38,39],这里 RWG(Rao–Wilton–Glisson)和其他函数被用来作为基础和测试函数。

文献分析表明,需要开发基于积分方程解的方法,用于计算复杂形状物体的散射特性。为此,考虑不同电尺寸的空中物体,包括光滑部件(机身、涡轮机)和具有表面裂缝、边缘或小曲率半径的表面部件(飞行器的翼和鳍)。在这种情况下,当开发数值算法时,应该注意下面列出的一些特殊性。

在某些频率下,理想电导体内自然谐振的磁场积分方程和电场积分方程并没有确定解[23,24,29]。这样的模糊解是数学方法论中的缺陷引起的结果。这种情况可以通过应用附加条件(通常用于磁场积分方程解)来消除。该条件假设对象内部的电磁场等于零[24,29,36]。这种方法带来的一个缺点是在理想电导体内部产生额外节点的必要性。

其他消除模糊解的方法是使用组合场积分方程[23,28,29,33,34,38]。这种积分方程解并不需要增加积分方程的个数,但是增加了计算量,并且需要说明磁场积分方程和电场积分方程的特殊性。同时,基于组合场积分方程的方法并不适用于包含相对平滑部件和具有边缘的电细部件等复杂形状物体的散射特性计算。

通常,在前两个段落中提到的模糊解出现在飞行器的机身或涡轮等体积部件上。而对于电细尺寸元件,模糊解通常并不被发现。同时,对于包含体积小和电小部件的表面积分方程离散化,导致求解大病态线性方程组(LSE)的必要性,这就降低了求解精度。

求解积分方程的迭代法可以消除上述缺点[24,29,34]。已知的迭代方法在每次迭代时都使用积分方程的全矩阵,因此它们需要大量的计算机存储空间。如果计算机内存无法满足矩阵求解需求,则计算过程就需要调用虚拟内存,这也会降低读取速度。其结果是,由于大量的矩阵矢量积使得计算时间大大增加。快速多极子(MLFMA)算法[27-30,34]可以解决这一问题。在电大尺寸物体应用高频渐近法[17,19,20]时,避免了积分方程法的缺点,并且它是有效的。

这里值得一提的是,物体表面(体部件或者电细部件)分离部分的散射可以简化为有效解决的线性方程组(LSE)。这部分内容将介绍具有理想金属表面的谐振尺寸复杂形状飞行器散射特性建模的原始计算方法[37]。物体本身可以包含有平滑的体部件和具有边缘的电小部件。本方法是基于磁场积分方程(MFIE)解的。5.3.1节提出了解决磁场积分方程(MFIE)的算法,该算法根据曲面元素的曲率半径来确定物体表面的离散化。对于曲率半径较小的部分,离散化间隔比光滑部分要小。因此,要避免过度增加磁场积分方程的维度。书中所提出的电流密度节点与积分算法相结合的方法,为电小部件表面电流密度的计算提供了一种高精度的方法。通过假设散射体内部电磁场为零,算法消除了因为理想电导体内部振荡引起的模糊解。该方法提出了一种在对象内部生成附加节点并确定其足够数量的方法。

5.3.2节中为了验证算法的准确性,将简单物体散射特性的计算结果和物理实验中的结果以及其他数值方法的结果进行了对比。

此外,在5.3.3节中,提出了一种复杂形状物体的迭代磁场积分方程求解方法[37]。与已知的流程相反,这里开发的迭代方法在每一次迭代中都具有明显小于整个表面完整矩阵的矩阵。该方法将空中物体表面分解成具有大曲率半径(平滑部分,如机身、涡轮)的体积单元,和具有小曲率半径(翼和鳍)的表面部件的电小元件组成的部分。这种方法相比已知的方法[29]更为有效,因为它降低了计算量。当计算涉及大尺寸的右矢量(如大量的离散探测角)时,计算效率的增益更为显著。此外,已知磁场积分方程 MFIE(非齐次 Fredholm 积分方程)具有比电场积分方程 EFIE(齐次 Fredholm 积分方程)更好的迭代算法收敛性[29,33],这就使磁场积分方程更适合于计算谐振尺寸复杂形状雷达目标的散射特性。

这种计算方法为 VHF 频段导弹、无人机和小型飞机的散射特性提供了仿真手段[37]。

在 5.3.1 节和 5.3.4 节中,给出的磁场积分方程解的方法可用来计算地下的理想电导体(埋在地下的矿物和其他爆炸物)[16,40-41]。

本书给出的方法在给定探测信号的极化、空间以及时频等参数的情况下计算空中及地下物体频率散射特性提供了方法。

## 5.3.1 自由空间中理想电导体的磁场积分方程解的方法

通过在自由空间 $V_1$ 中(图 5.1(a))将洛伦兹互易定理[24,34]应用于期待的电磁场($E, H$)和辅助磁源($E_1^m, H_1^m$),可以获得理想电导体表面 $S$ 的积分方程[2-3,31,36-37]。把所考虑的方程作为两个标量方程的系统来描述,即

$$\begin{cases} \boldsymbol{\tau}_2^0 \cdot \boldsymbol{J}^e(\boldsymbol{Q}_0)(1+\Omega_{s_0}(\boldsymbol{Q}_0)) + \dfrac{2}{\mathrm{i}\omega}\displaystyle\int_{S\setminus s_0} \boldsymbol{E}_1^m(\boldsymbol{Q}|\boldsymbol{Q}_0,\boldsymbol{\tau}_1^0)\cdot \boldsymbol{J}^e(\boldsymbol{Q})\mathrm{d}s_Q = 2\boldsymbol{\tau}_1^0 \cdot \boldsymbol{H}^0(\boldsymbol{Q}_0) \\ -\boldsymbol{\tau}_1^0 \cdot \boldsymbol{J}^e(\boldsymbol{Q}_0)(1+\Omega_{s_0}(\boldsymbol{Q}_0)) + \dfrac{2}{\mathrm{i}\omega}\displaystyle\int_{S\setminus s_0} \boldsymbol{E}_1^m(\boldsymbol{Q}|\boldsymbol{Q}_0,\boldsymbol{\tau}_2^0)\cdot \boldsymbol{J}^e(\boldsymbol{Q})\mathrm{d}s_Q = 2\boldsymbol{\tau}_2^0 \cdot \boldsymbol{H}^0(\boldsymbol{Q}_0) \end{cases}$$

(5.1)

式中:$Q、Q_0 \in S$ 分别为积分点和观测点;$\boldsymbol{\tau}_1^0$ 和 $\boldsymbol{\tau}_2^0$ 为与表面 $S$ 相切于点 $Q_0$ 的相互正交的单位向量,用来在该点与内部单位法向矢量 $\boldsymbol{\nu}^0$ 形成右手系统;$\boldsymbol{J}^e(\boldsymbol{Q}) = \boldsymbol{n} \times \boldsymbol{H}(\boldsymbol{Q})$ 为期望的面电流密度;$\boldsymbol{H}^0$ 和 $\boldsymbol{H}$ 分别为初始和完全电磁场的磁场矢量;$\boldsymbol{E}_1^m(\boldsymbol{Q}|\boldsymbol{Q}_0,\boldsymbol{\tau}_{1(2)}^0) = -\mathrm{i}\omega(\boldsymbol{\tau}_{1(2)}^0 \times \nabla G(\boldsymbol{Q}_0,\boldsymbol{Q}))$ 是磁源处的电场矢量;$G(\boldsymbol{Q}_0,\boldsymbol{Q}) = G(R) = \exp(\mathrm{i}k_1 R)/4\pi R, R = |\boldsymbol{Q}-\boldsymbol{Q}_0|;k_1 = 2\pi/\lambda_1$ 和 $\lambda_1$ 为波数和自由空间 $V_1$ 中的波长。

在不包含置于半径 $\rho_0 \ll \lambda_1$ 奇异点邻域 $s_0$ 和中心点 $Q_0$ 的物体表面对式(5.1)进行积分。在 $s_0$ 处,假设 $\boldsymbol{J}^e(\boldsymbol{Q}) \approx \boldsymbol{J}^e(\boldsymbol{Q}_0)$ 在这种情况下,近似解析地计算 $s_0$ 上的积分为[2,3,31,36,37]

$$I_{s_0} \approx \boldsymbol{\tau}_{2(1)}^0 \cdot \boldsymbol{J}^e(\boldsymbol{Q}_0)\Omega_{s_0}(\boldsymbol{Q}_0) \tag{5.2}$$

其中

$$\Omega_{s0}(\boldsymbol{Q}_0) = \frac{c_{11}+c_{22}}{2\mathrm{i}k_1}[(\mathrm{i}k_1\rho_0 - 2)\exp(\mathrm{i}k_1\rho_0) + 2] \qquad (5.3)$$

且

$$c_{1(2)} = \frac{\partial^2 |F(\boldsymbol{Q}(u_1,u_2))|}{\partial u_{1(2)}^2} \frac{(\boldsymbol{\tau}_{1(2)}^0)^2}{[2|\nabla F(\boldsymbol{Q})|_{\boldsymbol{Q}=\boldsymbol{Q}_0}]} \qquad (5.4)$$

式中：$(u_1,u_2)$ 是以 $\boldsymbol{Q}_0$ 为中心的局部直角坐标系，其坐标轴分别沿着 $\boldsymbol{\tau}_1^0,\boldsymbol{\tau}_2^0$ 的方向；$F(\boldsymbol{Q}(u_1,u_2))=0$ 为表面 $S$ 在点 $\boldsymbol{Q}_0$ 附近的方程。

为了消除因理想电导体内部谐振引起的模糊解，该系统（式（5.1））可以用方程来补充，其中对象内的电磁场等于零[24,29,36-37]。附加的方程可以表示为[36,37]

$$\begin{cases} \dfrac{1}{\mathrm{i}\omega}\displaystyle\int_s \boldsymbol{E}_1^\mathrm{m}(\boldsymbol{Q}|\boldsymbol{Q}_0,\boldsymbol{\tau}_1^0)\cdot\boldsymbol{J}^e(\boldsymbol{Q})\mathrm{d}s_Q = \boldsymbol{\tau}_1^0\cdot\boldsymbol{H}^0(\boldsymbol{Q}_0) \\ \dfrac{1}{\mathrm{i}\omega}\displaystyle\int_s \boldsymbol{E}_1^\mathrm{m}(\boldsymbol{Q}|\boldsymbol{Q}_0,\boldsymbol{\tau}_1^0)\cdot\boldsymbol{J}^e(\boldsymbol{Q})\mathrm{d}s_Q = \boldsymbol{\tau}_2^0\cdot\boldsymbol{H}^0(\boldsymbol{Q}_0) \end{cases} \qquad (5.5)$$

式中：$\boldsymbol{Q}_0 \in V_1 \setminus S_0$

通过求解式（5.1）和式（5.5）离散化后形成的超定方程组（ODSE），得到期望的电流密度。最小二乘法为求解方程组提供了一种通用的方法。通过求解上述系统，将理想谐振电导体[2,3,31,36,37]电磁场的磁场分量表示为

$$\mathrm{i}\omega \boldsymbol{p}^\mathrm{rec}\cdot(\boldsymbol{H}(\boldsymbol{Q}_\mathrm{rec}) - \boldsymbol{H}^0(\boldsymbol{Q}_\mathrm{rec})) = -\int_s \boldsymbol{E}_1^\mathrm{m}(\boldsymbol{Q}|\boldsymbol{Q}_0,\boldsymbol{p}^\mathrm{rec})\cdot\boldsymbol{J}^e(\boldsymbol{Q})\mathrm{d}s_Q \qquad (5.6)$$

式中：$\boldsymbol{Q}_\mathrm{rec} \notin V_2$ 且 $\boldsymbol{p}^\mathrm{rec}$ 为单位矢量，代表了经理想电导体散射的电磁波的磁场矢量方向（图5.1）。

计算理想电导体散射特性的算法包括以下4个步骤。

（1）建立散射体表面模型。通过简单参数的椭圆来近似物体表面，这种方法在电流密度计算和散射场建模的后期阶段加快和统一了表面模型生成和计算表面积分的过程。作者发现，以椭圆来建立表面模型比通过其他不同形状（球、圆柱、锥体、面等）来建立表面模型更加有效。此外，它对于解决实际雷达目标散射特性计算的大多数问题是更优选的。

建立表面模型后，把组成的椭球部分与普通的笛卡儿坐标系联系起来，并对它们进行量化。在任意点 $\boldsymbol{Q}$，近似椭圆的参数（它的半轴、中心坐标和决定它在空间中方位的角度），点坐标矢量 $\boldsymbol{\tau}_1$ 和 $\boldsymbol{\tau}_2$ 的切向分量是指定的。为了计算机内存的最佳使用，设置产生电流节点的采样间隔和表面 $S$ 曲率半径成正比。在曲率半径较小的部分，采样间隔也减小了。

（2）生成线性方程组（LSE）。在这一步中，模型表面 $S$ 被分成具有恒定电

流密度的 $N$ 个单元。引入观测指标 $n_0 = \overline{1,N}$ 和积分 $n = \overline{1,N}$ 点,以及用切向分量形式 $J_{1(2),n} = \boldsymbol{\tau}_{1(2),n} \cdot \boldsymbol{J}_n$ 表示期待电流密度后,标量方程组(5.1)变为

$$\begin{cases} J_{2,n_0}^{\mathrm{e}} A_{n_0,n_0}^{12} + \sum_{\substack{n=1\\(n \neq n_0)}}^{n} \left[ J_{1,n}^{\mathrm{e}} A_{n_0,n}^{11} + J_{2,n}^{\mathrm{e}} A_{n_0,n}^{12} \right] = B_{1,n_0} \\ J_{1,n_0}^{\mathrm{e}} A_{n_0,n_0}^{21} + \sum_{\substack{n=1\\(n \neq n_0)}}^{n} \left[ J_{1,n}^{\mathrm{e}} A_{n_0,n}^{21} + J_{2,n}^{\mathrm{e}} A_{n_0,n}^{22} \right] = B_{2,n_0} \end{cases} \tag{5.7}$$

其中

$$A_{n_0,n}^{pq} = \begin{cases} (-1)^q + \Omega_{s_0}(\boldsymbol{Q}_{n_0}) + \dfrac{2}{\mathrm{i}\omega} \int_{s_{n_0} \setminus s_0} (\boldsymbol{\tau}_{q,n_0} \cdot \boldsymbol{E}_1^{\mathrm{m}}(\boldsymbol{Q} | \boldsymbol{Q}_{n_0}, \boldsymbol{\tau}_{p,n_0})) \mathrm{d}s_Q, & n = n_0 \\ \dfrac{2}{\mathrm{i}\omega} \int_{s_n} (\boldsymbol{\tau}_{q,n} \cdot \boldsymbol{E}_1^{\mathrm{m}}(\boldsymbol{Q} | \boldsymbol{Q}_{n_0}, \boldsymbol{\tau}_{p,n_0})) \mathrm{d}s_Q, & n \neq n_0 \end{cases}$$

(5.8)

$p = 1、2;q = 1、2,$有

$$B_{p,n_0} = 2\,\boldsymbol{\tau}_{p,n_0} \cdot \boldsymbol{H}^0(\boldsymbol{Q}_{n_0}) \tag{5.9}$$

现在更详细地考虑等式(5.8)中的变量。首先应用以下算法[36-37],求出奇异点和计算元素 $A_{n_0,n}^{pq}$。每个包含奇异点的单位面元 $s_{n_0}$ 被再次分成 $N_0$ 个子单元 $s_{n_0} = \sum_{g=1}^{N_0} s_g'$,如图5.2所示。然后,确定 $s_{n0}$ 的中心点($\boldsymbol{Q}_{n0}$)和每个 $s_g'$ 中心点的距离 $\rho_{0g}$,检查 $k_1 \rho_{0g} > \gamma_0$(图5.2)的条件。

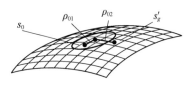

图5.2 包含奇异点的面元积分
($k_1 \rho_{01} < \gamma_0$、$k_1 \rho_{02} > \gamma_0$)

满足这些条件的单元中没有奇异点,它们构成了 $s_{n0}$,函数 $\boldsymbol{\tau}_{q,n0} \cdot \boldsymbol{E}_1^{\mathrm{m}}(\boldsymbol{Q} | \boldsymbol{Q}_{n0}, \boldsymbol{\tau}_{q,n0})$ 在其上进行数值积分。$k_1 \rho_{0g} \leq \gamma_0$ 的单元 $s_g'$ 不包括在积分算法中,它们所在面的积分由式(5.3)计算的 $\Omega_{s0}(\boldsymbol{Q}_{n0})$ 所取代。$\gamma_0 = 0.01$ 的数值由实验确定。

如果图5.2中面 $s_{n0}$ 十分平整,$\Omega_{s0}(\boldsymbol{Q}_{n0})$ 的值趋于零而可以被忽略。此外,如果单元 $s_n$ 很小时,$|A_{n0,n0}^{pq}| \approx 1$。最后,可以通过五点高斯方程计算式(5.8)中的积分。

(3) 消除因理想电导体内部自然谐振引起的模糊解。理想电导体的数学建模结果说明,如果物体的三维电尺寸 $a_j(j = \overline{1,3}) < 0.6\lambda_1$,那么作为一个准则,这种情况下磁场积分方程不产生模糊解。式(5.7)中的线性方程组(LSE)会以矩阵形式求出表面电流密度,表达如下:

$$A\boldsymbol{J}^{\mathrm{e}} = \boldsymbol{B} \tag{5.10}$$

另一种情况,如果 $\min(a_j) \geq 0.6\lambda_1$(特别地,这种情况适用于飞行器机身),

磁场积分方程会因为理想电导体的自然谐振而产生模糊解。如上面所提到的，应用类似于方程式(5.7)所产生的附加方程式(5.5)，即

$$\begin{cases} \sum_{n=1}^{N} [J_{1,n}^e A_{n_{01},n}^{11} + J_{2,n}^e A_{n_{01},n}^{12}] = B_{1,n_{01}} \\ \sum_{n=1}^{N} [J_{1,n}^e A_{n_{01},n}^{21} + J_{2,n}^e A_{n_{01},n}^{22}] = B_{2,n_{01}} \end{cases} \quad (5.11)$$

其中

$$A_{n_{01},n}^{pq} = \frac{1}{i\omega} \int_{s_n} (\boldsymbol{\tau}_{q,n_{01}} \cdot \boldsymbol{E}_1^m(\boldsymbol{Q} | \boldsymbol{Q}_{n_{01}}, \boldsymbol{\tau}_{p,n_{01}})) \mathrm{d}s_Q, \quad p=1,2; q=1,2 \quad (5.12)$$

$$B_{p,n_{01}} = \boldsymbol{\tau}_{p,n_{01}} \cdot \boldsymbol{H}^0(\boldsymbol{Q}_{n_{01}}) \quad (5.13)$$

式中：$\boldsymbol{Q}_{n_{01}}$ 为物体 $V_2$ 中的附加点，$n_{01} = \overline{N+1, N+1+N_1}$；$N_1$ 为物体内部附加点的个数。

求解式(5.12)中的积分，如之前的式(5.8)一样，都是通过五点高斯式来计算的。

结合式(5.7)和式(5.11)构成了 $(2(N+N_1) \times 2N)$ 维的超定方程组(ODSE)。用最小二乘法求解式(5.10)可获得表面电流密度。

(4) 理想电导体散射场的计算。最终，需要在时域和频域(见 Barrett 在第 4 章中时频域信号处理的讨论)对目标散射特性进行建模。为了确定固定频率上物体散射电磁场的磁场分量，可将电流密度(给定的探测条件下计算)替换成式(5.6)的积分形式，式(5.6)在表面积分采样后变成

$$\boldsymbol{p}^{\mathrm{rec}} \cdot \boldsymbol{H}(\boldsymbol{Q}_{\mathrm{rec}}) = (\boldsymbol{p}^{\mathrm{rec}} \cdot \boldsymbol{H}^0(\boldsymbol{Q}_{\mathrm{rec}})) - \frac{1}{i\omega} \sum_{n=1}^{N} ((\boldsymbol{\tau}_{1,n} \cdot \boldsymbol{E}_1^m(\boldsymbol{Q}_n | \boldsymbol{Q}_{\mathrm{rec}}, \boldsymbol{p}^{\mathrm{rec}}))J_{1,n}^e + $$
$$(\boldsymbol{\tau}_{2,n} \cdot \boldsymbol{E}_1^m(\boldsymbol{Q}_n | \boldsymbol{Q}_{\mathrm{rec}}, \boldsymbol{p}^{\mathrm{rec}}))J_{2,n}^e)\Delta s_n \quad (5.14)$$

为了获得 UWB 脉冲响应，有必要将傅里叶逆变换应用于式(5.14)的频率函数。特别地，这里进行的计算使用了 5.5 节中介绍的算法。

选择点数为 $N$，通过保证数值 $\delta_a$ 为特征的算法内在收敛性为条件，可以计算表面电流密度。在本节中，算法的内在收敛性是指随着 $N$ 的不断增大，物体的 $\sigma_N$ 趋于固定值 $\sigma_{N_c}$，即

$$\lim_{N \to \infty} \sigma_N = \sigma_{N_c} \quad (5.15)$$

并从一些值 $N = N_a$ 开始，满足下面的条件，即

$$\frac{|\sigma_{N_c} - \sigma_{N_a}|}{\sigma_{N_c}} \cdot 100\% \leq \delta_a \quad (5.16)$$

式中：$\sigma_{N_a}$ 和 $\sigma_{N_c}$ 为 $N_a$ 和 $N_c$ 分别计算的 RCS 值，且 $N_c > N_a$。

在本章所进行的计算中，选择 $N_a$ 点对应于 $\delta_a = 1\%$。

为了保证计算过程中 $\delta_a = 1\%$ 的值,在物体表面相对平滑部分的电流密度点的间隔应该设置为 $\gamma_a = (0.09 \sim 0.24)\lambda_1$。在边缘附近或在曲率半径小的部分,计算时的表面采样间隔应该更小。如果表面有边缘(不连续处),就需要进行平滑近似。例如,把圆柱的底部表示为具有小半轴 $a_e = 10^{-5}\lambda_1$ 的薄椭球的一部分,如图 5.3 所示。这种近似实现了圆柱体侧表面与底部之间的光滑连接。

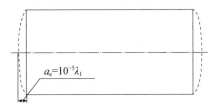

图 5.3 圆柱体边缘的平滑近似实例

在圆柱体的边缘,选取很小的区域,$0.01\lambda_1 < \rho < 0.2\lambda_1$($\rho$ 为距边缘的距离)。这设置了邻域中的采样间隔 $\gamma_a = 0.03\lambda_1$。采样间隔 $\gamma_a$ 在曲率半径小的地方具有同样的值,并且不会在边缘附近产生电流密度节点,这里 $\rho \leqslant 0.01\lambda_1$,这种方法可以有效地解释边缘附近电流增加的原因。图 5.4(a)显示了由波矢量形成的平面的横截面和由 $\boldsymbol{H}^0$ 计算得到的电流密度分量 $J^{e\perp}$(和圆柱体轴线正交)在半径 $a_c = 2.2\lambda_1$、长度 $d_c = 0.933\lambda_1$ 的圆柱体侧面。5.4(b)显示了矢量的指向。图 5.4(b)同时也显示了 $v_1\rho^{v_2}$ 函数近似得到的同样的电流密度。最小二乘法确定了两个系数 $v_1 = 0.513$ 和 $v_2 = -0.292$。

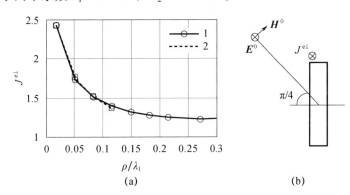

图 5.4 圆柱形理想电导体边缘附近电流密度的计算

(a)通过解磁场积分方程获得的数据 1 和 $v_1\rho^{v_2}$ 函数估计得到的数据 2;

(b)入射电磁场的电场及磁场指向和电流密度分量。

圆柱底部边缘处的电流密度与 $v_1 = 0.554$ 和 $v_2 = -0.29$ 类似。所得到的结果和理论值十分吻合,据此,在内部角度为 $\pi/2$ 处的电流符合 Meixner 条件,并且和 $\rho^{-1/3}$ 成正比[50-51]。值得注意的是,这里开发的算法并不要求在边缘有任何的附加条件,如文献[51]中的例子。

为了消除自然谐振引起的模糊解,依据与方程式(5.16)类似的保证$\delta_a = 1\%$来确定必需的附加节点。

以数值计算的结果为基础,来确定物体表面解析延拓在物体内产生的附加点数,使用 Halton 级数[52]与之间隔$\approx 0.1\lambda_1$,或者直接置于解析延拓。辅助点的数量必须占计算表面电流密度时所用点的 10% ~ 15%[36-37]。

为了探讨所开发方法的准确性和适用范围,计算了简单形状理想电导体的 RCS。对物理实验数据和已知的数值计算方法进行了比对。

### 5.3.2 简单形状理想电导体散射特性计算结果验证

为了验证散射计算结果,使用了包含理想金属球体,如圆柱体、椭球体、电细盘和立方体构成的典型测试对象。计算中将单站和双站雷达时物体的 RCS 值及其电尺寸或者方位角进行了比对。

图 5.5 是在计算时使用的目标指向和参数。椭圆的半轴 $a_{ex}$、$a_{ey}$、$a_{ez}$平行于相应的坐标轴,如图 5.5(a)所示。圆柱体的轴心与坐标系的 $Ox$ 轴平行,如图 5.5(b)所示。$E$ 面和 $H$ 面单站及双站 RCS 可通过[23,29,53-55]中描述的方法计算。单站雷达时,$E$ 面的 RCS 对应于($\boldsymbol{H}^0 \parallel \boldsymbol{H} \parallel xOy$)的矢量方向;在 $H$ 面 RCS 中,矢量指向于($\boldsymbol{H}^0 \parallel \boldsymbol{H} \perp xOy$)。多站雷达时,相反的情况适用,$E$ 面的 RCS 对应于($\boldsymbol{H}^0 \parallel \boldsymbol{H} \perp xOy$);在 $H$ 面 RCS 中,矢量指向于($\boldsymbol{H}^0 \parallel \boldsymbol{H} \parallel xOy$)。单站雷达中视线角 $\beta$ 是在 $xOy$ 面上从 $Ox$ 轴算起,如图 5.5 所示。

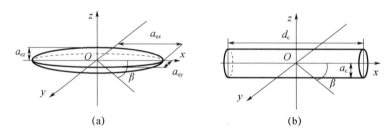

图 5.5 散射体指向及其参数

(a)椭球;(b)圆柱。

当比较不同的方法时,相对误差值,即

$$\delta_{met}(f,\beta) = \frac{|\sigma_1(f,\beta) - \sigma_2(f,\beta)|}{\sigma_2(f,\beta)} \times 100\% \tag{5.17}$$

式中:$\sigma_1(f,\beta)$为在给定频率和方位角下,通过书中所提出方法计算得到的目标 RCS,后者是基于磁场积分方程;$\sigma_2(f,\beta)$为通过其他数值方法或从物理实验中得到的目标 RCS。

在双站雷达中需要考虑类似的 $\delta_{met}(f,\beta_1)$ 函数。

通过本书介绍的方法,计算了一个半径 $a_s$ 的理想电导体球的单站和双站散射截面积 $\sigma_s$。所得到的结果和通过 Mie 级数[29,53] 计算的结果进行比较。在使用 Mie 级数计算时,保留了前 50 项。图 5.6 是通过本书的方法和 Mie 级数计算的不同电尺寸 $\pi a_s^2$ 时理想球体的单站 RCS(标准值为 $\pi a_s^2$)。图 5.7 是不同双站角 $\beta_1$ 时的双站 RCS 值。RCS 值在定值 $k_1 a_s = 2\pi$ 时以 $10\lg(\sigma_s/\pi a_s^2)$ dB 的形式表示。两种方法计算结果的最大差值小于 $\sigma_{met}=1\%$。

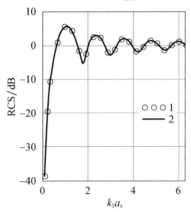

图 5.6　不同电尺寸下理想球体的单站 RCS 值计算结果比较
1—本书开发的算法计算的结果;2—Mie 级数计算的结果。

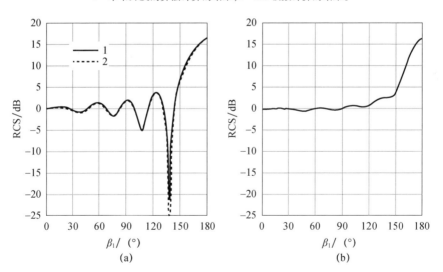

图 5.7　$k_1 a_s = 2\pi$ 的理想球体不同双站角 $\beta_1$ 下的双站 RCS 计算值比较
(a) $E$ 面;(b) $H$ 面。
1—使用本书的算法;2—使用 Mie 级数。

现在考虑由理想电导体圆柱体和谐振尺寸椭球引起的电磁波散射的特性。这些散射体构成了有趣的测试对象,因为它们的表面既包括光滑部分,又有小曲率半径部分。

图 5.8~图 5.11 中的结果展示了不同半径 $a_c$ 和高度 $d_c$ 时的归一化单站 RCS 以 $10\lg(\sigma_c/\pi a_c^2)$ dB 的形式表示。

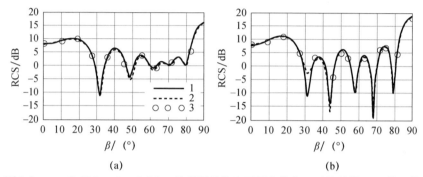

图 5.8　$a_c=0.216\lambda_1$、$d_c=2.76\lambda_1$ 的理想球体在不同方位角 $\beta$ 时的单站 RCS 值比较
(a) $E$ 面;(b) $H$ 面。
1—开发的算法(磁场积分方程、线性方程组);2—FEKO™ 软件(电场积分方程);3—物理实验数据。
(Mittra R,Computer Techniques for Electromagnetics,1973,授权)

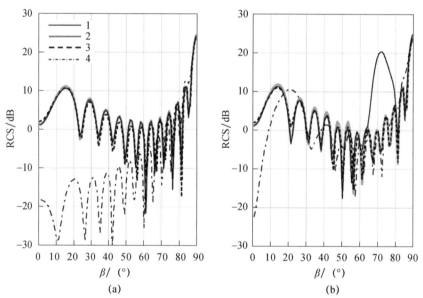

图 5.9　计算得到的不同方位角 $\beta$ 时圆柱体和椭球(图 5.5)的单站 RCS
(a) $E$ 面;(b) $H$ 面。
1~3—理想圆柱体($a_c=0.31\lambda_1$ 和 $6.32\lambda_1$)的 RCS;4—椭球($a_{ex}=3.16\lambda_1$,$a_{ey}=0.2\lambda_1$,$a_{ez}=0.31\lambda_1$)的 RCS。(这些结果通过开发的方法计算得到:(1)磁场积分方程(线性方程组),(2,4)磁场积分方程(超定方程组),(3)FEKO™ 软件(组合场积分方程))

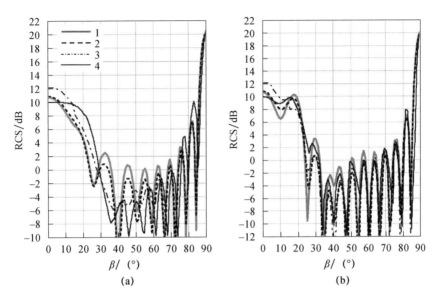

图 5.10 理想圆柱体($a_c = 0.5\lambda_1$ 和 $d_c = 5\lambda_1$)不同方位角 $\beta$ 时的单站 RCS 对比

(a)$E$ 面;(b)$H$ 面。

1—开发的方法(磁场积分方程、超定方程组);2—FEKO$^{TM}$ 软件(积分方程);
3—渐近高频法;4—物理实验测量数据。

(来自 Ufimtsev P Y. Method of Edge Waves in Physical Theory of Diffraction, 1962. 经许可)

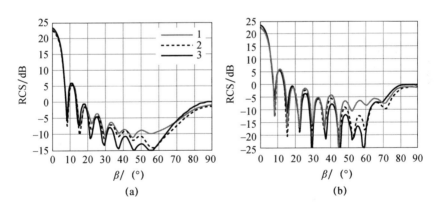

图 5.11 理想圆柱体($a_c = 2.2\lambda_1$ 和 $d_c = 0.933\lambda_1$)不同方位角 $\beta$ 时的单站 RCS 的对比

(a)$E$ 面;(b)$H$ 面。

1—磁场积分方程,超定方程组;2—FEKO$^{TM}$ 软件(组合场积分方程);3—高频渐近法。

图 5.8 是基于解磁场积分方程得到的在 $a_c = 0.216\lambda_1$、$d_c = 2.76\lambda_1$ 时理想圆柱体的 RCS 和实验数据[23],以及通过电磁仿真软件[38]FEKO$^{TM}$(5.5 版)计算的结果。这个软件允许用户选择不同的数值方法。本章中在使用 FEKO$^{TM}$ 时选

取了基于解电场积分方程和组合场积分方程。在 RCS 计算中,没有观察到任何模糊的边界积分方程法解。

图 5.9 是使用本书开发方法和 FEKO™ 软件计算得到的在 $a_c = 0.31\lambda_1$ 和 $a_c = 6.32\lambda_1$ 时理想圆柱体的 RCS 值。在这种情况下,磁场积分方程的模糊解会在 H 面方位角 60°~80°时带来 RCS 计算的明显错误。图中曲线是通过解线性方程组和超定方程组获得的数据(模糊解的影响被消除)。在图 5.9 中,具有半径 $a_{ex} = 3.16\lambda_1$、$a_{ey} = 0.2\lambda_1$ 的三轴椭球体的 RCS($10\log(\sigma_e/\pi a_{ez}^2)$)也显示作为参考。

图 5.10 是使用开发的方法(磁场积分方程、超定方程组)和 FEKO™ 结合物理实验结果[54]计算 $a_c = 0.5\lambda_1$ 和 $d_c = 5\lambda_1$ 的理想圆柱体的 RCS。这里所考虑的圆柱体在半径和高度上都是相对电大尺寸的。因此,图 5.10 也展示了使用高频渐近法[17,19,20]获得的结果。高频渐近法被开发用来计算电大尺寸雷达目标的散射特性,它假定所得到的散射场是由理想电导体表面及其边缘的光滑部分散射的场之和组成的。

图 5.11 展示了理想圆柱体的 RCS,其边缘附近的电流密度在 5.3.1 节中进行了研究并示于图 5.4 中。圆柱体的半径超过了高度的 2 倍($a_c = 2.2\lambda_1$ 和 $d_c = 0.933\lambda_1$),因此其边缘对 RCS 计算结果影响很大。

如图 5.8~图 5.11 所示,本书开发方法计算的结果和物理测量结果以及其他方法获得的结果十分吻合。值得一提的是,图 5.8~图 5.11 中所开发方法和 FEKO™ 软件计算得到的数据的相对误差 $\delta_{met}$ 在 1%~3% 之间(除了散射图中的一些深凹痕之外)。图 5.8 展示的计算结果和物理实验数据十分吻合。考虑到探测方向偏离了垂直于圆柱的轴,实验数据和计算数据之间观察到了明显的差异,如图 5.10 所示。E 面可以观察到更明显的差异。同时,计算结果与实验数据吻合较好。显而易见,高频渐近法为这种散射体的计算提供了最好的精度,其计算的方位角下,物体都是电大尺寸的。在图 5.10 中($a_c = 0.5\lambda_1$、$d_c = 5\lambda_1$),这些测深方向对应于圆柱轴线大约 90°;在图 5.11 中($a_c = 2.2\lambda_1$,$d_c = 0.933\lambda_1$),这些测深方向沿着圆柱的轴线。

图 5.12 展示了具有半径 $a_d = 0.239\lambda_1$ 和厚度 $d_d = 0.02\lambda_1$ 电细理想圆盘在两个面上的单站 RCS(归一化 RCS $10\log(\sigma_d/\pi a_d^2)$ 以 dB 的形式表示)。所开发方法和 FEKO™ 软件计算得到的结果差异 $\delta_{met} = 1\% \sim 3\%$。

图 5.13 比较了通过两轴椭圆 $k_1 a_{ey} (a_{ey} = a_{ez}, a_{ex}/a_{ey} = 0.05)$ 电尺寸近似的电小圆盘的 RCS,如图 5.5(a)中通过所开发方法计算展示的,并推导了无限大细圆盘($a_d = a_{ey} = a_{ez}$)[53]。图表中的 RCS 以 $10\log(\sigma_e/\pi a_{ey}^2)$ 的形式表示。对于小厚度 $d_d = 0.02\lambda_1$,所开发方法提供了很好的准确性对其进行计算,证明了一种仿真和预测真实物体雷达电磁散射的计算方法。

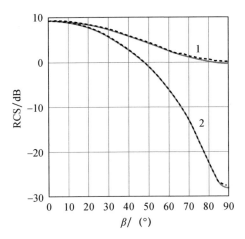
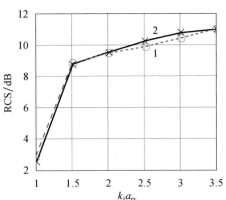

图 5.12 不同方位角时理想电盘
（$a_d = 0.239\lambda_1$ 和 $d_d = 0.02\lambda_1$）
的单站 RCS 值对比

（曲线 1 和曲线 2 分别代表 $E$ 面和 $H$ 面。计算的结果使用本书开发的方法（磁场积分方程，线性方程组，实线）和 FEKO™ 软件（电场积分方程，虚线））

图 5.13 两轴理想椭球体的
单站 RCS 对比

1—长短轴之比 $a_{ex}/a_{ey} = 0.05$ 对其电尺寸；2—无限薄理想圆盘 RCS 的严格计算 $a_d = a_{ey} = a_{ex}$。

（来自 King R, et al., The Scattering and Diffraction of Waves, 1959. 经许可）

计算边长 $a_{cube} = 3.015\lambda_1$ 的理想立方体的双站 RCS 的结果示于图 5.14 中。该图对应于垂直于立方体面和沿轴心的测深方向。双站角 $\beta_1$ 在 $xOy$ 面上进行了测量。在这种情况下，以立方体 RCS 的最大值进行了归一化，最大值对应于 $\beta_1 = 180°$ 对比 $H$ 面计算和测试数据[55]，发现其具有很好的一致性。

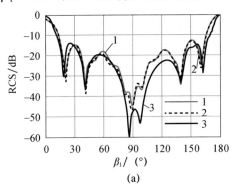
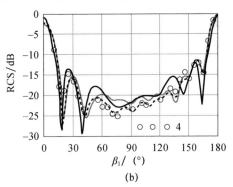

图 5.14 不同双站角 $\beta_1$ 下理想立方体 $a_{cube} = 3.105\lambda_1$ 的双站 RCS 比较
(a) $E$ 面；(b) $H$ 面。
1—所开发方法（磁场积分方程、超定方程组）；2—FEKO™ 软件（组合场积分方程）；
3—高频渐近法；4—物理实验数据。

（来自 Penno R P, et al., Scattering from a perfectly conducting cube, Proceddings of the IEEE, 1989, 77: 815 – 823. © 1989 IEEE）

用本书方法计算的 RCS 与已知资料和其他方法计算的 RCS 结果基本一致，验证了本书方法的正确性。所描述的方法显示了如何精确地计算光滑物体或具有边缘和断裂的散射表面以及电细物体的散射特性。该算法适用于模拟较大物体的散射特性，频率从一般雷达信号频段直到高频区域，在高频区渐近方法没有边界积分方程法的不足。

### 5.3.3 使用迭代算法计算复杂形状空中理想电导体的雷达散射特性

真正的航空雷达目标具有广泛的形状，包括相对平滑的元件（如飞机机身部分和涡轮机外壳）和具有边缘（机翼和稳定器）的电细部件。正如 5.3 节一开始提到的，利用边界积分方程法计算复杂形状目标散射特性，就是解病态和多维线性积分方程。这些情况使用了已知迭代法来求边界积分方程[24,29,34]。但是需要较长的计算时间和较大的计算内存。

本小节提出一种迭代方法，这种方法在整个表面 S 上使用比完整矩阵小得多的矩阵，将表面 S 分成两个便于计算的部分 $S = S_1 + S_2$ 来进行。

（1）对表面 $S_1$，该方法使用一组平滑的谐振尺寸元件的表面，如机身和涡轮机。这允许由于物体内部自由振荡所引起的磁场积分方程的模糊解。

（2）对表面 $S_2$，该方法使用一组具有边缘（具有小曲率半径的表面）的电细谐振尺寸表面，如机翼、稳定器和鳍来对表面建模。

通过这样拆分整个表面，将式(5.10)表示为[37]

$$\begin{cases} C_{11} J_{S_1}^e + C_{12} J_{S_2}^e = B_{S_1} \\ C_{21} J_{S_1}^e + C_{22} J_{S_2}^e = B_{S_2} \end{cases} \quad (5.18)$$

式中：$C_{\vartheta \zeta} (\vartheta = 1,2; \zeta = 1,2)$ 为矩形子矩阵（在一般情况下），它们一起构成式(5.10)中的原始矩阵，即

$$A = \begin{pmatrix} C_{11} & C_{12} \\ C_{21} & C_{22} \end{pmatrix} \quad (5.19)$$

在这种情况下，$J_{S_1}^e$ 和 $J_{S_2}^e$ 为 $S_1$ 和 $S_2$ 的表面电流密度；$B_{S_1}$ 和 $B_{S_2}$ 对应 $S_1$ 和 $S_2$ 处观测点的位置。矩阵 $C_{\vartheta \zeta}$ 中的元素和右手向量 $B_{S\vartheta}$，如 5.3.1 节中一样，通过式(5.7)~式(5.9)、式(5.11)~式(5.13)来计算。

可以用迭代法[37]来计算式(5.18)，即

$$\begin{cases} C_{11} J_{S_1}^{e(\xi)} = B_{S_1} - C_{12} J_{S_2}^{e(\xi-1)} \\ C_{22} J_{S_2}^{e(\xi)} = B_{S_2} - C_{21} J_{S_1}^{e(\xi-1)} \end{cases} \quad (5.20)$$

式中：$\xi$ 为迭代指数，$\xi = \overline{1, \xi_{st}}$；$\xi_{st}$ 为获得电流密度稳态值所需要的迭代次数。

作为一个面电流密度最初的假设 $J_{S\vartheta}^{e(0)}$，可以这样来定义，即

$$J_{S\vartheta}^{e(0)} = J_{S\vartheta}^{e(0)} (Q_{n_0}) = 2(\nu_0 \times H^0(Q_{n_0})) \quad (5.21)$$

$\xi_{st}$ 实际的值取决于计算精度要求并可在迭代过程中确定。如果一个空中目标包含这些元素,这些元素允许存在 5.3 节中描述的伪解决方案,就可以使用最小均方根法来解包括矩形矩阵 $C_{\vartheta\zeta}$ 式(5.20);否则,可以按下式计算式(5.20)的解,即

$$\begin{cases} J_{S_1}^{e(\xi)} = C_{11}^{-1}(B_{S_1} - C_{12}J_{S_2}^{e(\xi-1)}) \\ J_{S_2}^{e(\xi)} = C_{22}^{-1}(B_{S_2} - C_{21}J_{S_1}^{e(\xi-1)}) \end{cases} \tag{5.22}$$

可以将表面 S 分成两个以上的部分,但是这明显会使算法复杂。这样,基于式(5.7)~式(5.13)和式(5.18)~式(5.22)的数值算法允许减少确定复杂形状谐振尺寸物体表面的电流密度问题,以分别求解部分 $S_1$ 和 $S_2$ 的方程组。与整个表面 S 对应的完整系统相比,后者方程组具有足够小的尺寸。在迭代过程中考虑了 $S_1$ 和 $S_2$ 之间的相互作用。

和前面一样,复杂形状目标电磁散射的磁场矢量可以通过将电流密度代入式(5.14)后计算得到。

为了分析所开发算法的精度和收敛性,使用不同的方法计算[37]测试目标的 RCS。测试目标如图 5.15 所示,由

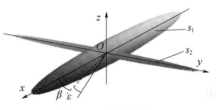

图 5.15 测试目标

两个椭圆构成:第一个具有半轴 $a_{ex1} = 3.16\mathrm{m}, a_{ey1} = 0.31\mathrm{m}, a_{ez1} = 0.3\mathrm{m}$;第二个具有半轴 $a_{ex2} = 0.22\mathrm{m}, a_{ey2} = 3\mathrm{m}, a_{ez2} = 0.02\mathrm{m}$。这种方法假设具有波长 $\lambda_1 = 1\mathrm{m}$ 的单频电磁波入射在目标上。图 5.16 是 $xOy$ 面上随方位角 $\beta$ 变化的目标单站 RCS。$\beta = 0°$ 对应于入射方向沿着 $Ox$ 轴,俯仰角 $\varepsilon = 3°$,如图 5.15 所示结果对应于水平极化($H^0$ 和 $H$ 位于与机翼 $xOy$ 面垂直并包含入射波矢量的平面)和垂直于极化($H^0$ 和 $H$ 平行于机翼面)。在迭代计算中,选择 $S_1$ 作为较大的椭圆面,电细椭圆面对应于 $S_2$,迭代次数 $\xi_{st} = 15$。图 5.16 比较了求解完整方程组(不分割表面 S,黑实线)与通过解磁场积分方程的迭代法获得的数据(灰线)以及使用组合场积分方程的 FEKO™ 软件。图 5.16 中的数据证明了测试目标的 RCS 计算结果在 3 种计算方法下吻合。

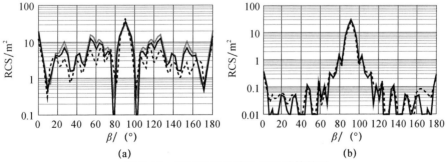

图 5.16 测试目标的单站 RCS 计算结果
(a)水平极化;(b)垂直极化。

图 5.17 说明了用改进的迭代法所得结果的收敛性(圆用于水平极化,正方形用于垂直极化)。纵坐标轴显示最大误差的值为

$$\delta_\xi = \max \left| \frac{\sigma_\xi(\beta) - \sigma_{st}(\beta)}{\sigma_{st}(\beta)} \right| \% \quad (5.23)$$

式中:$\sigma_\xi(\beta)$ 为对应于 $\xi$ 次迭代的目标 RCS,给定固定的方向角 $\varepsilon$ 和目标 RCS 的稳态值 $\sigma_{st}(\beta)$,它是最新三次迭代平均值,有

$$\sigma_{st}(\beta) = \frac{1}{3} \sum_{\xi=\xi_{st}-3}^{\xi_{st}} \sigma_\xi(\beta) \quad (5.24)$$

如图 5.17 所示,开发的迭代算法收敛很快。值得注意的是,使用本书所开发的方法获得的磁场积分方程,求解得到的 RCS 计算误差 $\delta_a$ 在 1%~3% 之间,如式(5.16)所确定的,当且仅当在电流节点达到 $N=995$。当使用 FEKO™ 软件(应用组合场积分方程),这种计算精度只有在节点达到 $N=14300$ 时才可以达到。同样的精度在频率范围为 100~400MHz 时($\lambda_1 = 3 \sim 0.75\text{m}$),通过分析仿真结果,对于所考虑的谐振尺寸目标(如 VHF 频段下的导弹、无人飞行器(UAV)和小型飞机),在 $\xi = \xi_{st} \approx 25$ 时,迭代算法的收敛性以误差 $\delta_\xi \leq 1\% \sim 3\%$ 为特征。

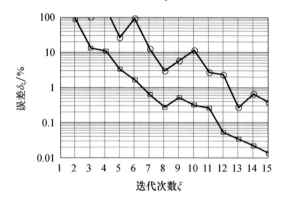

图 5.17 随着迭代次数的增加所开发的迭代算法的收敛性
圆—水平极化;正方形—垂直极化。

例子中使用了一些相对简单的测试目标。对于更复杂的散射体,通过解方程组可能无法达到上述精度。迭代算法同样提供了稳定的结果;同时,开发的算法不需要大量计算内存,从而减小了计算负担。

本书中的方法能更有效地模拟这类谐振尺寸的复杂形状物体的散射特性,如 VHF 频段下的导弹、无人飞行器和小型飞机[37]。

此外,在 5.6 节中,将演示和讨论巡航导弹的超宽带雷达高分辨距离像的新方法。

### 5.3.4 地下理想电导体谐振物的磁场积分方程

本节介绍了一个地下理想电导体对象的电磁散射模型,如图5.1(b)所示。通过在$V_1$和$V_3$中把洛伦兹互易定理[24,34]应用于期望电磁场$(E,H)$和考虑到$V_1$和$V_3$空间分界面存在的辅助点磁源$(E_{1,3}^m, H_{1,3}^m)$,可以获得埋在地里的理想电导体$V_2$表面电流密度的磁场积分方程,并生成了以下矢量方程组,即

$$\begin{cases} \boldsymbol{\tau}_2^0 \cdot \boldsymbol{J}^e(\boldsymbol{Q}_0)(1+\Omega_{S_0}(\boldsymbol{Q}_0)) + \dfrac{2}{\mathrm{i}\varpi}\int_{S\setminus S_0} \boldsymbol{E}_{1,3}^m(\boldsymbol{Q}\mid\boldsymbol{Q}_0,\boldsymbol{\tau}_1^0)\cdot\boldsymbol{J}^e(\boldsymbol{Q})\mathrm{d}S_Q = 2\boldsymbol{\tau}_1^0\cdot\boldsymbol{H}^0(\boldsymbol{Q}_0) \\ -\boldsymbol{\tau}_1^0 \cdot \boldsymbol{J}^e(\boldsymbol{Q}_0)(1+\Omega_{S_0}(\boldsymbol{Q}_0)) + \dfrac{2}{\mathrm{i}\varpi}\int_{S\setminus S_0} \boldsymbol{E}_{1,3}^m(\boldsymbol{Q}\mid\boldsymbol{Q}_0,\boldsymbol{\tau}_2^0)\cdot\boldsymbol{J}^e(\boldsymbol{Q})\mathrm{d}S_Q = 2\boldsymbol{\tau}_2^0\cdot\boldsymbol{H}^0(\boldsymbol{Q}_0) \end{cases}$$

(5.25)

式中:$\boldsymbol{Q}_0$、$\boldsymbol{Q}\in S$;$\boldsymbol{H}^0$为初始磁场矢量,同样也考虑了$V_1$和$V_3$之间分界面的存在。

在定义$\Omega_{S_0}(\boldsymbol{Q}_0)$的方程式(5.3)中,应该用$k_3 = k_1\sqrt{\varepsilon_3}$(半空间$V_3$的波数)来代替$k_1$。这些计算$\boldsymbol{E}_{1,3}^m$的方程相当麻烦,在本章中未示出。所需式的推导在经典文献中得到了明确的描述[56-57]。可以使用以下的积分来计算由地下理想电导体目标散射的磁场的磁矢量,即

$$\mathrm{i}\omega \boldsymbol{p}^{\mathrm{rec}} \cdot (\boldsymbol{H}(\boldsymbol{Q}_{\mathrm{rec}}) - \boldsymbol{H}^0(\boldsymbol{Q}_{\mathrm{rec}})) = -\int_s \boldsymbol{E}_{1,3}^m(\boldsymbol{Q}\mid\boldsymbol{Q}_0,\boldsymbol{p}^{\mathrm{rec}})\cdot\boldsymbol{J}^e(\boldsymbol{Q})\mathrm{d}s_Q$$

(5.26)

式中:$\boldsymbol{Q}_{\mathrm{rec}} \in V_1$,如图5.1(b)所示。

式(5.25)和式(5.26)具有与计算自由空间散射方程式(5.1)和式(5.6)相同的形式。因此,为了获得地下理想电导体目标的散射特性,可以应用5.3.1节中描述的数值算法。为了说明介质分界面,可以用$\boldsymbol{E}_{1,3}^m$替换对应于自由空间的函数$\boldsymbol{E}_1^m$,这说明了两个半空间之间的分界面。同样可以选择函数$\boldsymbol{H}^0$。

5.7节将展示利用所开发的算法,计算获得的埋入地下金属矿山的超宽带脉冲响应。

## 5.4 基于频域积分方程的空中和地下介质谐振物散射特性计算方法

求解介质目标电磁散射问题的边界积分方程有多种方法。不同边界类型的边界积分方程特点已经在文献[24,42]中进行了分析。根据一些研究人员的说法,只有在涉及电场和磁场等效电流的边界积分方程才具有唯一解,它们满足电

场和磁场的切向分量的边界条件。Müller 类型的边界积分方程组[16,24,32,33,40-42,44,47](第二类非齐次 Fredholm 边界积分方程组)可以被认为是这种方程。

使用矩量法及其修正型[16,24,32,33,40-42,44,47]解决了关于介质对象和理想电导体目标的边界问题。

然而,对上述文献[32-34,42-49]的分析表明,现有的求解方法存在一定的局限性,需要进一步发展。5.4.1 节将简要讨论关于在自由空间中均匀介质三维散射体表面的等效电流和磁电流密度求解 Müller 型边界积分方程组方法。核心是辅助点电和磁点源的电磁场差异。然后,求解所考虑的边界积分方程的算法成为计算自由空间均匀介质散射体散射特性方法的基础。

5.4.2 节将比较使用不同方法获得的简单介电物体的 RCS 计算结果。

5.4.3 节将推广用于求解边界积分方程组的方法,该方法是在地下电介质物体的情况下为自由空间中的物体开发的。

## 5.4.1　自由空间中介质物体积分方程组的一种计算方法

考虑图 5.1(a)所示 $\varepsilon_1 = 1$ 的自由空间 $V_1$ 中具有相对介电常数 $\varepsilon_2 = \varepsilon_2' + i\varepsilon_2''$ 的均匀介质三维物体 $V_2$ 的电磁散射问题。

通过引入辅助点源(偶极子)($\boldsymbol{E}_\alpha^{e(m)}(\boldsymbol{Q}|\boldsymbol{Q}_0,\boldsymbol{\tau}^0)$,$\boldsymbol{H}_\alpha^{e(m)}(\boldsymbol{Q}|\boldsymbol{Q}_0,\boldsymbol{\tau}^0)$)的电磁场来研究电磁场,辅助点源作为一个点电(磁)源(位于点 $\boldsymbol{Q}_0$ 具有单位矢量 $\boldsymbol{\tau}^0$)的电磁场。假定物体 $V_2$ 和周围表面 $V_1$ 的相对介电常数是一致的,$\varepsilon_1 = \varepsilon_2 = \varepsilon_\alpha$ ($\alpha = 1,2$)。

在物体表面寻找等效电流和电磁电流密度的积分方程组,可以在 $V_1$ 和 $V_2$ 中把洛伦兹互易定理[23,24]应用于期望电磁场$(\boldsymbol{E},\boldsymbol{H})$,从而应用于上述电磁点源的场,其给出以下结果,即

$$\begin{cases} \boldsymbol{\tau}_2^0 \boldsymbol{J}^m(\boldsymbol{Q}_0)(\varepsilon_2 + \varepsilon_1) - 2\varepsilon_2 \boldsymbol{\tau}_1^0 \boldsymbol{E}^0(\boldsymbol{Q}_0) = \dfrac{2}{i\omega} \int_{S\setminus S_0} (\Delta \boldsymbol{H}^e(\boldsymbol{\tau}_1^0) \cdot \boldsymbol{J}^m(\boldsymbol{Q}) + \varepsilon_0^{-1} \Delta \boldsymbol{D}^e(\boldsymbol{\tau}_1^0) \cdot \boldsymbol{J}^e(\boldsymbol{Q})) \mathrm{d}S_Q \\ -\boldsymbol{\tau}_1^0 \boldsymbol{J}^m(\boldsymbol{Q}_0)(\varepsilon_2 + \varepsilon_1) - 2\varepsilon_2 \boldsymbol{\tau}_2^0 \boldsymbol{E}^0(\boldsymbol{Q}_0) = \dfrac{2}{i\omega} \int_{S\setminus S_0} (\Delta \boldsymbol{H}^e(\boldsymbol{\tau}_2^0) \cdot \boldsymbol{J}^m(\boldsymbol{Q}) + \varepsilon_0^{-1} \Delta \boldsymbol{D}^e(\boldsymbol{\tau}_2^0) \cdot \boldsymbol{J}^e(\boldsymbol{Q})) \mathrm{d}S_Q \\ \boldsymbol{\tau}_2^0 \boldsymbol{J}^e(\boldsymbol{Q}_0) - \boldsymbol{\tau}_1^0 \boldsymbol{H}^0(\boldsymbol{Q}_0) = -\dfrac{1}{i\omega} \int_{S\setminus S_0} (\Delta \boldsymbol{H}^m(\boldsymbol{\tau}_1^0) \cdot \boldsymbol{J}^m(\boldsymbol{Q}) + \Delta \boldsymbol{E}^m(\boldsymbol{\tau}_1^0) \cdot \boldsymbol{J}^e(\boldsymbol{Q})) \mathrm{d}S_Q \\ \boldsymbol{\tau}_1^0 \boldsymbol{J}^e(\boldsymbol{Q}_0) - \boldsymbol{\tau}_2^0 \boldsymbol{H}^0(\boldsymbol{Q}_0) = -\dfrac{1}{i\omega} \int_{S\setminus S_0} (\Delta \boldsymbol{H}^m(\boldsymbol{\tau}_2^0) \cdot \boldsymbol{J}^m(\boldsymbol{Q}) + \Delta \boldsymbol{E}^m(\boldsymbol{\tau}_2^0) \cdot \boldsymbol{J}^e(\boldsymbol{Q})) \mathrm{d}S_Q \end{cases}$$

(5.27)

式中:$\boldsymbol{Q}_0$,$\boldsymbol{Q} \in S$ 为观察点和积分点;$\boldsymbol{\tau}_1^0$ 和 $\boldsymbol{\tau}_2^0$ 为相互正交的单位矢量与 $S$ 相切于点 $\boldsymbol{Q}_0$,这些矢量与单位矢量 $\boldsymbol{\nu}^0$ 构成了右手系;$\boldsymbol{\nu}^0$ 为 $S$ 在该点的外部法线;

$J^e(Q) = n \times H(Q)$ 和 $J^m(Q) = n \times E(Q)$ 为等效电和磁流密度($\nu$ 是积分点的法线);$(E^0, H^0)$ 为初始电磁场。

$$\Delta H^e(\tau^0) = \varepsilon_2 H_2^e(Q|Q_0, \tau^0) - \varepsilon_1 H_1^e(Q|Q_0, \tau^0) \tag{5.28}$$

$$\Delta D^e(\tau^0) = D_2^e(Q|Q_0, \tau^0) - D_1^e(Q|Q_0, \tau^0) \tag{5.29}$$

$$\Delta D_{1(2)}^e(Q|Q_0, \tau^0) = \varepsilon_0 \varepsilon_{1(2)} E_{1(2)}^e(Q|Q_0, \tau^0) \tag{5.30}$$

$$\Delta H^m(\tau^0) = H_2^m(Q|Q_0, \tau^0) - H_1^m(Q|Q_0, \tau^0) \tag{5.31}$$

$$\Delta E^m(\tau^0) = E_2^m(Q|Q_0, \tau^0) - E_1^m(Q|Q_0, \tau^0) \tag{5.32}$$

均匀空间 $V_\alpha$,对应于介电常数 $\varepsilon_\alpha$,其中辅助偶极子电磁场的分量可以表示为[29,34]

$$E_\alpha^e(Q|Q_0, \tau^0) = (\varepsilon_0 \varepsilon_\alpha)^{-1} g_{\alpha 1}(Q_0, Q) \tag{5.33}$$

$$H_\alpha^e(Q|Q_0, \tau^0) = g_{\alpha 2}(Q_0, Q) \tag{5.34}$$

$$E_\alpha^e(Q|Q_0, \tau^0) = -g_{\alpha 2}(Q_0, Q) \tag{5.35}$$

$$H_\alpha^e(Q|Q_0, \tau^0) = \mu_0^{-1} g_{\alpha 1}(Q_0, Q) \tag{5.36}$$

其中

$$g_{\alpha 1}(Q_0, Q) = [\tau^0 k_\alpha^2 G_\alpha(Q_0, Q) + \nabla G_\alpha(Q_0, Q)] \tag{5.37}$$

$$g_{\alpha 2}(Q_0, Q) = i\omega(\tau^0 \times \nabla G_\alpha(Q_0, Q)) \tag{5.38}$$

$$G_\alpha(Q_0, Q) = G_\alpha(R) = \frac{\exp(ik_\alpha R)}{4\pi R} \tag{5.39}$$

式中:$k_\alpha$ 为介电常数 $\varepsilon_\alpha$ 的介质空间 $V_\alpha$ 的波数,$k_\alpha = \omega \sqrt{\varepsilon_0 \varepsilon_\alpha \mu_0} = 2\pi/\lambda_\alpha$;$\lambda_\alpha$ 为 $V_\alpha$ 中的波长;$\varepsilon_0$ 和 $\mu_0$ 为自由空间的介电常数与磁导率。

式(5.27)代表第二类 Fredholm 非齐次积分方程组(Müller 型[24,42])。当 $Q_0$ 和 $Q$ 重合时,方程的核是奇异的。然而,如文献[40-41]所述,考虑到 $Q_0$ 在 $S$ 上,式(5.27)中的边界积分具有有限值,可以数值解。

为此,可以用三轴椭球的部分来近似电介质物体的表面,而三轴椭球又以与理想电导体目标相同的方式分割成小面。结果,表面 $S$ 由一组 $n$ 个电小元部分 $s_n(n=1,\cdots,N)$ 表示,其上电流密度 $J_n^e$、$J_n^m$ 假设为常数,这样它们可以放在积分号外。如此,可以将式(5.27)的第一个方程表示为

$$\tau_{2,n_0}^0 \cdot J_{n_0}^m(\varepsilon_2 + \varepsilon_1) - 2\varepsilon_2 \tau_{1,n_0}^0 \cdot E_{n_0}^0 = \frac{2}{i\omega} \sum_{n=1}^{N} \left( J_n^m \int_{s_n} \Delta H^e(\tau_{1,n_0}^0) ds_Q + \varepsilon_0^{-1} J_n^e \int_{s_n} \Delta D^e(\tau_{1,n_0}^0) ds_Q \right)$$

$$(5.40)$$

式中:$n_0$、$n$ 为电流的观察点和积分点。$n_0 = 1,2,\cdots,N, n = 1,2,\cdots,N$。

与式(5.40)类似,式(5.27)的剩余方程通过离散形式表示。可以使用类似于解磁场积分方程的算法来计算元素 $s_n$ 上的表面积分,给定理想目标如 5.3.1 节中所描述。包含奇异值的表面元素 $s_{n0}$ 依次由一组 $N_0$ 表面部分 $s_{n0} = \sum_{g=1}^{N_0} s'_g$ 表示,如图 5.2 所示。奇点小邻域 $s_0$ 外的表面部分 $s'_g$,满足 $k_3\rho_{0g} > \gamma_0$(其中 $\rho_{0g}$ 为 $s_{n0}(Q_{n0})$ 中心和 $s'_g$ 的距离;$\gamma_0 = 0.01$ 是在计算简单形状目标过程中的经验值),利用五点正交高斯式数值计算该曲面 $s_{n0}$ 上的积分。奇异点 $s_0$ 小邻域的积分包含与条件对应于假设 $k_3\rho_{0g} \leq \gamma_0$ 是零的元素 $s'_g$。

表面部分 $S_n$ 上的积分不包含任何奇点,它们也由五点高斯式计算。

这样找到等效电流的密度后,我们可以计算被电介质物体散射的电磁场分量为

$$\begin{cases} \mathrm{i}\omega \boldsymbol{p}^{\mathrm{rec}} \cdot (\boldsymbol{E}(\boldsymbol{Q}_{\mathrm{rec}}) - \boldsymbol{E}^0(\boldsymbol{Q}_{\mathrm{rec}})) = \int_S (\Delta \boldsymbol{H}^e(\boldsymbol{p}^{\mathrm{rec}}) \cdot \boldsymbol{J}^m(\boldsymbol{Q}) + \varepsilon_0^{-1}\Delta \boldsymbol{D}^e(\boldsymbol{p}^{\mathrm{rec}}) \cdot \boldsymbol{J}^m(\boldsymbol{Q}))\mathrm{d}s_Q \\ -\mathrm{i}\omega \boldsymbol{p}^{\mathrm{rec}} \cdot (\boldsymbol{H}(\boldsymbol{Q}_{\mathrm{rec}}) - \boldsymbol{H}^0(\boldsymbol{Q}_{\mathrm{rec}})) = \int_S (\Delta \boldsymbol{H}^e(\boldsymbol{p}^{\mathrm{rec}}) \cdot \boldsymbol{J}^m(\boldsymbol{Q}) + \Delta \boldsymbol{E}^e(\boldsymbol{p}^{\mathrm{rec}}) \cdot \boldsymbol{J}^e(\boldsymbol{Q}))\mathrm{d}s_Q \end{cases}$$

(5.41)

式中:$Q_{\mathrm{rec}} \notin V_2$,如图 5.1(a)所示。

基于式(5.27)至式(5.41),设计了数值算法,包括针对 5.3.1 节中描述的理想电导体目标而开发的算法的第一、第二和第四阶段。正如前面提到的,式(5.27)中的 Müller 型的积分方程组在所有频率上都有唯一的解。因此,第三阶段是不需要的,并且可以被去除。

在 5.4.2 节中将 RCS 计算结果与 FEKO™ 所获得的数据进行比较。

### 5.4.2 简单形状介质散射特性计算结果验证

选择两个介质散射体作为目标:①如图 5.5(a)中的电细结构椭球体,相对介电常数 $\varepsilon_2 = 10 + \mathrm{i}2$,半轴长 $a_{ex} = 0.9\lambda_1$,$a_{ey} = 0.2\lambda_1$,且 $a_{ez} = 0.02\lambda_1$;②图 5.5(b)中的圆柱体,相对介电常数 $\varepsilon_2 = 2.2 + \mathrm{i}0.1$,半径 $a_c = 0.216\lambda_1$,高度 $d_c = 2.76\lambda_1$。在 E 平面和 H 平面中按照与 5.3.2 节中相同的顺序计算每个测试对象单站 RCS,作为图 5.5 中方位角 $\beta$ 的函数。

使用先前开发的基于 Müller 型积分式(5.27)解和 FEKO™ 软件来计算目标的 RCS。椭球体和圆柱单体 RCS 的结果如图 5.18 中($10\log(\sigma_c/\pi a_c^2)$)和图 5.19 中($10\log(\sigma_e/\pi a_{ez}^2)$)所示。

两种方法的 RCS 数据比较表明,在两种情况下,用式(5.17)测定的相对误差值 $\delta$ 在 1%~3% 之间,除电细椭球 RCS 在两个极化平面上对应于 $\beta = 0° \sim 10°$ 和在 E 面的 45°~50°误差 $\delta$ 满足不超过 8%。

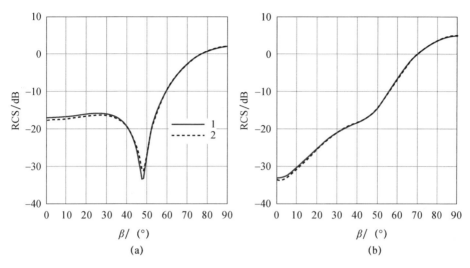

(a)　　　　　　　　　　　　　(b)

图 5.18　介质椭球($\varepsilon_2 = 10 + i2, a_{ex} = 0.5\lambda_1, a_{ey} = 0.02\lambda_1, a_{ez} = 0.2\lambda_1$)

计算单站 RCS 的比较

(a)E 面;(b)H 面。

1—使用所开发方法;2—FEKO$^{TM}$软件。

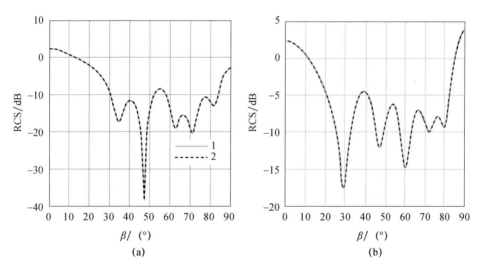

(a)　　　　　　　　　　　　　(b)

图 5.19　介质椭球($\varepsilon_2 = 2.2 + i0.1, a_c = 0.216\lambda_1, d_c = 2.76\lambda_1$)计算 RCS 的比较

(a)E 面;(b)H 面。

1—使用所开发方法;2—FEKO$^{TM}$软件。

### 5.4.3　地下介质体的积分方程组

将该方法扩展到确定位于电介质半空间 $V_3$ 的电介质对象 $V_2$ 的 RCS，如图 5.1(b) 所示。为了获得必要的积分方程，可以应用洛伦兹互易定理。为此，引入下一组辅助电磁场：$(E_{1,2}^{e(m)}(Q|Q_0,\tau^0), H_{1,2}^{e(m)}(Q|Q_0,\tau^0))$ 是辅助点电（磁）源的电磁场，该电磁场考虑了介质半空间 $V_1$ 和 $V_3$ 之间的边界的存在（图 5.1(b)），假设围绕物体 $V_2$ 的半空间 $V_3$ 的相对介电常数 $\varepsilon_3$ 等于 $\varepsilon_2$；$(E_{1,3}^{e(m)}(Q|Q_0,\tau^0), H_{1,3}^{e(m)}(Q|Q_0,\tau^0))$ 是考虑了介质半空间 $V_1$ 和 $V_3$ 之间的边界的存在的辅助点电（磁）源的电磁场，假设物体 $V_2$ 的相对介电常数 $\varepsilon_2$ 等于半空间 $V_3$ 的 $\varepsilon_3$。

将洛伦兹互易定理应用于期望电磁场 $(E,H)$ 和在上述 $V_1 \cup V_3$ 空间引入的辅助场和 $V_2$，生成类似于式 (5.27) 中对于均匀空间中的电介质对象所示的方程组，即

$$\begin{cases} \tau_2^0 J^m(Q_0)(\varepsilon_2+\varepsilon_1) - 2\varepsilon_2 \tau_1^0 E^0(Q_0) = \dfrac{2}{i\omega} \int_{s\backslash s_0} (\Delta H_{2,3}^e(\tau_1^0)\cdot J^m(Q) + \varepsilon_0^{-1}\Delta D_{2,3}^e(\tau_1^0)\cdot J^e(Q))\mathrm{d}s_Q \\ -\tau_1^0 J^m(Q_0)(\varepsilon_2+\varepsilon_1) - 2\varepsilon_2 \tau_2^0 E^0(Q_0) = \dfrac{2}{i\omega} \int_{s\backslash s_0} (\Delta H_{2,3}^e(\tau_2^0)\cdot J^m(Q) + \varepsilon_0^{-1}\Delta D_{2,3}^e(\tau_2^0)\cdot J^e(Q))\mathrm{d}s_Q \\ \tau_2^0 J^e(Q_0) - \tau_1^0 H^0(Q_0) = -\dfrac{1}{i\omega} \int_{s\backslash s_0} (\Delta H_{2,3}^m(\tau_1^0)\cdot J^m(Q) + \Delta E_{2,3}^m(\tau_1^0)\cdot J^e(Q))\mathrm{d}s_Q \\ \tau_1^0 J^e(Q_0) - \tau_2^0 H^0(Q_0) = -\dfrac{1}{i\omega} \int_{s\backslash s_0} (\Delta H_{2,3}^m(\tau_2^0)\cdot J^m(Q) + \Delta E_{2,3}^m(\tau_2^0)\cdot J^e(Q))\mathrm{d}s_Q \end{cases}$$

(5.42)

式中：$Q_0, Q \in S$；$(E^0, H^0)$ 为初始电磁场，考虑了半空间 $V_1$ 和 $V_3$ 之间边界的存在，有

$$\Delta H_{2,3}^e(\tau^0) = \varepsilon_2 H_{1,2}^e(Q|Q_0,\tau^0) - \varepsilon_1 H_{1,3}^e(Q|Q_0,\tau^0) \tag{5.43}$$

$$\Delta D_{2,3}^e(\tau^0) = D_{1,2}^e(Q|Q_0,\tau^0) - D_{1,3}^e(Q|Q_0,\tau^0) \tag{5.44}$$

$$\Delta D_{1,2(3)}^e(Q|Q_0,\tau^0) = \varepsilon_0 \varepsilon_{2(3)} E_{1,2(3)}^e(Q|Q_0,\tau^0) \tag{5.45}$$

$$\Delta H_{2,3}^m(\tau^0) = H_{1,2}^m(Q|Q_0,\tau^0) - H_{1,3}^m(Q|Q_0,\tau^0) \tag{5.46}$$

$$\Delta E_{2,3}^m(\tau^0) = E_{1,2}^m(Q|Q_0,\tau^0) - E_{1,3}^m(Q|Q_0,\tau^0) \tag{5.47}$$

在得到等效电和磁流密度 $J^e$ 和 $J^m$ 之后，可以使用以下表示来计算图 5.1(b) 的半空间 $V_1$ 中由地下电介质物体散射的电磁场，即

$$\begin{cases} i\omega p^{\mathrm{rec}} \cdot (E(Q_{\mathrm{rec}}) - E^0(Q_{\mathrm{rec}})) = \int_s (\Delta H_{2,3}^e(p^{\mathrm{rec}})\cdot J^m(Q) + \varepsilon_0^{-1}\Delta D_{2,3}^e(p^{\mathrm{rec}})\cdot J^m(Q))\mathrm{d}s_Q \\ -i\omega p^{\mathrm{rec}} \cdot (H(Q_{\mathrm{rec}}) - H^0(Q_{\mathrm{rec}})) = \int_s (\Delta H_{2,3}^m(p^{\mathrm{rec}})\cdot J^m(Q) + \Delta E_{2,3}^m(p^{\mathrm{rec}})\cdot J^e(Q))\mathrm{d}s_Q \end{cases}$$

(5.48)

式中：$Q_{\mathrm{rec}} \in V_1$。

如上所述，电磁场分量的推导考虑了电介质半空间边界的存在。$E_{1,2}^{e(m)}$、$H_{1,2}^{e(m)}$、$E_{2,3}^{e(m)}$、$H_{2,3}^{e(m)}$在文献[56,57]中进行了描述。

从式(5.42)~式(5.48)发展的数值算法允许计算电介质地下表面的频率响应。

## 5.5 谐振尺寸物体的超宽带脉冲响应计算方法

基于频域求解积分方程组，设计了计算谐振雷达目标散射特性的方法。等式(5.6)、式(5.26)以及式(5.41)和式(5.48)提供了一种计算固定接收点$Q_{rec}$处的复频率响应函数的方法。可以把这个函数与雷达目标散射的磁场联系起来，有

$$G_{rec}(f) = \boldsymbol{p}^{rec} \cdot \boldsymbol{H}(Q_{rec}, f) = \boldsymbol{p}^{rec} \cdot \boldsymbol{H}(Q_{rec}) \tag{5.49}$$

探测信号频谱$G_{ss}(f)$在设定函数描述入射场时考虑

$$\boldsymbol{H}^0(Q^0) = G_{ss}(f)\boldsymbol{H}_{01}^0(Q^0, f) \tag{5.50}$$

$$\boldsymbol{E}^0(Q^0) = G_{ss}(f)\boldsymbol{E}_{01}^0(Q^0, f) \tag{5.51}$$

式中：$\boldsymbol{H}_{01}^0(Q^0, f)$和$\boldsymbol{E}_{01}^0(Q^0, f)$为入射信号源电磁场的矢量函数，在所感兴趣的频率范围内，探测信号幅度谱密度$|G_{ss}(f)|=1$，相位谱$\phi_{ss}(f)=\arg(G_{ss}(f))=0$。

可以确定时域响应作为$G_{rec}(f)$的傅里叶逆变换。然而，该积分可以发生快速振荡。为了在固定接收点$Q_{rec}$计算时域响应$u(t)$，需要应用信号频谱$G_{rec1}(w) = G_{rec}(f)$在其离散频点$\omega_m = 2\pi f_m$（$m=1,2,\cdots,M-1$，$M$是定义频谱的离散频点数）的分段线性近似的求积式，即

$$G_{rec1}(\omega) = a_{1m}\omega + a_{2m}, \quad (\omega_m \leq \omega \leq \omega_{m+1}) \tag{5.52}$$

对于等式(5.52)，可以得出频谱的傅里叶逆变换为

$$u(t) = \frac{1}{2\pi}\int_{\omega_H}^{\omega_K} G_{rec1}(\omega)\exp(-i\omega t)d\omega \approx \frac{1}{2\pi}\sum_{m=1}^{M-1}\int_{\omega_m}^{\omega_{m+1}}(a_{1m}\omega + a_{2m})\exp(-i\omega t)d\omega \tag{5.53}$$

给定前面的表达式，可以计算在$[\omega_m, \omega_{m+1}]$区间式(5.53)的积分为

$$\int_{\omega_m}^{\omega_{m+1}}(a_{1m}\omega + a_{2m})\exp(-i\omega t)d\omega = F_m(t)$$

$$= \begin{cases} 0.5a_{1m}(\omega_{m+1}^2 - \omega_m^2) + a_{1m}(\omega_{m+1} - \omega_m), & t=0, \\ \dfrac{a_{1m}}{t}[\exp(i\omega_{m+1}t)(i\omega_{m+1}t-1) - \exp(i\omega_m t)(i\omega_m t-1)] + \\ \dfrac{a_{1m}}{it}[\exp(i\omega_{m+1}t) - \exp(i\omega_m t)], & t \neq 0. \end{cases} \tag{5.54}$$

考虑到式(5.54)，将计算雷达目标的脉冲响应的表达式写成

$$u(t) \approx \frac{1}{2\pi}\sum_{m=1}^{M-1} F_m(t) \tag{5.55}$$

为了计算式(5.54)中的未知系数 $a_{1m}$ 和 $a_{2m}$，可将式(5.52)表示为

$$G_{\text{rec}1}(\omega_m) = G_{\text{rec}1m} = a_{1m}\omega_m + a_{2m} \qquad (5.56)$$

$$G_{\text{rec}1}(\omega_{m+1}) = G_{\text{rec}1m+1} = a_{1m}\omega_{m+1} + a_{2m} \qquad (5.57)$$

从式(5.56)中减去式(5.57)，可以求解 $a_{1m}$ 和 $a_{2m}$ 分别为

$$a_{1m} = \frac{G_{\text{rec}1m+1} - G_{\text{rec}1m}}{\omega_{m+1} - \omega_m} \qquad (5.58)$$

$$a_{2m} = \frac{G_{\text{rec}1m}\omega_{m+1} - G_{\text{rec}1m+1}\omega_m}{\omega_{m+1} - \omega_m} \qquad (5.59)$$

因此，式(5.55)之和以及式(5.54)、式(5.58)和式(5.59)中的附加表达式提供了一种方法，用来计算真实雷达目标脉冲响应，通过式(5.49)中离散值频率响应 $G_{\text{rec}1m}$，包括 UWB 信号的雷达探测。为此，需要通过输入式(5.1)、式(5.6)、式(5.25)~式(5.27)、式(5.41)、式(5.42)和式(5.48)，在入射场的表达式中考虑根据等式(5.50)和式(5.51)的探测信号频谱。

在发展计算机模拟的同时，可以发现为了利用式(5.55)的变换来获得 VHF 频段中复杂形状的谐振尺寸对象的可靠脉冲响应，首先应该接收对象的频率响应的离散值，其间隔不超过 5~10MHz。

本书利用式(5.55)，计算了巡航导弹的高分辨距离像、UWB 信号照射下埋在地下的反坦克、杀伤地雷的脉冲响应。下面将逐一介绍。

## 5.6 复杂形状空中谐振体的超宽带高分辨距离像计算

本节介绍超高频和甚高频 UWB 探测信号下巡航导弹的高分辨距离像。如前所述，空中目标表面建模算法将物体近似为多个椭球部分。5.3 节描述了如何将物体表面建模为椭球体。图 5.20 为 Taurus KEPD 350 和 AGM 86C 巡航导弹的表面模型。模型分别由 26 个椭球部分和 13 个椭球部分分别组成。假设导弹的表面是理想导体。计算没有考虑到旋翼调制。首先利用 5.3.3 节中所描述的迭代算法计算巡航导弹的频率响应。然后，根据 5.5 节中描述的目标频率响应的分段线性近似，采用傅里叶逆变换来获得距离像。

巡航导弹的测距像对应于具有均匀幅度频谱和零相位频谱的探测信号。获得了以下带宽的计算结果 $\Delta f = 300\text{MHz}(f_{\min} = 100\text{MHz}, f_{\max} = 400\text{MHz}; \lambda_{1\max} = 3\text{m}, \lambda_{1\min} = 0.75\text{m})$ 和 $\Delta f = 100\text{MHz}(f_{\min} = 200\text{MHz}, f_{\max} = 300\text{MHz}; \lambda_{1\max} = 1.5\text{m}, \lambda_{1\min} = 1\text{m})$ 计算使用 10MHz 频率采样间隔。用 Hamming 函数对频率响应进行加权。在这种情况下，$\Delta f = 300\text{MHz}$ 时距离分辨力 $\delta_r = 0.71\text{m}$，$\Delta f = 100\text{MHz}$ 时距离分辨力 $\delta_r = 2.13\text{m}$。图 5.20 中显示了一个单基地雷达获得的距离像。结果对应于水平($E$ 和机翼平行)、垂直($E$ 位于包含入射方向矢量和垂直于机翼平面的平

面内)极化。仰角 $\varepsilon = 3°$,显示了来自下半空间的典型入射,对应于对导弹进行跟踪的地基雷达。距离像考虑了 3 个方位角,即 $\beta = 0°$(前入射)、$\beta = 90°$(边入射)和 $\beta = 60°$。图 5.21 显示了导弹指向水平面时所计算的距离像。图 5.22 ~ 图 5.25 显示了计算的距离像。为了便于解释,对应于导弹结构的局部极大值用数字标记。给定频率巡航导弹距离像幅度值对方位角 $\beta = 90°$ 和水平极化的脉冲相应最大值进行了归一化。在图 5.22 ~ 图 5.25 中,距离 $r$ 位于水平轴上,正值对应于从入射点移开。

图 5.20 巡航导弹及其模型
(a)Taurus KEPD 350 德国/瑞典空射巡航导弹;(b)AGM - 86C 美国空射巡航导弹(ALCM)

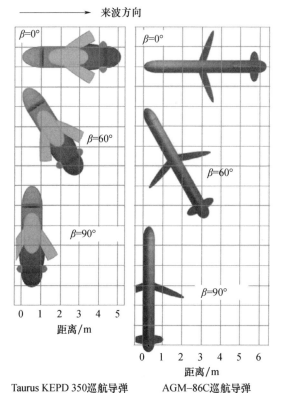

Taurus KEPD 350巡航导弹　　AGM-86C巡航导弹
图 5.21 用于确定巡航导弹距离像的方位角

为了评估计算方法的效果,需要检验图 5.22～图 5.25 中的黑线所示 $\delta_r = 0.71\mathrm{m}$ 确定的距离分辨力。

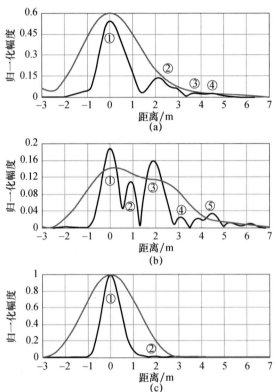

图 5.22　计算得到的 UWB 雷达水平极化 Taurus KEPD 350 巡航导弹高分辨距离像

(雷达像对应于以下方位角(a)$\beta = 0°$、(b)$\beta = 60°$、(c)$\beta = 90°$;
黑线和灰线分别显示了 $\delta_r = 0.71\mathrm{m}$ 和 $\delta_r = 2.13\mathrm{m}$ 的距离分辨力)

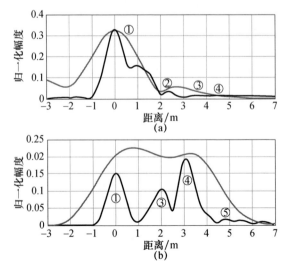

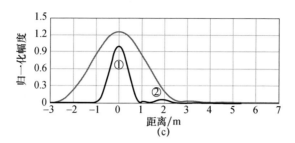

图 5.23 垂直极化时 UWB 雷达探测的 Taurus KEPD 350 巡航导弹的高分辨距离像。
雷达像对应于下列角度：(a)$\beta=0°$、(b)$\beta=60°$、(c)$\beta=90°$；
黑线和灰线分别代表 $\delta_r=0.71m$ 和 $\delta_r=2.13m$ 的距离分辨力。

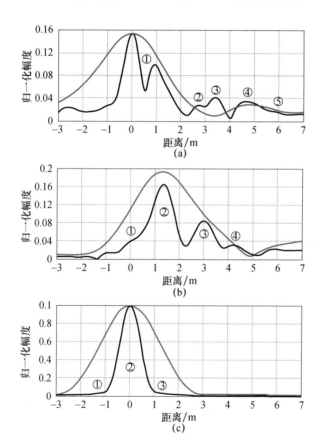

图 5.24 水平极化时 UWB 雷达探测的 AGM-86C 巡航导弹的高分辨距离像
（雷达像对应于下列角度：(a)$\beta=0°$、(b)$\beta=60°$、(c)$\beta=90°$；
黑线和灰线分别代表了 $\delta_r=0.71m$ 和 $\delta_r=2.13m$ 的距离分辨力）

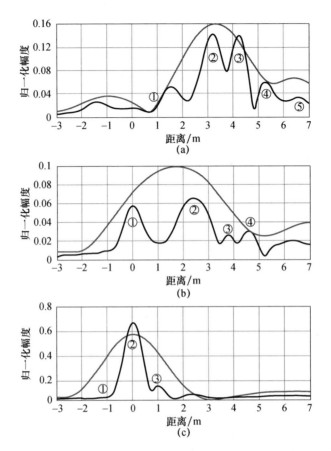

图 5.25 垂直极化时 UWB 雷达探测的 AGM-86C 巡航导弹的高分辨距离像
(雷达像对应于下列角度:(a)$\beta=0°$、(b)$\beta=60°$、(c)$\beta=90°$;
黑线和灰线分别显示了 $\delta_r=0.71m$ 和 $\delta_r=2.13m$ 的距离分辨力)

甚高频导弹距离像具有明确的局部最大值,其对应于导弹的结构部件。图 5.22 和图 5.23 所示的 Taurus KEPD 350 巡航导弹的距离像取决于以下方面的角度。

(1) 方位角 $\beta=0°$ 包含以下最大值对应于:①机身前部;②前缘组件;③翼后缘;④鳍。水平定向翼的响应在垂直极化中具有明显较小的振幅。

(2) 水平极化方位角 $\beta=60°$ 在以下点表现出极大值:①前机体;②前缘组件(图 5.21 所示以直角入射);③由机身与远机翼之间的相互作用(沿入射方向)调节的响应;④后机身;⑤前缘组件的响应对于垂直极化在同一个角度不可观测。需要注意的是,对于两极化,在方位角 $\beta=60°$ 处,回波都显示出绕机身后部的"爬行"波引起的响应。

(3) 对于纵向角 $\beta=90°$,Taurus KEPD 350 巡航导弹的距离像包括:①来自

机身的实际无畸变响应;②由绕机身行进并延迟返回的高分辨力脉冲引起的"爬行"波响应。第二个最大值的幅度在垂直极化时更大,由于流过机身轴线的电流。由"爬行"波调节的响应是众所周知的现象,与谐振大小目标雷达探测一样。这些响应包含对象几何尺寸的信息[7-12]。

图 5.24 和图 5.25 是 AGM-86C 空射巡航导弹的距离像。

(1) 对于图 5.21 中两个极化的前向角 $\beta=0°$,响应具有以下局部最大值:①前部(双响应),②和③均为机翼,④涡轮进气口,⑤鳍。

(2) 对于方位角 $\beta=60°$,AGM-86C 空射巡航导弹的距离像在两种正交极化状态有明显的不同。两种极化的距离像包括:①前部与近翼叠加(沿测深方向)反射的响应;②机身中心部分、机翼与涡轮进气口相互作用的结果;③尾翼与翼片的响应;④和 Taurus KEPD 350 空射巡航导弹一样,$\beta=60°$ 的 AGM-86C 空射巡航导弹距离像包含在机身后部弯曲的"爬行"波引起响应。

(3) 对于方位角 $\beta=90°$,两个极化的距离像包含 3 个最大值:①机翼附近相对较弱的响应;②机身实际无畸变的响应;③机身周围的"爬行"波引起的响应。

注意,空射巡航导弹雷达像的正交极化具有显著差异,这些差异发生在谐振点附近。UHF 和超高频(SHF)波段的巡航导弹距离像由于导弹主要结构元件(包括平滑部分和线性边缘)的电气尺寸较大,在大多数方位角上与正交极化基本一致[20]。

较大距离分辨力 $\delta_r=2.13m$ 的目标距离像是图 5.22~图 5.25 中的灰线。使用较大距离分辨力信号只能确定径向尺寸。当纵向尺寸大于 $\delta_r=2.13m$ 时,对于不同于侧面入射的方位角,这种效应出现在范围像中,如图 5.22~图 5.25 中 0°和 60°的方位角所示。

仿真结果的分析表明,对于谐振尺寸目标的巡航导弹的距离像,可以得到以下结论。

(1) 距离分布可以包含由独立部件之间的复杂交互作用所调节的响应(特别是方面角 $\beta=60°$ 的距离分布)。

(2) VHF 频段巡航导弹的距离像在水平极化和垂直极化时存在显著差异。基于这些结果,水平极化信号对这类目标产生更好的结果。

(3) 正如预期的那样,所考虑的巡航导弹的距离像取决于物体的方位角。这种现象将使航空器非合作识别算法只使用距离分布图时变得复杂化。

(4) 利用目标的谐振波长探测信号可以获得重要的优势。图 5.22~图 5.25 中观察到的效果证明了与物体尺寸相关的"爬行"波或复杂自然谐振的存在。复杂自然谐振提取的性质和方法在文献[7-12]中进行了描述。复杂自然谐振不依赖于物体的方位角,它们可以作为识别符号来减少识别算法参数的数量[7-16]。

结果表明,使用 VHF 波段信号可以提供巡航导弹检测和识别的最佳结果。对于 0°~45°的方位角,VHF 波段巡航导弹的 RCS 中值如何能超过 UHF 和 SHF 波段的模拟值两个数量级。通过增加反射信号强度,可以使这类空中物体的可检测范围更大,同时提高了目标坐标估计的精度。

## 5.7 埋藏式地雷的超宽带脉冲响应计算

本节介绍了 M15 和 MK7 金属反坦克地雷和 DM11 杀伤塑料地雷的脉冲响应的数值模拟结果。脉冲响应计算使用构造的地雷表面模型如图 5.26 所示。表 5.1 给出了所考虑的地雷尺寸和性质。

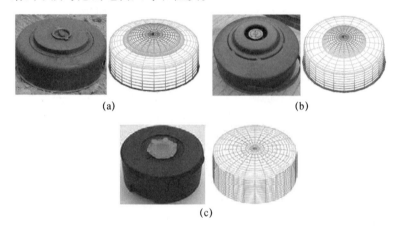

图 5.26 地雷及其用于计算 UWB 脉冲响应的模型
(a) M15 反坦克金属地雷;(b) M7 反坦克金属地雷;(c) DM-11 伤人塑料地雷。

表 5.1 各种地雷的参数

| 地雷型号 | 类型 | 直径 $d_{mine}$/mm | 高度 $h_{mine}$/mm | 材料 |
| --- | --- | --- | --- | --- |
| M15 | 反坦克 | 334 | 124 | 金属(理想电导体) |
| MK7 | 反坦克 | 325 | 127 | 金属(理想电导体) |
| DM-11 | 伤人 | 81 | 37 | 塑料($\varepsilon_2 = 2.2$) |

本书计算研究了在 100~1000MHz 波段内具有均匀幅度频谱和零相位频谱的 UWB 信号照射下埋地地雷的响应。信号具有 50MHz 的谱线间隔。用汉明窗(Hamming)函数对地雷频率响应进行加权。

模拟时使用小尺寸天线的双基地探地雷达(具有矢量矩 $\boldsymbol{p}^{tr}$ 和 $\boldsymbol{p}^{rec}$ 的磁偶极子,指向 $Ox$ 轴,如图 5.1(b)所示)。选择天线距离地面 0.5m 距离。天线系统假设发射和接收之间完全隔离。系统的配置将发射和接收偶极子的中心放置在具有坐标 $x_{tr}=20\text{cm}$、$y_{tr}=0$ 以及 $x_{rec}=-15.36\text{cm}$、$y_{rec}=35.36\text{cm}$,的点上。坐标原点 $x=y=0$ 在所有情况下对应于地雷中心。假设地下物体埋藏在深度 $h_{ob}=6\text{cm}$。

计算时假设地雷被两种不同密度 $\rho$ 的土壤所包围,水分含量 $W$:灰色土壤 $\rho=1.2\text{g/cm}^3$、$W=10\%$,棕色土壤 $\rho=1.2\text{g/cm}^3$、$W=10\%$[58]。

图 5.27 显示了 M15、MK7 反坦克地雷和 D11 杀伤塑料地雷在灰壤土和棕色壤土中埋藏的 UWB 脉冲响应。

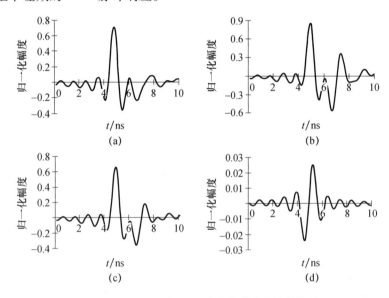

图 5.27 埋地地雷 UWB 雷达脉冲响应计算结果
(a)M15 地雷在灰土壤中;(b)MK7 地雷在灰土壤中;
(c)MK7 地雷在棕土壤中;(d)DM-11 地雷在灰土壤中。

图 5.27 显示了谐振大小物体的雷达探测所固有的观测效果。应用 5.3.4 节和 5.4.3 节中所考虑的数值方法,在具有干扰背景下地雷自然谐振发展了地雷识别算法[16]。计算结果表明,地雷的自然谐振不依赖于探地雷达天线系统与地雷的相对位置。然而,算法的实现需要已知土壤电物理特性。

## 5.8 小　　结

本章介绍了仿真金属和介质谐振尺寸雷达目标 UWB 散射特性的最新数值方法。这些方法有助于预测未来战争中可能出现的导弹、无人机和小型飞机等航空雷达目标的 VHF 波段散射特性。该方法还可以仿真位于介质中目标的散射特性,如不同类型的地雷,包括非金属地雷。预测电介质物体的 UWB 响应在检测不同电介质性质,如材料缺陷和疾病对器官的影响的无损检测和医学成像中有潜在的应用。

所开发的方法基于频域积分方程解,并且提出了一种使用多个单频信号的容易实现的方法。5.3 节和 5.4 节描述了数值方法,这些方法对于计算空气和地下谐振尺寸雷达目标的散射模拟特性具有一些优点。为了确定这些方法的精度,将简单物体的计算 RCS 与物理实验的结果和其他数值方法计算的结果进行比较。

所开发的方法在空间频率域和时间域中用于估计谐振尺寸的空气和地下物体的散射特性。该算法在给定探测信号极化、空间和时频参数时,模拟目标反射的单基地信号和双基地信号。它们在发展用于预测雷达响应的信号处理方法和基于信号内容分析的识别方法方面有潜在的应用。

## 参 考 文 献

[1] Knott,E. F. ,Shaeffer,J. F. ,and Tuley,M. T. Radar Cross Section,2nd edition. SciTech Publishing,Inc. ,Raleigh,NC. 2004.

[2] Zalevsky,G. S. and Sukharevsky,O. I. Numerical method of resonance – size air object scatteringcharacteristic calculation based on integral equation solving,In Proceedings of the 12th International Conference on Mathematical Methods in Electromagnetic Theory,MMET'08,June 29 – July 2,2008,Odessa,Ukraine,pp. 334 – 336.

[3] Sukharevsky,O. I. ,Zalevsky,G. S. ,Nechitaylo,S. V. ,and Sukharevsky,I. O. ,Simulation of Scattering Characteristics of Aerial Resonant – Size Objects in the VHF Band,Radioelectronics and Communications Systems,2010,Vol. 53,No. 4,pp. 213 – 218.

[4] Taylor,J. D. et al. Ultrawideband Radar:Applications and Design,CRC Press,Taylor & Francis Group. Boca Raton,FL,2012.

[5] Grinev,A. Y. et al. Questions of Subsurface Radar,Radiotechnika. Moscow. 2005 (in Russian).

[6] Jol,H. M. et al. Ground Penetrating Radar Theory and Applications,Elsevier,Amsterdam,2008.

[7] Gaunaurd,G. C. ,Uberall,H. ,and Nagl,A. Complex – frequency poles and creeping – wave transients in electromagnetic – wave scattering,Proceedings of the IEEE,Vol. 31,No 1,pp. 172 – 174,1983.

[8] Baum,C. ,Rothwell,E. ,Chen,K. ,and Nyquist,D. The singularity expansion method and itsapplication to target identification,Proceedings of the IEEE,Vol. 79,No 10,1481 – 1492,1991.

[9] Mooney,J. E. ,Ding,Z. ,and Riggs,L. S. Robust target identification in white Gaussian noise forultra wide – band radar systems,IEEE Transactions on Antennas and Propagations,Vol. 46,No 12,pp. 1817 – 1823,1998.

[10] Mooney,J. E. ,Ding,Z. ,and Riggs,L. S. Performance Analysis of a CLRT automated Target-

discrimination scheme, IEEE Transactions on Antennas and Propagations, Vol. 49, No. 12, pp. 1827 – 1835, 2001.

[11] In – Sik C. , Joon – Hu L. , Hyo – Tae K. , and Rothwell, E. J. Natural frequency extraction using latetimeevolutionary programming – based CLEAN, IEEE Transactions on Antennas and Propagations, Vol. 51, No. 12, pp. 3285 – 3292, 2003.

[12] Chen, W. C and Shuley, N. V. Z. Robust Target Identification Using a Modified Generalized-Likelihood Ratio Test, IEEE Transactions on Antennas and Propagations, Vol. 62, No 1, pp. 264 – 273, 2014.

[13] Chan, L. C. , Moffat, D. L. and Peters, L. Jr. A Characterization of Subsurface Radar Targets, Proceedings of the IEEE, Vol. 67, No 7, pp. 991 – 1000, 1979.

[14] Vitebsky, S. and Carin, L. Resonances of Perfectly Conducting Wires and Bodies of Revolution Buried in a Lossy, Dispersive Half – Space, IEEE Transactions on Antennas and Propagations, Vol. 44, No 12, pp. 1575 – 1583, 1996.

[15] Geng, N. , Jackson, D. R. , and Carin, L. On the Resonances of a Dielectric BOR Buried in a Dispersive Layered Medium, IEEE Transactions on Antennas and Propagation, Vol. 47, No 8, pp. 1305 – 1313, 1999.

[16] Zalevsky, G. S. , Muzychenko, A. V. , and Sukharevsky, O. I. Method of radar detection and identification of metal and dielectric objects with resonant sizes located in dielectric medium, Radioelectronics and Communications Systems, Vol. 55, No 9, pp. 393 – 404, 2012.

[17] Shirman, Ya. D. et. al. Computer Simulation of Aerial Target Radar Scattering Recognition, Detection and Tracking, Artech House, Norwood, M. A. 2002.

[18] Ufimtsev, P. Y. Theory of Edge Diffraction in Electromagnetics, Tech Science Press. Encino, CA. 2003.

[19] Sukharevsky, O. I, Gorelyshev, S. A. , and Vasilets, V. A. UWB Pulse Backscattering from Objects Located near Uniform Half – Space. In Taylor, J. D. et al. Ultrawideband Radar: Applications and Design. CRC Press Taylor & Francis Group. Boca Raton, FL, pp. 253 – 284, 2012.

[20] Sukharevsky, O. I. et al. Electromagnetic Wave Scattering by Aerial and Ground Radar Objects, CRC Press Taylor & Francis Group. Boca Raton, FL, 2014.

[21] Çağtay U. , Gonca Ç. , Mustafa Ç. , and Levent S. Radar Cross Section (RCS) Modeling and Simulation, Part 1: A Tutorial Review of Definitions, Strategies, and Canonical Examples, IEEE Antennas and Propagations Magazine, Vol. 50, No 1, pp. 115 – 126, 2008.

[22] Gonca Ç. , Mustafa Ç. , and Levent S. Radar cross section (RCS) Modeling and Simulation, Part 2: A Novel FDTD – Based RCS Prediction Virtual Tool for the Resonance Regime, IEEE Antennas and Propagations Magazine, Vol. 50, No 2, pp. 81 – 94, 2008.

[23] Mittra, R. Computer Techniques for Electromagnetics, Pergamon Press. Oxford. 1973.

[24] Vasilyev, Ye. N. Exitation of a Body of Revolution, Radio I svyaz. Moscow. 1987 (in Russian).

[25] Rius, J. M. , Úbeda, E. , and Parron, J. On the Testing of the Magnetic Field Integral Equation With RWG Basis Functions in Method of Moments, IEEE Transactions on Antennas and Propagation, Vol. 49, No 11, pp. 1550 – 1553, 2001.

[26] Levent, G. and Özgür, E. Singularity of the Magnetic Field Integral Equation and its extraction, IEEE Antennas and Wireless Propagation Letters, Vol. 4, pp. 229 – 232, 2005.

[27] Özgür E. and Levent G. Linear – Linear Basis Functions for MLFMA Solutions of Magnetic Field and Combined Field Integral Equations, IEEE Transactions on Antennas and Propagation, Vol. 55, No 4, pp. 1103 – 1110, 2007.

[28] Eibert, T. F. Some scattering results computed by surface – integral – equation and hybrid finiteelement – boundary – integral techniques, accelerated by the multilevel fast multipole method, IEEE Antennas and Propagation Magazine, Vol. 49, No 2, pp. 61 – 69, 2007.

[29] Gibson, W. C. The Method of Moments in Electromagnetics. Chapman & Hall, Taylor & Francis Group. Boca Raton, FL, 2008.

[30] Ylä – Oijala, P., Taskinen, M., and Järvenpää, S. Advanced Surface Integral Equation Methods in Computational Electromagnetics, Proceedings of International Conference on Electromagnetics in Advanced Applications, ICEAA '09, September 14 – 18, 2009, Torino, Italy, pp. 369 – 372.

[31] Zalevsky, G. S., Nechitaylo, S. V, Sukharevsky, O. I., and Sukharevsky, I. O. EM Wave Scattering by Perfectly Conducting Disk of Finite Thickness, Proceedings of the 13th International Conference on Mathematical Methods in Electromagnetic Theory, MMET' 10, September 6 – 8, 2010, Kyiv, Ukraine, 1 CD – ROM.

[32] Ubeda, E., Tamayo, J. M., and Rius, J. M. Taylor – Orthogonal Basis Functions for the Discretization in Method of Moments of Second Kind Integral Equations in the Scattering Analysis of Perfectly Conducting or Dielectric Objects, Progress in Electromagnetics Research. Vol. 119, pp. 85 – 105, 2011.

[33] Su Y., Jian – Ming J., and Zaiping N. Improving the Accuracy of the Second – Kind Fredholm Integral Equations by Using the Buffa – Christiansen Functions, IEEE Transactions on Antenna and Propagations, Vol. 59, No 4, pp. 1299 – 1310, 2011.

[34] Volakis, J. L. and Sertel, K. Integral Equation Methods for Electromagnetics, SciTech Publishing, Inc. Raleigh, NC, 2012.

[35] Ubeda, E., Tamayo, J. M., Rius, J. M., and Heldring, A. Stable Discretization of the Electric – Magnetic Field Integral Equation With the Taylor – Orthogonal Basis Functions, IEEE Transactions on Antennas and Propagation, Vol. 61, No 3, pp. 1484 – 1490, 2013.

[36] Zalevsky, G. S. and Sukharevsky, O. I. Secondary Emission Characteristics of Resonant Perfectly Conducting Objects of Simple Shape, Proceedings of International Conference on Antenna Theory and Techniques, ICATT' 13, September 16 – 20, 2013, Odessa, Ukraine, pp. 145 – 147.

[37] Zalevsky, G. S. and Sukharevsky, O. I. Calculation of Scattering Characteristics of Aerial Radar Objects of Resonant Sizes Based on Iterative Algorithm, Radioelectronics and Communications Systems, Vol. 57, No 6, pp. 13 – 25, 2014.

[38] FEKO$^M$ Comprehensive Electromagnetic Solutions. The Complete Antenna Design and Placement Solution. Online: http://www.feko.info.

[39] Vitebsky, S., Sturgess, K., and Carin, L. Short – Pulse Plane – Wave Scattering from Buried Perfectly Conducting Bodies of Revolution, IEEE Transactions on Antennas and Propagation, Vol. 44, No 2, pp. 143 – 151, 1996.

[40] Sukharevsky, O. I. and Zalevsky, G. S. EM Wave Scattering by Resonance – Size Buried Objects, Telecommunication and RadioEngineering, Vol. 51, No 9, pp. 80 – 87, 1997.

[41] Sirenko, Yu. K., Sukharevsky, I. V., Sukharevsky, O. I., and Yashina, N. P. Fundamental and Applied Problems of the Electromagnetic Wave Scattering Theory, Krok, Kharkov. 2000 (in Russian).

[42] Harrington, R. F. Boundary Integral Formulations for Homogeneous Material Bodies, Journal of Electromagnetic Waves and Applications, Vol. 3, No 1, pp. 1 – 15, 1989.

[43] Ylä – Oijala, P. and Taskinen, M. Application of Combined Field Integral Equation for Electromagnetic Scattering by Dielectric and Composite Objects, IEEE Transactions on Antennas and Propagation, Vol. 53, No 3, pp. 1168 – 1173, 2005.

[44] Ylä – Oijala, P. and Taskinen, M. Well – Conditioned Müller Formulation for Electromagnetic Scattering by Dielectric Objects, IEEE Transactions on Antennas and Propagation, Vol. 53, No 10, pp. 3316 – 3323, 2005.

[45] Ylä – Oijala, P., Taskinen, M., and Sarvas, J. Surface Integral Equation Method for General Composite Metallic and Dielectric Structures with Junctions, Progress in Electromagnetics Research, Vol. 52, pp. 81 – 108, 2005.

[46] Lu, C. C. and Zeng, Z. Y. Scattering and Radiation Modeling Using Hybrid Integral Approach and Mixed Mesh Element Discretization, Progress in Electromagnetic Research Symposium, Proceedings, August 22 – 26, 2005, Hangzhou, China, pp. 70 – 73.

[47] Ylä – Oijala, P., Taskinen, M., and Järvenpää, S. Analysis of Surface Integral Equations in Electromagnetic Scattering and Radiation Problems. Engineering Analysis with Boundary Elements, Vol. 32, pp. 196 – 209, 2008.

[48] Geng, N. and Carin, L. Wide – Band Electromagnetic Scattering from a Dielectric BOR Buried in a Layered Lossy Dispersive Medium, IEEE Transactions on Antennas and Propagation. Vol. 47, No 4, pp. 610 – 619, 1999.

[49] Kucharsky, A. A. Electromagnetic Scattering by Inhomogeneous Dielectric Bodies of Revolution Embedded Within Stratified Media, IEEE Transactions on Antennas and Propagation, Vol. 50, No 3, pp. 405 – 407, 2002.

[50] Meixner, J. The Behavior of Electromagnetic Fields at Edges, IEEE Transactions on Antennas and Propagation, Vol. 20, No 4, pp. 442 – 446, 1972.

[51] Stevens, N. and Martens, L. An Efficient Method to Calculate Surface Currents on a PEC Cylinder with Flat end Caps, Radio Science. Vol. 38, No 1, 2003 Electron resource: http://www.onlinelibrary.wiley.com/doi/10.1029/2002RS002768/pdf.

[52] Halton, J. H. On the Efficiency of Certain Quasi – Random Sequences of Points in Evaluating Multi – Dimensional Integrals. NumerischeMathematik. Vol. 2, No 2, pp. 84 – 90, 1960.

[53] King, R. and Tai Tsun Wu. The Scattering and Diffraction of Waves, Harvard University Press, Cambridge, 1959.

[54] Ufimtsev, P. Y. Method of Edge Waves in Physical Theory of Diffraction, Sov. Radio. Moscow. 1962 (in Russian).

[55] Penno, R. P., Thiele, G. A. and Pasala, K. M. Scattering from a perfectly conducting cube, Proceedings of the IEEE. Vol. 77, No 5, pp. 815 – 823, 1989.

[56] Sommerfeld, A. Partial Differential Equations in Physics (Lectures on Theoretical Physics Vol. Ⅵ), Academic Press, 1964.

[57] Felsen, L. B. and Marcuvitz, N. Radiation and Scattering of Waves, Prentice – Hall, Inc. Englewood Cliffs, New Jersey, 1973.

[58] Hipp, J. E. Soil Electromagnetic Parameters as Functions of Frequency, Soil Density, and Soil Moisture. Proceedings of the IEEE. Vol. 62, No 1, pp. 98 – 103, 1974.

# 第 6 章
# 基于超宽带雷达的航空复合材料结构无损检测

Edison Cristofani,Fabian Friederich,MarijkeVandewal,Joachim Jonuscheit

## 6.1 用于航空结构无损检测的超高频微波超宽带雷达

本章介绍了 UWB 雷达传感器应用于无损检测(NDT)的一些最相关的进展。将展示其意义、优势和由于技术和物理限制导致的 UWB 无损检测的局限性。UWB 雷达传感器在极高频(EHF)微波波段,即 10~300GHz[1],对于大多数现有和潜在的无损检测应用仍然需要实际验证。经过几十年使用,在不同频带中工作的无损检测技术,其中大部分已经被充分研究。然而,在硬件方面的发展使得新一代廉价和紧凑的 EHF UWB 传感器可以应用于无损检测领域中。本章的验证将会显示,在特定的介质材料如芳纶或玻璃纤维复合材料,UWB 无损检测技术是可以实现的。

遗憾的是,由于碳部件的导电性,尽管表面检查仍然可能,但 UWB 雷达不能对碳部件进行深度检查。近年来,鉴于航空运输的持续增长和对老式和尖端飞机强加的极高的安全标准,几个小组已经开始研究 EHF UWB 成像的可能性。此外,波音公司的最新型号——波音 787 梦幻客机——或未来的空客模型预计燃料消耗将大幅减少,因为复合材料至少占飞机结构总重量的 50%[2-3]。玻璃纤维复合材料用于飞行器的非常关键的部位,可能会由于冲击和机械应力而出现问题。这些部分,如图 6.1 所示,包括鼻翼天线罩、前襟翼、翼到车身整流罩或垂直稳定器。工业界需要对这些关键部件进行快速、无创、深入的检查,而超高频 UWB 雷达作为无损检测的方法值得认真考虑。

典型的工业无损检测方法是定期对飞机的选定或所有部件进行检测,以便满足安全标准和最大化材料寿命。

商业限制强调在维护期间减少飞机停机时间,同时尽可能保持成本效益和安全标准。飞机停机时间的减少并不总是取决于待检查的材料和所选择的无损检测技术。最广泛使用的无损检测技术包括红外热成像[4-6]、X 射线照相和三维计算机断层扫描[7-8]、高频微波系统(约 30GHz)[9-14]或超声波检测[15-16]。

这些技术可以评估玻璃纤维复合材料中的缺陷，并揭示表面、表面下和任何其他深度的信息，但也有其局限性。举例如下。

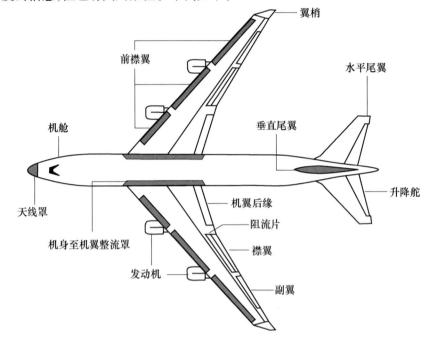

图 6.1 典型的现代商用飞机使用金属和复合结构
（阴影部分显示了由玻璃纤维复合材料或层压板制成的典型部件，
EHF UWB 雷达传感器可以用于检查这些部件）

（1）红外热像技术。现场，低成本检测，缺乏对厚复合材料的适用性。

（2）X 射线照相和三维计算机断层扫描。使用昂贵的传感器提供高的空间分辨力。由于电离 X 射线辐射，使得存在健康风险，这就需要受限的测试区域和增加飞机停机时间。

（3）高频微波系统。提供需要近场测量的现场、低成本的检测。这产生了可利用的空间分辨力，但具有非常有限的深度检查能力。

（4）超声波检测。需要直接的材料接触来进行检查。通常使用的浸浴和耦合凝胶意味着尽可能拆卸部件，这增加了飞机停机时间。

当与基于 X 射线的技术相比较时，本章将展示 EHF UWB 雷达系统如何通过使用非电离辐射[17-18]具有最吸引人的无危险操作能力。此外，EHF UWB 雷达系统具有穿透大多数非金属、非谐振材料，如芳纶或玻璃纤维复合材料以及其他创新结构的显著能力。这样的高材料渗透率允许深度或三维无损检测成像。由于现代 UWB 传感器的大带宽，使得其获取深度信息的能力成为现实，并且可以通过使用调频连续波（FMCW）和光学元件系统地执行。这使得用户能够将辐射光束聚焦到检查材料上或内部的非常薄的光束点上[19-20]。它还可以使用未聚焦的光束,并使用图像处理软件对它们进行数字聚焦。6.2 节将描述调频连续波 UWB 雷达无损检测在 3 个频率(100GHz,150GHz,300GHz)用于材料检测的能力。6.3 节将展示在玻璃钢航空结构上进行的检测典型缺陷的例子。这将有助于读者了解 EHF UWB 雷达如何为无损检测做出有价值的贡献。6.4 节将介绍在飞机材料检验期间使用互补的半自动图像处理算法的潜在价值,它将展示如何使用检测缺陷的视觉表示来简化操作员任务的几个例子。6.5 节将介绍一种创新技术,通过融合两个在相邻频带中工作的 UWB 雷达传感器的数据,提高 UWB 图像中的空间分辨力。最后,第 6.6 节将总结 UWB 雷达应用于无损检测的能力和限制,并提出未来的发展趋势。

## 6.2 超宽带雷达无损检测应用

### 6.2.1 现有无损检测技术的研究

任何新的无损检测技术都必须与已建立的可信的技术相比较,产生可比的或更优的结果。本章将比较 EHF UWB 雷达的检测与目前已建立的无损检测技术,特别强调红外热成像、X 射线照相和超声波技术。以及只需要从待测对象的一侧访问的体积检测技术,这与需要进入待测对象的前侧和后侧的传输模式 X 射线照相相比具有很大的优势。然而,由于其优越的图像分辨力,X 射线技术可以作为缺陷检测的良好参考。

具体而言,X 射线射线照相术可以检测由各个样品区域内的吸收和散射效应引起的非均匀材料分布。所得到的 X 射线图像来自于材料的不连续性、不同的厚度和缺陷,如裂纹或异物夹杂物。

为了展示一个完整的比较,同时也进行了超声波透射测量。超声测量需要声波与结构的临界耦合,因为超声传播的变化将影响测量的强度分布。尽管如此,超声技术可以提供反射几何测量,并且可以研究仅从一侧可接近的物体。另一种方法是脉冲反射探伤法,待测物边界层的超声脉冲反射被超声波接收机检测到,可以确定信号的振幅和延时,从而确定反射的距离。

对物体的红外热成像检查依赖于对整个试样温度分布的分析。在这种情况下,样品需要在测量之前仔细加热。由于合适的红外相机可以进行快速的非接触测量,并产生快速的图像结果,这使它成为一个有吸引力的技术。

所有先前描述的 X 射线、超声和热成像无损检测技术都需要充分的样品制备、样品接触(直接或通过耦合介质)和辐射保护。然而,它们不能提供更好的缺陷定位的深度信息。EHF UWB 雷达天生不具有这些缺点。

## 6.2.2 调频连续波雷达无损检测用传感器

UWB 调频连续波雷达作为一种无损检测技术具有巨大的潜力。测量时使用调频连续波雷达系统,该系统使用压控振荡器(VCO)作为信号源。设计者可以将 VCO 输出频率编程为线性扫描锯齿斜坡序列。数据采集单元(DAQ)与低通滤波器组合工作,以便从 DAQ 的采样数字输出信号中提供连续扫频信号。如图 6.2 所示,VCO 驱动有源乘法器链和连接到定向耦合器的谐波混合接收器单元。

耦合器将上变频后的 VCO 信号从乘法器链引导到用于自由空间发射的圆形喇叭天线,并将由同一喇叭天线接收的信号引导到谐波混合接收机。进入谐波混频器的 VCO 信号用作本地振荡器(LO)信号,用于叠加从天线前面的目标接收的后向散射辐射。拍频信号,其拍频 $f_b$ 与发送(实线)和接收(虚线)信号之间的时间延迟 $\tau_r$ 线性成比例,如图 6.3 所示。

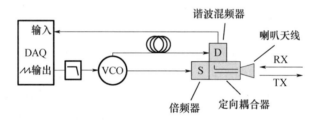

图 6.2 FMCW UWB 雷达无损检测系统单喇叭天线发送来自乘法器链的信号,并将接收到的信号反馈到定向耦合器进行检测(D)

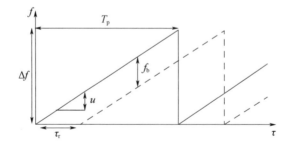

图 6.3 FMCW 雷达输出显示发射(实线)和接收信号(虚线)频率与时间的关系

因此,延迟和拍频之间的关系如下:

$$f_b = \frac{\tau_r \Delta f}{T_p} = \tau_r u \tag{6.1}$$

式中:$u$ 为调频率,$u = \Delta f / T_p$;$\Delta f$ 为调制带宽;$T_p$ 为频扫的时间。

由于时间延迟 $\tau_r$ 与混合信号的光程差成正比,所以式(6.2)将目标的距离

$d$ 描述为

$$d = \frac{c_0}{2n_\text{v}}\tau_\text{r} = \frac{c_0}{2n_\text{v}} \cdot \frac{f_\text{b} T_\text{p}}{\Delta f} = \frac{c_0}{2n_\text{v}} \cdot \frac{f_\text{b}}{u} \qquad (6.2)$$

其中,考虑了真空中的光速 $c_0$ 与传播介质的频率相关折射率 $n_\text{v}$ 之间的关系。

接收的 FMCW 信号可以表示为

$$s_\text{t}(\tau) = \exp\left( \text{j}2\pi\left[ \phi_0 + f_\text{c}\tau + \frac{u}{2}\tau^2 \right] \right) \qquad (6.3)$$

发送信号的延迟 $\tau_\text{r}$ 可以表示为

$$s_\text{r}(\tau) = s_\text{t}(\tau - \tau_\text{r}) = \exp\left( \text{j}2\pi\left[ \phi_0 + f_\text{c}(\tau - \tau_\text{r}) + \frac{u}{2}(\tau - \tau_\text{r})^2 \right] \right) \qquad (6.4)$$

式中:$\phi_0$ 为初始相位;$\tau$ 为自 FMCW 周期开始以来的时间;$f_\text{c}$ 为载频频率。

拍频信号呈现出低得多的带宽,在零差频检测之后获得,如式(6.5)所描述的。式(6.6)给出了拍频信号的一般表达式,即

$$s_\text{b}(\tau) = s_\text{t}(\tau) \cdot s_\text{r}^*(\tau) \propto \exp(\text{j}2\pi f_\text{c}\tau_\text{r}) \cdot \exp(\text{j}2\pi f_\text{b}\tau) \cdot \exp(-\text{j}2\pi f_\text{c}\tau_\text{r})$$

$$(6.5)$$

$$s_\text{b}(\tau) \approx \exp\left( -\text{j}\frac{4\pi d}{\lambda} \right) \cdot \exp(-\text{j}2\pi f_\text{b}\tau) \qquad (6.6)$$

式(6.5)中从左到右的 3 个项表示相位范围、调频斜率范围和剩余视频相位。忽略视频相位,因为与其他两个项相比它可以被忽略[21],得到了式(6.6)。差频信号频率 $\Delta f_\text{b\_min}$ 的分辨力等于 $1/T_\text{p}$。因此,距离测量分辨力 $\Delta d_\text{min}$ 不依赖于测量设备的工作频率,并且由调制带宽 $\Delta f$ 限定,即

$$\rho_\text{r} = \Delta d_\text{min} = \frac{c_0}{2n_\text{v}} \cdot \frac{\Delta f_\text{b\_min} T_\text{p}}{\Delta f} = \frac{c_0}{2n_\text{v} \cdot \Delta f} \qquad (6.7)$$

数据采集单元记录和离散化接收机模块的模拟输出信号,而本地振荡器信号的延迟线可以将感兴趣的目标拍频移动到系统组件的适当操作范围。对来自不同距离的多个目标的拍频信号接收的混合进行傅里叶分析,可以确定每个目标的距离以及接收信号的幅度。由于测量系统获得实值带限信号,快速傅里叶变换(FFT)可以提供所需的复杂离散时间分析信号[22],以便进一步相干处理。然后,应用汉明窗来补偿由带限信号转换引入的误差。为了保持扫频所需的线性,数据采集单元的非线性被表征并通过调整数据采集单元驱动电压来补偿。虽然这种方法允许对给定设置进行静态校正,但是结合用于并行观测数据采集单元信号的参考环对采集的数据应用重采样算法可以补偿数据采集单元的动态变化[23]。由于静态校正方法已经为基本目标保留了足够的结果,因此不需要额外的开发工作来实现补充校正技术。

在测量样本之前,系统噪声 $m_\text{noise}$ 首先由偏转发射信号来确定,使得收发机不能检测到可测量的后向散射信号部分;然后在位于系统工作距离中心的系统

集成直接背反射器上执行参考测量 $m_{\text{ref}}$。这给出了一个平坦的振幅响应和一个固定的相位中心的频率扫描,用于将来的处理。因此,系统校准来自测试样本数据 $m_{\text{ucal}}$ 的接收信号为

$$m_{\text{cal}} = \frac{m_{\text{ucal}} - m_{\text{noise}}}{m_{\text{ref}} - m_{\text{noise}}} \quad (6.8)$$

为了使用该系统进行体积检查,测量单元与双轴平移单元组合以执行样品的二维光栅扫描。这允许采集三维图像数据,因为扫描样本区域的每个测量点包含深度信息。图 6.4 显示了在垂直平面上扫描的样本。

在 EHF 频段,可实现的图像分辨力随着中心频率的增加而增加,而同时,对象的透射率通常降低。样品的透射率很大程度上取决于其性质,因此无损检测雷达具有 3 个不同的测量单元,在不同的频率下并行工作,以获得具有深度信息的 3 个图像。

此外,雷达系统可以操作互补的同步接收机单元来执行传输测量,然而,这里并未使用。所使用收发信机的规格如表 6.1 所列。

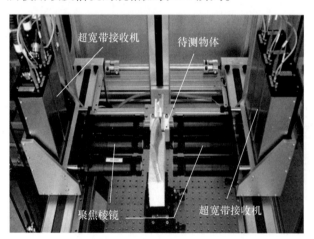

图 6.4 EHF 频段下调频连续波 UWB 雷达成像系统

表 6.1 3 种聚焦配置的调频连续波 UWB 测量单元规格

| 调频连续波 UWB 单元/GHz | 100 | 150 | 300 |
| --- | --- | --- | --- |
| 频率范围/GHz | 70～110 | 110～170 | 230～320 |
| 带宽/GHz | 40 | 60 | 90 |
| 输出功率/μW | 2000 | 100 | 60 |

除了将辐射聚焦到样本上或样本中的 Teflon 透镜组的准光学配置,无透镜合成孔径雷达(SAR)配置可以记录图像数据。后者需要额外的后处理步骤用于图像重

建,而准光学方法直接逐行获取图像。下面的章节描述了它们的优、缺点和评论。

1. 用于无损检测的准光学调频连续波 UWB 雷达

准光学结构通过对辐射进行聚焦,能够从焦平面内的物体特征获得具有强信号幅度的高分辨力图像。如图 6.5 所示,图像聚焦在焦点 $b$ 内,其中光束半径 $\omega_0$ 或束腰最小。焦点之外,束腰效应会产生不聚焦或模糊的图像。

图 6.5　准光学系统配置可以锐化 UWB 光束传播
(最好的空间分辨力出现在束腰上,在任何其他深度都会退化)

聚焦深度和横向分辨力 $\omega_0$ 取决于焦距 $f'$、中心波长 $\lambda_c$ 以及入射透镜直径 $D$,其关系为

$$b = \frac{4\lambda_c f'^2}{\pi D^2} \tag{6.9}$$

束腰直径也给出了横向分辨力的度量,通过以下近似求得,即

$$\omega_0 \approx 1.22 \cdot \frac{\lambda_c f'}{D} \tag{6.10}$$

设计者可以选择更大的焦距来增加焦深,以便对较厚的样品进行大致均匀的检测。焦距变长带来的缺点是空间分辨力变差。由于这个原因,根据样品的要求,扫描器系统以透镜配置来操作,透镜配置给出 50mm、100mm 或 200mm 焦距。本章所示的结果使用了 50mm 的焦距,因为对于给定的样本,焦深是足够的,对于缺陷检测,高分辨力是优选。SAR 方法使得有可能克服透镜配置的局限性。下一节描述了测量设置和 SAR 配置信号处理。

2. 基于 SAR 的 UWB 无损检测传感器

通过适当的设计和信号处理,UWB 传感器可以执行离焦或 SAR 测量。传感器可以利用其实际孔径或特定的宽波束天线辐射能量。使用后者的测量方法不受束腰效应的影响,并且可以提供固定但较低的空间分辨力。在聚焦 EHF UBW 雷达系统的情况下,图像中的每个像素的大小是衍射限制的[24],并且对于波束光斑之外的范围其空间分辨力降低。由于更大的入射面积和测量重叠(如果扫描步长满足最小空间采样以避免空间混叠),那么所应用的 SAR 算法可以聚焦于宽波束测量[25]。通过相干合成在测量期间接收的回波,传感器合成产生大得多的孔径,并且能够提供高达传感器实际物理孔径的 $1/2$ 或 $L_a/2$ 的空间分辨力。下面的表达式近似了横向距离或空间分辨力,即

$$\rho_S = \frac{L_a}{2} \cong \frac{\frac{c_0}{n_v}}{2f_c \sin\theta_a} \qquad (6.11)$$

式中:$\theta_a$ 为调频连续波 UWB 传感器的孔径角。调频连续波 UWB 传感器在宽波束配置中的技术规范列于表 6.2 中。

表 6.2 SAR 架构中两种调频连续波 UWB 测量装置的技术指标

| 测量参数 | 100 | 150 |
| --- | --- | --- |
| 频率范围/GHz | 70～110 | 110～170 |
| 带宽/GHz | 40 | 60 |
| 深度分辨力*$\rho_r$/mm(真空中,$n_v=1$) | 3.75 | 2.5 |
| 口径张角/(°)(-3dB) | 16 | 16 |
| 宽波束空间分辨力*$\rho_S$/mm(真空中,$n_v=1$) | 6 | 4 |

注:"*"为理论值

在 SAR 数据处理中执行这种信号积分可以显著提高信噪比。与聚焦调频连续波 UWB 雷达相比,SAR 具有更简单的设计,因为它不再需要光束聚焦透镜或复杂的校准。SAR 扫描步骤变大,这意味着产生潜在较少获得的数据和更快的扫描时间。图 6.6 显示了典型的单基地无损检测雷达,它通过平台上的宽波束传感器进行二维光栅扫描来入射材料。

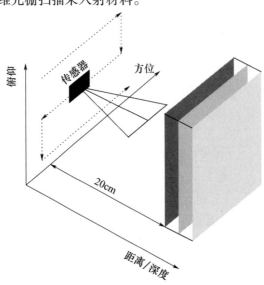

图 6.6 基于宽波束调频连续波 UWB 方法的材料二维光栅扫描示意图

给定点散射体的距离变化遵循双曲距离函数 $d(t) = \sqrt{d_{\min}^2 + v_{\text{plat}}^2 t^2}$,其中 $d_{\min}$ 是传感器到散射体的最小距离,$v_{\text{plat}}$ 是平台速度,$t$ 是慢时间或时间横向(方位或俯仰维)同时指平台位置。由于所收集数据的双曲线性质,处理软件必须应用距离偏移来补偿 $d(t)$ 的曲率,以允许所收集数据的精确聚焦。应用许多广泛使用的 SAR 算法可以实现进一步的距离和横向距离能量抑制。

图 6.7 显示了 3 种最常使用的 SAR 聚焦算法,包括时域、频域(距离-多普勒)和波数域(Omega-K)。频域(第二)和波数域(第三)类型具有显著且有效的计算量,但是仅提供近似解。

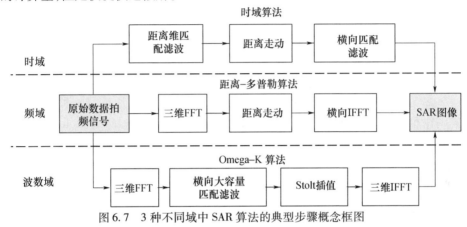

图 6.7　3 种不同域中 SAR 算法的典型步骤概念框图

(1) 时域算法。该信号处理算法提供了一种最佳的 SAR 聚焦解决方案。然而,由于使用时域匹配滤波器,它具有非常大的计算量。以目前的处理能力(一个 64 位 Intel® 四核 2.4GHz 处理器运行 Linux® Matlab®),时域算法并不适用于无损检测应用,其中获得方位角和俯仰角数据并需要相干处理。相比之下,频域或波数域算法可以在不到 2min 内生成足够精确的 SAR 图像。

如图 6.7(顶部)所示,聚焦 SAR 原始数据的基本步骤:首先,在时域中用模型生成或参考传输信号对原始拍频信号进行匹配滤波,从而在距离维压缩能量;然后,在方位和俯仰维对距离压缩数据进行距离补偿来修正 SAR 曲线数据;最后,该过程顺序地在方位和俯仰角中应用时域匹配滤波。

(2) 距离-多普勒算法。频域中的算法,如距离-多普勒算法及其修改[21],在计算上是有效的,因为它们在频域中执行最密集的 SAR 信号处理[26-29],这得益于 FFT 和 IFFT 最优化的使用。虽然在频域处理中应用了近似,但这些方法在无损检测领域中产生了非常有用的结果。

距离-多普勒算法主要包括以下几个步骤。

① 将三维 FFT 应用于时域原始数据,将其转换为多普勒域。调频连续波系统的一个优点是数据不需要像在脉冲雷达系统中那样在频域中进行距离压缩和反变换,因此减少了计算量。

② 随后,距离偏移和距离插值补偿三维数据的双曲率。

③ 在水平和垂直多普勒域中高效地执行跨距离匹配滤波,从而压缩了场景中每个目标最初沿着横向距离传播的能量。

④ 最后,对多普勒区域应用逆 FFT,在距离 – 时间 – 时间域或全空间域生成三维 SAR 图像。距离 – 多普勒在计算量和图像重建之间提供了很好的折衷。这使得它在调频连续波 UWB 无损检测雷达系统中应用 SAR 是一个很好的候选方案。

(3) Omega – K 算法。Omega – K 算法应用于波数域[29]。与距离 – 多普勒算法中一样,原始数据上的距离 FFT 产生非常有效的距离压缩,该距离压缩可以用作进一步处理的起点,具体如下[27,29-31]。

① 三维 FFT 将数据转换为距离、方位角和仰角波数频率或者 $f_r$、$f_u$ 和 $f_v$ 的全频域。

② 在参考范围内应用匹配滤波器实现方位角和仰角压缩。这种压缩只会聚焦在参考距离内的目标。在波数域中应用变量的改变,称为 Stolt 映射或插值,聚焦其余范围[29]。

③ 由式(6.12)和式(6.13)所描述的,将所得的相位演化从二次幂变换为线性,这使得能够对所有范围进行最佳聚焦。

④ 最后,应用傅里叶逆变换对三维数据进行三维 SAR 图像恢复,即

$$\sqrt{(f_0+f_r)^2 - \frac{c^2 f_{u,v}^2}{4v_r^2}} \approx (f_0+f_r) - \frac{c^2 f_{u,v}^2}{8v_r^2(f_0+f_r)^2} \tag{6.12}$$

$$\sqrt{(f_0+f_r)^2 - \frac{c^2 f_{u,v}^2}{4v_r^2}} \approx f_0 + f_r' \tag{6.13}$$

### 6.2.3 超宽带雷达无损检测 SAR 算法的讨论与总结

如前所述,由于时域匹配滤波器的大量使用,用于 SAR 图像的时域方法是非常耗时的。在应用中,在频率或波数域中运行的 SAR 算法是最有可能的选择。鉴于距离 – 多普勒和 Omega – K 在图像重建和时间消耗方面的非常相似的性能,本章选择更广泛的距离 – 多普勒算法来表示结果。

## 6.3 超宽带雷达无损检测结果的材料测试与比较

### 6.3.1 测试用复合材料的描述

对几种与航空结构中使用的相似的玻璃纤维测试样品进行检测,提供了 EHF UWB 雷达无损检测技术的定量评估。这些样品再现了由于材料生产过程中的错误处理而产生的最典型缺陷的实例。缺陷的例子包括用于存储和分离不

同样品层的纸或聚乙烯片,这些纸或聚乙烯片在生产过程中可以保持黏附在玻璃纤维片上;聚四氟乙烯或空气间隙模拟结构中的分层以及其他夹杂物,如水蒸气。图 6.8 至图 6.10 显示了待测的 3 种主要结构类型,每个结构由多层玻璃纤维和环氧树脂构成。这种结构由玻璃纤维层压板、增强夹层结构和玻璃纤维增强塑料 C – 夹层结构组成。每种材料都可能产生缺陷,这些缺陷会极大削弱结构构件,因此需要使用 UWB 雷达进行简单的无损检测。

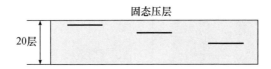

图 6.8　3 层和 4 层之间具有人造缺陷的 20 层
玻璃纤维帘布层固体叠层的例子

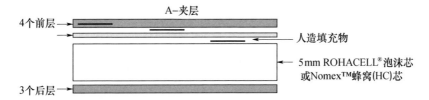

图 6.9　玻璃纤维增强塑料 A – 夹层结构由 4 个前层、黏合剂层、
5mm ROHACELL® 泡沫芯或 Nomex™ 蜂窝(HC)芯和 3 个后层制成

(人造缺陷可以位于前层内部、前部与黏合剂之间或黏合剂与芯部之间。在制造过程中,在这些结构的层中注入少量的水再现蒸汽残留物)

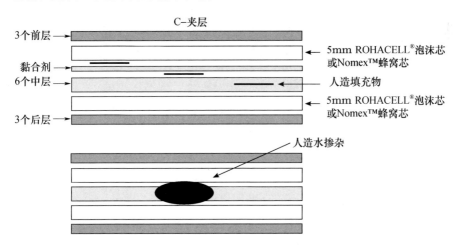

图 6.10　玻璃纤维增强塑料 C – 夹层结构

(由 3 个前层、5mm ROHACELL® 泡沫芯或 Nomex™ 蜂窝芯、黏合层、6 个内层、第二芯和 3 个后层构成。人造缺陷可以位于第一芯部和黏合剂之间、黏合剂与 6 层之间以及 6 层内部)

UWB雷达的评估实验展示了7种不同的玻璃纤维增强塑料和它们基于UWB雷达技术的特殊测试,表6.3总结了这些测试的结果。

表6.3 使用UWB雷达测试的所有材料包括结构类型、材料、尺寸和缺陷

| 参照 | GFRP_01 | GFRP_02 | GFRP_03 |
|---|---|---|---|
| 图 | | | |
| 结构 | 固体层压板 | A-夹层和ROHACELL®芯 | A-夹层和Nome™HC芯 |
| 样品 $h \times w \times d$/mm | 30mm×200mm×5mm | 340mm×200mm×8mm | 340mm×200mm×8mm |
| 缺陷类型和尺寸 | 插入物尺寸从6mm×6mm到25mm×25mm | 插入物尺寸从6mm×6mm到25mm×25mm | 插入物尺寸从6mm×6mm到25mm×25mm |

| 参照 | GFRP_13 | GFRP_14 | GFRP_18 | GFRP_20 |
|---|---|---|---|---|
| 图 | | | | |
| 结构 | C-夹层和ROHACELL®芯 | C-夹层和Nome™HC芯 | C-夹层和Nome™HC芯 | C-夹层和Nome™HC芯 |
| 样品 $h \times w \times d$/mm | 340mm×200mm×15mm | 340mm×200mm×15mm | 150mm×100mm×15mm | 150mm×100mm×15mm |
| 缺陷类型和尺寸 | 插入物尺寸从6mm×6mm到25mm×25mm | 插入物尺寸从6mm×6mm到25mm×25mm | 液体水夹杂物(0.2mL水) | 液体水夹杂物(0.75mL水) |

## 6.3.2 聚焦调频连续波超宽带雷达对选定样本的测试结果

前面描述的调频连续波雷达测量了表6.3中描述的样本。雷达使用前面描述的准光学结构,在3个不同频带使用反射几何结构从两侧测量每一块。每个测试设置垂直于收发器光束传播轴的表面。为了达到最高的空间分辨力,样品被放置在50mm聚焦透镜的焦点上。图6.11显示了在前视图中增加传感器的操作频率和带宽的效果。取自100GHz、150GHz和300GHz的调频连续波UWB传感器的3个例子,显示了玻璃纤维固体层压结构的不同特征分离和定位能力。尽管150GHz和300GHz传感器产生更精细的图像,但是低传输功率和低材料穿透力的影响是明显的。

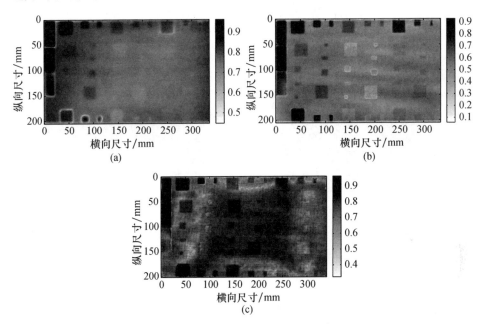

图6.11　有插入物的层压样品调频连续波UWB图像
(a)100GHz;(b)150GHz;(c)300GHz。

尽管噪声图像可能带来负面影响,但图6.12中的图表显示了玻璃纤维实心层压板中正面和背面以及所有频率的鲁棒性。

虽然所描述的层压样品的每个调频连续波UWB测量都提供了非常好的结果,并且可以进行插入物的简单识别,但是更复杂的结构,如ROHACELL®泡沫或Nomex™HC芯的夹层结构涉及更强的信号吸收和散射效应,会使得缺陷检测更困难,如图6.13所示。

图6.13显示了GFRP_03的正面和背面图像,该GFRP_03是由150GHz传

感器获得的具有 Nomex™ HC 芯的 A - 夹层结构。尽管正面图背景中的 Nomex™ HC 芯的分散结构，插入物依然可以被成功识别，而核心处的识别相对困难。因此，样本 GFRP_13 的 100GHz 图像中，ROHACELL® 泡沫芯的 C - 夹层显示了正面和背面测量之间的相似结果，如图 6.14 所示。

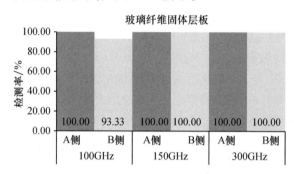

图 6.12　3 种调频连续波 UWB 传感器对玻璃纤维固体层板缺陷检测率的正面和背面比较

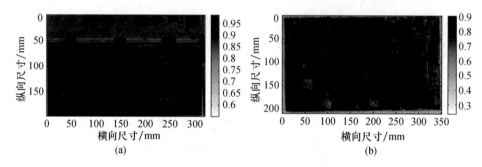

图 6.13　150GHz 的图像传感器的样品 GFRP_ 03（Nomex™ HC 芯的 A - 夹层）
（a）正视图；（b）侧视图。

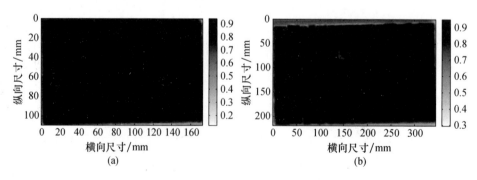

图 6.14　100GHz 的图像传感器的样品 GFRP_ 13（ROHACELL® 泡沫芯的 C - 夹层）
（a）正视图；（b）侧视图。

在图 6.15 中,与 Nomex™ HC 芯的 A-夹层结构和 ROHACELL® 泡沫芯的比较图显示出两个芯之间的显著差异。虽然传感器在 Nomex™ HC 芯的样品上表现更好,但 ROACALLE® 泡沫芯的前侧和后侧之间的差别要低得多。这可以通过泡沫结构的一致性连同边界层的高反射来解释,导致了核与插入物之间的信号对比度差。

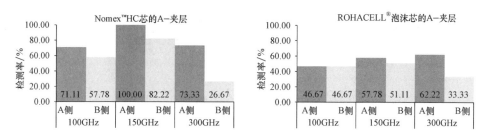

图 6.15　3 种调频连续波 UWB 传感器在 ROHACELL® 泡沫芯和 Nomex™ HC 芯的前、后两面的缺陷检测率的比较

图 6.15 还显示了较高频率下的有限穿透能力,如 300GHz 传感器的测量结果所表明的。通常,它需要在分辨力和穿透能力之间进行权衡,以便获得最佳结果,如图 6.16 中 C-夹层的比较图表所示。

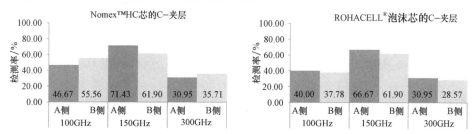

图 6.16　比较 3 个调频连续波 UWB 传感器在具有 ROHACELL® 泡沫芯和 Nomex™ HC 芯的 A-夹层样本正面和背面的检测率

在所研究的 C-夹层情况下,芯类型之间的差异小于 A-夹层,因为 Nomex™ HC 芯散射的增加导致类似的信号对比度。

实验使用调频连续波 UWB 雷达测量 Nomex™ HC 芯的 C-夹层中的水夹杂物。在制造过程中限制在复合材料层内的水蒸气可以削弱材料的完整性。如图 6.17 和图 6.18 所示,在 EHF 频段,水的几乎各向同性能量色散使水夹杂会产生显著的对比。

尽管在样品 GFRP_18(0.2mL)中使用了少量的水,但是使用 100GHz 和 150GHz UWB 雷达可以检测外来夹杂物。同样地,GFRP_20 中的 0.75mL 水夹杂物相对于 C-夹层结构呈现出异常的对比。如图 6.19 所示,100GHz 和

150GHz 的 UWB 传感器完全识别了水夹杂体。300GHz 传感器由于较低的功率、降低的穿透能力以及在该频带较低的反射率对比度而漏掉了水夹杂体。

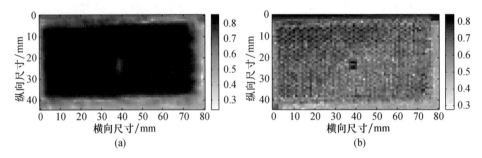

图 6.17　雷达图像样本 GFRP_18（具有 Nomex™HC 芯和 0.2mL 水包裹体的 C-夹层）
(a)100GHz；(b)150GHz。

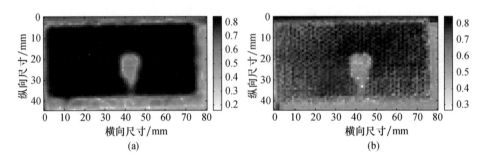

图 6.18　雷达图像样本 GFRP_20（具有 Nomex™HC 芯和 0.75mL 水包裹体的 C-夹层）
(a)100GHz；(b)150GHz。

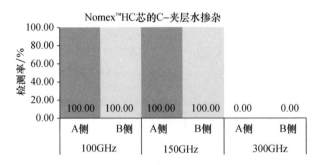

图 6.19　3 种调频连续波 UWB 传感器在具有 Nomex™HC 芯的
C-夹层的前、后探测率比较

表 6.4 中对所讨论的调频连续波 UWB 系统的缺陷检测能力与 6.2 节中简要描述的无损检测方法作了广泛比较，包括 X 射线、超声波和红外热成像及手动检查。在比较中，使用每种技术对相同的测试样品进行测量。

表 6.4 根据文献使用从不合适/低（ - - ）到合适/高（ + + ）的范围来评估每个参数。

表6.4 调频连续波 UWB 雷达图像与常规无损检测方法客观性能与主观性能比较

| 技术 | 材料穿透性 | 穿透能力 | 便携性 | 成本 | 健康危害 | 技术成熟度 | 总体性能 |
| --- | --- | --- | --- | --- | --- | --- | --- |
| FMCW UWB 雷达 | + + | + + | + | + | + + | + | + + |
| 人工检测 | - - | - - | + + | + + | - | + + | - |
| X 射线 | - - | - - | - - | - | - - | + + | - |
| 超声波 | + + | + + | - | - | + + | + + | + |
| 热成像 | + + | + + | - | - | + + | + + | + + |

如表 6.4 所列，除了 X 射线外，所有技术都成功应用。这在一定程度上是由于在固体层压板上使用射线照相时对插入物检测率较低。这可以通过样品的准均匀固体结构来解释，该结构提供了对 EHF 微波辐射的良好穿透度，以及整个样品的合理热导率和良好的声耦合效率。相比之下，这种样品结构及其插入物的折射率在 X 射线波段几乎与空气中（$n \approx 1$）相同，导致物体特征的图像对比度非常差，因此缺陷检测率很低。对于具有 Nomex™ HC 芯的结构，情况是不同的，因为 Nomex™ HC 芯结构的散射效应对射线图像的对比度有积极的影响。然而，位于芯前侧的固体层压板层之间的 A－夹层样品的插入物为热成像测量提供了合适的热行为。在反射模式下，对于通过样品背面的测量，调频连续波 UWB 测量优于所有其他方法。实验表明，EHF UWB 雷达对 C－夹层测量具有明显的优势。调频连续波 UWB 雷达性能令人信服，而所有其他应用技术要么受到芯的热或声学特性的影响，要么受到整个样品结构非常差的折射率的影响。

### 6.3.3 所选样本的合成孔径调频连续波超宽带雷达成像结果

本节展示在宽波束调频连续波 UWB 雷达模式下测量的选定样本的成像结果，并说明这些测量可提供的可能性及其物理限制。考虑到在宽波束测量中没有束腰效应，并且由于测试表明前、后测量之间没有相关差异，所以只测量和研究了前侧。这种技术固有的较粗的空间或横向分辨力使得对中、小尺寸缺陷的成像困难甚至无法实现。因此，不可能在聚焦和宽波束调频连续波 UWB 雷达测量之间进行公平的比较。相反，给出的例子可以扩展到非常厚的玻璃纤维层压板或结构材料。

图 6.20 显示了两张测量于 100GHz 和 150GHz 具有 ROHACELL® 泡沫芯的 C－夹层结构（参考 GFRP_13）的 SAR 图像。最初的检查显示了几个缺陷，具有很高的对比度。然而，SAR 方法空间分辨力较低，没有显示出形状和近似大小。

在探索其他深度时可以看到一些不那么明显的缺陷。尽管样品中的最小缺陷尺寸(6mm×6mm)与传感器的空间分辨力大致相符,但可以观察到衍射效应的痕迹,从而可以推测出缺陷。聚四氟乙烯呈现出较明显的缺陷,这与增加操作频率是一致的,并且这些缺陷通常定位起来是微不足道的。

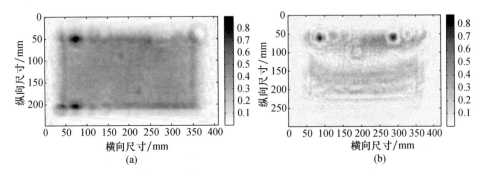

图 6.20　GFRP_13 样品的 SAR 图像(具有 ROHACELL® 泡沫芯和插入物的 C - 夹层)
(a)100GHz;(b)150GHz。

(图像显示了一些缺陷,具有非常高的对比度。然而,SAR 方法空间分辨力较低,没有显示出形状和近似大小)

与聚焦测量中可以观察到的情况相反,样品 GFRP_14(具有 Nomex™ HC 芯和插入物的 C - 夹层结构)中存在的蜂窝图案不影响图像的视觉解释,但是生成干扰现象,该现象掩盖了 100GHz 测量中的大多数缺陷。150GHz 调频连续波 UWB 雷达更精细的空间和深度分辨力允许对某些缺陷进行更好的重建和定位,如图 6.21 所示。

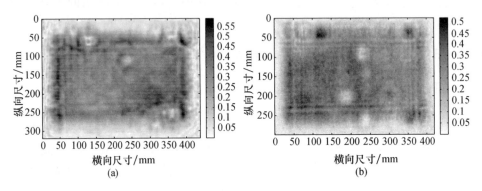

图 6.21　GFRP_14 样品的 SAR 图像(具有 Nomex™ HC 芯和插入物的 C - 夹层结构)
(a)100GHz;(b)150GHz。

水包裹体可以看成无形状或球形的,在任意方向散布于宽角平面波前,从含水量的体积中产生低反射。这个假设意味着这类人工产品将作为复合材料内部的低反射率区域出现。图 6.22 显示了 100GHz 和 150GHz SAR 测量中由水包裹体引起的反射率的巨大对比,从而能够明确地检测外来包裹体。

尽管 SAR UWB 雷达对特定被检测样品提供的结果并不理想,但是对非常厚材料的检测仍然具有很大的潜力。虽然在航空领域中,几厘米厚的材料并不常见,但是需要对玻璃纤维复合材料进行现场和快速维护的其他现有或未来领域会出现 SAR UWB 雷达是一个值得考虑的选项。

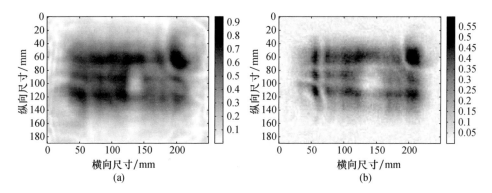

图 6.22　样品 GFRP_20(具有 Nomex$^{TM}$ HC 芯和 0.75mL 水包裹体的 C – 夹层)的
SAR 图像显示出具备检测材料中含水量的能力
(a)100GHz;(b)150GHz。

## 6.4　极高频超宽带无损检测的半自动图像处理

### 6.4.1　引言

人工评估三维极高频(EHF)UWB 图像的复杂任务需要经验丰富的操作人员,这意味着人的能力或身体疲劳会影响结果的可靠性。在某些情况下,只有人工操作员才能解释大容量图像中的丰富纹理和图案。例如,非均匀和不一致的光纤结构导致波动的信号背景,这使得在某一深度横截面上的信号强度即使在不存在缺陷时也发生变化。在这种情况下,只有有经验的操作者和视觉检查才能给出可靠的结果。在其他情况下,图像处理算法可以减少操作者对可检测目标的工作量。然后,操作人员可以将他们的专长集中在可能存在缺陷的领域。此外,对提取的缺陷进行统计分析可以帮助识别缺陷的类型、材料、形状或体积。图 6.23 显示了一种半自动的、即与操作员相关的图像处理算法,其被实现为增强 EHF UWB 图像缺陷识别过程中的可靠性和重现性。该算法有两个主要模块,即图像训练和处理。

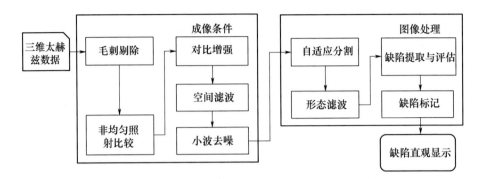

图 6.23　一种半自动图像处理算法的两阶段框图
（图像训练用于确保进一步处理阶段的最大性能。图像处理用于缺陷的半自动检测）

### 6.4.2　无损检测雷达图像数据的准备

1. 无损检测雷达成像条件

为了提高半自动检测的性能,该算法可以对采集的三维数据进行适当的数据调整,以避免或减少不期望的效果和现象。这些数据调整步骤包括以下方面。

(1) 闪烁消除。各种未知源的虚假闪烁(图像中的孤立点)是少见的,但在当前的 EHF 雷达测量中可能发生。简单的局部检测方法可以找到这样的故障以避免不必要的虚警。

(2) 非均匀照明补偿。当测量时,样品不对准或非平坦样品产生类似梯度的照明图案。这些图案的形状是未知的,尽管策略假定非均匀照明是非平稳过程,因此使用该假设来消除影响[32]。

(3) 对比度增强。应用图像直方图均衡化可以增强图像的对比度,以最大限度地提取可能较小、低对比度的缺陷特征。

(4) 空间滤波。一些结构包括 Nomex$^{TM}$HC 芯,对于具有精细空间分辨力的传感器来说它们清晰可见,如图 6.24(a)所示。这可能导致算法无法检测出由于无处不在的蜂窝图案而导致的明显缺陷。考虑到这种模式是周期性的,空间滤波提供了减少这些不良影响的选项。

(5) 图 6.24(b)显示了图 6.24(a)中 Nomex$^{TM}$HC 芯样本的前视图的二维傅里叶变换,其中大部分能量集中在较低频率附近。在频域中的亮点表明蜂窝结构的存在,并且可以通过应用二维空间或频率滤波来去除。图 6.24(c)示出没有蜂窝状结构痕迹的滤波图像。

(6) 小波去噪。调频连续波 UWB 系统可以产生足够高的信噪比图像,用于许多无损检测领域。然而,一些情况可能需要进一步的降低噪声。在这方面,去噪过程不能改变数据中发现的特征的结构和强度值。与空间域或频域滤波相比，小波基去噪效果较好。在半自动缺陷检测中，得到的去噪图像不太可能出现虚警。

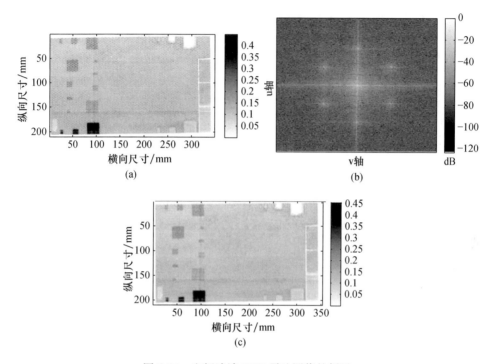

图 6.24　空间滤波 UWB 雷达图像的例子
(a)频域图像中的亮点表示存在蜂窝结构；(b)图像的二维 FFT 表示在低频处集中的能量；
(c)经空间滤波的图像没有蜂窝结构的痕迹。

2. 无损检测雷达成像处理

前面展示了如何对三维数据进行预处理并为进一步处理做准备。考虑到数据的三维特性，接下来的步骤可以用二维（距离或横向数据切割）或三维方式执行。在横向数据切割上顺序应用二维方法将产生低得多的计算复杂度和非常相似的结果。图像处理检测的核心包括以下方面。

（1）自适应阈值分割。根据对比度增强后得到的每个图像切片的直方图，对阈值进行优化，以分割像素值相似的区域。一个假设是这些区域描述了样品中呈现相似反射特性的缺陷或结构。

（2）形态滤波。将连续的形态学算子[32]应用于自适应分割的图像。该过程选择形状和大小与样品中预期的缺陷相当的结构元件，然后过滤掉所有分段区域和与结构元件不相似的杂波。结构元件的形状包括：圆形用于撞击，方形或矩形用于外来夹杂物，长而薄的结构用于裂纹或剥离，圆盘形用于水夹杂物。在这一点上,该过程变得半自动,需要人工干预。

(3) 缺陷提取。该过程从调频连续波 UWB 数据中提取结果候选的像素值,并评估若干排除条件,如在多个跨范围切割中给定缺陷的出现(实际缺陷在深度上表现出一定的持久性,由于该过程而导致错误的警报),以及候选材料的统计像素级描述符与紧邻周围区域的统计像素级描述符的比较(检测可能性基于该局部比较)。

(4) 缺陷标记。在最后一步中,该过程将剩余的缺陷添加到三维结果图像中,并将它们放入唯一的类中。边界立方体描述每个缺陷(存储位置和体积)、统计描述符和检测似然图。该过程可以进一步基于尺寸、形状或材料来解释结果;后者假定同一材料的缺陷将呈现非常相似的统计特性。

### 6.4.3　图像处理在超宽带雷达测量中的应用

本节将展示如何使用调频连续波 UWB 雷达将半自动图像处理应用于所选样本,包括聚焦和 SAR 配置中的若干现象。图 6.25 左图示出检测到的缺陷的检测可能性。显示了固体层压板 GFRP_01 后向在 100GHz 时的图像处理结果。一些最小的缺陷在目视检查中很难发现,并且只出现在一定深度,这可能使操作人员感到困惑。图像处理算法在深度上考虑了缺陷的持续性,并且给定缺陷在不同范围内出现得越多,被检测的可能性就越高。显然,在自动检测的情况下,当检查几个深度时,这种小的缺陷可能在尺寸或形状上发生变化。在检测图像中没有出现的那些缺陷不可能标记为明确的检测。因此,图像处理算法的半自动可能性使操作者能够以增加误报警的风险为代价来修改检测灵敏度。

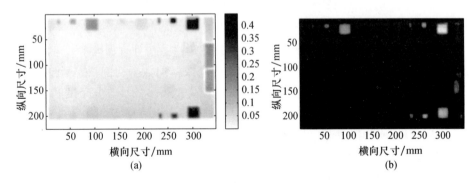

图 6.25　UWB 无损检测雷达缺陷检测半自动图像处理案例
(a)100GHz 时样品 GFRP_01(含插入物的固体层压板)后向聚焦图像;
(b)处理后的图像显示了图像处理算法处理后的检测可能性。

图 6.26 显示了高灵敏度和错误检测之间的权衡示例。一方面,原始聚焦的 UWB 图像显示出几个容易用肉眼定位的大缺陷;另一方面,在图像处理算法中,操作者可以选择高灵敏度来定位出现在特定范围或被芯部中的蜂窝图案掩盖的那些较小的缺陷。该过程触发了若干虚警,这些虚警与蜂窝图案在不同范围内的重复有关。在这种情况下,图像处理充当操作者经验的补充工具。

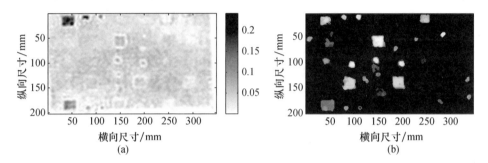

图 6.26 150GHz 雷达测量中高灵敏度和错误检测在自动检测中的示例
(a)样品 GFRP_14(具有 Nomex™HC 芯和 0.75mL 水色裹体的 C 夹层)的前向聚焦像;
(b)应用图像处理算法后的检测可能性。

在图 6.27 中,聚焦的 UWB 测量完美地检测出 0.75mL 的水夹杂物,因为水和夹层结构之间具有高对比度。

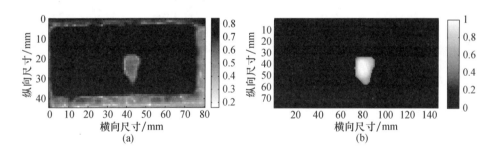

图 6.27 通过图像处理无损检测 100GHz 雷达水包裹的实例
(a)样品 GFRP_20 的前侧聚焦图像(具有 Nomex™HC 芯和 0.75mL 水包裹体的 C - 夹层);
(b)由图像处理算法生成的检测似然性。

图像处理可以揭示出 SAR 测量中的缺陷,这些缺陷在目视检查时是不明显的。SAR 图像可能呈现非常复杂的图案、强度波动或衍射现象(晕状形状)。图像处理集成了所有这些信息,以最大限度地简化场景,如图 6.28 所示。样品 GFRP_13 产生肉眼易错过的缺陷,并且通常与低接收功率或低缺陷反射率相关。

最后，SAR 图像可以检测水包裹体，如图 6.29 所示。对 SAR 图像的目视检查显示出水可能存在于几个深度的区域，但不能就其位置和大小作出明确的决定。探测似然图显示了一个结构良好的形状，这是由于水包裹体探测在几个深度上的叠加造成的。

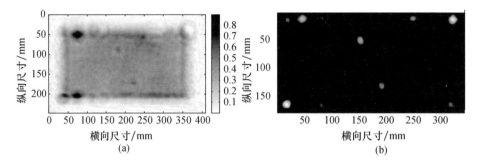

图 6.28　无损检测 100GHz SAR 裸眼缺陷

(a) 样本 GFRP_13 的前侧 SAR 图像（具有 ROHACELL® 泡沫芯和插入物的 C - 夹层）在 100GHz 下测量；(b) 由图像处理算法生成的缺陷检测似然度。

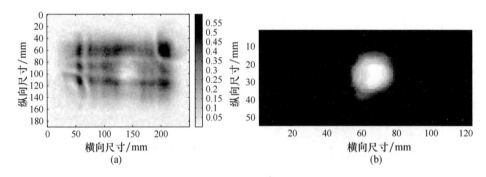

图 6.29　一个 0.75mL 水包裹体在具有 Nomex™ HC 芯的 C - 夹层的样品 GFRP_20

(a) 正面的 SAR 图像；(b) 由图像处理算法生成的检测似然度。

## 6.5　无损检测数据融合技术

6.3 节介绍的 EHF UWB 雷达测量的成像结果证明了用于缺陷检测的 300GHz 测量传感器的较高空间分辨力的巨大好处，与具有其他工作频率的传感器相比，在 300GHz 时目标的低透射率限制了这类传感器的应用。然而，除了 300GHz 传感器更好的横向分辨力之外，通过 90GHz 带宽所具有的优越的距离分辨力使得图像特征与相邻深度中的干扰信号信息能够更好地分离，从而增强缺陷检测的能力。

由于所提出的测量系统可以并行地操作3个不同的收发器,因此数据融合方法可以通过合并从测量端获得的数据来提供更好的深度分辨力。共同的校准程序、平坦的传感器振幅响应和公共的固定相位中心确保这3个单元将提供一致的空间数据。此外,要求具有均匀步长的联合频率应覆盖频率范围而不中断。如果在数据的频率点序列中存在间隙,则融合过程就不能从周围的数据中利用数学方法推导出丢失的数据。然而,简单的插入算法可以填补数据间隙而不产生伪值。在大间隙的情况下,如在150GHz和300GHz测量单元之间(间隙大小接近60GHz),应用关于样本的某些假设的适应性填充算法可以最终给出令人满意的结果。一般来说,以下部分将着重于如何合并来自100GHz和150GHz单元的数据,以创建具有100GHz带宽的数据集,从而在EHF微波辐射的良好透明度下获得与300GHz传感器一样的深度分辨力。

如前所述,正确地合并获得的数据集需要具有相同频率步长的联合频率轴。然而,表6.5给定测量端的不同步长和间隔,这导致由获得的数据集的FFT表示的渡越时间信息的不同限制,如图6.30所示。

表6.5　100GHz和150GHz传感器的频率参数

| 参数 | 100GHz | 150GHz |
| --- | --- | --- |
| 频率范围/GHz | 70.02 ~ 110.86 | 115.85 ~ 174.53 |
| 频点 | 900 | 875 |
| 频率步进/MHz | 45.38 | 67.06 |

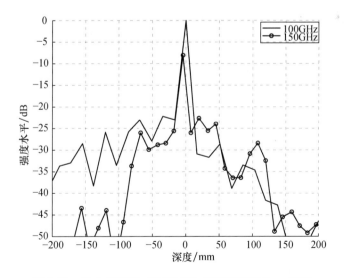

图6.30　对由100GHz和150GHz传感器测量3mm厚的
聚乙烯样品所得到的数据集进行傅里叶变换

由于在正或负时间傅里叶变换的数据接近于零,波形可以通过零填充来切割或扩展,然后通过逆傅里叶变换来重新转换。这导致新的数据集具有与以前相同的形状,但是现在它们具有相同的频率步长。

在合并数据集之前,需要填充它们之间的频率间隙,以便在整个频率范围内不中断地保存频率信息。这意味着在本例中,必须在100GHz和150GHz之间填充5.0GHz的频率间隙。一些显而易见的想法,如在来自100GHz的最高值和来自150GHz的最低值之间进行零填充,会产生较大的伪值。相反,一个简单的启发式拉伸方法会得出适当的结果。因此,100GHz向上2.5GHz的所有测量值用于两个频率阶跃而不是一个,这就产生了用于填充下半个间隙的2.5GHz的附加数据。以同样的方式向下拉伸150GHz向下2.5GHz以填充间隙的上半部分。除了零填充和所描述的拉伸方法的结果处,图6.31显示了具有重叠频率区域的拉伸方法的更好的结果。

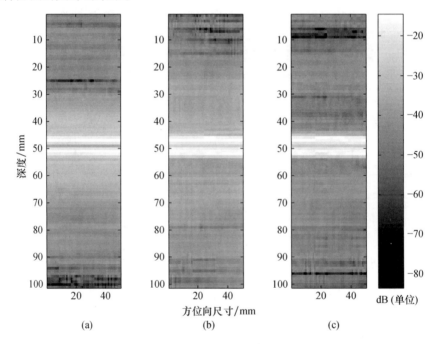

图6.31 零填充、拉伸方法和具有重叠的拉伸方法用于
填充待融合数据集之间间隙的比较

在这个稍微复杂的方法中,数据被拉伸3.33GHz而不是2.5GHz(间隙的2/3),这在间隙的中心1/3处创建数据重叠。在该重叠区域中,确定两个数据之间最接近的位置,并导出这两个值的算术平均值。在较高频率下选择150GHz数据,在较低频率下选择100GHz数据。具有频率重叠的伸缩方法通常得到改

进,因为丢弃了具有高相位误差的数据,并且两个频率范围的接触点处的不连续性被最小化。

与针对100GHz、150GHz和300GHz的数据相比,图6.32允许更仔细地查看所得到的深度分辨力。该图显示了在一个固定的 $XY$ 位置从3mm厚的聚乙烯样品获得的数据的傅里叶变换和汉明窗滤波信息。应用窗函数消除了上、下波段上的不连续数据对傅里叶变换的强影响。这对应于150GHz的带宽,这是通过在频率尺度上对汉明窗滤波后的数据进行零填充来实现的。

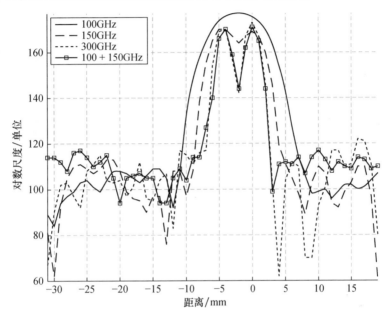

图6.32 从3mm厚的聚乙烯样品获得的数据的傅里叶变换和汉明窗滤波信息

从图6.32中可以看出,100GHz不能分辨出与4.5mm的光学厚度相对应的相距3mm的两个表面。150GHz时只是分辨表面,而不会分辨2mm的较薄的样品。组合数据比150GHz数据具有更窄的线宽。组合数据有助于清晰地分辨表面,还可以分辨更小间距的表面,分辨力与300GHz的数据相似。这种比较的图像表示在图6.33中给出。

由于频率扫描的剩余非线性、相位误差,特别是扫描开始时的相位误差,会在融合数据集中导致较大的误差。此外,用于填充频率间隙的应用拉伸方法可以导致对象特征之间的更差的信号对比度,特别是当间隙很大时。因此,所提出的方法只用于填充小间隙,这些间隙最终小于给出的情况。必须考虑到,所讨论的数据融合方法对折射率有要求,因此在相关频率范围内材料的光学厚度几乎相等。最近公布的更为复杂的方法[34]类似于所示的方法,最终可以适用于此应用。

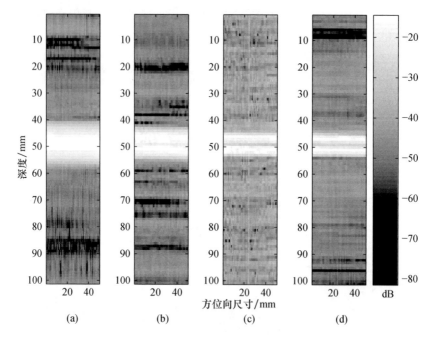

图 6.33　3mm 厚聚乙烯样品的深度图像比较
(图像分别显示(a)100GHz、(b)150GHz、(c)融合数据(100GHz+150GHz)、
(d)300GHz 传感器的测量)。

## 6.6　小　　结

　　无接触且无创穿透非导电材料的能力,同时提供毫米级分辨力,已经在工业界引起了在 EHF 微波频带中工作的新测量系统日益增长的关注。

　　所介绍的 UWB 雷达系统与成熟的无损检测方法,如 X 射线拍照、红外热像仪和超声波相比,在玻璃纤维增强塑料复合材料结构缺陷检测方面是有优势的。相比之下,调频连续波 UWB 雷达系统在具有 ROHACELL® 泡沫和 Nomex™ HC 芯的夹层结构,被证明是唯一可考虑的技术,可以确定插入物的内部结构。

　　此外,调频连续波雷达技术允许从样本的一侧进行深度测量,这不需要访问样本的另一侧以进行缺陷检测。然而,当样品材料的吸收随着传感器工作频率的增加而增加时,结果显示必须在分辨力(较高的工作频率)和穿透深度(较低的工作频率)之间折中。结合复合样品结构中嵌入物的检测,提出的 UWB 雷达系统也成功地测定了夹层结构中的水包裹体。

　　本章介绍了两种不同的测量方法,即准光学聚焦和宽波束(SAR)测量。虽然准光学方法提供了良好的横向分辨力,但光学和束腰效应限制了深度分辨能力。作为一种补充方法,宽波束测量特别有助于研究较厚的样品,因为传感器的可用输出功率限制了深度检查。空间分辨力对于所有深度都保持不变,尽管结果比准光学方法粗糙得多。

本章介绍了两个创新的技术,即半自动图像处理算法和数据融合技术,用于组合两个 UWB 传感器。半自动图像处理可以作为 EHF UWB 图像视觉检测的辅助工具,它以一种有效和快速的方式执行二维光栅扫描获得的体积测量产生深度数据。在某些情况下,图像处理是非常有用的,因为它可以简化复杂图像的解释,甚至显示肉眼看不到的缺陷。数据融合技术结合相邻频带的两个 UWB 传感器以获得更大的带宽。带宽组合使用几种信号处理方法,前提是频带之间的频率间隙不太大。这种较大带宽意味着深度分辨力、系统深度定位缺陷和其他特征的能力大大提高,可与 300GHz 传感器相比,同时保持了更好的材料穿透性。

近年来,许多不同的有源 EHF 微波系统概念已经被发展,并且克服了对于不同潜在应用的实时成像能力的缺陷[35-36]。目前,商业上可获得的高性能计算技术允许为工业甚至公共环境实现全新的系统设计,并且为未来的 UWB 雷达系统在无损检测领域提供了巨大的可能[37-38]。

## 缩略语表

DAQ:数据采集单元  
EHF:极高频  
FFT:快速傅里叶变换  
FMCW:调频连续波  
HC:蜂巢  
LO:本机振荡器  
NDT:无损检测  
SAR:合成孔径雷达  
VCO:压控振荡器  

## 参考文献

[1] IEEE Standard Letter Designations for Radar – Frequency Bands," IEEE Std 521 – 2002 (Revisionof IEEE Std 521 – 1984),2003. doi:10. 1109/IEEESTD. 2003. 94224.

[2] Boeing, "AERO magazine" < http://www. boeing. com/commercial/aeromagazine/articles/qtr_4_06/AERO_Q406. pdf >4th Qtr. 2006 (Accessed 14 October 2014)

[3] Chady,T. ,AIRBUS VERSUS BOEING—COMPOSITE MATERIALS:The sky's the limit…, LE MAURICIEN, < http://www. lemauricien. com/article/airbus – versus – boeing – compositematerials – sky – slimit >,6 September 2014 (Accessed October 2014).

[4] Swiderski,W. ,Nondestructive Testing of Honeycomb Type Composites by an Infrared Thermography Method,Proc. IV Conferencia Panamericana de END,Buenos Aires,Octubre(2007).

[5] Durrani,T. S. ,Rauf A. ,Boyle K. ,Lotti,F. and Baronti S. ,Thermal imaging techniques for thenon destructive inspection of composite materials in real – time,Acoustics,Speech,and Sig-

nal Processing, IEEE International Conference on ICASSP '87. , vol. 12, no. , pp. 598, 601, Apr 1987. doi:10. 1109/ICASSP. 1987. 1169621.

[6] Shepard, S. M. , Flash thermography of aerospace composites, Proceedings of the 4th Pan American Conference for NDT, Buenos Aires, Argentina, October 2007.

[7] Blom A. F. and Gradin P. A. , Radiography, Chapter 1 in Non – Destructive Testing of Fibre – Reinforced Plastics Composites, vol. 1, J. Summerscales, ed. , Elsevier Applied Science, New York, NY, 1987.

[8] Krumm, M. , Kasperl S. and Franz, M. , Reducing non – linear artifacts of multi – material objectsin industrial 3D computed tomography, NDT and E International, 41(4), 242 – 251, 2008.

[9] Hochschild, R. , Applications of Microwaves in Nondestructive Testing, NDT, Vol. 21, No. 2, March – April 1963, pp. 115 – 120.

[10] Case, J. T. , Ghasr, M. T. and Zoughi, R. , Optimum Two – Dimensional Uniform Spatial Sampling for Microwave SAR – Based NDE Imaging Systems, IEEE Transactions on Instrumentation and Measurement, Vol. 60, no. 12, pp. 3806, 3815, Dec. 2011. doi:10. 1109/TIM. 2011. 2169177.

[11] Hatfield, S. F. , Hillstrom, M. A. , Schultz, T. M. , Werckmann, T. M. , Ghasr, M. T. and Donnell, K. M. , UWB microwave imaging array for nondestructive testing applications, Instrumentation and Measurement Technology Conference (I2MTC), 2013 IEEE International, pp. 1502, 1506, 6 – 9 May 2013. doi:10. 1109/I2MTC. 2013. 6555664.

[12] Bahr, A. J. , Experimental Techniques in Microwave ND. Review of Progress in Quantitative Nondestructive, Vol. 14, pp. 593 – 600, 1995.

[13] Busse, G. , NDT Online Workshop 2011 – Microwave NDT System for Industrial Composite Applications, < www. ndt. net/article/CompNDT2011/papers/8 _ Meier. pdf >, 30th April 2011, (Accessed August 2014).

[14] Zoughi, R. , Microwave Non – Destructive Testing and Evaluation. The Netherlands: Kluwer, 2000.

[15] Siqueira, M. H. S. , Gatts, C. E. N. , da Silva, R. R. and Rebello, J. M. A. , The use of ultrasonic guided waves and wavelets analysis, Ultrasonics, 41(10), 785 – 797 (2004).

[16] Salazar, A. , Vergara, L. and Llinares, R. , Learning Material Defect Patterns by Separating Mixtures of independent Component Analyzers from NDT Sonic Signals, Mechanical Systems and Signal Processing, 24(6), 1870 – 1886 (2010).

[17] Roth, D. J. , Seebo, J. P. , Trinh, L. B. , Walker, J. L. and Aldrin, J. C. Signal Processing Approaches for Terahertz Data Obtained from Inspection of the Shuttle External Tank Thermal Protection System Foam, In Proc. Quantitative Non – Destructive Evaluation 2006.

[18] Tanabe, Y. , Oyama, K. , Nakajima K. , Shinozaki, K. and Nishiuch, Y. , Sub – terahertz imaging of defects in building blocks, NDT & E International, 42(1), 28 – 33 (2009).

[19] Am Weg, C. , von Spiegel, W. , Henneberger, R. , Zimmermann, R. , Loeffler, T. and Roskos, H. G. (2009). Fast active THz cameras with ranging capabilities. Journal of Infrared, Millimeter, and Terahertz Waves, 30(12), 1281 – 1296.

[20] Keil, A. , Hoyer, T. , Peuser, J. , Quast, H. and Loeffler, T. , (2011, October). All – electronic

3D THz synthetic reconstruction imaging system. In IEEE 36th International Conference on Infrared,Millimeter and Terahertz Waves (IRMMW – THz),2011 (pp. 1 – 2).

[21] de Wit J. J. M.,Meta,A. and Hoogeboom,P.,Modified range – Doppler processing for FM – CW synthetic aperture radar,IEEE Geosci. Remote Sens. Lett.,vol. 3,no. 1,pp. 83 – 87,Jan. 2006.

[22] Marple,S. Lawrence Jr.,Computing the Discrete – Time Analytic Signal via FFT,IEEE Transactions on Signal Processing,vol. 47,no. 9,September 2009.

[23] Vossiek,M.,v. Kerssenbrock,T. and Heide,P.,Signal processing methods for millimetrewave FMCW radar with high distance and Doppler resolution," in 27th European Microwave Conference,Jerusalem,1997,pp. 1127 – 1132.

[24] Redo – Sanchez,A.,Karpowicz,N6.,Xu,J. and Zhang,X. Damage and defect inspection with terahertz waves,International Workshop on Ultrasonic and Advanced Methods for Nondestructive Testing and Material Characteristics,pp. 67 – 78,2006.

[25] Cumming,I. G. and Wong,F. H. Digital Processing of Synthetic Aperture Radar Data,Artech House,Boston,2005.

[26] Bamler,R.,A Systematic Comparison of SAR Focusing Algorithms. In Proceedings of the IEEE International Geoscience and Remote Sensing Symposium IGARSS,pp. 1005 – 1009,June 1991.

[27] Bamler,R.,A Comparison of Range – Doppler and Wavenumber Domain SAR Focusing Algorithms,IEEE Transactions on Geoscience and Remote Sensing 1992.

[28] Cristofani,E.,Brook,A. and Vandewal,M.,3 – D synthetic aperture processing on high – frequency wide – beam microwave systems. Proc. SPIE 8361,Radar Sensor Technology XVI,83610E (May 1,2012);doi:10. 1117/12. 919409.

[29] Cumming,I. G.,Neo Y. L. and Wong,F. H.,Interpretations of the omega – K algorithm and comparisons with other algorithms,IGARSS 2003 2003 IEEE International Geoscience and Remote Sensing Symposium Proceedings IEEE Cat No03CH37477,vol. 00,no. 1,pp. 1455 – 1458,2003.

[30] Stolt,R. H. Migration by Fourier transform,Geophysics,vol. 43,no. 1,p. 23,1978.

[31] Cristofani,E.,Vandewal,M.,Matheis,C. and Jonuscheit,J.,In – depth high – resolution SAR imaging using Omega – k applied to FMCW systems,Radar Conference (RADAR),2012 IEEE,vol.,no.,pp. 0725,0730,7 – 11 May 2012 doi:10. 1109/RADAR. 2012. 6212233

[32] Withagen,P. J.,Schutte,K. and Groen,F. C. A.,Global Intensity Correction in Dynamic Scenes. International Journal of Computer Vision,(86)1:33 – 47,2010.

[33] Pitas,I. and Venetsanopoulos,A. Nonlinear Digital Filters:Principles and Applications,Kluwer Academic Publishers,Boston,MA,1990.

[34] Tian,J.,Sun,J.,Wang,G.,Wang,Y. and Tan,W. (2013). Multiband radar signal coherent fusion processing with IAA and apFFT. Signal Processing Letters,IEEE,20(5),463 – 466.

[35] Friederich,F.,Von Spiegel,W.,Bauer,M.,Meng,F.,Thomson,M. D.,Boppel,S. and Roskos,H. G. (2011). THz active imaging systems with real – time capabilities. Terahertz Science

and Technology, IEEE Transactions on, Vol. 1 (1), 183 – 200.

[36] Kahl, M., Keil, A., Peuser, J., Loeffler, T., Paetzold, M., Kolb, A. and Bolívar, P. H., (2012, May). Stand – off real – time synthetic imaging at mm – wave frequencies. In Proc. SPIE 8362, Passive and Active Millimeter – Wave Imaging XV, 836208. doi:10.1117/12.919104.

[37] Baccouche, B., Keil, A., Kahl, M., Haring Bolívar, P., Löffler, T., Jonuscheit, J. and Friederich, F. (2015). A sparse array based sub – terahertz imaging system for volume inspection, European Microwave Conference (EuMC), Paris, 2015, pp. 438 – 441. doi: 10.1109/EuMC.2015.7345794.

[38] Ahmed, S. S., Schiessl, A. and Schmidt, L. A novel fully electronic active real – time imager based on a planar multistatic sparse array. Microwave Theory and Techniques, IEEE Transactions, Vol. 59, No. 12 (2011): pp. 3567 – 3576.

# 第7章

# 雷达生物探测应用中超宽带雷达信号的建模

Lanbo Liu

## 7.1 概　　述

### 7.1.1 引言

本章讲述了利用有限时域差分(FDTD)数字仿真并且综合计算实验来评估UWB雷达技术侦测人类生命体征的效果,这项侦测技术也称为雷达生物探测。雷达生物探测可以实现对人类生命体征信号的非接触式安全监测,应用于生物医学工程,可以在毁灭性地震中搜索、救援坍塌建筑废墟下的遇难者和幸存者,还可以用于许多类似的需求。7.1 节总结了与 UWB 雷达探测相关的人类生命体征信号。接下来讨论如何生成用于数字仿真的人类生命体征信号,然后简单总结了 FDTD 数字仿真技术。7.3 节按照由简单到复杂的顺序演示了这个建模方法的实效性,每一节都安排了一个生命信号探测的典型案例。

第一个案例是穿过墙体探测单人目标。这个案例详细地描述了怎样在计算区域嵌入混凝土墙后的单人目标体模型。除了生命体征信号的侦测外,在这一节还讨论了用多入多出干涉仪雷达来判断人类存在的可行性。第二个案例是地震灾难场所搜救情境的建模,这个模型包括生命体征各具特点的两个人,两个幸存者心肺征象不同、身体位置姿势不同、在废墟中埋的深度不同。这里的倒塌建筑模型是基于地震灾难现场真实情景做出来的。综合数据分析表明,UWB 脉冲雷达可以识别并且分离出人类目标的生命体征信息(20s 的雷达记录)。第三个案例是在视距内采用非接触侦测方式同时监测 3 个人类目标的生命体征。所有的仿真结果都通过物理实验得到了验证,这个物理实验就是使用 UWB 脉冲雷达探测真实人类目标。

在这 3 个案例中都用先进的源分离和经验模态分解(EMD)信号处理技术对生命个体进行识别和定位。FDTD 数字仿真结果显示用于生物探测的超宽带雷达是一项很有发展前景的技术,可用于地震灾难场所对幸存者进行穿墙侦测和搜救,以及其他类似的实践应用。

## 7.1.2 无线电生物探测雷达

UWB 雷达信号可以应用于许多技术领域,包括生物医学成像、地球物理成像、车载雷达、通信工程等。成像应用的例子包括探地雷达(GPR)、穿过墙体成像探测物体的位置或移动、安全监视、搜索和救援以及医疗系统。车载雷达系统通常用于碰撞避免和路边援助。UWB 通信可以应用于严苛传播环境下的高速数据传输系统,如电子消费或需要隐蔽操作的这类密集多路通道的室内应用。

无线电生物探测是一种通过雷达对人类、甚至是障碍物后面的人类进行探测和诊断监测的方法(Bugaev et al.,2004)。这项技术在一些应用上具有重要意义,如非接触式医疗测量、远程精神情绪状态评估、战场或残骸碎片四散环境下的探测等(Bugaev et al.,2004;Ivashov et al.,2004)。这是在使用 UWB 雷达进行生物探测的特殊优势,因为 UWB 通信链路可以将原始雷达返回数据发送给其他用户。这可以使参与搜索的多个用户实时(或接近实时)访问雷达返回信息。例如,多个雷达系统可以在单基、双基或多基模式下对同一区域一起搜索,以增加快速找到所有受害者的可能性。

为了测试在无线电生物探测应用中的软件算法,本章介绍了一种利用 FDTD 数字仿真方法来生成综合数据,用于重现一个逼真的现场情景,并生成可用于生命体征检测算法验证的合成数据集。一场大地震中最严重的灾难性后果之一就是在坍塌建筑物中失去生命。世界各地的人们都竭尽所能地搜救建筑废墟下的幸存者。大地震后减轻灾难的关键工作就是及时搜索和救援。UWB 雷达技术应用于这类辅助性工作极有潜力。例如,2008 年 5 月在中国西南地区的汶川地震最中心地区,称为"生物探测器"的 UWB 脉冲雷达系统就投放到震后搜救工作中(NSFC 新闻,2008;Cist,2009;Lv et al.,2010)。欧洲也开发出了基于多普勒频移的多频连续波雷达生物探测系统,并且通过了测试(Bimpas et al.,2004)。

7.2 节简要描述了人类生命体征信号的主要特征,这些特征是转换成数字模型的关键点,UWB 雷达探测生命体征(呼吸和心跳)会用到这个数字模型。7.3 节讲述了如何获得心脏和肺脏的运动规律来建立一个活人胸腔的数字模型。7.4 节介绍有限时域差分建模方法,将人类生命体嵌入到结构模型中。7.5 节讲述脉冲雷达信号传播的数字仿真,以及如何产生单个人类目标的综合数据。7.6 节涉及生命体征分析,重点介绍了经验模态分解方法,此方法应用于倒塌建筑物废墟下有两名被埋幸存者情况的模型。7.7 节描述了在实验室条件下做物理实验,监测视距内 3 个人类目标,识别出来自于 3 个试验对象的呼吸信号,生成数据并进行数字分析。7.8 节简要说明了一些主要的调查结果和得到的结论。

## 7.2 直接雷达生物探测信号建模的基础理论

近年来,无线电生物探测技术已广泛应用于心肺信号的检测(Boric‐Lubecke et al.,2009;Bugaev et al.,2004;Ivashov et al.,2004;Yarovoy et al.,2006、2007;Attiya et al.,2004;Immoreev、Samkov,2003;Zaikov et al.,2008;Sisma et al.,2008)。其应用可以采用多种技术途径来实现,如连续波信号(Bugaev et al.,2004;Ivashov et al.,2004)、多普勒雷达(Boric‐Lubecke et al.,2009)或者UWB技术(Yarovoy et al.,2006、2007;Attiya et al.,2004;Immoreev、Samkov,2003;Zaikov et al.,2008;Sisma et al.,2008;Narayanan,2008)。从根本上讲,UWB雷达生物探测是通过接收人类活动反射回来的雷达信号并进行信号调制来实现的。

简单总结一下,可以按下述方式生成人体移动信号(Bugaev et al.,2004)。

(1)呼吸频率范围设定为 0.2~0.5Hz,呼吸导致的胸腔起伏辐度设定为 0.5~1.5cm 的幅度。

(2)心跳频率范围设定为 0.8~2.5Hz,心跳导致的胸腔起伏辐度设定为 2~3mm 的幅度。

(3)发声器官(唇、舌头、喉部)的关节活动。

(4)身体其余部位的活动。

人的心肺活动是持续不断的,即使在人静止不动的时候也是如此,所以心肺特征的侦测就可以代表 UWB 雷达生物探测的基本任务。这就是生命迹象探测。

与连续波雷达相比较,UWB 脉冲雷达发射的是非常短的脉冲信号,本质上就是带宽很大的频谱波段,因此有空间分辨力小和能耗低的特点(Yarovoy et al.,2006)。在研究心肺特征信号之前,一些研究表明,UWB 脉冲雷达系统能够通过识别人类皮肤和空气的阻抗差来探测人类(Attiya et al,2004;Immoreev、Samkov,2003)。最近也有研究表明,UWB 脉冲雷达系统效果不错,即使人类目标静止不动的情况下,它也能捕捉到人类的呼吸运动(Yarovoy et al.,2006)。在这些研究的基础上,Zaikov 等在 2008 年报道了一项利用 UWB 雷达探测被困人员的实验。这些关键性的优势引领一大批研究者把他们的研究重点放在用 UWB 脉冲雷达探测人类心肺特征信号,从而完成穿墙生物探测(Yarovoy et al.,2006、2007;Zaikov et al.,2008;Sisma et al.,2008)。

因此,本章 FDTD 仿真是利用脉冲源来产生雷达辐射波场。针对 UWB 脉冲雷达探测生命这一应用领域中最常遇到的情况,按照由简到繁的顺序模拟出 3 个案例来研究并生成数据集。这 3 个案例如下。

① 单人目标体的穿墙生命侦测。

② 地震灾难区域内两个目标体的生命迹象侦测。

③ 3 个病人心肺运动的远程测量。

在这 3 个案例中仿真结果分析是采用经典的 FFT 和更先进的经验模态分解时域分析,从而提取生命特征信号。为了达到在劣势环境下侦测人类生命迹象的目的,依据不同的雷达系统的功能评估统一设定一组技术需求,如带宽、功率分配、动态范围和稳定性(Saha、Williams,1992)。对于时域脉冲雷达和步进频率连续波(SFCW)这两种常用的 UWB 系统,脉冲雷达数据采集速率适中,但是可能会有线性动态范围的问题。想要解决这个困难就要把整个可操作的区域分割成多个子域,在这些子域内进行操作。另外,步进频率连续波技术具有总功率分配和动态范围的优势,与之相对应的是,有采集速率低的劣势。这就意味着尽管 SFCW 系统扫描频率很快,它仍然比脉冲系统需要更长的测量时间(Saha、Williams,1992)。FDTD 数字仿真技术能够灵活地处理不同的输入参数,因此,它是 UWB 生物雷达系统设计的一个重要工具。然而,用 SFCW 算法采集的雷达信号最终要转化为脉冲源信号来传播,因此本章中 FDTD 数字仿真的重点会放在脉冲源信号传播的案例上。

## 7.3　用于数字仿真的人类生命体征信号的生成

人类的心肺信号建模涉及两个时间级别:①UMB 雷达信号传播时间是纳米级(ns)的;②记录生命体征信号的时间是几十秒到几百秒。要重点说明的是,这两个时间级别相差 9 个数量级。待探测的心肺特征信号的频率范围为 0.2~2Hz,那么采样时间间隔 0.05~0.1s(10~20Hz)就足够了。因此,传播时间级别在纳米级的 UWB 雷达信号完全可以看作极小的瞬间时刻。依照这个原理,把活人的胸腔动态看作一组静态瞬时快照采集。

参考一份普通人胸部的核磁共振图像(MRI),一个准静态的心肺呼吸模型是由 45 个瞬时状态组成的,它们代表 9s 内的所有记录,如图 7.1 所示。相邻的两个状态时间间隔为 0.2s;这个二维模型包含两个呼吸周期(肺部运动)和 11 个心跳周期(心跳运动)。还有,这个模型的呼吸频率为 0.22Hz,心跳频率为 1.22Hz。呼吸运动的幅度为 5~15mm,心跳运动的幅度是 2~3mm。图 7.1 显示的是从 45 个状态中每 3 个瞬时采集点取一个而得到 15 个状态,这些将用于 FDTD 仿真。

图 7.1 所示模型仅是某一个例。实际上需要灵活地设计各种心肺活动模型来模拟人类目标,根据不同的生命状态设计不同心脏和呼吸活动频率,在下文中将一一呈现。我们把不同场所位置的人类目标模型嵌入到一个静态结构模型进行 FDTD 仿真,模拟出各种真实情况下埋在废墟中的幸存者。

第7章 雷达生物探测应用中超宽带雷达信号的建模

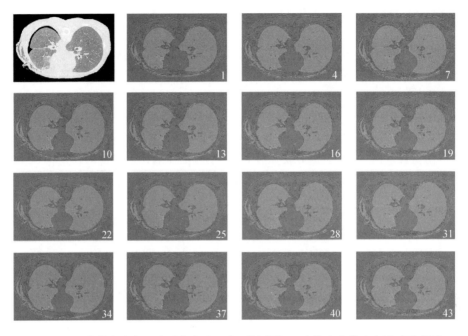

图7.1 45个状态中每3个采集点取一个而得到的15个状态人类生命活动示意图
(2个呼吸周期,11个心跳周期,参照普通人胸部的磁共振图像(MRI)截面图(左上角的图是灰度图像))

## 7.4 有限时域差分建模技术

在各种不同的数字仿真方法中,FDTD 建模技术(Yee, 1966; Taflove、Hagness, 2000; Liu、Arcone, 2003; Liu et al., 2011)是一个很好的工具,用来仿真和整合处理 UWB 雷达场的实测数据。采用交错栅格的 FDTD 方法(Yee, 1966),并且结合边界条件(PLM)(Berenger, 1994)是一种很有效的鲁棒算法,PLM 就是把可吸收边界条件截出一个新的计算域,抑制掉不必要的、人为造成的反射。FDTD 方法已广泛应用于电磁波传播的仿真(Liu、Arcone, 2003; Liu et al., 2011)。

无论是在概念上还是在实现途径上,FDTD 方法都可以说是解决电磁学问题的全波技术中最简单的仿真方法。FDTD 方法可以精准地处理各种问题。然而,与所有的数字算法一样,它也受人为因素的影响,并且计算精度受限于技术实现情况。此方法还可以解决复杂问题,但是通常计算成本会很高,因为解决过程中需要大量的内存且计算时间较长。FDTD 方法可以很轻松地用在"共振区域"这类技术上,共振区域技术就是目标领域的特征维度在一定程度上处于同一波长数量级。如果与波长相比目标物体非常小,利用准静态近似值就可以更有效地解决问题;反之,如果与目标物的物理特性相比,波长极小,那么利用基于射线(ray – based methods)的方法或技术可以更有效地解决问题。

为了近似得到用 FDTD 描述电磁波传播的麦克斯韦方程组中的导数,在二维空间域内使用交错差分算法,这种算法是由 Yee(1966)提出的。图 7.2 是一个横向磁场(TM)模式的交错网格系统,电场的 y 分量是垂直的,与轴线方向一致,电场的 x 分量是水平的,平行于表面,如图 7.2 所示。在电场 **E** 和磁场 **H** 的计算中,时间域也是交错行进的。Yee 的 2 阶交错网格算法依旧保持着采用 FDTD 方法所具有的优秀的经济性和鲁棒性(Taflove、Hagness,2000)。运用 2 阶交错网格算法时,每个最短波长至少要 20 个网格才能达到数值的稳定性。

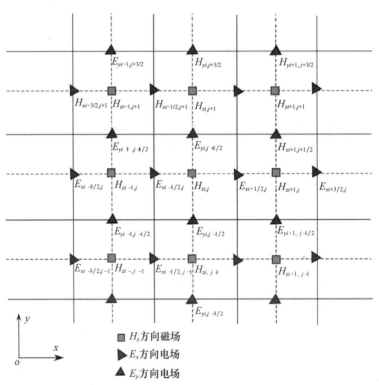

图 7.2　用 FDTD 方法仿真 TM 模式雷达波传播得到的二维交错网格系统的 $xy$ 平面图
(磁场是 $z$ 方向(垂直于 $xOy$ 平面),电场($E_x$ 和 $E_y$)在 $xOy$ 平面,分别沿 $x$ 轴和 $y$ 轴方向)

Berenger(1994)的 PML(完全匹配层)技术是通过吸收边界条件(ABC)实现的。在抑制领域边界上的有害反射这方面已经颇见成效。实验数值表明,比起以前的任何吸收边界条件,使用 8 层 PML 边界条件可以减少 30~40dB 的反射误差(Yuan et al.,1997)。虽然在实际情况下雷达测量都是三维的,但建立二维 FDTD 模型是一种很好的折中方案,既能抓住主要的传播特性,又有快速、高效的数值计算的优点。

## 7.5 墙体后的单人目标体的超宽带雷达探测

本节描述了如何探测墙后的单人目标的情况。首先,研究一个基本现象,UWB 雷达从一个活人目标上筛选出生命体征信号。

图 7.3 是在实验室条件下采集到的一组真实雷达信号数据,包括正常呼吸、屏住呼吸和说话 3 个状态。UWB 脉冲雷达放置在混凝土墙的一侧,混凝土墙的厚度为 20cm,由煤渣砖组成(内部没有钢筋)。在墙的一侧,UMB 雷达天线在与人类目标胸部同高度的地方与墙体紧密相连,而在墙的另一侧,人类目标站在距离墙 1m 远的地方。GPR 系统每 0.1s 收集一次记录痕迹,8 个记录叠加使用,以最大限度减小随机误差。我们要求人类目标尽可能地安静站立、减少身体整体的运动。图 7.3 显示的是把所有痕迹记录的简单叠加,所有的雷达信号都是描述一个实验目标人的 3 个状态。这就用最直观的方式呈现了心肺信号的时域特征。图 7.3(a)表示的是早时刻直接来自墙壁的发送接收器的耦合信号和反射信号的叠加痕迹,图 7.3(b)表示的是来自人类目标反射信号的叠加痕迹。

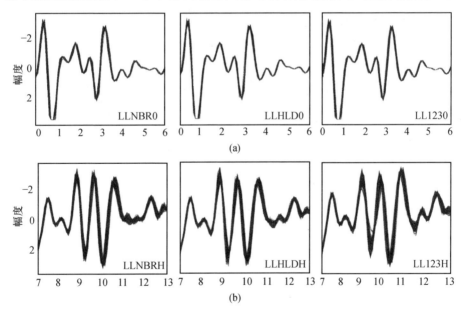

图 7.3 人类目标的 A - 扫描数据集的叠加痕迹:正常呼吸状态(241 个痕迹,左侧),屏住呼吸状态(170 个痕迹,中间)和说话状态(254 个痕迹,右侧)
(a)时间轴上 0~6ns 的较早时刻的情况;(b)时间轴上 7~13ns 时的情况。

由于周围的自然环境不随着时间的变化而变化,较早时刻的痕迹基本上是在时间轴上重复的。与此相反,在图 7.3(b)的时间轴上,因为有了人类目标,我们发现反射回来的雷达信号有明显的变化,这使得叠加的痕迹显得"更厚",或者说痕迹变模糊了。显然,不同于"静态"墙的反射信号,人类目标的存在会导致记录痕迹发生相应变化。进一步检查"正常呼吸"状态(图 7.3 的左下方标记着 LLNBRH 的图片)发现,除了在 11~12ns 之间很短的时间轴上有相对大一点的信号变化(信号采样编号为 110~120),整个时间轴上反射信号变化都比较小,在这个位置可以进一步去探查人类目标。

现在画一个数值模型的构造图,模拟墙后有一个人类目标的情况。在这个模型中,把 7.3 节中描述的动态心肺模型嵌入到二维计算领域中,模拟图 7.4 所示的穿墙探测的实验设置。这个几何图形与实验室实验的布局几乎相同。栅格总数是 $2000 \times 1000$,栅格尺寸是 $1mm \times 1mm$,布满 $2m \times 1m$ 的区域。根据通用的空气和干燥墙体的介电常数值以及人体组织公布值,在 1GHz 时实验中各种材料的介电常数的完整列表如表 7.1 所列(Saha、Williams,1992;Gabriel et al.,1996;Bronzino,1999;Egot - Lemaire et al.,2009)。

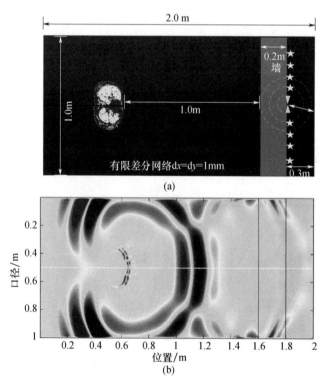

图 7.4 单人穿墙侦测案例中 FDTD 计算域的仿真实验室布局图

((a)中栅格选的是 $1mm \times 1mm$,图 7.1 的动态心肺模型置于墙一边,与 UWB 脉冲雷达(收发装置的位置)都与真实实验的布局一样。完美匹配层(PML)的作用是吸收外波和减少反射;(b)是雷达信号源发射脉冲后,在 7ns 时刻的雷达波场的瞬时图片,显示波场轮廓图,白色的横穿迹线表示该图中央线)

表7.1　在穿墙模型中用到的相对介电常数

| 空气 | 预制墙 | 皮肤 | 心脏 | 肺 | 骨骼 |
| --- | --- | --- | --- | --- | --- |
| 1 | 4 | 38 | 60 | 35 | 40 |

在FDTD仿真中,雷达信号源放置在墙体右侧,发射中心频率为1GHz的UWB脉冲,而图7.1所示的人类胸腔模型则被放置在墙体另一侧。信号接收点放置在距离信号源10cm的地方。总记录长度为16ns,与物理实验相同,采样间隔为0.002ns,总共有8000个采样时间点。因为从开始发射雷达波到接收到从人体反射过来的回波所用的时间,大概比心肺活动周期(1~5s)短8个数量级,可以做这样一个合理的近似:将45个状态的每个状态都看作准静态瞬间,就好像胸腔运动在每一刻都被"冻结"一样。因此,在记录时间内,0.2s的时间区间包含256个痕迹,重复45个仿真并绘制成图,结果如图7.5所示。

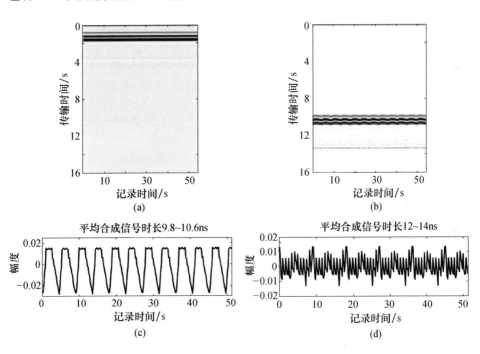

图7.5　综合模型的仿真结果

(a)按照采样编号顺序的原始记录,采样间隔是0.02ns,绘图编号是按照0.2s的间隔记录的;
(b)清除了背景之后,在时间轴9.8ns处可以清晰地看到人体的反射信号,对应的采样点编号是490;
(c)呼吸信号主要出现在9.8~10.6ns之间;(d)约为1.2Hz的心跳信号出现在12ns以后。

在清除背景后,很明显心肺活动引起的胸腔活动主要出现在9.8ns(信号采样编号为490)。参照仿真结果,可以从实验室的实验数据中寻找心肺活动信号。使用 FFT 对图 7.5 中的综合记录进行快速频谱分析,结果正如所料,占主导地位的呼吸频率是 0.22Hz,如图 7.6(a)所示,心跳频率是 0.22Hz,如图 7.6(b)所示,与图 7.1 所规定的 45 状态心肺模型精准一致。在呼吸峰值 $f_b$ 与心跳峰值 $f_h$ 之间的谐波频谱的峰值 $f_m$ 与二者的相互调制有关,同属一个频率体系 $f_m = lf_h \pm kf_b$,其中 $k$、$l = 0,1,2,3,\cdots$。

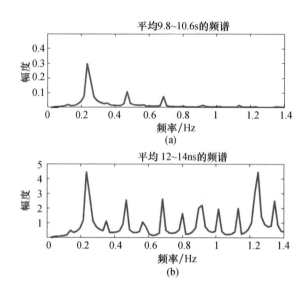

图 7.6 对应图 7.5(c)和图 7.5(d)的时序频谱
(a)9.8~10.6ns 之间的记录,反射回来的信号主要是人的呼吸信号;
(b)12~14ns 之间的记录,1.2Hz 左右的心跳信号和 0.2Hz 的呼吸信号谱线高度相同。

第 4 章中描述过的 Hilbert – H(HHT)时间 – 频率分析法,也是一种信号提取方法,可以用来表述心肺特征雷达数据。黄率先提出的新方法 HHT 是一种自适应时间 – 频率分析工具(黄、吴,2008),尤其适用于分析非线性和不稳定信号。分析过程需要两种技术协调合作,即经验模式分解(EMD)和 Hilbert 频谱分析(HSA)。EMD 技术将信号视为许多共存的简单振荡模式信号的集合,也就是本征模态函数的集合。每个本征模态函数都必须满足以下条件。

(1)极限值的数量要等于零交叉的数量,或者二者最多相差一个,这与平稳高斯过程传统的窄带条件相似。

(2)在任何时候,由局部最大值和最小值定义的上、下包络线的各个平均值都为零。这些上、下包络线的值是由一些插值算法决定的,如三次样条函数。这个条件确保了相位函数得到无偏差瞬时频率。

EMD 法用一种名为"移位过程"的算法将那些 IMF 与原始信号一一分离,直到剩余部分呈现为单调性(Huang,Wu,2008)。因此,原始信号被写成所有的

IMF 总和的形式。这种分解在时域中很容易实现,已被证明能够从噪声极大的背景中提取出重要的物理特征(Huang,Wu,2008;Narayanan,2008)。接下来,利用基于 Hilber 变换的频谱分析(HSA),每个雷达剖面的本征模态函数可以从记录的时域分析转化为频域分析,HSA 是一种通过经典 Hilber 变换得到瞬时参数的技术,对于非线性、非平稳信号,HSA 已被证明是一种比传统的 FFT 更好的分析工具(Huang,Wu,2008)。Huang,Wu(2008)已经全面论述了 HSA 的原理和分析过程。根据观测报告,可以利用 HAS 来确定某些 IMF 的频谱,主要是关于呼吸功能的 IMF。对综合仿真和观察到的雷达信号进行 HHT 分析,结果如图 7.7 所示。在时间轴 9.5~11ns 的范围可以很清楚地确定有 0.22Hz 的呼吸现象。此外,在时间轴 12ns 处可以发现 1.2Hz 左右的一些轻微活动,这很可能是与心跳有关的现象,但这还不能算是令人信服的证据,以证明这个特殊的 UWB 雷达系统能够探测到心跳。通常,这两个特点与图 7.6 所示的 FFT 频谱信息相一致。这两个特性通常与图 7.6 所示的 FFT 的频谱信息相一致,此外心肺活动在时间轴上的位置信息也一致。

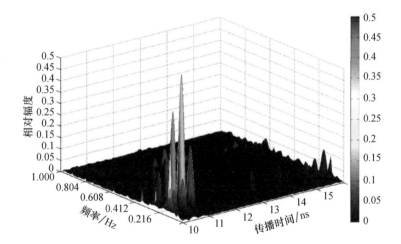

图 7.7 用 HHT 法进行合成仿真所得结果的时域-频谱分析图

(在时间轴上 10ns 附近,可以清晰地识别出 0.22Hz 的人类呼吸信号。1.2Hz 左右的心跳特征信号相对较弱,但是在时间轴上 12.5ns 附近还是挺明显的)

HHT 方法也可用来分析图 7.3 所示的雷达侦测信号,图 7.3 中的 HAS 分析结果时域-频谱图如图 7.8 所示。呼吸运动似乎有点复杂,在时间轴上和某个频率上都有集中分布。由于实验中人类目标是静立在距墙体 1m 的地方,因此在所有条件下都是在 12ns 周围出现强烈的反射活动。同时也清楚地说明了一点,这是正常呼吸,频率在 0.35Hz 左右。

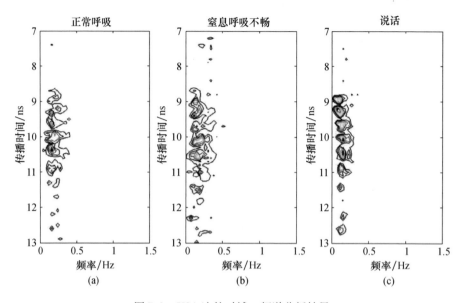

图 7.8　HSA 法的时域 – 频谱分析结果

（按照图 7.3 所示的 3 种条件下的能量（幅值乘方）排序，图 7.3 的 3 种条件即正常呼吸、窒息呼吸不畅及说话状态）

对于窒息呼吸不畅的案例，活力水平显然要再低些，但是仍会有活动存在，这些活动可能是由人类目标的全身动作或无意识动作引起的，而不是呼吸引起的。对于人类目标说话状态的案例，从时域 – 频谱分布来看，人类目标呼吸活力水平并未增加，这意味着实验期间人类目标说话的状态比较平静。

## 7.6　坍塌建筑物下有两个幸存者情况的模型

大地震中最灾难性的影响之一是由于建筑物倒塌而失去生命。世界各地的人们都在努力开发新的搜索和救援方法，来救助那些困在倒塌建筑废墟下的幸存者。大地震后，如何及时搜索救援是抗震救灾中最关键的问题。UWB 雷达技术在协助寻找存活遇难者被困位置的应用方面有很大的潜力。本节将针对倒塌建筑物残骸下有两名幸存者的情况来讨论如何建立 UWB 雷达探测的数字模型。与 7.5 节中所做的类似，这种建模方法是把图 7.1 中的两种生命体征不同人类心肺模型，嵌入到一个更大的数字化的坍塌建筑废墟模型中。这一模型源于 2010 年 4 月 14 日玉树地震中的倒塌建筑，玉树位于青藏高原东北边缘。这场灾难中倒塌的建筑物夺去 2000 多人的生命。图 7.9 所示为倒塌建筑物下埋着两个人的模型。

# 第7章 雷达生物探测应用中超宽带雷达信号的建模

底部中央的人类模型(人甲)是正面朝下的,心跳频率为1.25Hz,呼吸频率为0.12Hz。左边的人类模型(人乙)正面向右,心跳频率为1.67Hz,呼吸频率为0.35Hz。该倒塌建筑物的总网格数为3791×1991,网格大小一致,为1mm×1mm,表示的实际二维面积为3.77m×1.97m,水平为3.77m,垂直方向为1.97m。坍塌建筑的介电常数已确定为6.25。根据已公布的数据(Saha、Williams,1992;Bronzino,1999;Egot et al.,2009),对于人体组织电导率和介电常数,可以得到更详细的建模数据,见表7.1。

在探测埋在地下幸存者的FDTD仿真过程中,中心频率为1GHz的UWB脉冲源放置在废墟表面发射信号,待探测人类则被埋在废墟深处,如图7.9所示。为了完成探测成像,设定总记录长度为67ns,采样间隔为0.002ns,总共有33500个时间采样点。废墟表面还放置了一排共37个接收点,接收点间距为10cm。根据仿真目的,脉冲源可以放在废墟表面的任何横向位置。图7.10显示的是脉冲雷达源放置在图7.9所示模型废墟表面的左上角时FDTD发生波场的一系列快照。

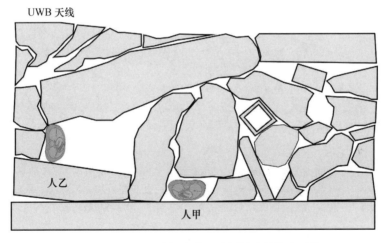

图7.9 在地震灾难场所的一座倒塌建筑物中埋着
两个人类的模型且区域大小为3.77m×1.97m

(转载自 Ad Hoc Networks,Liu L 等,《地震灾害现场 UWB 脉冲雷达生物探测的数字仿真》,34~41页,2014年出版,Elsevier 许可)

从图7.10来看,很明显,入射雷达波与建筑废墟相互作用,产生了一个非常复杂的散射场。此外,它还与被埋人类的强反射相互作用,因为人的身体与环境介质反差很大,从图7.10(b)(c)可以看出,中心处的人甲在 $t=16$ns 的快照(b),以及(c)中的人乙在 $t=24$ns 的快照。在人体组织内部,由于雷达波传播速度更慢,其波长在人体内部变得更短。

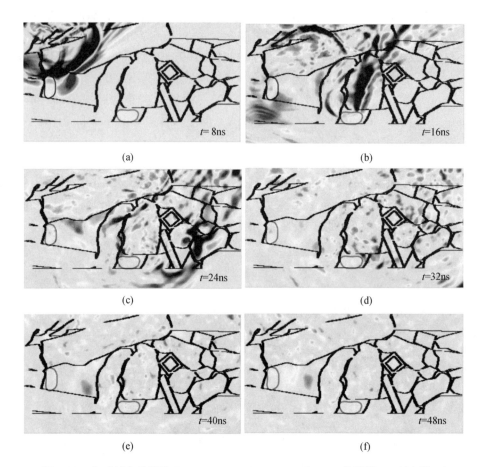

图 7.10　在时间点分别为 8ns、16ns、24ns、32ns、40ns 和 48ns 的模拟 EM 波场快照
（脉冲源是模型中心的偏振偶极子，置于废墟表面。（转载自 Ad Hoc Networks，Liu L 等，《地震灾害现场 UWB 脉冲雷达生物探测的数字仿真》，34～41 页，2014 年出版，Elsevier 许可））

最直观显示心脏特征的方法是图 7.11 所示的时域图。图 7.11 所示的合成数据块是这样采集到的：在图 7.9 所示模型人乙正上方的废墟表面放置着固定的发射源和接收点（接收点之间相距 10cm），对倒塌的建筑物连续照射一段设定的时间，如 20s，得到对应的 Tx/Rx。如果两个相邻的信号采集痕迹之间的时间间隔是 0.1s，那么就有了 200 个时间痕迹。

由于建筑废墟的基本物理环境特征应该与时间变化无关，早期的痕迹基本上是重复的，除非有人类活动可能导致环境随时间而有特征变化。可以很容易地在图 7.11 中观察到周期为 2.8s 的变化（记录时间轴上约有 7 个呼吸周期），在传播时间 15ns 附近。这可能是待探测人乙的呼吸信号，频率为 0.35Hz，目标位置在离地表约 1m 的废墟底下，雷达波发射到目标并反射到接收器需要的时间是 16.6ns。显而易见,待探测人甲的呼吸出现在传播时间 36ns 附近,是周期为 8.3s 的变化(不到 3 个呼吸周期)。同时,在传播时间 22ns 附近还可以隐约识别出待测人乙的心跳信号,这是由较短周期振幅振荡叠加在相对较长周期的人类呼吸的大振幅信号。该特性通过时域表达式的傅里叶变换在频域中再次确认,使用 EMD 的时域 - 频谱分析就可以看出,其也称为 HHT(2008),如图 7.12 所示。

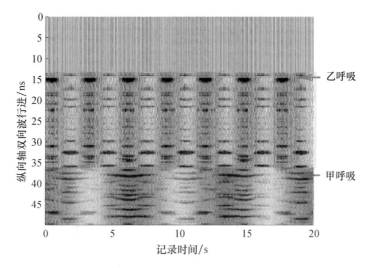

图 7.11 合成数据采集图

(水平轴为普通时移的记录时间轴,大于 20s,纵向轴为双向波行进(TWT)时间轴,共计 50ns)
(转载自 Ad Hoc Networks,Liu L 等,《地震灾害现场 UWB 脉冲雷达生物探测的数字仿真》,34~41 页,2014 年出版,Elsevier 许可)

图 7.12 除了明确表示出人乙呼吸信号的频率大约为 0.35Hz 外,起始传播时间大约在 15ns,以及人甲呼吸信号频率约为 0.12Hz,起始传播时间大约为 36ns,与图 7.11 所示的时域记录一致,还可以从图 7.12 中依稀看出在传播时间 22ns 处能观察到人乙心跳生命体征,约为 1.67Hz。然而,人甲埋在废墟下面更深的地方,也可能是因为人甲面朝下躺着,从后方能看到的胸部运动更少,所以几乎捕捉不到人甲的心跳。虽然如此,一些新出现的弱信号检测技术可能有助于解决这类问题,如利用时间反演来获得物质传输函数(Wua et al.,2010),也可能用盲源分离算法(Sawada et al.,2004)。

为了验证这种比较复杂情况下数字仿真的有效性,在实验室里研究一个可受控案例,获得观测数据,然后测试生命体征信号的分离算法。这要用到一种具有 1GHz 脉冲源的探地雷达系统。雷达天线放置在距离地面约 1.5m 的煤渣墙背面。其高度和人的胸部高度差不多。实验设置规划如图 7.13 所示。两个人类目标(图 7.13 中的 $S_1$ 和 $S_2$)静立在墙另一边不同的位置,面朝不同的方向,与图 7.9 所示的地震废墟模型相似。

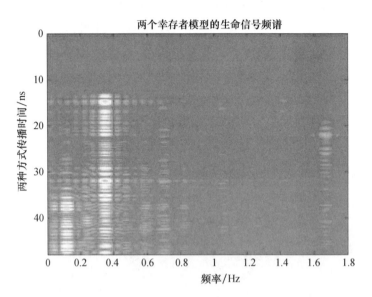

图 7.12　对探测到的图 7.9 所示模型中
待救人员的生命特征信号采用经验模式分解得到的时间 – 频率分析图
(转载自 Ad Hoc Networks,Liu L 等,《地震灾害现场 UWB 脉冲雷达生物探测的数字仿真》,34 ~ 41
页,2014 年出版,Elsevier 许可)

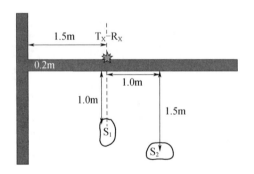

图 7.13　实验室设置图

(1GHz 脉冲雷达放置在墙后,两个人类目标在墙另一边,与图 7.9 中的案例布置相似)(转载
自 Ad Hoc Networks,Liu L 等,《地震灾害现场 UWB 脉冲雷达生物探测的数字仿真》,34 ~ 41 页,
2014 年出版,Elsevier 许可)

实验中首先获得没有人类主体存在的背景基线。然后,两个人类目标放置在图 7.13 所示的位置。消除了墙体对面的强直接耦合和反射之后,就可以得到

实验室条件下的时域实验记录,如图 7.14 所示。记录时间总共约为 70s。图 7.14 中上面的图是不存在人类目标体的背景探测结果,下面的图是有人类目标体存在的探测结果。两个人类目标体的反射大约在 8ns($S_1$) 和 13ns($S_2$) 处开始出现,具有明显的振幅波动。

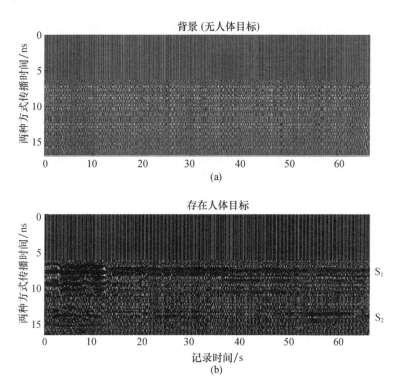

图 7.14　1GHz 探地雷达系统的实验室原始时域测试数据
(a)不存在人类目标的背景探测结果;
(b)有人类目标存在的探测结果,目标人的位置如图 7.13 所示。

(转载自 Ad Hoc Networks,Liu L 等,《地震灾害现场 UWB 脉冲雷达生物探测的数字仿真》,34~41 页,2014 年出版,Elsevier 许可)

利用 7.5 节中描述的 EMD 的时域—频谱分析方法,结果如图 7.15 所示,左边的图是背景,中间的图是有人类目标存在,右边的图比较了这两种情况的不同。两个人类目标的呼吸特征清晰可见。靠近天线的目标人 $S_1$,呼吸信号出现在传播时间 8~10ns 处;离天线稍远的目标人 $S_2$,呼吸信号功率相对较弱,出现在传播时间 13~15ns 处。两个人类目标的呼吸频率都是 0.2Hz。此分析方法无法捕捉到这两个人类目标的心跳信息。然而,作为探测生命的目的,仅凭呼吸就足以将一个人归类为幸存者。

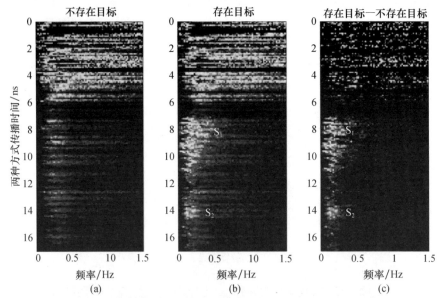

图 7.15 对雷达记录的两个人类目标的生命体征信号进行时域—频谱分析得到的结果
（两个人类目标与 UWB 雷达分别放置在墙的两侧）

（转载自 Ad Hoc Networks, Liu L 等,《地震灾害现场 UWB 脉冲雷达生物探测的数字仿真》,34 ~ 41 页,2014 年出版,Elsevier 许可）

## 7.7　同时监测到 3 个病患的生命体征

本节描述的是同时监视 3 个病患的生命体征情况下的 FDTD 数字仿真,3 个病人都在视距内(LOS),这是 3 个案例中最复杂的一种情况。图 7.16 就是监控设置图。在本案例中,将会模拟 UWB 脉冲雷达在非接触式医学测量方面的应用。图 7.16 表示的就是根据这个模拟应用绘制的模型空间,总网格数为 $4200 \times 3200$,网格大小为 $1mm \times 1mm$,表示实际面积 $4.2m \times 3.2m$ 的区域。模型空间周围是厚度为 1m 的混凝土层(介电常数为 6.25),模拟出真实房间的墙壁、天花板和地板。图 7.16 中的 3 个人类目标心跳和呼吸频率各不相同,面朝上躺在床上(床的介电常数为 6.25)。

FDTD 计算中用到的中心频率为 1GHz 的脉冲源和一个接收器放置在图 7.16 所标示的位置。设定总记录长度为 21.1ns,采样间隔是 0.002ns,总共有 10550 个时间采样点。图 7.17 显示的是当脉冲雷达源被放置在模型的左上角时,FDTD 波场生成的一系列快照。从图 7.17 中可以清楚地看到,入射雷达波首先与建筑物的左墙相互作用($t = 6ns$),从而产生一个强反射场。接着,由于人体和周围介质(空气)的反差很大,入射雷达波开始与人体相互作用,并产生比较强的反射($t=8$ns 和 $t=10$ns)。图中还清楚地表示出,在人体组织内部,由于雷达波传播速度变慢,其波长变短。雷达波与 3 个人类目标相互作用后,波场变得非常复杂,然后一些波阵面开始到达左上角的接收天线。

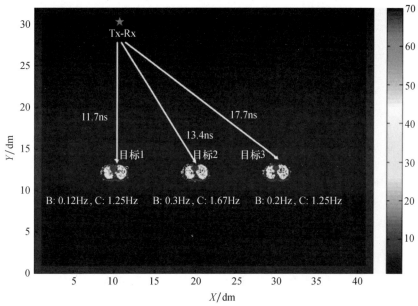

图 7.16　面积为 4.2m×3.2m 的房间里,在视距内的 3 个病人的监测模型
(每个病人的呼吸和心跳参数都在各自的床下做了标记。每个病人与雷达天线的双向行进时间也做了标记)

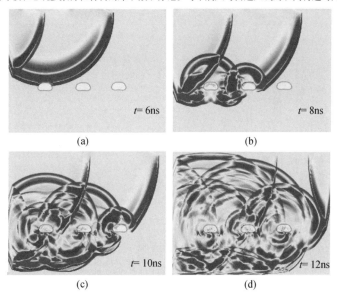

图 7.17　不同行进时间的模拟 EM 波场快照
(信号源位于图 7.16 所示模型区域中的对偶极点)

图 7.18 显示的是对图 7.16 中的 3 个病患模型采集数据并且去掉背景后的人工合成数据集。这些痕迹图的组织方式与图 7.11 中的陈列方式相同。12~21ns 观察到的是同样的周期变化。用 FFT 进行经典频谱分析可以清楚地显示出所有呼吸信号特征,但是心跳信号几乎无法识别,如图 7.19 所示。

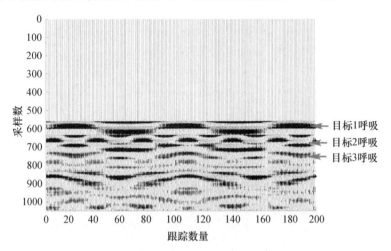

图 7.18　图 7.16 中 3 个病患模型采集数据去掉背景后的人工合成数据集
(水平轴为普通时移的记录时间轴,大于 20s,纵向轴是传播时间 21ns 内的数据集。3 个人类目标的呼吸特征都可以清楚地识别出来)

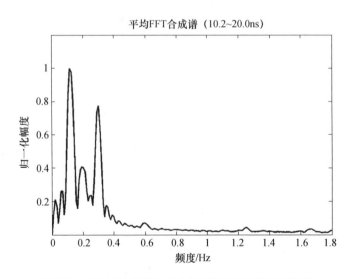

图 7.19　图 7.18 仿真中生命体征信号的频谱分析结果

图 7.20 表示的是对合成数据的分析。在 FFT 之后的图 7.19 中,把沿着另一段传播时间的观测频率当作水平轴。从数据分析可以很清楚地看到,0.1Hz

的信号从10ns开始、0.2Hz的信号从16ns开始,这些信号分别与3个实验人目标1、目标3和目标2的呼吸频率一致。由于每个人类目标模型与接收机的距离不同,因此在记录时间内,呼吸频率出现在不同的传播时间。除了呼吸信号外,从图7.19观察到的频率为1.25Hz和1.67Hz的信号,分别与实验人目标1、3以及目标2的心跳频率一致。在10.2~20ns的均值频谱上,这些都可以清楚地观察到。图7.19说明可以通过一些努力观察到3个人类目标各自的呼吸和心跳。

图7.20说明,3个人类目标的呼吸信号都清晰地显示在正确的位置,同预计的、图7.16标识的参数一致。然而,很难在1.25Hz和1.67Hz时识别出心跳。

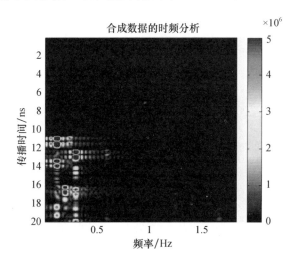

图7.20 对图7.16所示模型中的3个人类目标的生命体征使用经验模式分解方法进行时域—频谱分析得到的结果

此外,为了验证这种比较复杂情况下数字仿真的有效性,已经通过在实验室内进行的可控案例研究,验证了生命体征信号的检测算法。这项研究使用的是与探测两位幸存者的案例相同的探地雷达系统。雷达天线被放置在用煤渣砖砌成的墙一边(墙厚度为20.32cm,也就是8in),离地面约1.5m。这一高度和人的胸部位置差不多。实验设置的平面图如图7.21所示。3个人类目标(图7.21中的SM、WZ和ZL)静立在不放置雷达的墙的另一边,3个人都面朝向GPR天线,与图7.16所示的3位病患监测模型相似。

在这个实验室内的物理实验中,每个雷达踪迹的记录长度是30ns。在0.1s的时间区域内记录了600多个痕迹。原始的雷达数据见图7.22,上图是在没有人类目标存在的情况(标记为"背景测试"),下图是有人类目标存在的情况(标记为"常规测试")。

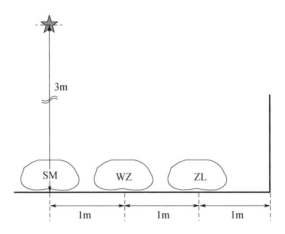

图7.21 在实验室内使用1GHz GPR对3名患者进行物理测量的视距内监测装置

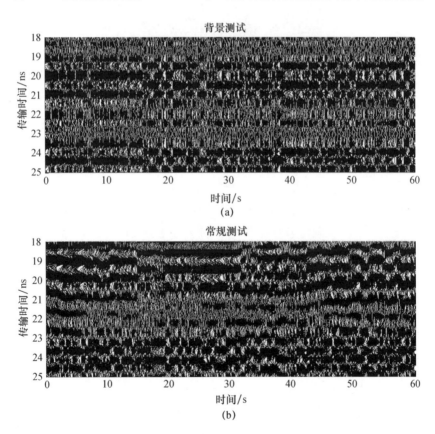

图7.22 使用1GHz GPR系统实验室测试到的原始时域数据

(a)没有人类目标存在的时域记录;(b)有人类目标存在的时域记录,人类目标位于图7.21所示的位置。

同样利用前面章节叙述的 EMD 时域—频谱分析方法得到了图 7.23 所示的结果,包括单背景的情况(a)、有人类目标存在的情况(b)以及这两种情况的不同(c)。这 3 个实验人的呼吸特征可以在图中识别出来。靠近天线的人类目标(SM)呼吸信号出现在传播时间 20ns 附近,离天线较远的人类目标(ZL)呼吸信号出现在传播时间 23ns 附近,信号能量较弱。这 3 个实验人的呼吸频率约为 0.25Hz。这种分析无法捕捉到 3 个人类目标的心跳信息。然而,作为探测生命的目的,仅凭呼吸就足以将一个人归类为幸存者。

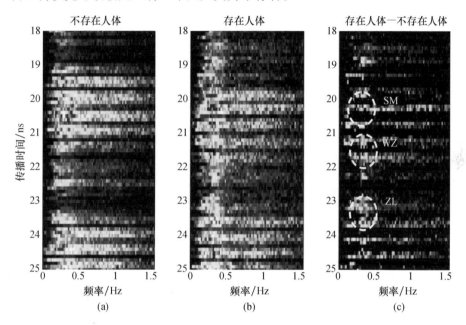

图 7.23　雷达监测 3 名病患的生命体征信号进行时域—频谱分析得到的结果

## 7.8　小　　结

本章表述的是用 UWB 雷达探测废墟下幸存者生命迹象的一种数字仿真方法。这种方法可以作为一种合成数据发生器,用来生成补充数据,以补足不同物理场景中的现场数据(Ivashov et al.,2004;诸葛 et al.,2007;Lazaro et al.,2010;Suksmono et al.,2010)。实验室测试已经验证了仿真数据中存在生命体征信号。在不久的将来,在更多近似真实地震灾害场所的实际情况下,与物理测量结果相比较,这种方法的效果将在社会发展中不断得到验证。对灾难现场进行特征描述和分类的时候,鲁棒性和快速性俱佳的检测算法是 UWB 雷达生命搜救成功的关键。

总之，使用单站雷达识别多个人类目标的生命体征信号是一个可实现的目标。实例示范展示了希尔伯特－黄变换经验模型分解的应用价值，在第 4 章中也曾讨论过。多目标案例的盲源分离是可施行的。环境格林函数的被动和主动时间反转有利于源分离操作，也有助于分析 UWB 材料的穿透信号。摘要格林函数的被动和主动时间反转有助于 UWB 材料的渗透信号分析。

本章的技术内容具有应用潜力，能够促进有关穿透材料进行雷达探测技术多元化的应用和发展。

## 参 考 文 献

［1］ Anishchenko, L. N., Bugaev, A. S., Ivashov, S. I. and Vasiliev, I. A. 2009. Application of Biora-diolocation for Estimation of the Laboratory Animals' Movement Activity, Proceedings of the Progress in Electromagnetics Research Symposium, PIERS 2009, Moscow, Russia, 18 – 21 August.

［2］ Attiya, A. M., Bayram, A., Safaai – Jazi, A. and Riad, S. M. 2004. UWB applications for through – wall detection, IEEE, Antennas Propag. Soc. Int. Symp. , 3: 3079 – 3082, June.

［3］ Berenger, J. P. , 1994. A perfectly matched layer for the absorption of electromagnetic waves, J. Comput. Phys. 114: 185 – 200.

［4］ Bimpas, M. , Paraskevopoulos, N. , Nikellis, K. , Economou, D. and Uzunoglu, N. 2004. Development of a three band radar system for detecting trapped alive humans under building ruins, Progress in Electromagnetics Research 49: pp. 161 – 188.

［5］ Boric – Lubecke, O. , Lubecke, V. , Mostafanezhad, M. , Isar, P. , B – K, Massagram, W. and Jokanovic, B. 2009. Doppler radar architectures and signal processing for heart rate extraction, Microwave Review 12. pp. 12 – 17.

［6］ Bronzino, J. D. 1999, The Biomedical Engineering Handbook, 2nd ed. CRC Press, Boca Raton, FL.

［7］ Bugaev, A. S. , Chapursky, V. V. , Ivashov, S. I. Razevig, V. V. , Sheyko. A. P. and Vasilyev, I. A. 2004. Through Wall Sensing of Human Breathing and Heart Beating by Monochromatic Radar, Proceedings of Tenth International Conference on Ground Penetrating Radar, Vol. 1. pp. 291 – 294, June.

［8］ Bugaev, A. S. , Vasilyev, I. A. , Ivashov, S. I. , Parashin, V. B. , Sergeev, I. K. , Sheyko, A. P. and Schukin, S. I. 2004. Remote control of heart and respiratory human system by radar, Biomedical Technologies and Radioelectronics. No. 10, pp. 24 – 31.

［9］ Bugaev, A. S. , Vasilyev, I. A. , Ivashov, S. I. , Razevig, V. V. and Sheyko, A. P. 2003. Detection and remote control of human beings behind obstacles with radar using, Radiotechnique, No 7, pp. 42 – 47.

［10］ Cist, D. B. 2009. Non – destructive evaluation after destruction: using ground penetrating radar forsearch and rescue, NDTCE'09, Non – Destructive Testing in Civil Engineering, Nantes, France, June 30 – July 3.

[11] Egot – Lemaire, S., Pijanka, J., SulÂ'e – Suso, J., and Semenov, S. 2009. Dielectric spectroscopy of normal and malignant human lung cells at ultra – high frequencies. Phys. Med. Biol. 54(8): 2341 – 2357.

[12] Gabriel, C., Gabriel, S. and Corthout, E. 1996. The dielectric properties of biological tissues: I. Literature survey, Phys. Med. Biol. 41: 2231 – 2249.

[13] Huang, N., and Wu, Z. 2008. A review of Hilbert – Huang transform: Method and its applications to geophysical studies. Reviews in Geophysics 46: RG2006.

[14] Immoreev, I. J., and Samkov, S. V. 2003. Ultra – wideband radar for remote detection and measurement of parameters of the moving objects on small range, Ultra Wideband and Ultra Short Impulse Signals. Sevastopol, Ukraine. pp. 214 – 216.

[15] Ivashov, S. I., Razevig, V. V., Sheyko A. P. and Vasilyev, I. A. 2004, Detection of human breathing and heartbeat by remote radar, Progress in Electromagnetic Research Symposium, 663 – 666, Pisa, Italy.

[16] Lazaro, A., Girbau, D., and Villarino, R. 2010. Analysis of vital signs monitoring using an IR – UWB radar. Progress in Electromagnetics Research 100: 265 – 284.

[17] Li, J., Liu, L., Zeng, Z. and Liu, F. 2014. Advanced signal processing for vital sign extraction withapplications in UWB radar detection of trapped victims in complex environment. IEEE Journal of Selected Topics in Applied Earth Observations and Remote Sensing. 7 (3): 783 – 791.

[18] Liu, L., and Arcone, S. 2003. Numerical simulation of the wave – guide effect of the near – surface thin layer on radar wave propagation. Journal of Environmental & Engineering Geophysics 8(2): 133 – 141.

[19] Liu, L., and Liu, S. 2014. Remote detection of human vital sign with stepped – frequency continuous wave radar. IEEE Journal of Selected Topics in Applied Earth Observations and Remote Sensing. 7(3): 775 – 782.

[20] Liu, L., Liu, S., Liu, Z. and Barrowes, B. 2011. Comparison of two UWB radar techniques for detection of human cardio – respiratory signals. Proceedings of the 25th International Symposium on Microwave and Optics Technologies (ISMOT 2011), (ISBN: 978 – 80 – 01 – 04887 – 0), pp. 299 – 302, June 20 – 23, Prague, Czech Republic, EU.

[21] Liu, L., Liu, Z. and Barrowes, B. 2011. Through – wall bio – radiolocation with UWB impulse radar: observation, simulation and signal extraction. IEEE Journal of Selected Topics in Applied Earth Observations and Remote Sensing 4(3): 791 – 798.

[22] Liu, L., Mehl, R., Wang, W., and Chen, Q. 2015. Applications of the Hilbert – Huang Transform for Microtremor Data Analysis Enhancement. Journal of Earth Science 26(6): 799 – 806.

[23] Liu, L., Liu, Z., Xie, H., Barrowes, B. and Bagtzoglou, A. 2014. Numerical simulation of UWB impulse radar vital sign detection at an earthquake disaster site. Ad Hoc Networks 13: 34 – 41.

[24] Liu, Z., Liu, L. and Barrowes, B. 2010. The application of the Hilbert – Huang Transform in throughwall life detection with UWB impulse radar. Progress In Electromagnetics Research Symposium (PIERS 2010), Cambridge, MA, USA, July, 2010, PIERS ONLINE, Vol. 6, No. 7, 695 – 699.

[25] Lv, H., Lu, G. H., Jing, X. J. and Wang, J. Q. 2010. A new ultra – wideband radar for detecting survivors buried under earthquake rubble. Microwave and Optical Technology Letters. 52(11): 2621 – 2624.

[26] Narayanan, R. M. 2008. Through – wall radar imaging using UWB noise waveforms. Journal of the Franklin Institute. 345: 659 – 678. 生物探测雷达"在汶川地震救灾中发挥作用, http://www.nsfc.gov.cn/publish/portal0/tab88/info3036.htm

[27] Saha, S., and Williams, P. A. 1992. Electric and dielectric properties of wet human cortical bone as a function of frequency. IEEE Trans. Biomed. Eng. 39: 1298 – 1304.

[28] Sawada, H., Mukai, R., Araki, S. and Makino, S. 2004. A robust and precise method for solving the permutation problem of frequency – domain blind source separation. IEEE Trans. Speech &Audio Processing. 12(5): 530 – 538.

[29] Sisma, O., Gaugue, A., Liebe, C. and Ogier, J. – M. 2008. UWB radar: vision through a wall. Telecommun Syst. 38(1 – 2): 53 – 59.

[30] Suksmono, A. B., Bharata, E., Lestari, A. A., Yarovoy, A. G. and Ligthart, L. P. 2010. Compressive Stepped – Frequency Continuous – Wave Ground – Penetrating Radar. IEEE Geoscience and Remote Sensing Letters 7: 665 – 669.

[31] Taflove, A., and Hagness, S. C. Computational Electromagnetics, Artech House, Boston, MA, 2000.

[32] Wua, B. – H., Too, G. – P. and Lee, S. 2010. Audio signal separation via a combination procedure of timereversal and deconvolution process. Mechanical Systems and Signal Processing. 24: 1431 – 1443.

[33] Yarovoy, A. G., Ligthart, L. P., Matuzas J. and Evitas, B. 2006. UWB radar for human being detection. IEEE Aerosp. Electron. Syst. Mag. 21: pp. 10 – 13.

[34] Yarovoy, A. G., Zhuge, X., Savelyev, T. G. and Ligthart, L. P. 2007. Comparison of UWB Technologies for Human Being Detection with Radar. Proc. of the 4th European Radar Conference, Munich, Germany, pp. 295 – 298.

[35] Yee, K. S. 1966. Numerical solution of initial boundary value problems involving Maxwell's equations in isotropic media, IEEE Trans. Antennas Propag. 14: 302 – 307.

[36] Zaikov, E., Sachs, J., Aftanas, M. and Rovnakova, J. 2008. Detection of trapped people by UWB radar. German Microwave Conf., Hamburg, Germany.

[37] Zhuge, X., Savelyev, T. G., and Yarovoy, A. G. 2007. Assessment of electromagnetic requirements for UWB through – wall Radar. International Conference on Electromagnetics in Advanced Applications. pp. 923 – 926.

ns
# 第8章

# 雷达生物探测技术在生命体征远程监测方面的应用

Lesya Anishchenko, Timothy Bechtel, Sergey Ivashov,
Maksim Alekhin, Alexander Tataraidze, Igor Vasiliev

## 8.1 概 述

### 8.1.1 引言

本章概述了雷达在医学应用方面的研究结果。远程或者非接触地监测许多生物体的精神性癫痫状况和生理状况,生物探测雷达(简称生物雷达)为此提供了广泛应用的可能。本章特别介绍了莫斯科鲍曼国立技术大学(BMSTU)和美国宾夕法尼亚州(PA)兰开斯特市国际协作富兰克林马歇尔学院设计的生物雷达的技术参数信息以及用这些雷达做实验的情况。实验结果表明,BioRASCAN类型生物雷达可应用于实时遥测呼吸和心率参数。此外,本章还介绍了检测各种睡眠神经障碍的辅助生物雷达实验。实验结果证明,生物雷达可精确诊断和估计严重的障碍性睡眠呼吸暂停症,可用来代替多导睡眠描记法,多导睡眠描记法是当前标准的医学评价方法,但需要直接接触患者。

### 8.1.2 生物探测雷达原理和应用

生物探测雷达(BRL)是一种现代传感技术,为我们提供了不使用任何接触传感器发现和监测远处人(甚至在视力障碍处)的能力。这种技术是基于反射的人体四肢和躯干运动振荡引起的雷达信号调制。来自人体反射的电磁波包含特有的生物特征调制,微波与静止目标相互作用时则没有这种调制。这些信号中起主要作用的是心跳、血管收缩、四肢的总体运动以及与呼吸相关的胸壁和腹部的相互运动。因此,患者或者受试对象的身体活动和医学状态(如心理状态)决定了这些波动信号的特征参数。

生物雷达在军事、法律执行、医学等各应用领域中极具潜力。下面罗列的就是这些领域的详细应用。

(1) 在恐怖主义对抗作业中定位建筑物内的敌人和人质。在这方面应用中有许多商业购买的生物雷达;可是这些设备有一些未被克服的局限性,最严重的就是生物雷达信号通过潮湿或者加固的实体墙时有大幅衰减(Greneker,1997;Droitcour,2001)。

(2) 灾难响应。在自然灾害或者人为的技术灾难发生后,生物雷达可用来检测废墟下方的幸存者(Chen,2000;Bimpas,2004)。最严重的挑战是瓦砾中生物雷达信号的多径传播,它会在各个角度反射。此外,为了减少误报,在生物雷达扫描期间需要停止所有拆除活动。类似技术可以应用到火灾搜救中(Chen,1986)。第7章讨论了生物定位系统的信号设计。

(3) 战场或者灾难区域治疗分类。应用生物雷达可以帮助远距离区分受伤和死亡人员,以此建立撤退和治疗优先级(Boric-Lubecke,2008)。

(4) 运输安全。检查运输容器如在边界交叉处或者其他运输终点探测偷渡者、逃亡者或者间谍特工(Greneker,1997)。

(5) 心理-情绪状态的远程诊断。筛查潜藏的激动或焦虑情绪,或者在刑事侦查中、检查站点公开审查情绪状态(Greneker,1997)。

(6) 远程语音检测。如果没实际的对话录音,可微波"偷听"来检测语音和语音模型(Holzrichter,1998)。

(7) 对呼吸和心脏韵律的非接触记录。这对某些人很重要,如烧伤病人和其他接触传感器不能使用的人(Greneker,1997;Droitcour,2001;Staderini,2002)。

(8) 睡眠医学。生物雷达可用来为睡眠呼吸暂停综合症患者诊断、监测呼吸和心跳模式(Kelly,2012)。就新生儿而言,可用这种方法侦测即将发生的婴儿猝死综合症(Li,2010),从而实现实时、即时和潜在的救生反应。

(9) 血管弹性评估。在血管组织中的雷达脉冲速度可以显示病人心血管疾病患病倾向(Immoreev,2010)。

(10) 智能家居。可使用生物雷达来监测家中上年纪或者残疾人的行为活动状况(Li,2010)。

(11) 肿瘤跟踪。例如,在放射治疗期间,可以描绘出肿瘤尺寸和状态(Li,2010)。

(12) 实验室动物运动活跃性监测。和智能家居相同,珍贵实验室动物在它们的生活住所可被远程监测而不被打扰(Anishchenko,2009)。

实际上,用生物雷达可靠地记录呼吸和心率参数,实现起来面临着以下几项挑战:周围物体和多径传播引起的干扰,整体的身体运动引起的假信号幅度比期望信号大,长时间监测期间呼吸和心跳信号的隔离和辨别问题。这些挑战要求我们发展自适应算法,以便有效提取生物雷达信号的信息成分,并且实施旨在提高呼吸和心率等生理参数估计的准确性和稳定性的数字程序。例如,使用低通滤波器来滤除生物雷达反射信号中所有的零频附近信号,可能抑制由局部无生命物体引起的杂波(Bugaev,2005)。

在所有信号中,那些适合检测的典型生物特征信号有:频率范围从百兆赫兹到数十吉赫兹的连续调制或者非调制微波信号;适合中心频率的窄带、宽带或者UWB信号;没有明确定义载波频率的"噪声"脉冲信号(Immoreev,2010;Li,2012;Wang,2013;Otsu,2011;Ivashov,2004)。

本章主要结构如下:8.1节是概述,8.2节以非调制探测信号为例,回顾了用生物雷达记录生命体征的理论知识。本节也会介绍如何分离联合记录呼吸和心跳这两种类型信号的处理方法。8.3节讲述的是验证生物雷达记录的生命体征数据的方法。8.4节回顾了使用生物雷达进行的各种生物医学实验的结果。

## 8.2 生命体征远程监测应用中雷达生物探测信号的处理方法

反射微波信号中存在许多生物计量信息,这些信息与心脏、内耳血管血流、肺和其他内部器官的收缩相关,如呼吸和心肌搏动会引起皮肤表面的运动。这些现象是周期性的,频率范围为脉搏 0.8～2.5Hz、呼吸 0.2～0.5Hz。包含这些生物计量信息的反射微波信号就是生物雷达信号。生物雷达信息的有效成分(与生理特征相关)被记录下来,在时域和频域都可用作雷达信号的调制参数。与呼吸和脉搏有关的现象都是周期性出现的,那么在生物雷达信号频谱中就会有与之对应的成分。这些雷达信号成分的频率和幅度大体上匹配呼吸和心跳现象的频率和强度。接下来的内容就是在许多应用研究中特别受关注的微波接收机接收到的反射信号频谱的理论估算。

### 8.2.1 单波生物雷达信号处理方法

1. 单波生物雷达信号理论模型

能记录生物特征的最简单的微波设备是雷达,其非调制探测信号可描述为

$$\dot{u}_0(t) = U_0 e^{j\omega_0 t} \tag{8.1}$$

主要反射出现在空气与皮肤交界处。反射有效面积以及与皮肤起伏有关的面积,位于有限的半径为 $r_0$ 的菲涅耳区内。反射有效面积的半径可表示为

$$r(t) = r_0 + \Delta r(t) \tag{8.2}$$

式中:$\Delta r(t)$ 为皮肤起伏参数。

基于式(8.2),$q$ 为衰减因子,相移是 $\varphi(t) = -2kr(t)$,生物雷达有效信号可记为

$$\dot{u}_c(t) = qU_0 e^{j\omega_0 t - j\varphi_0 - j2k\Delta r(t)} \tag{8.3}$$

式中:$k$ 为波数,$k = 2p/\lambda$;$\lambda$ 为辐射信号的波长;$\varphi_0 = 2kr_0$。

通常,接收机的输入,包括有用的反射信号和发射机探测信号,所以输入记为

$$\dot{u}_{\text{inp}}(t) = q_p U_0 e^{j\omega_0 t - j\varphi_p} + qU_0 e^{j\omega_0 t - j\varphi_0 - j2k\Delta r(t)} \tag{8.4}$$

式中:$q_p$ 和 $\varphi_p$ 分别为探测信号的衰减因子和相位。

而且笼统地来说,可以认为接收到的探测信号是零相位的,或者说 $\varphi_p = 0$。用一个双谐波函数来描述由呼吸和心跳引起的皮肤起伏,即

$$\Delta r(t) = \Delta_1 \sin(\omega_1 t) + \Delta_2 \sin(\omega_2 t + \varphi_2) \tag{8.5}$$

其中:

$$\omega_1 = 2\pi f_1$$
$$\omega_2 = 2\pi f_2$$

式中:$f_1$、$f_2$、$\Delta_1$、$\Delta_2$ 为呼吸和心跳的频率和幅度;$\varphi_2$ 为常相位。

在微波雷达频谱中,可能使用两种类型接收机的任意一种。可能是带两个正交相位探测器的相干接收机,也可能是幅度接收机。不管怎样,为了克服接收信号频谱中基本的频率损失,很可能用到正交相干信号处理原理(Bugaev,2004)。

2. 用单波生物雷达进行非接触式心肺参数记录的基本实验

在俄罗斯国立鲍曼技术大学中,自 2003 年以来,BRL 技术已经被深入研究。在第一系列实验期间,使用了一种改进的 RASCAN 类 GPR,该雷达工作频率为 1.6GHz。实验中,放置一个雷达隔着一堵砖墙探测人的心肺参数,已经证明,使用连续波探地雷达(Bugaev,2004)对人的心肺参数完成远程诊断任务在技术上是可行的。实验概略图如图 8.1 所示。

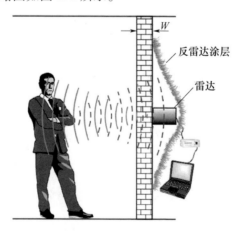

图 8.1　使用改进的穿墙雷达探测人的心肺参数实验概略图($W = 10\text{cm}$)

实验测试对象站在10cm厚的墙后面约1m处。雷达天线直接固定在墙面上。为了减小发射信号后波瓣的反射干涉,用2m×2m大的抗雷达涂层材料(无反射)遮盖住天线和部分墙体。

把探测到的雷达反射信号通过接口模块记录到计算机存储中。图8.2和图8.3所示为在一段屏息时间,记录测试对象的脉搏和对应的信号频谱。在图8.2中,屏息时间大约30s。在图8.3中,屏息时间大约1min。很显然,随着屏息时间的增加,测试对象心跳幅度和频率随着氧气的缺乏而增加。心跳和呼吸同时都有的记录结果如图8.4所示。呼吸振荡幅度显著超过心跳振动,因此,综合响应是清晰可见的。

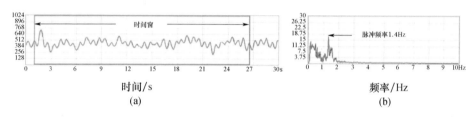

图8.2　屏息时间30s BRL信号及其频谱

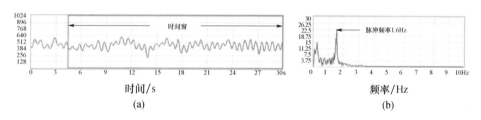

图8.3　屏息时间60s BRL信号及其频谱

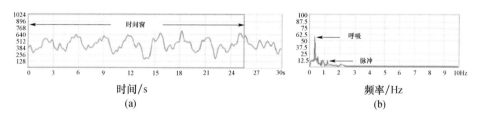

图8.4　心跳和呼吸同时存在BRL信号及其频谱

时域脉冲雷达记录的信号,在许多方面,实验中获得的结果与自由空间条件下的结果相似(Liu,2012)。然而,使用单载波雷达简化了实验设备和后面的数据处理。使用雷达隔着10cm厚的砖墙探测人心跳和呼吸的实验说明了使用RASCAN连续波探地雷达那一类型的雷达远程诊断人心肺参数在技术上是可行的。

## 8.2.2 两种生物探测雷达信号处理技术在非接触心肺参数监测中的对比

另一种类型生物雷达是多频的,可以估计目标范围也可以估计心肺参数。利用这种类型生物雷达的数据,研究者们用多频雷达系统实现了生命体征探测及其特征描述的可行性研究(Soldovieri,2012)。采用两种不同的数据处理方法处理记录数据,就呼吸和心跳频率特性的精度方面,去比较每种方法的性能特征。

BMSTU 远程感知实验室设计了一种生物 RASCAN 多频生物雷达,设计有一个正交接收机,来实现远程人类整体运动以及呼吸和心跳的监测。这种雷达发射和接收连续波工作频率为 3.6~4.0GHz。基于此波段空气的电介质常数,空间分辨力大约达到 0.5cm。

第一种数据处理方法据说是 D'Urso(2009)最先提出的,用来给生物雷达信号提供频率分析,此方法是对两个信号进行傅里叶变换并求解矢量乘积最大值,一个信号代表反射器位移调制过的测量信号,另一个来自理论电磁模型。第二种方法不仅尝试提供生命体征信号的频率信息,而且通过估计距离—频率矩阵来恢复目标距离信息。通过剔除筛选距离—频率矩阵的一致线性特征,从而分离出呼吸和心跳信号(Bugaev,2005;Anishchenko,2008)。

在图 8.5 所示的实验中,受试者位于雷达系统前方。特别说明一下,参加实验的是一位专业滑雪者,健康且身体素质良好的 20 岁男性。天线和受试者之间的距离是 1m。实验分成两个阶段:第一阶段,监测平稳状态下 5min 的呼吸和脉搏参数;第二阶段,屏息测试,通过测量受试者能够屏住呼吸的时间长度得到一个大概的心肺储备能力参考。在医学中,这是一种广泛常见的测试方法,为参加训练的飞行员、潜水艇工作人员以及潜水员估测身体素质情况。

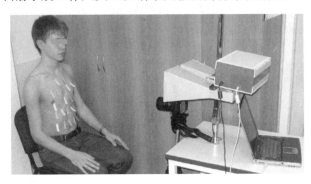

图 8.5 实验设置照片

1. 第一种生物雷达信号处理方法

前面已经讲过,此次测试的目的是探测在自由空间中人的生命体征(呼吸和心跳)并且测定他们的频率。式(8.5)描述了一个简单模型,其没有对应心跳的最后一项。通过利用振荡目标的准平稳特性来计算反射场,也就是下面的 Soldovieri 方法(2012)。

实际情况下,接收信号含有杂波 $u_{\text{clut}}$,即

$$u_R = U_0 \exp(-2jk(r_0 + \Delta_1 \sin(\omega_1 t))) + u_{\text{clut}} \tag{8.6}$$

因此,要面临的问题就是如何从反射场的信息中估计频率 $\omega_1$,而反射场是在有限时域区间 $[0,T]$ 测量到的。

提出的重构程序包含以下步骤。

(1) 剔除静态杂波,也就是式(8.6)中的 $u_{\text{clut}}$。理想的策略是基于实际信号和无生命体征信号(背景信号)的差异性来剔除杂波。因为这样的背景测量无法得到,因此需要一个可替代的策略。在这种算法中,静态杂波剔除执行以下步骤:首先,计算覆盖时域区间范围内信号的均值 $u_{\text{mean}}$;然后,从测量值 $u_R(t)$ 减去 $u_{\text{mean}}$,得到 $\tilde{u}_R(t) = u_R(t) - u_{\text{mean}}$。随后的处理是计算 $\tilde{u}_R(t)$;最后,对上一步骤得到的信号做傅里叶变换,在多普勒域计算函数 $G(\omega_1)$。典型信号 $\exp(-2jk\Delta_1 \sin(\omega_1 t))$ 的傅里叶变换为

$$\begin{aligned}
u_{\text{model}}(\omega_1) &= \int_0^T \exp(-2jk\Delta_1 \sin(\omega_1 t)) \exp(-j\omega_1 t) dt \\
&= \int_0^T \sum_{n=-\infty}^{\infty} J_{-n}(2k\Delta_1) \exp(jn\omega_1 t) \exp(-j\omega_1 t) dt \\
&= \sum_{n=-\infty}^{\infty} J_{-n}(2k\Delta_1) \text{sinc}\left[\frac{T}{2}(\omega_1 - n\omega_1)\right] \exp\left(-j(\omega_1 - n\omega_1)\frac{T}{2}\right)
\end{aligned} \tag{8.7}$$

(2) 利用了众所周知的对 $\exp(-2jk\Delta_1 \sin(\omega_1 t))$ 的傅里叶扩展,而且 $J_n(\cdot)$ 表示 $n$ 阶的第一贝塞尔函数。因此,傅里叶变换 $u_{\text{model}}(\omega_1)$ 是由以 $n\omega_1$ 为中心的 sinc 函数列组成。

(3) 未知的多普勒频率 $\omega_1$ 由测量的傅里叶变换 $|G(\omega_1)|^2$ 系数和典型信号 $|u_{\text{model}}(\omega_1)|^2$ 的傅里叶变换系数之间的乘积最大值决定。

值得注意的是,在上面的步骤中,最大值替代仍然未知。原则上,这个数可以通过求多普勒频率最大乘积值一起得到。然而,就目前来说,为了使测定步骤快速、有效地适应实际环境,假设估计的最大替代值,呼吸是 $\Delta_1 = 0.5$ cm,心跳为 1mm。

2. 第二种生物雷达信号处理方法

设计第二种数据处理方法获取的信息,不仅包括生命体征的行为频率特性,还包括研究目标的测距(Bugaev,2005;Anishchenko,2009)。下面介绍了这种方法的步骤。

(1) 建立距离-频率矩阵(Bugaev,2005),这个矩阵包含了位于不同的距离单元可能的信号反射,包括静止目标。这些目标会带来静态杂波。图 8.6 就是

对零频或者零频附近抑制之后得到的距离 – 频率矩阵。

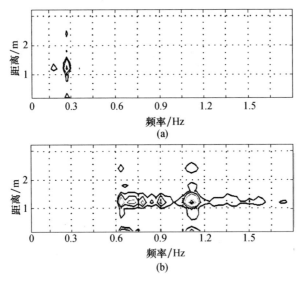

图 8.6　测试对象在 1.1m 处的距离 – 频率矩阵
(a)呼吸谐波抑制前；(b)呼吸谐波抑制后。

(2) 呼吸和心跳信号的分离,就是剔除距离 – 频率矩阵中与呼吸对应的频率成分,结果如图 8.6 所示。

(3) 重构呼吸和心跳信号,通过对矩阵行进行傅里叶逆变换,矩阵行对应于测试对象的距离(1.1m)及其相位估值。对应于图 8.6 中的距离 – 频率矩阵,按照这种方式获得的信号如图 8.7 所示,图中清晰地显示出这种分离呼吸和心跳信号的方法性能优异。

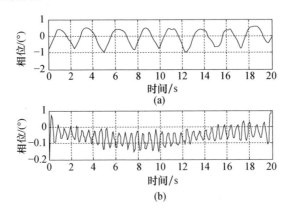

图 8.7　重构测试对象的呼吸(a)和心跳(b)信号
(对应于图 8.6 的距离 – 频率矩阵(信号相位最大值归一化))

## 3. 生物雷达信号重构结果

分离呼吸和心跳脉搏信号之后,必须重构这些信号,它可以由任何探测频率构成。图 8.8 和图 8.9 对比了两种方法重构的呼吸和心跳脉搏信号,探测频率为 3.6GHz。

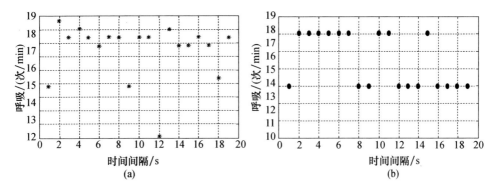

图 8.8　对呼吸监测数据两种处理方法的对比
(a)第一种数据处理方法;(b)第二种数据处理方法。

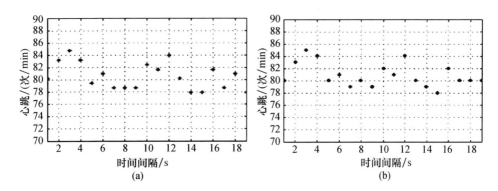

图 8.9　对心跳脉搏监测数据两种方法处理的对比
(a)第一种数据处理方法;(b)第二种数据处理方法。

为了提高性能,记录的生物雷达信号被分成 19 个时间窗,每个时间窗由 1024 个时间采样点组成(采样点时间间隔为 16.3s)。对每个时间间隔都用上述两种数据处理方法进行处理。

在呼吸和心跳脉搏记录数据中,两种数据处理方法结果中都发现了良好的一致性,特别发现,呼吸反应几乎是完全相同的,频率为 18 次/min,而且几乎没有时间间隔。

可以看出,平均心跳脉搏频率大约是 80 次/min。另外,发现了呼吸和心跳的时间特性是相关联的。具体来说,当呼吸频率减少时,心跳频率也减少。

## 8.3 用标准接触方法验证生物探测雷达

医学上任何新方法的有效应用都要经过验证,测量生命体征参数的方法必须使用当前最实用的或者最标准的方法来验证。对于心跳和呼吸频率估计,最标准的方法分别是心电图(ECG)和呼吸阻抗容积描记法(RIP)(Konno、Mead,1967)。本节呈现的就是对 RASCAN 生物雷达测量的验证测试。

### 8.3.1 生物探测雷达和 ECG 的验证

比较 RASCAN 生物雷达方法和 ECG 方法,实验结果证明,生物雷达可以用于精确心率监测,如图 8.10 所示。

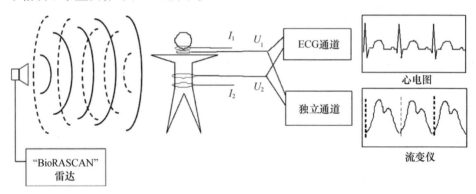

图 8.10 对照传统测量方法验证 BioRASCAN 测量方法的实验原理

52 名测试成员都是成年人,包括 23 名男性和 29 名女性,平均年龄 20±1 岁(平均±SD),共同参加验证实验。实验期间,每个测试成员都是以放松的姿势坐在雷达前面,距离天线 1m。每次为测试对象持续 1min 记录,生物雷达和 ECG 信号各记录 3 次。比较两种方法测量的心跳频率值,结果很好,置信水平达到 $p=0.95$。因此,证明 BRL 同时测量呼吸和心率参数的可行性已经到了一个统计上的显著水平。

### 8.3.2 使用呼吸容积描记法对生物探测雷达长时间记录信号的验证

以前的 BRL 验证呼吸模式的实验,是在理想条件下,静止目标面向生物雷达天线短时间记录数据(Massagram,2011;Droitcour,2009;Vasu,2011;Alekhin,2013)。本节展示的是在接近实际条件(在整夜睡眠期间)下获得的实验结果,在此期间,测试对象能够改变他们的位置且可以自由活动他们的四肢。

在联邦阿尔玛佐布医学研究中心睡眠实验室(Saint Petersburg,Russia)完成了5名没有睡眠呼吸紊乱的测试对象的研究。实验期间,如图8.11所示,记录了一整夜的BRL和RIP信号。整夜多导睡眠描记法(PSG)以及RIP记录呼吸活动使用的是加拿大安大略省的恩布拉系统有限责任公司制造的恩布拉N7000。用BioRASCAN进行BRL监测,工作频段为3.6~4.0GHz。

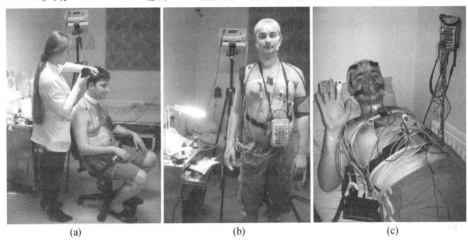

图8.11 同时记录比较BRL和传统多导睡眠描记法数据实验的照片

对基于BRL和RIP信号的吸气峰值进行检测。检测RIP信号吸气峰值要用到一种数据处理算法,包括以下几个步骤:求和(后续的分析过程中要用到腹部和胸部RIP信号总和的1/2);滤波(3阶巴特沃斯滤波器滤波,频率范围为0.2~1.0Hz);检测(通过寻找局部最大值算法检测吸气峰值)。如图8.12所示,与RIP信号比较,BRL信号有以下特性:目标的运动产生许多假象;受试目标整个身体的移动会导致幅度剧烈变化;产生向下吸气峰值的翻转信号会导致相位偏移。

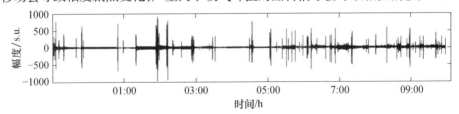

图8.12 信号处理前的原始BRL记录信号

图8.13给出了BRL信号吸气峰值检测算法处理不同步骤的各个结果。

对于这个对比/验证过程,BRL和RIP信号的起始峰峰值是同步的。睡眠周期内的BRL和RIP信号被截去了峰值,即部分在醒着期间和睡眠间歇之后记录的信号被删除了。标记为虚假信号的RIP信号间歇和BRL信号间歇都要被剔除。图8.14给出了每分钟RIP和BRL信号的吸气峰值(呼吸节奏)数目的计算结果。进一步来说,通过 RIP 和 BRL 方法计算出了每个测试对象呼吸节奏的 Pearson 相关系数。

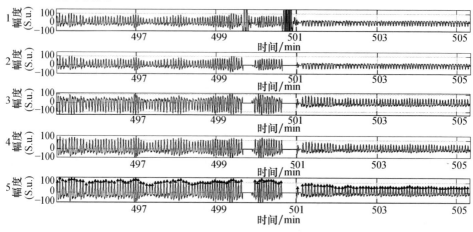

图 8.13　用吸气峰值检测算法的逐步结果

1—滤波后的信号;2—运动假象杂波剔除后的信号;3—包含最大的人为干扰信号的合并信号;
4—抑制相位偏移后的信号;5—吸气峰值检测结果。

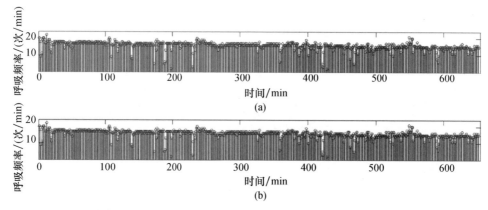

图 8.14　通过 BRL(a) 和 RIP(b) 信号估算呼吸节奏的比较

尽管 RIP 和 BRL 信号起始峰峰值是同步的,图 8.15 显示出它们后来失去了同步性。因为不同步性不超过一半的呼吸周期,因此这不是问题,并且很显然,这归因于在 BioRASCAN 和恩布拉设备之间缺乏连续或者周期时间同步。

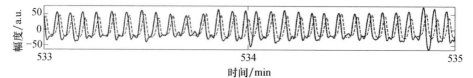

图 8.15　不同步的 BRL 和 RIP 信号

实线是 BRL 信号;虚线是 RIP 信号。

BRL 和 RIP 正交相关系数结果是 0.97，表明了二者有非常强的相关性。虚假信号时间均值为 6.8%，说明了 BRL 对运动的高敏感度。尽管只是测试了少数受试目标，但是这些结果已经证明，在长久持续时期内可以用生物雷达非接触地、精确地监测呼吸模式，如用于睡眠研究。

## 8.4 未来生物探测雷达技术在生物医学应用方向的实验研究

本节介绍自 2006 年以来，BMSTU 开展的一些生物雷达辅助实验。研究者们用两种工作在不同的频率范围的 BioRASCAN－4 和 BioRASCAN－14 生物雷达来做实验。表 8.1 罗列了两种雷达的技术参数。

表 8.1　BioRASCAN 生物雷达技术参数

| 参数 | BioRASCAN－4 | BioRASCAN－14 |
| --- | --- | --- |
| 频率数 | 16 | |
| 工作频带/GHz | 3.6～4.0 | 13.6～14.0 |
| 射频输出/mW | <3 | |
| 增益/dB | 20 | |
| 检测信号带宽/Hz | 0.03～5.00 | 0.03～10.00 |
| 检测信号动态范围/dB | 60 | |
| 天线尺寸/mm | 370×150×150 | 120×50×50 |
| 敏感度/mm | 1.0 | 0.1 |

### 8.4.1　长时间隔离期间睡眠质量的自动估计

生物雷达的应用大有前景，其中之一就是应用于医学上的嗜睡症（睡眠科学研究）。2009 年，BMSTU 进行了第一次实验，研究生物雷达在非接触睡眠质量估计应用方面的可能性。用生物雷达对测试对象整夜的睡眠进行信号记录。记录下一个健康成年男性（年龄 20 岁）6 个整夜的睡眠。

记录的信号在 Matlab 中进行处理。首先要消除基线漂移，用 Matlab 自带的巴特沃斯数字滤波器对生物雷达信号进行滤波，滤波器截止频率为 0.05Hz（8 阶滤波器）；然后检测出运动活力的间歇。显而易见的是，接收信号电平与平稳呼吸和整个身体的移动一致，区别于幅度超过 10 的因子。然而，检测身体活动的假象信号主要的问题在于，事实上，测试对象睡眠期间可能会从一边向另一边转身。这种情况下，天线和测试对象之间的距离以及目标的散射截面积也许会改变。结果就是，接收的生物雷达信号水平也将显著改变，身体活动之前和之后的假象信号如图 8.16 所示。

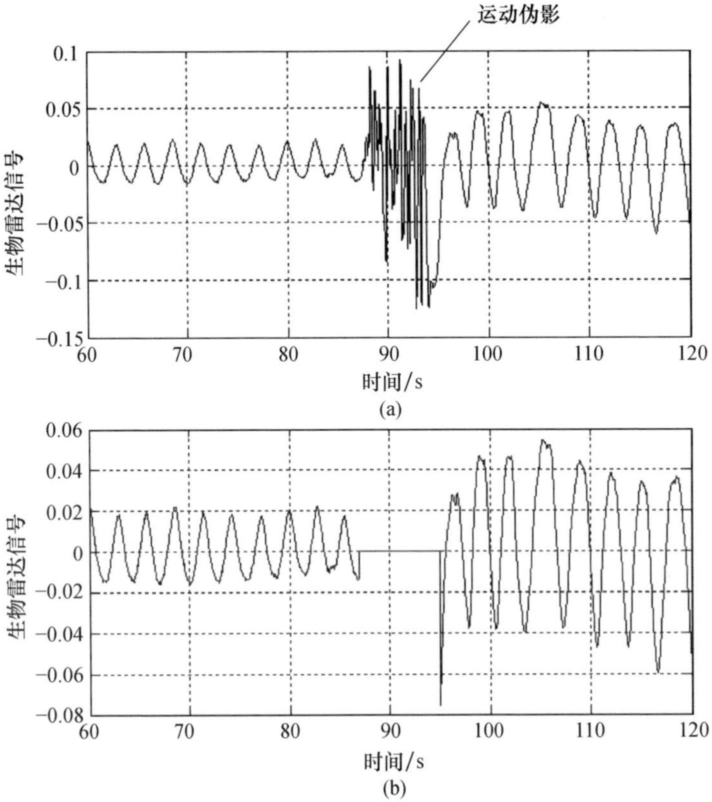

图 8.16　生物雷达信号在身体活动之前(a)和之后(b)假象信号的提取

这就是为什么仅仅使用信号幅度参数做运动片段检测是不充分的。然而，相较有规律的呼吸时间周期(0.1~0.6Hz)，在运动信号假象期间的片段存在高频成分(大于1Hz)。这些频谱差异可以用在检测身体活动假象的算法上。

只能在摆脱身体活动假象的时间间隔内估计呼吸频率，如图8.17所示。处理嗜睡症数据(Rechtschaffen,1968)时，常用的做法是每隔30s计算呼吸间隔均值。

鉴于前面介绍的成功研究结果，生物雷达实验被列入科学计划国际研究项目MARS-500(模拟人类飞往火星期间长久孤独状态)，该计划由俄罗斯科学院生物医学问题研究所牵头，从2010年6月到2011年11月。

由于该实验会有很长时间的隔离状态，在实验开始之前，需要获得道德委员会的批准和所有MARS-500机组成员知情同意。机组成员参与训练并进行他们各自的生物雷达实验。项目实施期间，生物雷达实验有7个系列，每个系列有6名机组成员进行实验。事实证明，在整个夜晚的睡眠期间，这样更便于使用平均每小时参数来记录他们的动态范围。其中MARS-500机组一个成员的实验数据记录结果如图8.18所示。

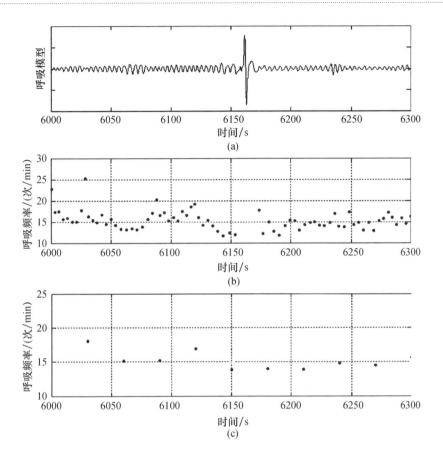

图 8.17 确诊睡眠紊乱和没有确诊睡眠紊乱的病人参加实验所获取的生物雷达信号样本
(a) 中枢性睡眠呼吸暂停症 (CSA) 患者；(b) 阻塞性睡眠呼吸暂停症 (OSA) 患者；
(c) 正常平静睡眠 (NCS)。

众所周知，呼吸形式和运动活动动态具有个体特性，而且每晚之间通常不会有大的变化。如果发生了变化，表明测试对象也许白天遭受了某些压力。应用前面提过的算法，监测呼吸和运动活力形式是可能的，并以此发现由白天压力导致的睡眠困扰。图 8.18 中给出了某位机组成员随着项目的持续进行，呼吸频率的动态变化。可以清晰地看出，前半段时期的实验（从 2010 年 6 月到 2011 年 1 月），测试对象深度睡眠后，呼吸频率下降，但是在最后 1h 的睡眠中，呼吸频率升高。然而，对于接下来后半段时期的实验（从 2011 年 1 月到 2011 年 7 月），睡眠期间的呼吸形式改变了，可能是由长期隔离的压力导致的。

处理这些实验数据显示出机组成员在睡眠不同阶段的个人特征。某些成员的睡眠同时具有较长周期的深度睡眠和更多不安睡眠，其余成员则相反，快速进入睡眠并且此后呼吸很平静而有规律。在项目期间，每个测试对象的持续睡眠

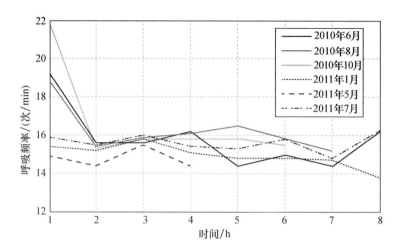

图 8.18　MARS-500 机组一个成员在睡眠期间呼吸频率动态

各有变化,6 名机组成员中有 4 名在前 3 个系列实验中,记录到他们的持久睡眠下降了 10% 以上。在后半段实验中,监测参数(睡眠期间的呼吸频率和持久运动假象)没有发生显著改变,这表明,机组成员对长时间隔离环境有了耐受力。再没有检测到任何机组成员呼吸睡眠紊乱。

### 8.4.2　使用生物探测雷达非接触监测睡眠呼吸暂停综合症

在睡眠医学中 BRL 的一个重点应用是睡眠呼吸混乱(SDB)检测。该项研究实施于 2012 年,对比最标准的整夜多导睡眠描记法(PSG),评估 BRL 为成年人非接触监测 SBD 的诊断能力。

7 个测试对象包括 4 名男性和 3 名女性,年龄在 43～62 岁之间,身体质量指数 BMI 在 21.6～57.7 范围内。他们有不同程度的严重障碍性睡眠呼吸暂停综合症(OSAS):4 个严重;1 个中度;1 个轻度;1 个正常无症状。PSG 记录实验使用恩布拉 N7000 系统,在阿尔马佐夫联邦心脏、血液和内分泌中心的睡眠实验室进行,实验同期使用 BioRASCAN 系统进行监测。随后,PSG 记录交给鉴定专家分析,对应的 BRL 信号的核实由受过训练的操作员手动完成。

非接触评估睡眠呼吸暂停综合症(SAS)严重程度的过程,以前是用小波变换(WT)和神经网络算法识别 BRL 信号中的呼吸形式(Alekhin,2013)。

本书提出的算法包括两个主要步骤。一是使用 WT 变换提取信息特征。首先定义一个一般种类的小波;然后根据这些一般种类的小波,为小波家族生成一系列具有顺序指数的小波基;最后就确定最优的小波分解。二是在初步估计 NNW 隐藏层的数目后,使用最优的 NNW 学习算法。

本书提出的方法可以试用于临床识别,通过 BRL 信号来验证几种症候的呼

# 第8章 雷达生物探测技术在生命体征远程监测方面的应用

吸模式,这几种症候是妨碍性睡眠呼吸暂停(OSA)、中枢性睡眠呼吸暂停(CSA)、无 SDB 的正常平静睡眠(NCS)(图 8.19)。

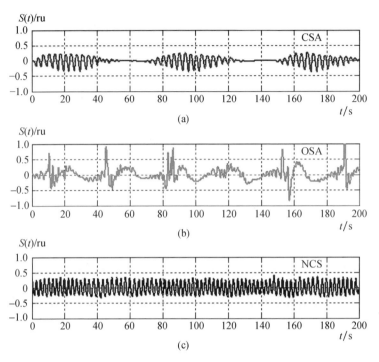

图 8.19 生物探测雷达信号的临床识别

通过 BRL 信号验证下面几种症候的呼吸模式:妨碍性睡眠呼吸暂停;
中枢性睡眠呼吸暂停;无 SDB 的正常平静睡眠。

分析 PSG 的记录发现总共 2700 个 SDB 片段:1279 个 OSA 片段;106 个 CSA;495 个混合睡眠呼吸暂停(MSA);820 个呼吸浅慢(HYPA)。对于 SDB,BRL 信号验证呼吸模式结果与 PSG 比较如下:1955 个真正值;745 个假正值;868 个假负值。因此,在非接触 SDB 评估中,BioRASCAN 系统显示出 69% 的灵敏度和 72% 的精度。这些结果被认为具有重大临床科学意义,对每种情况,用 BRL 方法对呼吸紊乱指数(AHI)的估计与使用 PSG 方法获取 OSAS 严重程度是重叠的。

## 8.4.3 人类生理心理情绪状态监测和专业测试

另一个可能的 BRL 应用领域是监测人类心理情绪状态。在 BMSTU 中,为此进行实验开展了关于内在紧张因素的研究。图 8.20 给出了一个这种类型测试的例子,用响亮的移动电话作为紧张因素,记录下 BRL 信号。可以注意到,当电话响起时呼吸引起的胸腔运动比没有电话响声时的胸腔运动幅度变低 1/2。至于呼吸频率,数值有轻微增加。那是因为当电话响起时,测试对象呼吸变浅、变快。

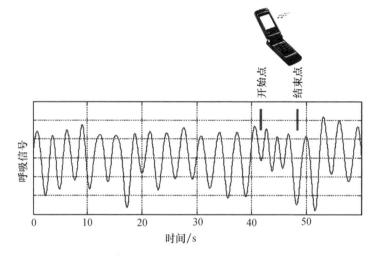

图 8.20　附加紧张因素实验中接收到的生物雷达信号
(移动电话铃声使呼吸信号产生了明显的变化)

为了模拟较长时间的压力因素,使用标准的精神负荷测试。就是在 5min 测试期间,要求测试对象解答一些简单的数学问题。测试样本包括 52 个测试对象(25 名男性和 27 名女性,年龄为 19～21 岁)。在这种情况下,呼吸和心跳频率参数几乎保持相同,但是它们的变化不同。使用 BRL 监测生命体征频率,绘制出直方图是一种便捷的方法,直观地表示出由心理负荷引起的变化。图 8.21 所示为某位测试对象标准精神负荷测试前后的心跳间隔直方图。在精神负荷期间,心率从 1.2Hz 增加到 1.5Hz,并且心跳脉搏间隔变化减小了(标准偏差从 0.25s 变到 0.06s)。

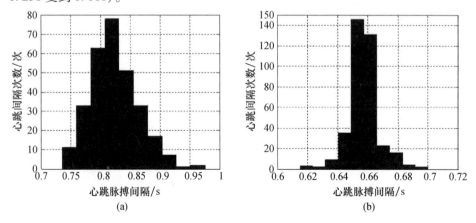

图 8.21　某位测试对象标准精神负荷测试前后的心跳脉搏间隔直方图

实验数据分析显示,心理负荷导致心率上重大统计改变(置信水平 $p=0.80$),但是在呼吸率方面没有重大统计改变。

众所周知,Shtange 和 Hench 的屏息测试中,BRL 方法可以被用来估计心肺功能。这种方法被用来选拔飞行员、潜水艇工作人员和潜水员。图 8.22 所示的例子就是记录这种测试的生物雷达信号。屏息 1min 后,由于缺乏氧气,会发生无意识的呼吸肌收缩。然而,受试者甚至在这种现象后继续屏住呼吸。问题是,估计这个测试中受试者调整时间的时候,没有包括这种无意识收缩的时间,表现在图 8.22 中右侧的上升沿。因此,充分证明了在这种类型的测试中使用 BRL 将会提高测量精度。

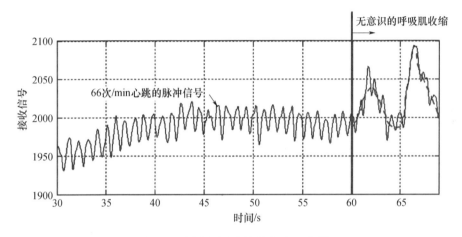

图 8.22　屏息测试中接收的 BRL 信号

## 8.4.4　用生物探测雷达估计实验室小动物活力

在发展新医学或者开展行为测试的研究方面,BRL 不仅可以测量人类,还可以测量动物药理学和动物心理学上的反应(Kropveld,1993;Anishchenko,2009)。

目前,测试药剂和有毒物质采用的是有创伤的方法,即测量实验室动物的生理学参数变化。在这种情况下,研究人员在视觉上主观估计动物的运动活力,并没有明确的活力测试。对于研究工作者来说,可能会使用自动化方法减少工作量,如用特别设计的视频跟踪系统来估计动物的运动活力。这种方法的最大缺点就是动物在视力不可及的迷宫中时这种方法无法使用。

现在有很多基于不同的物理原理的设备,可以用来自动监测实验室动物的活动度参数。有些设备利用安装在笼子地板上的压力传感器,靠传感器估计动物在笼子中的运动(Bederman,1972)。还有些设备利用光源和集成在笼子壁上的光学传感器(Hideo,1997)。同样为了类似的目标,电磁辐射也被推荐使用(Salmons,1969)。

所有这些设备的主要缺点是制造这样的笼子很复杂,实验期间,动物被安置在这样的笼子里,甚至为某些特定类型的实验室动物设计这些笼子的时候,还需要考虑动物的特殊形态特征。这也就是为什么研究人员通常都是直观地估计动物的运动活力。

基于BRL方法的设备就可以克服上面这些设备的缺点。BRL设备测量生物目标反射过来的雷达信号的相位偏移,生物目标的身体移动会引起这样的相位偏移。这种方法不需要设计和建造特别的笼子,这种方法也适用于塑料容器,在这些容器中,动物常常待在视觉不可见(但是电磁波可以穿透)的迷宫中。生物雷达传感器在解决上述问题时的另一优点是长时间直接自动估算动物活力,这已经在2009年被BMSTU进行的实验所证实。图8.23(a)和图8.23(b)分别给出了实验的原理图和照片。实验期间,动物(4个月大的维斯塔鼠)被放进一个70cm×70cm×70cm尺寸的盒子,盒子体绝缘。雷达发射和接收天线直接对着盒子,如图8.23(b)所示。

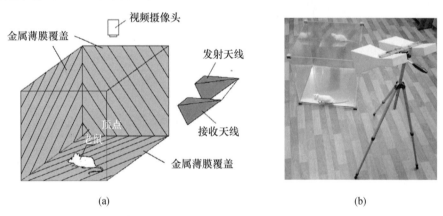

图8.23 动物活力实验原理图和照片

动物反射回来的信号被记录下来并且做进一步处理。天线和纸板箱的距离大约1m。动物的散射截面相对较小,所以需要这样短的距离。在盒子上放置一个简单的网络摄像头记录视频信号。实验期间,摄像头记录动物的行为和运动活力,用来识别BRL信号中一只老鼠运动活力的不同种类。众所周知,雷达接收天线附近的功率通量密度随天线和目标之间的距离以4次方反向衰减,因此反射信号能量很大程度上取决于天线块与动物之间的距离。鉴于这个原因,精确估计出老鼠的运动具有挑战性。角反射器用来产生反射信号的能量,与盒子里的动物无关。角反射器是由金属薄膜覆盖盒子的两面墙和地板形成的。

图 8.24 是一个 BRL 信号片段，根据反射信号的幅度很容易辨别出不活跃和活跃间隔。

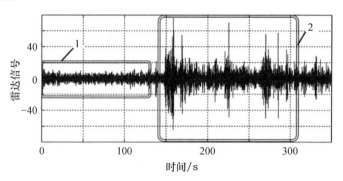

图 8.24　动物反射的雷达信号

1—稳定状态；2—身体有活力。

如果和确定动物不同类型活力一样，也需要确定动物运动活力的强度，那么就要使用频谱分析。图 8.25 就是对应动物不同活力状态的 BRL 信号的频谱。

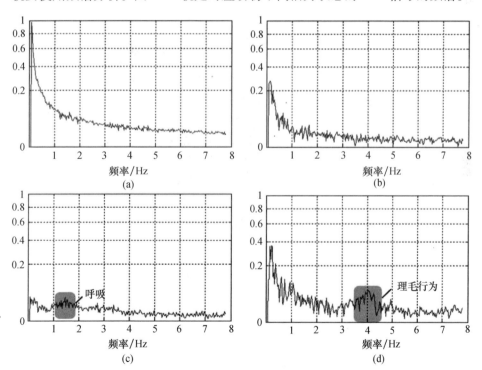

图 8.25　动物不同活力状态下频谱不同的动物活力实验结果

(a) 活跃运动；(b) 稳定静稳状态；(c) 睡眠状态；(d) 理毛行为。

频谱在数值和形状方面都有极大差异。因此,BRL 信号的频谱分析适用于区分动物的静稳状态、睡眠状态、活跃运动、理毛行为。

## 8.5 小　　结

本章介绍了远程监测人类生命体征和动物活力的 BRL 方法。讨论了莫斯科鲍曼国立技术大学遥感实验室研制的生物雷达系统的技术特点,以及这套系统的各种应用实验结果。在实验过程中,使用标准(接触)方法以及视频检测的同时,使用生物雷达监测呼吸和心率参数,BRL 性能可靠、有效,所以实现精确远程非接触监测是有可能的。有一组实验表明了 BRL 方法非常适合远程测量和评估人类心理情绪状态。在心肺适能测试期间,远程测量显示出其对生物体(包括缺氧的忍耐力)的适应能力。此外,BRL 能够测量和评估睡眠质量和呼吸暂停综合症,并且测试表现和最标准的整夜 PSG 同样良好。

BRL 是一种比较新的技术,目前,BRL 进入远程医学监测技术领域已做出初步尝试。实验显示,BRL 在这一领域具有极大的潜力。

**编者注**

美国食物药品管理部门(FDA)已经认可 UWB 雷达远程监测病人。敏特科虚拟医学助理(VMA)使用一部 UWB 雷达和嵌入垫子中的移动传感器协作,这些设备可以安装在医院床铺下。VMA 连接到无线网络上来远程获取病人数据(http://sensiotec.com)。

## 参 考 文 献

[1] Alekhin, M., Anishchenko, L., Tataraidze, A. et al. 2013. "Selection of Wavelet Transform and Neural Network Parameters for Classification of Breathing Patterns of Bio – radiolocation Signals" Biomedical Informatics and Technology, T. D. Pham et al. (Eds.): ACBIT 2013, CCIS 404, pp. 175 – 178. Springer, Heidelberg (2013). http://link.springer.com/chapter/10.1007/978 – 3 – 642 – 54121 – 6_15.

[2] Alekhin, M., Anishchenko, L., Tataraidze, A. et al. 2013. "Comparison of Bioradiolocation and Respiratory Plethysmography Signals in Time and Frequency Domains on the Base of Cross – Correlation and Spectral Analysis," International Journal of Antennas and Propagation, 6 pages.

[3] Anishchenko, L. N., Bugaev, A. S., Ivashov, S. I. et al. 2009. "Application of Bioradiolocation for Estimation of the Laboratory Animals' Movement Activity," PIERS Online, 5 (6), 551 – 554.

[4] Anishchenko, L. N. and Parashin V. B. 2008. "Design and application of the method for biolocation data processing," Proceedings of the 4th Russian – Bavarian Conference on Biomedical Engineering at Moscow Institute of Electronic Technology (Technical University), pp. 289 – 294.

[5] Bederman, S. and Lankford L. 1972. Apparatus for measuring the activity of laboratory animals, US Pattent 3633011.

[6] Bimpas, M., Paraskevopoulos, N., Nikellis, K. et al. 2004. "Development of a three band radar system for detecting trapped alive humans under building ruins," Progress In Electromagnetic Research, PIER 49, 161 – 188.

[7] Boric – Lubecke, O., Lin, J., Park, B – K. et al. 2008. "Battlefield triage life signs detection technique," Proc. SPIE Defence and Security Symposium, vol. 6947 — Radar Sensor Technology XII, no. 69470J, 10 pages.

[8] Bugaev, A. S., Chapursky, V. V., Ivashov, S. I. et al. 2004. "Through Wall Sensing of Human Breathing and Heart Beating by Monochromatic Radar," Proceedings of the Tenth International Conference on Ground Penetrating Radar, GPR'2004, Delft, The Netherlands, vol. 1, 291 – 294.

[9] Bugaev, A. S., Chapursky, V. V. and Ivashov, S. I. 2005. "Mathematical Simulation of Remote detection of Human Breathing and Heartbeat by Multifrequency Radar on the Background of Local Objects Reflections," Proc. IEEE International Radar Conference Record, Arlington, Virginia, USA, 6 pages.

[10] Chen, K. M., Huang, Y., Shang, J. et al. 2000. "Microwave Life Detection Systems for Searching Human Subjects Under Earthquake Rubble or Behind Barrier," IEEE Trans. Biomed. Eng., 27(1), 105 – 114.

[11] Chen, K. M., Misra, D., Wang, H. et al. 1986. "An X – band microwave life – detection system," IEEE Trans Biomed Eng 33, 697 – 702.

[12] Droitcour, A., Lubecke, V., Lin, J., Boric – Lubecke, O. 2001. "A Microwave Radio for Doppler Radar Sensing of Vital Signs," Proc IEEE MTT – S Int. Microw. Symp., 175 – 178.

[13] Droitcour, A. D., Seto, T. B., Park, B. K. et al. 2009. "Non – contact respiratory rate measurement validation for hospitalized patients," Proc. of Annual International Conference IEEE Engineering in Medicine and Biology Society, 4812 – 4815.

[14] D'Urso, M., Leone, G. and Soldovieri, F. 2009. "A simple strategy for life signs detection via an X – band experimental set – up," Progress in Electromagnetics Research C, vol. 9, 119 – 129.

[15] Greneker, E. F. 1997. "Radar Sensing of Heartbeat and Respiration at a Distance with Applications of the Technology," Proc. IEE RADAR – 97, 150 – 153.

[16] Hideo M. 1997. Method and apparatus for measuring motion amount of laboratory animal, US Pattent 5608209.

[17] Holzrichter, J. F., Burnett, G. C., Ng, L. C. et al. 1998. "Speech Articulator Measurements Using Low Power EM – Wave Sensors," J. Acoust. Soc. Am., 103(1), 622 – 625.

[18] Immoreev, I. Y. 2010. "Practical Applications of UWB Technology," IEEE Aerospace and E-

lectronic Systems Magazine, 25(2), 36-42.

[19] Ivashov, S. I., Razevig, V. V., Sheyko, A. P. et al. 2004. "Detection of Human Breathing and Heartbeat by Remote Radar," Progress in Electromagnetics Research Symposium (PIERS 2004), Pisa, Italy, 663-666.

[20] Kelly, J. M., Strecker, R. E. and Bianchi, M. T. 2012. "Recent Developments in Home Sleep-Monitoring Devices," ISRN Neurology, vol. 2012, Article ID 768794, 10 pages.

[21] Konno, K. and Mead, J. 1967. "Measurement of the separate volume changes of rib cage and abdomen during breathing," J. Appl Physiol 22: 407-422.

[22] Kropveld, D. and Chamuleau, R. 1993. "Doppler radar devise as a useful tool to quantify the liveliness of the experimental animal," Med. & Biol Eng. & Comput. 31, 340-342.

[23] Li, C. and Lin, J. 2014. "Microwave noncontact motion sensing and analysis," Wiley, New Jersey, 157-185.

[24] Li, J., Liu, L., Zeng, Z. et al. 2012. "Simulation and signal processing of UWB radar for human detection in complex environment," Proc. of 14th Ground Penetrating Radar (GPR) Conference, 209-213.

[25] Liu, L., Liu, Z. and Barrowes, B. 2012. "Through-wall bio-radiolocation with UWB impulse radar: observation, simulation and signal extraction," IEEE Journal on Selected Topics in Applied Earth Observations and Remote Sensing, vol. 4, no. 4, 791-798.

[26] Massagram, W., Lubecke, V. M., and Boric-Lubecke, O. 2011. "Feasibility assessment of Doppler radar long-term physiological measurements," Proc. of Annual International Conference IEEE Engineering in Medicine and Biology Society, 1544-1547.

[27] Otsu, M., Nakamura, R. and, Kajiwara, A. 2011. "Remote respiration monitoring sensor using stepped-FM," Sensors Applications Symposium (SAS), 2011 IEEE, 155-158.

[28] Rechtschaffen, A. and Kales, A. 1968. A Manual of Standardized Terminology: Techniques and Scoring System for Sleep Stages of Human Subjects. Los Angeles: UCLA Brain Information Service/Brain Research Institute.

[29] Salmons, T. 1969. Activity detector, US Patent 3439358.

[30] Soldovieri, F., Catapano, I., Crocco, L. et al. 2012. "A Feasibility Study for Life Signs Monitoring via a Continuous-Wave Radar," International Journal of Antennas and Propagation, vol. 2012, Article ID 420178, 5 pages.

[31] Staderini, E. M. 2002. "UWB Radars in Medicine," IEEE AESS Systems Magazine, 17, 13-18.

[32] Vasu, V., Heneghan, C., Sezer, S. et al. 2011. "Contact-free Estimation of Respiration Rates during Sleep," Proc. of 22nd IET Irish Signals and Systems Conference.

[33] Wang, F-K., Horng, S-H., Peng, K. C. et al. 2013. "Detection of Concealed Individuals Based on Their Vital Signs by Using a See-Through-Wall Imaging System With a Self-Injection-Locked Radar," Microwave Theory and Techniques, IEEE Transactions on, vol. 61, no. 1, 696-704.

# 第 9 章
# 噪声雷达技术与进展

Ram M. Narayanan

## 9.1 概 述

虽然噪声在大多数应用中通常被认为是一种造成干扰的有害信号,但许多研究人员已经调研在各种应用中(Gupta,1975)使用噪声作为遥感工具的方法。噪声信号的开发在各个领域比比皆是,如生物医学工程、电路原理、通信系统、计算机、电声学、地球科学、仪器仪表、电子物理、可靠性工程等。研究人员将噪声作为宽带随机信号、测试信号及细微探针头等。与雷达有关的噪声应用实例包括通过噪声测量的源探测和定位、自定向微波通信、电子对抗、天线特性测量、系统的脉冲响应测量、非线性系统的特性、通信通道的线性和互调的测量、电路和器件参数的测量以及系统可靠性预测,这使研究人员考虑用噪声作为雷达应用的探测信号。

传统的雷达系统一般采用高频短脉冲或线性调频(LFM)chirp 波形实现目标探测和获取目标距离信息。脉冲雷达通过发射很短的脉冲或线性调频发射非常宽的带宽信号,可以实现很好的距离分辨以分离小目标或识别距离扩展目标的独特散射模式。雷达系统设计者探索了其他类型的宽带波形,以实现高距离分辨力并带来额外的好处,如免受探测、干扰和利用 UWB 噪声波形便提供了这些优势。

噪声雷达是指使用随机噪声(窄带或宽带)作为探测发射波形,通过相关处理或双谱处理,雷达回波进行目标探测和成像的技术和应用。本章回顾了噪声雷达的发展历史,介绍了噪声雷达操作的基本概念,概述了在过去 60 年的目标检测、特性、成像和跟踪的应用,并讨论了利用近期发展的硬件实现和完成信号处理的新概念。

## 9.2 噪声雷达的发展历史

从历史的角度来看,噪声信号的使用可以追溯到 1904 年进行的首次类似雷达实验。1904 年，雷达前辈 Christian Huelsmeyer 在"telemobiloscope"的实验中使用单站构型的噪声脉冲（Huelsmeyer,1904）；Alexander S. Popov 在船上使用双基地构型中的检测（实际上使用早期无线电通信系统）实验中也使用了噪声脉冲。在这两种情况下，放电装置在脉冲噪声发射机和检波器的作用是作为探测器接收噪声脉冲。然而，由于噪声雷达回波不一致，系统只能探测目标的存在，但无法估计距离或确定多普勒频移。

雷达回波相干接收噪声雷达概念最早起源于 20 世纪 50 年代。Bourret (1957) 公布的第一篇文章基于噪声信号的距离测量雷达在延迟线和相关器之间使用双微分电路，利用高斯状发射功率谱密度（PSD）以提高检测质量。然而，值得关注的是布雷的方案实际不能实现（Hochstadt,1958），噪声会掩盖检测峰（Turin,1958）。

通常，认为 Horton 是最早详细描述连续波噪声雷达设计和性能的，这种雷达使用频率调制和所谓的反相关的信号处理方法（Horton,1959）。Horton 认为，消除距离和多普勒模糊方法是使用随机噪声作为调制函数并通过发射波形时延信号与回波信号互相关测定距离，如图 9.1 所示。在他开创性的论文中提出了基本概念及几种实现方法，自此形成了噪声雷达系统开发的基础。

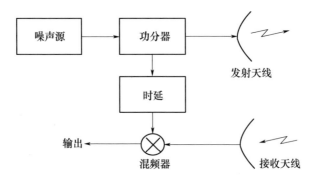

图 9.1　零差相关噪声雷达的框图

20 世纪 60 至 70 年代，在这方面发表的文章，可以定义为少数研究者初步研究和性能分析的时期。采用伪随机调制和相关处理的噪声雷达系统开发成功（Craig、Fishbein、Rittenbach,1962）。时间相关及频率相关噪声雷达设计成连续发射真正的宽带噪声将消除所有模糊（Grant、Cooper、Kamal,1963）。Carpentier (1968) 首先提出基于基带噪声信号的频率上变频到高频的窄带噪声雷达的设计，这种雷达设计成发射、接收、又下变频到基带；然后与原基带信号的时延信号互相关，他表明这种方法改进的信噪比，由时间带宽积给出；最后他还详细对比了噪声雷达与传统雷达（Carpentier,1970），并得出随机相位调制正弦波信号优于热产生的高斯噪声信号。

Poirier(1968)提出频谱分析(SA)雷达的概念,利用部分相干理论,设计一个长传输线下的非连续的准单频辐射的反射功率谱。在一定的条件下,确定该光谱被调制,并且对调制的分析能潜在地产生遥远反射器的距离和雷达散射截面信息。正因为如此,提出功率谱分析作为雷达技术,并获得了距离分辨力表达式和有用的距离,给出了一些先验的实验测量结果。这被看作是避免相关处理使用延迟线的噪声雷达的另一种方法。这种方法如图9.2所示,首先对反射信号和参考信号进行总结;然后将信号频率移到中频范围并直接传送到频谱分析仪上。如果来自反射器和后面的噪声信号的传播时间大大超过相关延迟时间(一般情况下为远目标),那么接收到的功率谱密度是周期性调制频率与目标的往返延迟成反比。因此,在光谱分析仪的输出端得到了每个目标的一条谱线,其在频率轴的位置可以提供目标距离。Dukat(1969)研制出这个概念在X波段的硬件实现。

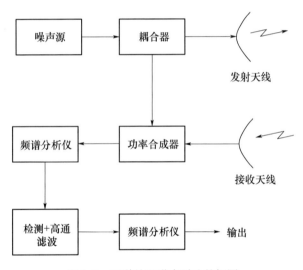

图9.2 双谱处理噪声雷达的框图

一个相对不出名但有意义的荷兰论文描述了噪声雷达使用延迟相关确定距离以及频率扫描确定延迟角度(Smit、Kneefel,1971)。噪声雷达系统开始用于海洋(Chadwick、Cooper,1971)、龙卷风(Chadwick、Cooper,1972)和云(Krehbiel、Brook,1979)遥感。Furgason et al. (1975)将技术扩展到4.8 MHz的超声系统提高检测水里的金属丝信噪比。低功率噪声雷达利用雪崩二极管噪声发生器替代大功率磁控管或速调管,用于实现和短程应用程序(Forrest、Meeson,1976)。Forrest和Price(1978)提出了数字相关器克服了模拟相关器速度慢的问题,其中扫频模拟延迟线被一系列移位寄存器取代,每个单元代表与适当的时钟周期相对应的延迟的固定单元。由于每个单元输出可以同时访问,系统在处理速度时使用距离并行处理具有明显优势。

窄带噪声雷达在过去的 50 年提出并改进,近年来,UWB 随机噪声雷达的概念已经得到了显著的发展。与传统雷达相比,UWB 噪声雷达发射一小部分大于 25% 的噪声或类似噪声的波形。由 UWB 雷达可以获得很高的距离分辨力,拥有大带宽,适合成像。在 20 世纪 90 年代显著的进步是完全相干 UWB 噪声雷达采用外差相关的发展,雷达回波信号通过发射信号的时延和频移信号进行相关,如图 9.3 所示。该方案保证相关器输出始终出现在频偏(而不是在 DC)处,从而保留回波信号中所包含的相位信息。利用理论分析(Narayanan et al.,1998)、仿真(Narayanan、Xu、Rhoades,1994)、测量淹没的目标(Narayanan et al.,1995)证明这种方法是有效的。

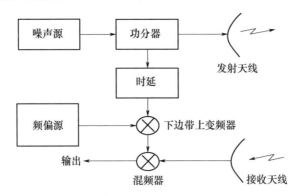

图 9.3　外差噪声雷达的简化结构

## 9.3　噪声雷达的近期发展

### 9.3.1　噪声雷达的建模与相关检测器的实现

图 9.1 显示了一个基本的相关噪声雷达系统的框图。由于自相关处理接收信号下变频到固定目标的 DC 和移动目标的多普勒频率,这称为零相关噪声雷达。在该方案中,反射信号与发射信号的时延相关。如果到达目标的往返时延与内部时延相匹配,在相关器中观察到一个峰值,其大小与目标反射率成正比,那么内部时延产生目标的距离。混频器后跟一个低通滤波器作为相关器。

假设给定发射信号为

$$v_t(t) = a(t)\cos\{[\omega_0 + \delta\omega]t\} \tag{9.1}$$

式中:$a(t)$ 为描述振幅起伏的瑞利分布幅度;$\delta\omega(t)$ 为均匀分布的频率,在 $\pm\Delta\omega$ 范围内波动,也就是 $-\Delta\omega \leqslant \delta\omega \leqslant +\Delta\omega$。

假设随机变量 $a(t)$ 和 $\delta\omega(t)$ 是不相关的，可以证明信号的平均功率为 $<a^2(t)>/2R_0$，其中，$<\cdot>$ 表示时间平均，$R_0$ 为系统阻抗。那么中心频率 $f_0$ 和带宽 $B$ 分别为 $f_0 = \omega_0/2\pi$ 及 $B = \Delta\omega/\pi$。

如果目标的复反射率 $\Gamma$ 由 $\Gamma\exp(j\Theta)$ 给出，其中 $\Theta$ 是目标相位的复反射系数，那么反射信号为

$$v_r(t) = \Gamma a(t-t_0)\cos\{[\omega_0 + \delta\omega](t-t_0) + \Theta\} \tag{9.2}$$

式中：$t_0$ 为目标的往返时间，给定为 $2R/c$；$R$ 为目标的距离；$c$ 为光速。

时延发射信号为

$$v_d(t) = a(t-t_d)\cos\{[\omega_0 + \delta\omega](t-t_d)\} \tag{9.3}$$

式中：$t_d$ 为内部延迟。

只要 $v_r(t)$ 和 $v_d(t)$ 延迟相匹配，其互相关产生非零输出，也就是当 $t_0 = t_d$。由于混频器后面的低通滤波器丢弃了信号频率大约为 $2\omega_0$ 的总和，给出低通滤波器输出为

$$v_0(t) = \Gamma a^2(t)\cos\Theta \tag{9.4}$$

其平均值 $<v_0(t)>$ 可以提取为 $2R_0 P_t \Gamma\cos\Theta$。其中 $P_t$ 是发射功率。接收信号的平均功率为

$$P_0 = \frac{<v_0^2(t)>}{2R} = 2R_0 P_t^2 \Gamma^2 \cos^2\Theta \tag{9.5}$$

注意，到接收功率与乘积 $\Gamma^2 \cos^2\Theta$ 成比例，实际上如果 $\Theta$ 接近 $90°$ 时为零。然而，现实情况下，目标的 UWB 反射率是频率的函数，也就是 $\Gamma = \Gamma(\omega)$ 和 $\Theta = \Theta(\omega)$。因此，频率平均乘积将产生一个非零的平均接收功率值。还注意到在接收机输出端不能隔离目标反射率的大小或相位。自零相关噪声雷达下直接变频到 DC，丢失回波信号的重要相位信息。

但是，有一种方法可以利用频偏在时延信号上注入相位相干性，如图 9.3 的外差相关噪声雷达所示。这种外差相关方案将来自目标的反射信号与发射波形的时延和频偏互相关。

假设发射信号 $v_t(t)$ 由式(9.1)给出，这样使得目标复反射率 $\overline{\Gamma} = \Gamma\exp(j\Theta)$，$t_0$ 是目标的往返时间。反射信号 $v_r(t)$ 由式(9.2)给出。时延和频偏传输 $v_d(t)$ 由以下方程给出，即

$$v_d(t,\omega') = a(t-t_d)\cos\{[\omega_0 + \delta\omega - \omega'](t-t_d)\} \tag{9.6}$$

式中：$t_d$ 为内部延迟；$\omega'$ 为频率偏移（一般为 $0.1\omega_0 \leq \omega' \leq 0.2\omega_0$）。

如上所述，只要 $v_r(t)$ 和 $v_d(t,\omega')$ 的时延相匹配，其互相关产生非零输出，即

$t_0 = t_d$。低通滤波器 $v_0(t, \omega')$ 输出为

$$v_0(t, \omega') = \Gamma a^2(t) \cos[\omega' t + \Theta] \tag{9.7}$$

式(9.7)描述了信号正好集中在 $\omega'$(所有时刻)而不是DC,就如零差相关噪声雷达。

如果该输出连接到由频偏发生器输出的同相/正交(I/Q)检测器(未显示)上,则同相输出 $v_{0I}$ 和正交输出 $v_{0Q}$ 分别为

$$v_{0I} = \Gamma a^2(t) \cos\Theta \tag{9.8}$$

$$v_{0Q} = \Gamma a^2(t) \sin\Theta \tag{9.9}$$

可以获得目标反射率的大小和相位角,即

$$\Gamma = \sqrt{v_{0I}^2 + v_{0Q}^2} \tag{9.10}$$

$$\Theta = \arctan\frac{v_{0Q}}{v_{0I}} \tag{9.11}$$

由于相关器的输出总是在频偏 $\omega'$,观察到UWB雷达发射波形,尽管具有宽带宽,但要分解到接收机的单个频率上。因此,可以缩小相关器输出的检测带宽来增加信噪比。如果有多普勒的话,将调制到相关器输出上,并可以从I/Q检测器中提取。

对于这样一个相关雷达的距离分辨力为

$$\Delta R_{CCR} = c \mid 2B \tag{9.12}$$

### 9.3.2 噪声雷达的建模与双谱处理的实现

要理解双谱处理,考虑图9.2所示的系统,雷达用高斯噪声信号照射目标。发射信号的一部分与目标反射的信号结合在一起,并在频谱分析仪上观察。如果频谱分析仪输出的信号和需要被检测并通过高通滤波器,原始频谱和将转换成新的时间函数。那么第二个频谱分析仪可以确定新的时间函数的频率分量。高斯状的照射信号谱 $\varphi_t(\omega)$ 的定义为

$$\varphi_t(\omega) = \frac{1}{\sigma\sqrt{2\pi}} \exp\left[-\frac{1}{2}\left(\frac{\omega_0 - \omega}{\sigma}\right)^2\right] \tag{9.13}$$

式中:$\omega_0$ 为中心频率;$\sigma$ 为照射光谱的方差。

在这种情况下,带宽 $B$ 定义为围绕中心频率在 $B = \sigma/\pi$ 时的 $\pm\sigma$ 点之间的频率范围。

对单目标,其参考信号调整为与目标回波信号一致,其频谱和 $\varphi_s(\omega)$ 的定义为

$$\varphi_s(\omega) = \frac{1}{\sigma\sqrt{2\pi}}\exp\left[-\frac{1}{2}\left(\frac{\omega_0-\omega}{\sigma}\right)^2\right]\left\{1+\cos\frac{2\omega R}{c}\right\} \tag{9.14}$$

式中:$R$ 为目标的距离;$c$ 为光速。

高通滤波后的接收电压的时间函数表示为

$$v_r(t) = \frac{k}{\sigma\sqrt{2\pi}}\exp\left[-\frac{1}{2}S_s\left(\frac{t_0-t}{\sigma}\right)^2\right]\cos\frac{4\pi RS_s t}{c} \tag{9.15}$$

式中:$t_0$ 为目标的往返时间,给定为 $2R/c$;$S_s$ 为总信号频谱分析仪的扫频速度;$k$ 为与系统有关的常数。

式(9.15)的频谱是两个时间函数的乘积,是构成时间函数谱的卷积,产生在方差 $\sigma'$、调制频率中心 $\omega_m = 4\pi RS_s/c$ 处的频谱。

方差 $\sigma'$ 是一个只与照射信号的方差 $\sigma$ 有关的函数,可以表示为

$$\sigma' = \frac{S_s}{\sigma} \tag{9.16}$$

对于双谱处理雷达的距离分辨力 $\Delta R_{DSP}$ 的定义为

$$\Delta R_{DSP} = \frac{c}{\pi B} \tag{9.17}$$

### 9.3.3 模糊函数特性

波形的广义模糊函数由波形和它的时延之间的互相关定义,其时间定标与目标的相对速度及距离有关。由于噪声雷达发射信号的随机性,模糊函数随不同的实现波动,需要表示几种实现的平均模糊函数。

Dawood 和 Narayanan(2003)利用广义宽带模糊函数,研究 UWB 噪声雷达组合的距离和距离变化率的分辨力特性。在这种情况下,模糊函数定义为目标在不同距离移动及不同距离变化率上的回波信号与所期望的距离移动及距离变化率相关匹配的期望值或平均值。在窄带随机噪声波形情况下,距离和速率分辨力可以独立地控制,前者与发射带宽成反比,而后者与积分滤波器的带宽成反比。不同组合的带宽和积分时间的平均模糊函数示例如图 9.4 所示。对于 UWB 雷达发射信号,由于回波信号包络线上的距离速率的压缩或拉伸不能忽视,使发展宽带模糊函数成为必要。这也表明,一般情况下,由于扩展的多普勒频散参数,UWB 雷达波形不适用于精确的速率估计,也就是发射带宽和目标速率的乘积,除非相关器也与时延速率相匹配。

模糊函数的完全特性包括其统计分布,但通常 2 阶统计量是足够的。模糊函数可以描述为平均数和噪声分量之和。模糊函数的平均值在被积函数中包括随机波形自相关函数的时序标度,而其方差描述为旁瓣噪声底部。尤其在刻画

随机波形的模糊函数时有用,是第二个描述噪声底部均方和和方差的瞬时统计量。分析式以高斯波形、连续高斯噪声相位调制和随机步进频雷达为例,推导了解析公式(Axelsson,2006)。相应的图如图9.5所示。

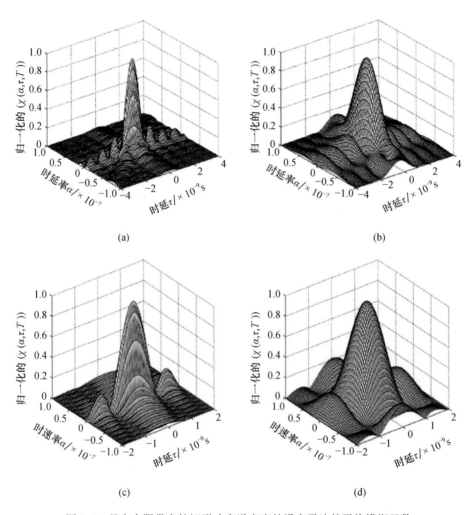

图9.4 具有有限带宽的矩形功率谱密度的噪声雷达的平均模糊函数
(Dawood、Narayanan,2003)

(a)1GHz 带宽及 50ms 积分时间;(b)1GHz 带宽及 10ms 积分时间;
(c)100MHz 带宽及 50ms 积分时间;(d)100MHz 带宽及 10ms 积分时间。

(注意,主波瓣的时延(距离)和时延速率(速率)轴作为带宽和积分时间是变化的(经工程技术研究机构允许再版。Dawood M 和 Narayanan R M,IEE 雷达、声纳及导航会议,2003,150(5):379-386)。

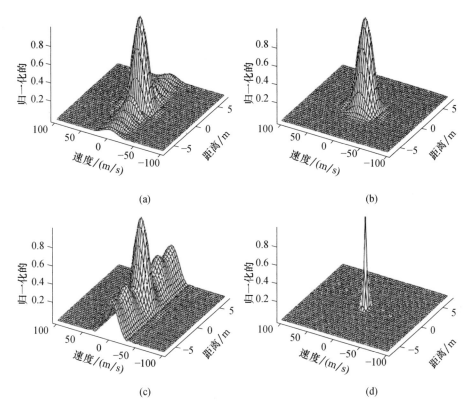

图 9.5　平方模糊度函数在频率 10GHz、速度范围 $-100 \sim 100\text{m/s}$ 及
距离变化 $-7 \sim 7\text{m}$，压缩多普勒旁瓣的窗函数 $\omega(t) = \sin^2(\pi t/T)$（Axelsson，2006）
(a) 矩形噪声谱带宽 100MHz 及积分时间 1ms；(b) 高斯噪声谱带宽 29MHz、3dB 及积分时间 1ms；
(c) 随机相位调制相位角方差 $1\text{rad}^2$，矩形功率谱带宽 100MHz 及积分时间 1ms；
(d) 随机相位调制相位角方差 $9\text{rad}^2$，矩形功率谱带宽 100MHz 及积分时间 5ms。
（注意高压缩旁瓣和窄相关峰如(d)）（经 SPIE 允许，Axelsson, S. R. J. SPIE Conference on SAR
Image Analysis, Modeling and Techniques. © SPIE 2006.））

## 9.3.4　噪声雷达相位噪声特征

多普勒可见性，即从固有杂波谱中提取多普勒信息的能力，受系统参数的制约，尤其是由微波元器件产生的相位噪声。Li 和 Narayanan（2006）为 UWB 随机噪声雷达的外差混频器和时域中的本地振荡器（LO）提出了相位噪声模型。利用相位噪声污染效应模拟了多普勒谱并比较了之前的实验结果。遗传算法（GA）优化程序应用于各种合成参数的合成结果得到在分贝上的多普勒能见度估计的恰当经验式。结果表明，UWB 随机噪声雷达的多普勒能见度主要取决于以下参数：①接收机外差混频器的 LO 驱动电平；②接收机外差混频器中的饱和电流;③发射噪声源的带宽;④目标速度。多普勒可见性曲线通过公式与仿真结果在参数范围1dB内吻合得很好,如图9.6所示。这样的模型可以用来快速估计随机UWB噪声雷达的多普勒可见性的折中分析。

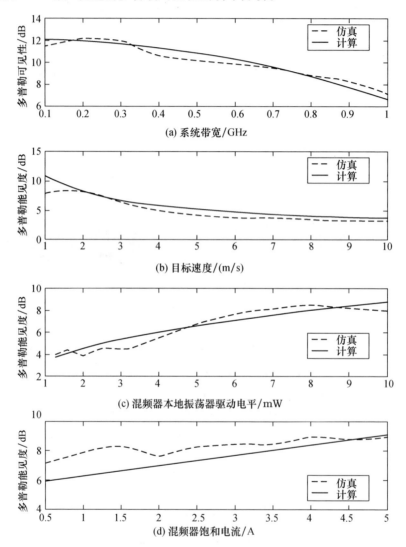

图9.6 多普勒可见性作为函数的主要参数影响噪声雷达的
多普勒可见性的仿真结果与经验模型对比

(© 2006 IEEE. Reprinted, with permission, from Li and Narayanan, IEEE Trans Aerospace and Electronic Systems, 2006, 43, © 2006 IEEE.)

相关处理和谱干涉测量都需要相干性,所以发射机和接收机在很大程度上由高度稳定的振荡器驱动,因为引入系统的相位噪声降低了雷达的多普勒分辨力。Morabito 等(2008)提出了一种通过自然采集估计相位噪声过程并将随机模型拟合到噪声过程的技术,噪声过程模型可以用于参数校正技术,与非参数版本相比可以大大减少计算的复杂性。自回归(AR)和维纳过程与自回归积分移动平均(ARIMA)和自回归分数积分移动平均(ARFIMA)模型相比,似乎都很好地模拟候选相干分布的无源雷达系统的相位噪声。

## 9.3.5 接收机操作特性和检测性能

雷达系统的性能利用其接收机操作特性进行了描述及评价,这是一个检测概率($P_d$)图,如同恒虚警概率函数($P_f$ 或 $P_{fa}$)。一般地,$P_f$ 是固定的,信号处理算法是为了在给定的 $P_f$ 下最大在 $P_d$。

假设为一个点目标,噪声雷达的性能,从统计的角度,进行了系统接收机操作特性(ROC)的理论基础研究(Dawood、Narayanan,2001)。接收机输出端的同相(I)和正交(Q)分量的联合概率密度函数(PDF)的解析表达式是在假设输入信号为部分相关高斯过程下推导的。也得出接收机输出端的 PDF 和互补累积分布函数(CDF)包络,这些表达式将 $P_d$ 和 $P_f$ 与不同数量的采样联系起来。由于 $P_d$ 主要依赖于发射波形的接收信号和延迟信号的相关性,这种相关性对目标检测性能的影响如图 9.7 所示。

Mogyla(2012)计算了随机噪声雷达信号完全已知下的反射信号相干检测的检测特性。结果表明,确定性信号的检测特性是随机信号检测特性收敛的一个理论极限。检测器输入端仅有反射信号、干扰信号以及信号和干扰同时存在的情形下,获得统计量的概率密度解析表达式。$P_f$ 与门限比,$P_d$ 与信号干扰比的关系由随机信号不同带宽与持续时间相乘来计算。

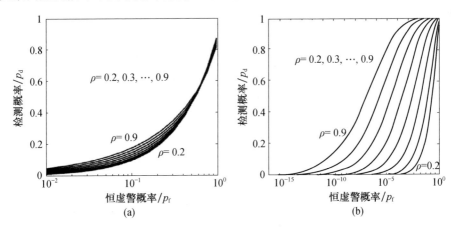

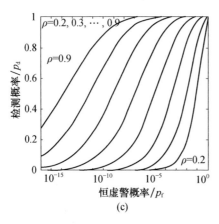
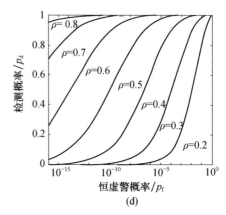

图 9.7　噪声雷达相关系数 $p$ 与发射接收信号
在不同采样值 $N$ 下的接收机操作特性

(a)$N=1$;(b)$N=25$;(c)$N=50$;(d)$N=100$。

(注意,检测概率在给定恒虚警概率下随着相关系数和采样数增加而增加。相关系数由于雷达和目标之间介质的分散而显著下降,导致检测概率较低(© 2001 IEEE. Reprinted,with permission,from Dawood,M.,and Narayanan,R. M.,IEEE Trans Aerospace and Electronic Systems,2001,37:586 – 594.))

## 9.3.6　噪声雷达目标检测问题

在噪声雷达中,功率谱的形状和独立样本的数目在测量期间影响距离旁瓣抑制。常规多普勒雷达的距离分辨力取决于信号带宽和测量时间的多普勒分辨力。如果带宽/载波比不是很小,多普勒分辨力也受到发射噪声功率谱宽度的限制。

Axelsson(2003)表明如何利用参考多普勒频移接近加入目标的期望值以减少相关处理量级。二进制或低比特 ADC 提高了信号处理速率并降低了成本。特别是,如果有两个具有不同多普勒频移的信号在同一个距离单元,二进制或低比特(ADC)就会产生假目标。在 ADC 接收之前加入不相关的噪声信号实现了对假目标的有效抑制。以上方法的比较如图 9.8 所示。

Kwon、Narayanan 和 Rangaswamy(2013)提出了一种基于交互信息理论的噪声雷达系统全相关的目标检测方法,可以实现低信噪比条件下的多目标检测。该方法利用样本协方差矩阵的最大特征值提取发射信号信息,并表明与传统的全相关检测器相比具有更好的性能。为了避免模糊的目标检测,他们根据基于随机矩阵理论的特征分布计算出保证同样数量接收天线的检测性能的阈值。仿真结果表明,所提出的检测方法可用于中、低信噪比环境,阈值可以得到精确的目标检测。3 种方案的检测性能对比如图 9.9 所示。

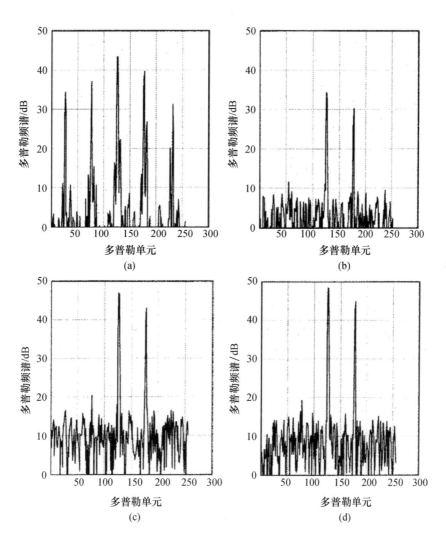

图 9.8 两个不同速率的点目标在同一距离单元的多普勒谱仿真
(a)无噪声的二进制 ADC；(b)在 ADC 之前添加噪声(SNR = -10dB)的二进制 ADC；
(c)SNR = -6dB 的 2bit ADC；(d)SNR = -3dB 的 3bit ADC。

(多普勒 FFT 之前加一 $\cos^2$ 型的汉明窗调制时间采样。注意(b)与(a)相比在接收机通道 ADC 之前添加额外噪声大大抑制了旁瓣(© 2003 IEEE. Reprinted, with permission, from Axelsson, S. R. J., IEEE Trans Geoscience and Remote Sensing, 2003, 41:2703 - 2720))

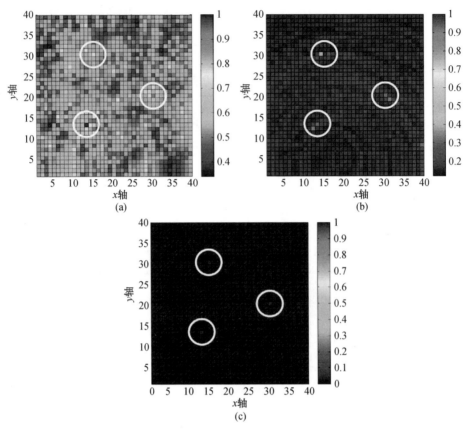

图 9.9 3 个目标在 SNR -10dB 时利用不同方法的检测性能
(a)完全相关(TC)方法;(b)改进的完全相关(MTC)方法;(c)利用阈值改进的完全相关(MTC)方法。
((b)仅利用接收信号协方差的最大特征值,(c)中的阈值是利用随机矩阵理论(© 2013 IEEE. Reprinted, with permission, from Kwon Y et al., IEEE Trans Aerospace and Electronic Systems, 2013, 49(2):1251 - 1262))。

## 9.3.7 压缩感知

Herman、Strohmer(2009)第一次提出利用发射噪声实现雷达压缩感知(CS)。他们设想,通过时频平面离散到 $N \times N$ 网格上,并假设目标数 $K$ 很小($K \ll N^2$),有足够的"非相干"脉冲可以发射及压缩传感技术可以用来重建目标场景。当他们在分析中研究出确定的 Alltop 序列时,确定发射白噪声,如高斯随机信号或连续包络随机相位信号,会产生类似的结果。由于压缩感知雷达接收端没有使用匹配滤波器,这直接影响 ADC,有可能降低整体数据率和简化硬件设计。

Shastry、Narayanan 和 Rangaswamy (2010)首先提出基于随机波形的压缩成像理论;然后,他们展示了如何使用随机波形进行雷达成像,利用压缩感知算法通过比奈奎斯特速度慢得多的采样速率,使得估计目标参数并检测目标成为可能。因此,从理论上讲,利用随机波形增加 UWB 雷达系统带宽(空间分辨力)是可能的,没有明显增加数据采集系统。此外,采用压缩采样的 UWB 随机波形雷达系统性能几乎没有恶化。仿真结果显示了如何在真实场景中实现理论结果提供的性能保证。

Jiang 等(2010)将 CS 技术与随机噪声 SAR 相结合,提出基于 CS 技术的随机噪声 SAR 的概念。其论文介绍了雷达系统框图及数据处理过程的详细分析。理论分析表明,随机噪声 SAR 的感知矩阵具有良好的约束等距性(RIP)。仿真结果表明,基于 CS 技术的随机噪声 SAR 可以利用较少的样本有效地重构目标图像,如图 9.10 所示。

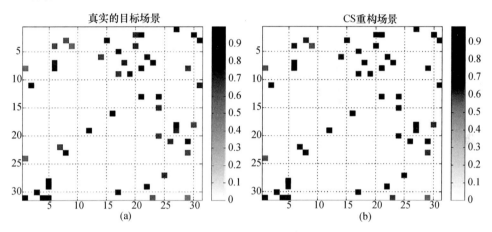

图 9.10　10% 的随机采样及 SNR 假设为 20dB 的噪声 SAR 利用压缩感知技术重构目标的仿真结果

(a)真实目标场景;(b)CS 重构场景。

(© 2010 IEEE. Reprinted, with permission, from Jiang, H. et al., Proc IEEE International Geoscience and Remote Sensing Symposium, Honolulu, HI, July 2010:4624－4627)

## 9.4　新型噪声雷达应用

### 9.4.1　概述

噪声雷达已经在传统雷达系统范围内成功地开发和实现了各种应用。在大多数情况下,他们获得了大体相同的性能。一些应用实例包括穿墙雷达、反射或反向雷达、多普勒估计、运动目标检测、干涉和单脉冲雷达、多输入输出(MIMO)雷达、双多基地雷达、毫米波雷达、合成孔径雷达(SAR)和逆合成孔径雷达(ISAR)、层析成像应用、RF 标识实现、相控阵雷达、雷达网络和多功能系统。本节讲述其中的一些应用。

### 9.4.2 噪声信号的多普勒估计

Narayanan、Dawood（2000）阐明了 UWB 噪声雷达的多普勒估计的理论基础。虽然瞬时多普勒频率是随机的(由于发射波形的宽带特性)，平均多普勒信号会聚到宽带发射信号相对应的中心频率。微波延迟线的模拟研究和实验室测量结果表明，估计旋转目标和线性目标的多普勒频率是一样可行的。光子延迟线的场测量表明，这种技术可成功应用在 200m 左右，速度可达 9m/s 的目标上。分析表明，多普勒频率的估计精度不仅依赖于系统中各种元器件的相位性能，也取决于发射波形带宽的随机性和带宽以及目标运动特性。图 9.11 表示利用 1~2GHz 噪声雷达测量多普勒响应的示例。

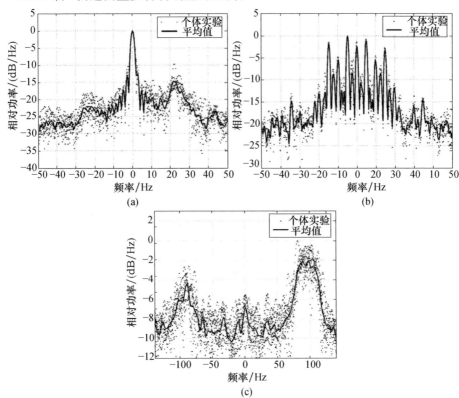

图 9.11 利用 1~2GHz 噪声雷达测量的多普勒谱

(a)目标在短距离以 2.3m/s 的速度线性运动；(b)目标以 75r/min 旋转的运动；
(c)目标在中等距离(约 200m)以 9m/s 的线性运动。

(实心曲线代表用圆点表示的个体实验的平均值。注意，谱的加宽是由于发射信号的宽带宽
(© 2000 IEEE. Reprinted, with permission, from Narayanan, R. M. and Dawood, M., IEEE Trans on Antennas and Propagation, 2000, 48(6):868-878.))

Mogyla、Lukin 和 Shyian（2002）讨论了利用噪声波形测量距离和距离变化率（即速度）矢量的实际实现。他们发现采用步进数字延迟的中继型相关接收机的输出信噪比与连续模拟延迟的最佳接收机相比，输出噪声降低约2dB。他们提出的测量速度矢量方案包含利用积分检波器的互相关鉴别器产生多普勒信号。图9.12显示了测量多普勒频移的方法及利用噪声雷达的I/Q探测器测量远离目标。

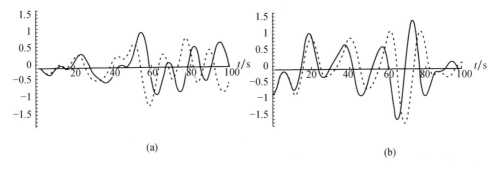

图9.12　时间序列上的发射（实线）和反射（虚线）信号
（Mogyla、Lukin 和 Shyian，2002）
（a）逼近目标的正向多普勒频移；（b）远离目标的负向多普勒频移
（© 2002，BEGELL HOUSE INC.，with permission from BEGELL HOUSE INC.）

### 9.4.3　动目标检测

Stephan 和 Loele（2000）给出使用带宽为1.3GHz的X波段噪声雷达检测固定目标和运动目标的实际效果。这个时延发射参考信号在互相关前与21.4MHz的信号进行调制，从而实现目标多普勒检测允许的外差相关。利用这种方法，系统可以检测运动目标并提取多普勒速度。

2008年，Sachs 讨论了利用 $m$ 序列伪噪声雷达检测移动或被困在障碍物的人（Sachs et al.，2008）。该系统采用一个发射天线和两个接收天线。运动目标定位来自三边测量技术，这需要有关两个参考点（接收天线）和目标构成三角形边长度的知识。数据高通滤波器滤掉强固定杂波信号，保留人移动的多普勒信号。为了探测掩埋的人，利用窄带滤波捕获重复呼吸信号，抑制瓦砾中固定的杂波。此外，由于信号由几个相似的调制采样组成，变换后的信号在传输时间方向上实行平均短滑窗。图9.13展示了利用3个天线的三边测量方法跟踪被困的人平均运动的结果。

Chapursky 等（2004）对发射高斯相关函数噪声波形的信噪比进行了理论分析，并演示了带宽1~4GHz的噪声雷达利用相关处理和相敏互测减法识别13cm厚的水泥墙后面缓慢移动的物体。Wang、Narayanan 和 Zhou（2009）提出了一种方法，利用天线阵接收信号和发射信号之间的互相关信号的连续帧相减以分离强杂波中的运动目标，随后用后向投影算法获得运动目标图像。建立基于 FDTD 的不同模型以模拟不同穿墙场景的运动目标。仿真结果表明,该方法有效地抑制了强杂波,并大大提高了信杂比(SCR)。可以检测、定位和跟踪随机运动的多运动目标。同时跟踪两个人在一堵墙后面的仿真结果,如图9.14所示。

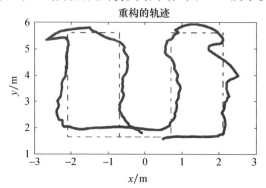

图 9.13　(见彩图)利用 $m$ 序列 PN 雷达在 8～2500MHz 下跟踪一堵干墙后面移动的人(Sachs et al. ,2008)

(利用自适应滤波器去除固定波束和恒虚警概率(CFAR)阈值。黑色虚线代表人实际运动的轨迹,红色实线为重构的轨迹(© Eu M A 2008,Permission of European Microwave Association,Proc European Radar Conf. 2008:408－411))

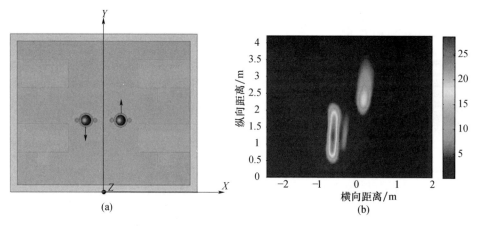

图 9.14　跟踪两个连续移动的人且一个靠近雷达一个远离雷达
(a)仿真模型;(b)重构跟踪两个移动的人。
(© 2009 IEEE. Reprinted,with permission,from Wang,H. et al. ,IEEE Antennas and Wireless Propagations Letters,2009,8:802－805)

## 9.4.4　MIMO、双、多基地雷达噪声

2006 年,Gray 和 Fry 首次提出了噪声雷达应用在(MIMO)结构中,并进一步发展(Gray,2006;Fry,2007)。MIMO 结构由 $k$ 个发射天线和 $m$ 个接收天线组

成。当每个天线发射独立的噪声源时,该方法就成为 MIMO 雷达的一个特例。考虑了两种发射方法,即元素空间(ES)和波束空间(BS),两者被认为是接收时的常规和最小方差无失真响应(MVDR)波束赋形。MIMO 噪声雷达的 ES 方法由 $k$ 个全方向发射天线分别发射独立的相同噪声功率信号。

对于 BS 方法,每个独立的噪声源馈入到每个时延或移相天线中,以形成波束辐射到雷达视场所选扇区,根据特定的噪声源有效地对每个扇区进行编码。整个 $N$ 束形成,且 $N < K$。结果表明,BS 辐射功率越高,散射体的功率增加得越多,进而在接收阵列上提高了信噪比,提高了目标的检测性能。这种高信噪比不能提高常规波束赋形的分辨力,但能提高 MVDR 的分辨力。图 9.15 显示了这两种方法的体系结构和每种方法的发射波数谱。

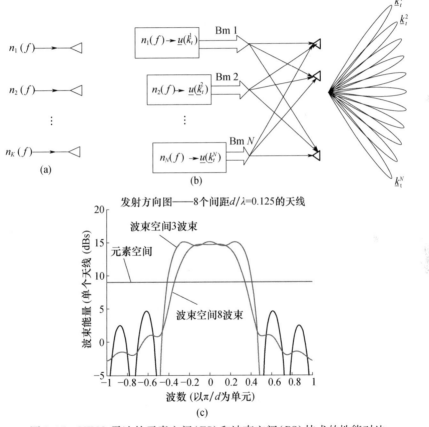

图 9.15 MIMO 雷达的元素空间(ES)和波束空间(BS)技术的性能对比
(a)ES 结构;(b)BS 结构;(c)发射波数谱。
(ES 方法由 $K$ 个全向天线分别发射独立噪声源,而 BS 方法,为每一个独立的噪声反馈到每个时延或移相天线形成波束照射到雷达视场所选扇区。ES 方法的波数谱平穿过波数域的整个区域,由于变成无辐射瞬时功率,发射功率浪费了 75%。BS 方法将发射波数谱聚集在 $-\pi/4d$ 区域,因此整个发射功率相同,较高的功率变成辐射平面波(© 2007 IEEE. Reprinted, with permission, from Gray, D. A. and Fry, R. IEEE Proc International Waveform Diversity and Design Conf. ,Pisa,Italy,2007:344 – 347. ))

Chen 和 Narayanan (2012)认为 UWB MIMO 噪声雷达的目标方向估计采用抽头时延线(TDL)的波束赋形技术,从特定方向接收信号,并从其他方向压缩干扰信号。条件广义似然比检验(CGLRT)应用于探测目标,利用射电天文学创建图像去卷积的 CLEAN 算法给出目标脉冲响应的估计。他们延伸了迭代 CGLRT(ICGLRT)技术,通过这两项迭代技术确定目标的方向使窄带 MIMO 雷达发展到 UWB 噪声 MIMO 雷达。仿真结果表明,这种方法如何成功地提取掩埋在其他目标反射中的原始目标,进而提高目标方向的估计精度。IGLRT 不仅重复检查整个扫描区域目标的存在,还利用观察到的目标信息帮助检测新的目标。图 9.16 显示了 TDL 波束结构及抑制干扰机干扰的多目标检测性能。

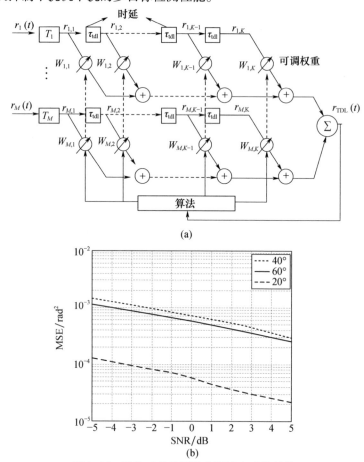

图 9.16　抽头时延线的波束赋形方法的性能
(a)TDL 波束形成结构;(b)目标方向估计的均方误差(MSE)性能。
(每个天线的接收信号馈入到 $K$ 个抽头时延线上,每个附加可调权重,其权重输出相加。所有的 TDL 中除去第一个抽头,剩下 $K-1$ 个抽头的时延是相同的。角度越小副瓣宽度越小,获得的精度越好。图(b)中 3 个目标方向角分别为 20°、40°、60°,干扰信号在 45°(接近方向为 40°的目标),这样 40°角目标比 60°角目标的精度差(© 2012 IEEE. Reprinted, with permission, from Chen, W. J. and Narayanan, R. M., IEEE Trans. Aerospace and Electronic Systems,2012,48(3):1858-1869))

在到双多基地雷达接收机与发射机距离很大时,一些应用难以为接收机提供发射参考信号。Malanowski 和 Roszkowski（2011）提出了一种在接收机处本地生成和存储参考信号的方案。成功地实现这个概念需要适当的时频同步和本地参考信号校正。他们描述了双基地雷达产生本地参考信号的概念和同步校准的方法。通过关联本地参考信号与接收信号进行时频同步,寻找直达路径信号。最强峰表明了相对于直达信号的时移。他们通过移动一个信号的频率并将它们相关来获得频率同步。对应于最大相关值的频移表示所需的频移。这一方法仅适用于存在较强直达路径损耗的情况。图 9.17 表示了该方法的结构和性能。

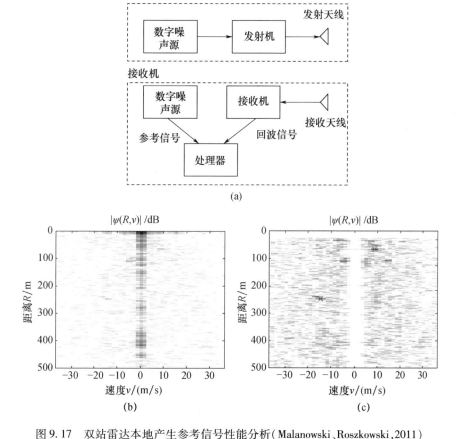

图 9.17　双站雷达本地产生参考信号性能分析（Malanowski、Roszkowski,2011）
(a) 系统模块示意图；(b) 自适应滤波前的参考同步信号和接收信号之间的交叉模糊函数；
(c) 自适应滤波后的参考同步信号和接收信号之间的交叉模糊函数。
（自适应滤波前,零多普勒出现一些影响及尖峰对应直达路径干扰。自适应滤波后,零多普勒回波与旁瓣一起（也就是近距离有一定的跨多普勒）一起移动。运行之后,可以看到运动目标（汽车）在 $R=80$m/s、$v=$ 10m/s 及 $R=250$m/s、$v=-15$m/s 处。(Permission Mateusz Malinovski © German Institute of Navigation 2011.)）

### 9.4.5 噪声雷达的层析成像

Vela 等(2012)探索了 4～8GHz 连续波噪声雷达获得各种目标结构的层析成像。获得了金属和电介质圆柱和块状目标在不同位置暴露和隐蔽条件下的图像。通过目标三维旋转,开发的系统可以获得测试目标的二维切片图像,信噪比取值范围为 12～25dB。

Shin、Narayanan 和 Rangaswamy (2013)开发了基于反向传播算法的随机场互相关噪声雷达层析成像的理论基础。这种方法绕过了雷达传统相干算法的缺点产生鬼影成像。在波形完全随机的情况下,互相关信号记录两点汇聚到介质的完整格林函数中,包括所有反射、散射和传播模型。使用位于待成像的区域周围的探针阵列,他们表明,检测到的噪声相关性是探针在 EM 处空间重叠及样品介电常数和/或导电率的空间分布的函数。在 8～10GHz 频率范围内进行仿真,得出的结论是,噪声波形的单一发射不足以产生层析图像。然而,通过平均发射多个独立同分布(i.i.d)的噪声波形成功地产生了层析图像,比利用宽带一阶导数高斯波形产生层析成像更好。均方误差的计算为多个平均噪声波形与标准波形比较重构层析图像的质量提供一个标准。Shin、Narayanan 和 Rangaswamy (2014)进一步研究了一些对称随机排列的圆柱形目标的层析重构。使用噪声波形和一阶导数高斯波形模拟的层析成像比较如图 9.18所示。

Lukin 等(2013)将 MIMO 与 SAR 方法相结合,使用 480MHz 带宽的 36GHz 噪声波形产生三维相干雷达图像。使用两个线性合成孔径,一个发射天线,另一个接收天线。利用这些天线空间扫描提供的数据与使用二维扫描仪获得的数据类似。通过改变记录的参考噪声信号的时延,完成了距离聚焦,能够在特定距离范围内生成二维图像(层析切片),如图 9.19 所示。

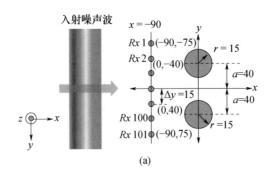

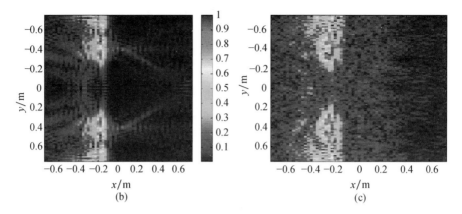

图 9.18 两个圆柱体层析成像仿真(Shin、Narayanan、Rangaswamy,2014)
(a)成像几何学;(b)利用脉冲宽度为 0.1ns 的一阶倒数高斯脉冲断层成像;
(c)频率范围在 8~10GHz 的 10 个平均噪声波形成像。
(Permission of authors and International Journal of Microwave Science and Technology ,Hindawi, Open access 2014)

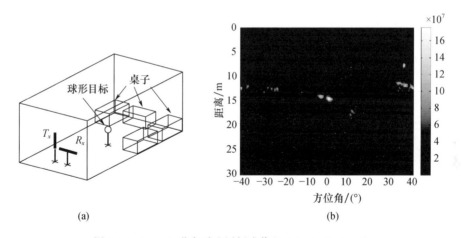

图 9.19 36GHz 噪声雷达层析成像(Lukin et al. ,2013)
(a)成像几何学;(b)实验室中间放置球形反射器的三维图像水平切片。
(© 2013 IEEE. Reprinted,with permission,from Lukin, K. A. et al. , IEEE Proc. International Conf. on Antenna Theory and Techniques (ICATT),Odessa,Ukraine,2013:190 – 192)

## 9.4.6 多功能噪声雷达

Surender、Narayanan (2011)提出了一种实现多功能的 UWB 噪声雷达方案,用噪声似然正交频分复用(OFDM)信号代替了一部分发射噪声频谱,可以用于通信、遥测或发信号。他们发现,复合波形模仿了纯噪声波形特性。他们通过提出的波形距离分辨力、模糊函数和误码率(BER)对雷达性能和通信功能进行了评估。这种多功能雷达系统通过基于嵌入式安全的 OFDM 通信、多用户能力和物理层安全性实现了监控。系统的物理层设计包括复合 UWB 噪声的 OFDM 波形的双重性能分析以及通信的可靠性、保密性、信息完整性保护。研究了基于噪声相关的组网雷达接收机的帧定时估计方法,利用带限白噪声的互相关特性实现帧同步。此方法在发射信号中不需要任何预处理。此外,特别强调需要一种独特的介质访问控制(MAC)算法作为本自组织多雷达通信网络的双工复用技术。图 9.20 显示了该方案及其误码性能。

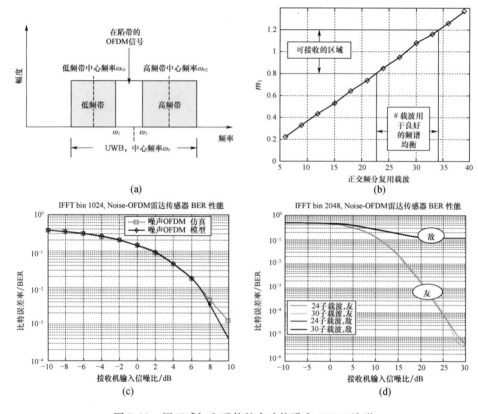

图 9.20　用于感知和通信的多功能噪声 OFDM 波形

(a)发射的噪声 OFDM 波形谱展示在 UWB 噪声波形的频谱陷波内插入 OFDM;
(b)谱均等度量 $m_1$(定义为该陷带 OFDM 带宽的比率)为 OFDM 载波数量的函数;
(c)32 位载波附加白噪声(AWGN)通道的噪声 OFDM 波形的 BER 性能分析;
(d)噪声 OFDM 系统包含完整变换和数据冗余的 BER 性能分析。

(其中己方知道其密匙而对方不知道。(b)中 $m_1$ 的理想值为 1(表明 OFDM 信号恰恰下落到陷带谱),可利用 28 个 OFDM 载波获得,尽管 23 和 34 个载波都可接受。(d)中好的 BER 性能依靠友敌的对比获得(2011 IEEE. Reprinted, with permission, from Surender, S. C. and Narayanan, R. M., IEEE Trans. Aerospace and Electronics Systems, 2011, 47(2):1380 – 1400))。

Narayanan、Smith 和 Gallagher (2014) 描述了一种多频雷达系统,利用远程和近程两个系统之间共享的低频组件检测人并对其活动进行分类。S 波段的近程雷达系统适用于距离不超过 3m 的穿墙应用。通过切换宽带噪声波形或连续单音波形选择两个单独的波形。远程雷达工作在 W 波段毫米波频率,在自由空间可以穿过距离约 100m 高约 30m 的树叶。采用了两种波形组成的复合多峰信号,即宽带噪声波形和嵌入式单音波形,两者相加同时发射,接收和发射噪声信号之间的互相关利用高分辨力检测目标。接收到的单音信号为多普勒分析提供速度信息。图 9.21 显示了生成双系统多功能波形的框图。

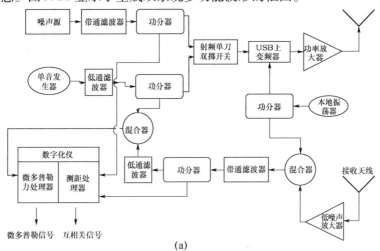

(a)

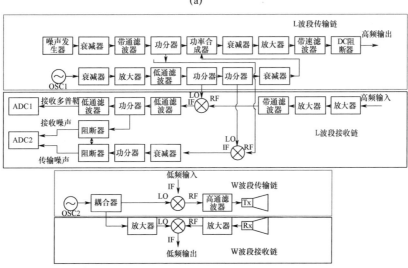

图 9.21 用于组合测距和微多普勒测量的多功能波形生成框图

(a) L 波段系统框图,用于噪声和连续波之间的切换;(b) W 波段系统框图,同时传输和处理噪声和连续波波形国际微波与科学技术杂志

图中利用背景相减和距离校正抑制杂波和提高远距离目标探测能力。探测被树叶遮挡的目标采用高通滤波器消除了风对多普勒信号的影响。多普勒测量利用微多普勒信号特性可以区分不同人的动作和手势。这些测量确立了该系统探测和测距人的能力,并在不同模糊场景下区分不同距离不同人的运动。

## 9.5 噪声雷达理论与设计的进展

近年来,一些硬件的进展显著改善了噪声雷达性能并扩展了其应用范围。这些进展实现了噪声雷达的实时操作性,但在早期这是不可能的,因为数据处理速度慢,如信号产生、采样和相关处理。噪声雷达的全数字化实现已取得了巨大的进展。

### 9.5.1 量化的思考

Xu 和 Narayanan(2003)研究了不同相关接收技术对 UWB 随机噪声雷达成像性能的影响,他们研究了 3 种类型的相关接收机,即理想的模拟相关接收机、数字-模拟相关接收机和全数字相关接收机,如图 9.22 所示。理想的模拟相关接收机保留了目标幅度和初始相位。数字模拟相关接收机利用数字射频存储器实现传输时延(DRFM),其他与理想模拟相关接收机类似。该方法首先将发射的信号数

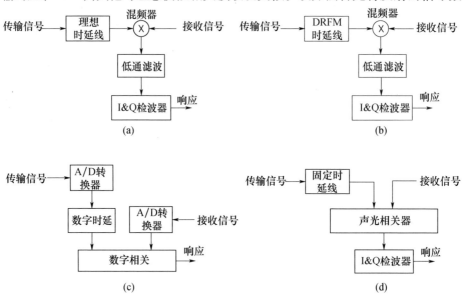

图 9.22 4 种类型的噪声相关雷达框图(Xu、Narayanan,2003)
(a)理想模拟相关机;(b)利用 DRFM 时延线的数字-模拟相关机;(c)全数字相关机;(d)声光相关机。

(© 2003 IEEE. Reprinted, with permission, from Xu, X. and Narayanan, R. M., IEEE International Geoscience and Remote Sensing Symposium (IGARSS'03), Toulouse, France, 21 – 25 July 2003:4525 – 4527)

字化,所需的时延实现数字化,时延的数字信号使用 DAC 最后转换回模拟信号并反馈给相关器。他们发现当使用二进制数字 DRFM 数模相关接收机可以保留处理增益为 $\sqrt{2}/\pi$ 的目标幅度和初始相位信息(大约2dB 的功率损耗)。

全数字相关接收机在相关处理之前,数字化接收的目标回波信号和发射信号。数字信号处理芯片处理发射信号和回波信号的互相关。他们发现接收信号的幅度信息没有一位接一位地保存到相关接收机上,其处理增益为 $2/\pi$(约4dB 功率损耗)。

雷达用传统多普勒处理的速度分辨力随着信号带宽的增加而降低。随机噪声雷达的技术发展由于处理时间长及内存使用率高而具有一定的局限性。为减少时间和内存需求,Thorson 和 Akers(2011)提出了用二进制 ADC 代替八进制 ADC,充分分割信号存储以实现并行处理大大减少需要同时估计目标距离和速度的整个处理时间。结论是,二进制 ADC 与八进制 ACD 相比,在单目标场景下实现的检测性能相同。图9.23 所示为二进制 ADC 与八进制 ADC 的性能比较。

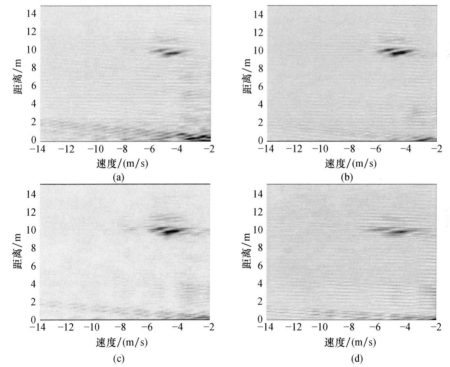

图9.23 利用550MHz、带宽400MHz 的噪声雷达距离-多普勒成像(Thorson、Akers,2011)
(a)利用8bit ADC,最大存储器40GB 及 37.5min 的处理时间;
(b)利用二进制 ADC,需要最大存储器 21GHz 及 15.5min 的处理时间;
(c)利用二进制 ADC 的多处理器,需要最大存储器 42GHz 及 5.38min 的处理时间;
(d)利用二进制 ADC 的多处理器及加速 FFT 处理,需要最大存储器 35GHz 及 4.7min 的处理时间。
((c)和(d)的速度分辨力有轻微的下降(© 2011 IEEE. Reprinted, with permission, from Thorson, T. J. and Akers,G. A. ,Proc. IEEE National Aerospace and Electronics Conference (NAECON),Dayton,OH, 2011:270 – 275))。

## 9.5.2 自适应噪声雷达

频谱定制噪声波形通过调整发射谱与土壤谱成反向匹配特征提高了对分散土壤中掩埋目标的探测(Narayanan、Henning 和 Dawood,1998)。

Rigling(2004)开发了一种自适应噪声雷达方法和自适应无线信道识别的算法(最小均方(LMS)算法)完成噪声雷达伪脉冲压缩。这种方法考虑通过与简单互相关同阶的计算进行估计白化距离像分析。理论建模比较了简单互相关、信号白化互相关和自适应 LMS 算法的信道估计的信噪比性能。LMS 算法的检测性能等同于白化互相关,计算复杂度与简单互相关一样。其结果表明,用于自适应噪声雷达处理的算法与用于自适应无线信道均衡中的算法几乎相同。自适应噪声雷达的性能及与简单的互相关做对比如图 9.24 所示。

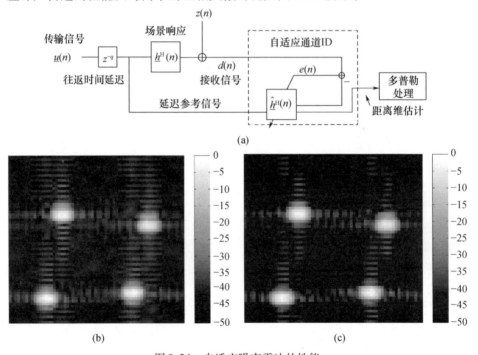

图 9.24 自适应噪声雷达的性能
(a)通过自适应 ID 处理和最小均方差(LMS)滤波对信号进行压缩来计算距离像的自适应噪声雷达接收机框图;
(b)利用简单互相关计算对 4 个散射体进行均方差距离 - 多普勒成像,估计 SNR 39dB;
(c)利用自适应处理对 4 个散射体进行均方差距离 - 多普勒成像,得到估计 SNR 44.2dB。
(© 2004 IEEE. Reprinted, with permission, from Rigling, B. D., Conf. Record of the Thirty - Eighth Asilomar Conference on Signals, Systems and Computers, Pacific Grove, CA, 2004:3 - 7)。

Narayanan 和 McCoy(2013)研究了由原始噪声波形适当时延的复合噪声波形和叠加组成的,其目标散射中心约定先验知识。如果约定的散射中心与发射波形正好匹配,这样由于单个时延的相关和提高了复合相关作用,从而改善了目标识别。因为目标与发射波形不匹配不能提高相关峰值,所以被误认为是虚假目标。约定目标有两个和 3 个散射中心,利用 1~2GHz 的 UWB 噪声雷达进行实验验证其概念与性能。图 9.25 表示了利用约定目标散射中心构建自适应波形进行目标识别的方案。

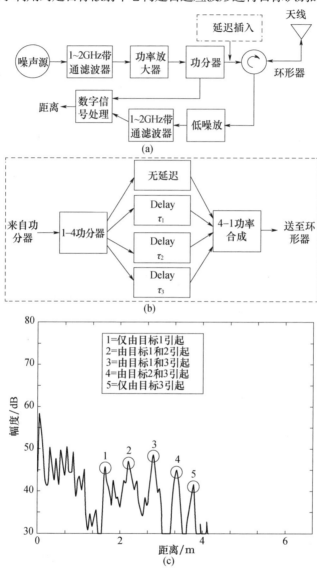

图 9.25 工作在频率范围 1~2GHz 的时延相加自适应噪声雷达
(a)基本的噪声雷达框图;(b)时延单元结构;
(c)3 个目标间隔 45cm,发射波形为 3ns 的等距时延相关实验图。

((c)中尖峰 1 仅由目标 1 引起,产生目标 1 的距离。尖峰 2 由目标 1 和目标 2 的构建产生目标 2 的距离。尖峰 3 由 3 个目标的构建产生目标 3 的距离。尖峰 4 由目标 2 和目标 3 的构建产生目标 2 的距离。尖峰 5 仅由目标 3 产生(© 2013 IEEE. Reprinted, with permission, from Narayanan, R. M. and McCoy, N. S., Proc. 22nd International Conference on Noise and Fluctuations (ICNF 2013), Montpellier, France, Jun 2013)))

### 9.5.3 噪声雷达的任意波形发生器的应用

Lukin、Konovalov 和 Vyplavin（2010）提出并分析了一种可替代宽带噪声雷达互相关函数的估计方法，使利用数字信号处理技术显著提高动态范围成为可能。他们的方法基于数字生成探测信号和参考信号数字生成，使用具有所需时延的快速任意波形发生器（AWG），结合雷达回波相干模拟接收所需的信号延时。探测信号和参考信号都上变频到所需载波频率上，参考信号和回波信号的互相关利用模拟混频器和低通滤波器在载频上实现。由于相关器的输出信号在低频段，相对较慢的 ADC 可以用于采样。随后，他们把这种方法推广到利用窄带调频探测信号的步进频雷达（Lukin et al.，2011），这样就可以从步进频率和噪声雷达概念中获益，如相关器输出低信号带宽其电磁兼容性强、抗干扰能力强。

### 9.5.4 噪声雷达的光子应用

Jiang、Wolfe 和 Nguyen（2000）描述了掺铒光纤放大器（EDFA）超荧光源（SFS）在随机噪声雷达中的新应用。UWB 噪声与光纤时延线的结合使 SFS 完美地适合随机噪声雷达应用，光纤可实行几千米长的多收时延线。它的优点是损耗低、体积小、重量轻、成本低。此外，还避免了与射频时延线相关的离散和非线性。光频为 1.2THz 波长 1530nm 的 SFS 给了半最大分辨力为 15.2cm 的自由空间。他们提出了一种相于光注入雷达系统的方法，利用 EDFA 光源提取和处理多普勒和目标极化响应，利用 100m 长的光纤测量验证了系统的距离分辨力和目标探测能力。

Kim 等（2005）描述了一种时间积分声光相关器（TIAOC）成像和目标检测的宽带随机噪声雷达。这种偏振干涉内联 TIAOC 使用调制强度的激光二极管控制随机噪声参考、偏振开关、雷达回波行波调制的自准直声剪切模式磷化镓（GAP）声光器件（AOD）的时间积分相关器。在一维电子耦合探测器（CCD）阵列上实时探测，校准并解调产生复杂的雷达距离像。在 3000 个像素的 CCD 及 150 多个并行的雷达距离单元上，测量了复杂雷达反射率，比以前的串行相关器方法，目标捕获速度和灵敏度大大提高了 150 倍。偏振干涉相关检测利用衍射光作为参考允许利用全声光设备（AOD）带宽作为系统带宽。实验结果表明没有明确的载体，全复随机噪声信号相关和相干解调是可能的，证明光处理随机噪声雷达不需要稳定的本地振荡器。TIAOC 的结构和性能如图 9.26 所示。TIAOC 在 1~2GHz 的噪声雷达系统中实现，其性能由 Narayanan 等（2004）评估。测量结果表明噪声雷达利用声光相关器可以提供约定目标距离像，如图 9.27 所示。

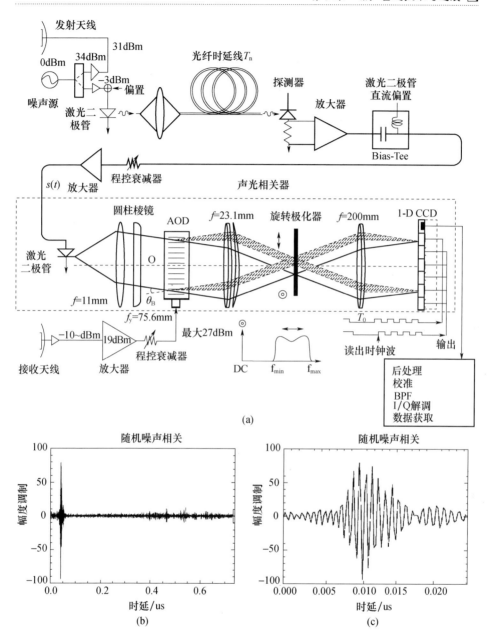

图 9.26 时间积分声光相关器组合的噪声雷达的实现与相关性能
(a)使用光纤时延线用于粗程时延使用及声光时间积分相关器实行距离单元并行处理的系统构型;
(b)校准固定模式的噪声削减之后的互相关;(c)图(b)互相关的放大形式。
(噪声信号,在光纤时延线上延迟 $T_n$,调制 TIAOC 的激光二极管。接收到的天线信号驱动宽带 AOD 的偏振开关。互相关通过 AOD 孔成像到 CCD 上获得(© 2005 SPIE, with permission from Kim, S. et al., Optical Engineering, 2005, 40(10)))

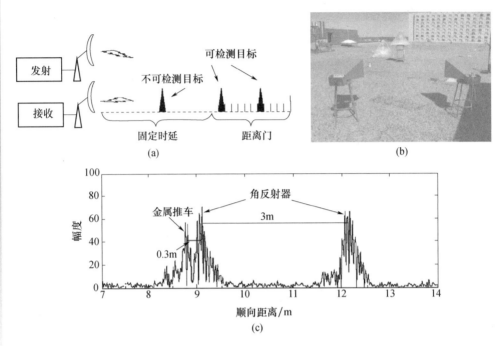

图 9.27 1~2GHz 的噪声雷达使用固定的光时延线和时间积分
声光相关器获得较好时延的性能

(a)固定及可变的时延线功能;(b)雷达指向地面角反射器及指向小推车上另一个
角反射器的实验几何图;(c)处理的幅度(任意单元)作为距离函数。

(固定时延线作为最小距离,而可变时延线作为距离像函数。这种系统的主要特征是与传统噪声雷达一样通过距离时延顺序切换,瞬时收集距离像。当反到到前面的铁架上时,可以清楚地观察到角反射器的反射)

Grodensky、Kravitz 和 Zadok (2012) 提出并论证了一种微波光子 UWB 噪声雷达系统。该系统结合光纤分布产生光子 UWB 波形。他们利用放大自发辐射器(ASE)联合标准光纤的布里渊散射(SBS)或掺铒光纤放大器(EDFA)产生 UWB 噪声波形。发生器产生大于 1GHz 带宽任意射频载波的波形,并将信号通过 10km 长的光纤分布到远程天线单元。该系统结合了天线远程处理能力、带宽长、微波光子学重构的灵活性以及噪声雷达具潜在的抗干扰和拦截的优势。产生的光子噪声可以在毫米波范围内放大为高频电噪声,提供了基于物理过程的高度随机性,容易集成到无线电光纤(RoF)系统中。实验室实验验证了 10cm 分辨力的测距。图 9.28 显示了噪声雷达在频率 2.5~4GHz 内实现这两种方法的性能。

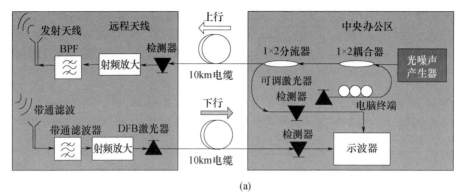

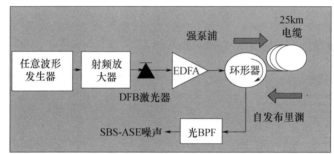

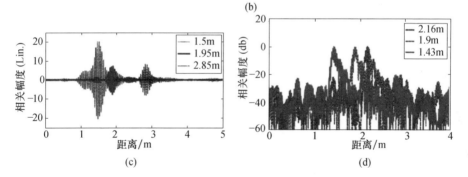

图 9.28 微波光子 UWB 噪声雷达系统在 2.5~4GHz 频段的结构及性能分析

(a)简化框图;(b)模板建立布里渊散射放大器自发辐射器(SBS-ASE)产生噪声的设置;

(c)金属目标反射的 SBS-ASE 噪声波形与不同距离目标的参考信号之间的实测相关;

(d)金属目标反射的 EDFA-ASE 噪声波形与不同距离目标的参考信号之间的实测相关。

(在 SBS 中,强泵浦波和弱反向传播探测波通过光学互相干涉产生纵向波,尽管 EDFAs 可以在几个太赫兹带宽上为 ASE 提供近似均匀 PSD,光纤布拉格光栅(FBG)在应用中可以把带宽限制到几 GHz。(© 2012 IEEE. Reprinted, with permission, from Grodensky, D. et al., IEEE Photonics Technology Letters,2012,24(10):839-841))。

## 9.6 小　　结

半个世纪以来,由于 Horton 于 1959 年发表的学术论文使得雷达系统在理论发展、算法实现及随机、伪随机、噪声、伪噪声和类噪声波形应用方面取得发展。噪声雷达在以上方面的成果,基于硬件和计算速度的快速发展,我们相信,噪声雷达具有一个光明的未来。噪声雷达的性能在一些应用中显然比常规雷达更具有竞争力。加上噪声雷达在免疫检测、免疫干扰、免疫射频干扰、频谱简约、出色的模糊函数等方面具有优势,非常适合军事和商业应用。希望在信号处理和电路发展的基础上,本章将成为推动噪声雷达新应用进一步发展的起点。

### 9.6.1　噪声雷达技术的局限性综述

全随机或近随机波形限制了噪声雷达的性能。因此,每种实现类似于雪花片而又互不相同。这就需要显著的平均值以达到理想的结果并对时间和硬件加以限制。此外,对于更高频率的应用(如在毫米波中体系),高速采样器可能无法直接数字化,导致部分模拟器件实现。这就需要在传输前上变频低频噪声信号及下变频采样的接收信号。

噪声雷达的另一个缺点是难以精确塑造和剪裁发射噪声波形的频谱,以避免被拒绝或受保护的频带切片,可以由传统的步进频率波形实现。然而,高速任意波形发生器的引进稍微缓解了这一局面。

### 9.6.2　未来实用噪声雷达应用

噪声雷达应用很多,在这些领域已经取得了一些进展。包括:①穿墙目标探测和成像;②合成孔径雷达(SAR)成像;③逆合成孔径雷达(ISAR)成像;④干涉测量和天线波束赋形;⑤高距离分辨目标成像;⑥汽车防撞;⑦ 隐蔽 RF 标记资产;⑧扩展到无源雷达,即利用机会照射雷达;⑨隐蔽的雷达网络;⑩雷达偏振测定法;⑪有效辐射线测定。未来的这些噪声雷达将在军事和商业上具有广泛的用途。

注:本章的部分数据和图片以原始参考颜色出版。建议读者如果可能在原稿上看带有色彩的数据和图片。

## 参 考 文 献

[1] Axelsson, S. R. J. 2003. "Noise radar for range/Doppler processing and digital beamforming using low – bit ADC." IEEE Transactions on Geoscience and Remote Sensing 41(12): 2703 – 2720.

[2] Axelsson, S. R. J. 2006. "Ambiguity functions and noise floor suppression in random noise radar." In Proc. SPIE Conference on SAR Image Analysis, Modeling, and Techniques VIII, Stockholm, Sweden, September 2006, pp. 636302 – 1 – 636302 – 10.

[3] Bourret, R. 1957. "A proposed technique for the improvement of range determination with noise radar." Proceedings of the IRE 45(12): 1744.

[4] Carpentier, M. H. 1968. "Analysis of the principles of radars." Chapter 4 in Radars: New Concepts. New York, NY: Gordon and Breach, pp. 121 – 178.

[5] Carpentier, M. H. 1970. "Using random functions in radar applications." De Ingenieur 82(46): E166 – E172.

[6] Chadwick, R. B., and Cooper, G. R. 1971. "Measurement of ocean wave heights with the random – signal radar." IEEE Transactions on Geoscience Electronics 9(4): 216 – 221.

[7] Chadwick, R. B., and Cooper, G. R. 1972. "Measurement of distributed targets with the random signal radar." IEEE Transactions on Aerospace and Electronic Systems 8(6): 743 – 750.

[8] Chapursky, V. V., Sablin, V. N., Kalinin, V. I., and Vasilyev, I. A. 2004. "Wideband random noise short range radar with correlation processing for detection of slow moving objects behind the obsta – cles." In Proc. Tenth International Conference on Ground Penetrating Radar, Delft, The Netherlands, June 2004, pp. 199 – 202.

[9] Chen, W. J., and Narayanan, R. M. 2012. "GLRT plus TDL beamforming for ultrawideband MIMO noise radar." IEEE Transactions on Aerospace and Electronic Systems 48(3): 1858 – 1869.

[10] Craig, S. E., Fishbein, W., and Rittenbach, O. E. 1962. "Continuous – wave radar with high range resolu – tion and unambiguous velocity determination." IEEE Transactions on Military Electronics MIL – 6(2): 153 – 161.

[11] Dawood, M., and Narayanan, R. M. 2001. "Receiver operating characteristics for the coherent ultrawide – band random noise radar." IEEE Transactions on Aerospace and Electronic Systems 37(2): 586 – 594.

[12] Dawood, M., and Narayanan, R. M. 2003. "Generalised wideband ambiguity function of a coher – ent ultrawideband random noise radar." IEE Proceedings on Radar, Sonar, and Navigation 150(5): 379 – 386.

[13] Dukat, F. 1969. A Simplified, CW, Random – Noise Radar System. M. S. E. E. Thesis, United States Naval Postgraduate School, October 1969.

[14] Forrest, J. R., and Meeson, J. P. 1976. "Solid – state microwave noise radar." Electronics Letters 12(15): 365 – 366.

[15] Forrest, J. R., and Price, D. J. 1978. "Digital correlation for noise radar systems." Electronics Letters 14(18): 581 – 582.

[16] Furgason, E. S., Newhouse, V. L., Bilgutay, N. M., and Cooper, G. R. 1975. "Application of random sig – nal correlation techniques to ultrasonic flaw detection." Ultrasonics 13(1): 11 – 17.

[17] Grant, M. P., Cooper, G. R., and Kamal, A. K. 1963. "A class of noise systems." Proceedings of the IEEE 51(7): 1060 – 1061, July 1963.

[18] Gray, D. A. 2006. "Multi - channel noise radar." In Proc. 2006 International Radar Symposium (IRS), Krakow, Poland, May 2006, doi: 10.1109/IRS.2006.4338086.

[19] Gray, D. A., and Fry, R. 2007. "MIMO noise radar - element and beam space comparisons." In Proc. International Waveform Diversity and Design Conference, Pisa, Italy, June 2007, pp. 344 - 347.

[20] Grodensky, D., Kravitz, D., and Zadok, A. 2012. "Ultra - wideband microwave - photonic noise radar based on optical waveform generation." IEEE Photonics Technology Letters 24(10): 839 - 841.

[21] Gupta, M. - S. 1975. "Applications of electrical noise." Proceedings of the IEEE 63(7): 996 - 1010.

[22] Herman, M. A., and Strohmer, T. 2009. "High - resolution radar via compressed sensing." IEEE Transactions on Signal Processing 57(6): 2275 - 2284.

[23] Hochstadt, H. 1958. "Comments on 'A proposed technique for the improvement of range determina - tion with noise radar." Proceedings of the IRE 46(9): 1652.

[24] Horton, B. M. 1959. Noise - modulated distance measuring systems. Proceedings of the IRE 47(5): 821 - 828.

[25] Huelsmeyer, C. 1904. "The telemobiloscope." Electrical Magazine (London) 2: 388.

[26] Jiang, H., Zhang, B., Lin, Y., Hong, W., Wu, Y., and Zhan, J. 2010. "Random noise SAR based on com - pressed sensing." In Proc. IEEE International Geoscience and Remote Sensing Symposium (IGARSS), Honolulu, HI, July 2010, pp. 4624 - 4627.

[27] Kim, S., Wagner, K., Narayanan, R. M., and Zhou, W. 2005. "Broadband polarization interferometric time - integrating acousto - optic correlator for random noise radar." Optical Engineering 40(10): 108202, doi: 10.1117/1.2084807.

[28] Krehbiel, P. R., and Brook, M. 1979. "A broad - band noise technique for fast - scanning radar observations of clouds and clutter targets." IEEE Transactions on Geoscience Electronics 17(4): 196 - 204.

[29] Kwon, Y., Narayanan, R. M., and Rangaswamy, M. 2013. "Multi - target detection using total cor - relation for noise radar systems." IEEE Transactions on Aerospace and Electronic Systems 49(2): 1251 - 1262.

[30] Lukin, K. A., Konovalov, V. M., and Vyplavin, P. L. 2010. "Stepped delay noise radar with high dynamic range." In Proc. International Radar Symposium (IRS), Vilnius, Lithuania, June 2010, pp. 1 - 3.

[31] Lukin, K. A., Vyplavin, P. L., Kudriashov, V. V., Palamarchuk, V. P., Sushenko, P. G., and Zaets, N. K.

[32] 2013 "Radar tomography using noise waveform, antenna with beam synthesis and MIMO principle." In Proc. International Conference on Antenna Theory and Techniques (ICATT), Odessa, Ukraine, September 2013, pp. 190 - 192.

[33] Lukin, K. A., Zemlyaniy, O. V., Vyplavin, P. L., Lukin, S. K., and Palamarchuk, V. P. 2011. "High resolution and high dynamic range noise radar." In Proc. Microwaves, Radar and Remote Sensing Symposium (MRRS), Kiev, Ukraine, August 2011, pp. 247 - 250.

[34] Malanowski, M., and Roszkowski, P. 2011. "Bistatic noise radar using locally generated reference signal." In Proc. International Radar Symposium (IRS), Leipzig, Germany, September 2011, pp. 544–549.

[35] Mogyla, A. A. 2012. "Detection of radar signals in conditions of full prior information when using stochastic signals for probing." Radioelectronics and Communications Systems 55(7): 299–306.

[36] Mogyla, A. A., Lukin, K. A., and Shyian, Y. A., 2002. "Relay-type noise correlation radar for the mea-surement of range and vector range rate." Telecommunications and Radio Engineering 57(2–3): 175–183.

[37] Narayanan, R. M., and Dawood, M. 2000. "Doppler estimation using a coherent ultra-wideband random noise radar." IEEE Transactions on Antennas and Propagation 48(6): 868–878.

[38] Narayanan, R. M., Henning, J. A., and Dawood, M. 1998. "Enhanced detection of objects obscured by dispersive media using tailored random noise waveforms." Proc. SPIE Conference on Detection and Remediation Technologies for Mines and Minelike Targets III, Orlando, FL, April 1998, 604–614.

[39] Narayanan, R. M., and McCoy, N. S. 2013. "Delayed and summed adaptive noise waveforms for target matched radar detection." In Proc. 22$^{nd}$ International Conference on Noise and Fluctuations (ICNF 2013), Montpellier, France, June 2013, doi: 10.1109/ICNF.2013.6578958.

[40] Narayanan, R. M., Smith, S., and Gallagher, K. A. 2014. "A multi-frequency radar system for detecting humans and characterizing human activities for short-range through-wall and long-range foliage penetration applications." International Journal of Microwave Science and Technology 2014: 958905, doi: 10.1155/2014/958905.

[41] Narayanan, R. M., Xu, Y., Hoffmeyer, P. D., and Curtis, J. O. 1995. "Design and performance of a polarimetric random noise radar for detection of shallow buried targets." In Proc. SPIE Conference on Detection Technologies for Mines and Minelike Targets, Orlando, FL, April 1995, pp. 20–30.

[42] Narayanan, R. M., Xu, Y., Hoffmeyer, P. D., and Curtis, J. O. 1998. "Design, performance, and applications of a coherent ultrawideband random noise radar." Optical Engineering 37(6): 1855–1869.

[43] Narayanan, R. M., Xu, Y., and Rhoades, D. W. 1994. "Simulation of a polarimetric random noise spread spectrum radar for subsurface probing applications." In Proc. IEEE International Geoscience and Remote Sensing Symposium (IGARSS'94), Pasadena, CA, August 1994, pp. 2494–2498.

[44] Narayanan, R. M., Zhou, W., Wagner, K. H., and Kim, S. 2004. "Acousto-optic correlation processing in random noise radar." IEEE Geoscience and Remote Sensing Letters 1(3): 166–170.

[45] Poirier, J. L. 1968. "Quasi-monochromatic scattering and some possible radar applications." Radio Science (New Series) 3(9): 881–886.

[46] Rigling, B. D. 2004. "Performance prediction in adaptive noise radar." In Conference Record of the Thirty Eighth Asilomar Conference on Signals, Systems and Computers, Pacific Grove, CA, November 2004, pp. 3–7.

[47] Sachs, J., Aftanas, M., Crabbe, S., Drutarovský, M., Klukas, R., Kocur, D., Nguyen, T. T., Peyerl, P., Rovňáková, J., and Zaikov, E. 2008. "Detection and tracking of moving or trapped people hidden by obstacles using ultra–wideband pseudo–noise radar." In Proc. European Radar Conference (EuRAD), Amsterdam, The Netherlands, October 2008, pp. 408–411.

[48] Shastry, M. C., Narayanan, R. M., and Rangaswamy, M. 2010. "Compressive radar imaging using white stochastic waveforms." In Proc. 5$^{th}$ International Waveform Diversity and Design Conference, Niagara Falls, Canada, August 2010, pp. 90–94.

[49] Shastry, M. C., Narayanan, R. M., and Rangaswamy, M. 2015. "Sparsity–based signal processing for noise radar imaging." IEEE Transactions on Aerospace and Electronic Systems 51(1): 314–325.

[50] Shin, H. J., Narayanan, R. M., and Rangaswamy, M. 2013. "Tomographic imaging with ultra–wideband noise radar using time–domain data." In Proc. SPIE Conference on Radar Sensor Technology XVII, Baltimore, MD, April 2013, pp. 87140R–1–87140R–9.

[51] Shin, H. J., Narayanan, R. M., and Rangaswamy, M. 2014. "Ultrawideband noise radar imaging of impenetrable cylindrical objects using diffraction tomography." International Journal of Microwave Science and Technology, 2014: 601659, doi: 10.1155/2014/601659.

[52] Smit, J. A., and Kneefel, W. B. S. M. 1971. "RUDAR–an experimental noise radar system." De Ingenieur 83(32): ET99–ET110.

[53] Stephan, R., and Loele, H., 2000. "Theoretical and practical characterization of a broadband random noise radar." In IEEE MTT–S International Microwave Symposium Digest, Boston, MA, June 2000, pp. 1555–1558.

[54] Surender, S. C., and Narayanan, R. M. 2011. "UWB Noise–OFDM netted radar: Physical layer design and analysis." IEEE Transactions on Aerospace and Electronic Systems 47(2): 1380–1400.

[55] Thorson, T. J., and Akers, G. A. 2011. "Investigating the use of a binary ADC for simultaneous range and velocity processing in a random noise radar." In Proc. IEEE National Aerospace and Electronics Conference (NAECON), Dayton, OH, July 2011, pp. 270–275.

[56] Turin, G. L. 1958. "Comments on 'A proposed technique for the improvement of range determination with noise radar.'" Proceedings of the IRE 46(10): 1757–1758.

[57] Vela, R., Narayanan, R. M., Gallagher, K. A., and Rangaswamy, M. 2012. "Noise radar tomography." In Proc. IEEE Radar Conference, Atlanta, GA, May 2012, pp. 720–724.

[58] Wang, H., Narayanan, R. M., and Zhou, Z. O. 2009. "Through–wall imaging of moving targets using UWB random noise radar." IEEE Antennas and Wireless Propagation Letters 8: 802–805.

[59] Xu, X. and Narayanan, R. M. 2003. "Impact of different correlation receiving techniques on the imaging performance of UWB random noise radar." In Proc. IEEE International Geoscience and Remote Sensing Symposium (IGARSS'03), Toulouse, France, July 2003, pp. 4525–4527.

# 第10章
# 超宽带雷达目标扫描原型及全息信号处理

Lorenzo Capineri, Timothy Bechtel, Pierluigi Falorni, Masaharu Inagaki,
Sergey Ivashov, Colin Windsor

## 10.1 概　　述

　　高频脉冲探地雷达地下成像技术在岩土工程、环境工程和结构工程等领域有着广泛的研究和应用[1]。最近,UWB雷达技术促进了对航空航天和医疗(其他)应用的新研究[2]。但是,浅层目标(深度小于20cm)的检测受到阻碍,主要是由于浅电磁阻抗的发射和接收脉冲之间形成了对比干扰所致。减少这些干扰效应需要复杂的图像重构方法。作者研发了一种利用全息雷达短程材料穿透雷达的方法,用来测量反射信号的相位。演示全息雷达工作在2～4GHz可以产生各种地下阻抗对比的高空间分辨力的有用图像[3-5]。但是,脉冲和全息高频雷达通常局限于利用手动扫描面积大约1m²或2m²的小区域[6],这个耗时的数据采集方法需要在扫描表面准备一个参考网格线引导手动操作。很容易偏离操纵路线,而且难以对较大区域(如几平方米)的位置进行准确定位。此外,在地下成像中使用更高频率(大于4GHz)的趋势是由于在该频率范围内运行的集成电子设备的可用性,提高了功耗和信噪比,并采用了高分辨力的ADC。较短的波长可以改善基于相位的空间图像分辨力,但只有在采用了可比采样步骤(几毫米)的情况下并且手动扫描的不确定度也限制在几毫米内。自由扫描可以在室内或室外使用具有毫米级精度的先进光学、脉冲微波或超声波定位系统[7-9],但比手动扫描慢。另外,设定时间和环境条件如自然或人造光、电磁干扰或空气湍流等限制其适用性。最后,仪器的成本及其调试时间是另一个限制因素。

　　最近提出一种新方法[10-12]是开发一种轻巧紧凑的机器人扫描全息雷达,能够使用精细空间采样对大面积区域进行成像。该全息雷达采用了结构紧凑轻便(小于400g)的单基地天线,集成电子设备由安装在机器人车辆上的机械扫描仪扫描。机器人车辆的轨迹可以通过远程PC终端进行编程以避开障碍物覆盖的区域。全息图像具有平面视图,分辨力约为扫描材料中信号波长的1/4(如土壤、石头和木材),它们通过对比介电常数精确地再现了浅层目标的尺寸和形状。完整的三维重构包括深度信息可使用多个频率和迁移软件获得[13]。

除雷达本身之外,快速发展的用于平台/定位的新型机器人技术可以简化机械,电子和轨道控制的设计。这激发了对原型机器人扫描仪的研究。该研究结合了高空间分辨力地下雷达和室内或室外自动机器人扫描的优势。

本章 10.2 节回顾了利用全息雷达进行地下成像所需采样的基本理论。10.3 节介绍了可应用的全息信号处理技术。10.4 节描述了机器人扫描仪原型的理论和高精度自动扫描仪的实验室实现。10.5 节展示了在几个领域这种地下成像方法的研究,并强调这种机器人方法的高频 GPR 扫描相对于标准手动扫描的真正优势。

## 10.2 RASCAN 全息地下雷达

### 10.2.1 雷达全息原理

全息地下雷达设计采用无线电定位的经典原理。与所有的雷达一样,如果辐射信号的电介质常数 $\varepsilon$ 与周围介质的介电常数不同,则会反映出局部不均匀性。接收天线收集反射信号,接收机放大并记录反射信号。经过适当的信号处理,操作人员可通过计算机屏幕显示看到实时结果[14]。

传统上,脉冲雷达是最常用的地下雷达。一般来说,重复发射单周期正弦波信号(或脉冲),记录并包含反射脉冲的时域回波信号(或摆动轨迹)。目前,商业生产中几乎所有的地下雷达都属于这种类型。脉冲雷达的主要优点是通过时变增益来高效实现穿透测量介质的深度,放大后来更深层反射较弱信号。如果电磁波介质中的速度是已知的或可确定的,则可通过测量反射信号的传输时间直接确定反射器深度[14-15]。脉冲雷达的明显缺点是混响效应,即雷达天线与强反射体之间发射脉冲会多次反射(如涂覆隔热绝缘或隔热涂层的金属结构见10.5 节)。在这种情况下,发射脉冲信号的多次反射(通常称为重影或幻影)掩盖了想要的反射[16]。

RASCAN 全息地下雷达不受混响效应的影响,因为它们使用连续波信号。RASCAN 雷达在横向分辨力下比脉冲雷达具有明显的优点,由于雷达天线的特殊结构,即发射机和接收机天线组合成一个轻巧、紧凑、占地面积小的设备。

全息地下雷达从记录参考波和地下目标反射波(目标波)之间的介质表面干涉图样的过程中得名。值得注意的是,在很长一段时间普遍认为,由于典型介质的强烈衰减以及连续波雷达反射的时变增益不适用性,全息地下雷达不可能找到任何重要的实际应用[17]。然而,最近随着 RASCAN 全息地下雷达的发展,

# 第10章 超宽带雷达目标扫描原型及全息信号处理

他们的商业生产以及足够广泛的实际应用表明,在检测较浅的低电导率介质时,这种装置有很多优点,包括实时、平面视图成像和高横向分辨力。不同类型的 RASCAN 雷达及其应用领域的设计细节在文献[18-19]和文献[3,5]中有所描述。

使用 RASCAN 雷达记录微波全息图的原理类似于光学全息术。考虑一个固定相位的平面波(参考波)到点目标并散射。入射(参考)和散射(目标)波的在平面屏幕上总和位于物体后方某一距离处形成干涉图样如图 10.1(a)所示。如果平面垂直于参考波的传播方向,干涉图样会形成同心环的菲涅耳模式。在光学中,在感光板上记录的图案显影后,通过参考波照射图案将形成该物体的虚拟图像,该图像似乎漂浮于屏幕之后,如图 10.1(b)所示。相似的现象会发生在 RASCAN 全息雷达在均匀介质中记录点目标的微波全息图时[13]。

某些情况下,RASCAN 雷达记录的微波全息图与 D. Gabor[20]经典工作的光学全息图非常相似。质的不同为微波全息干扰模式下的干扰线空间密度低得多[21]。这是因为在系统几乎相同的特征尺寸下,雷达波长比光波段中的波长大几个数量级。

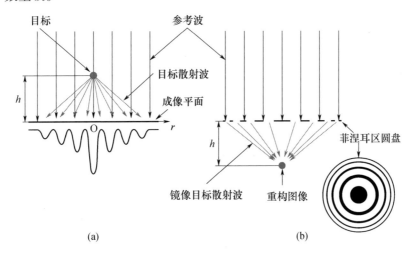

图 10.1 全息雷达与光学全息具有相同原理
(a)记录点目标全息衍射方式的最简单情况;(b)利用衍射方式进行目标成像的重构。

RASCAN 雷达已经完全实现了这种全息原理。如图 10.2 所示,本章描述了一些实验使用 RASCAN-5/15000 全息地下雷达。RASCAN-5 雷达使用正交信号接收机用于记录隐藏目标的复杂微波全息图。雷达探头的发射机和接收机都是利用网络电缆连接到微控制器单元,并通过 USB 连接到计算机。微控制器单元驱动发射机和接收机,数字化接收数据,并将其发送到计算机。

图 10.2 提供给客户的 RASCAN – 5/15000 全息地下雷达
（雷达探头上的轮子在扫描过程中测量雷达运动）

全息雷达使用单频天线扫描表面成像。在此表面上定义的天线位置$(x,y)$假设为理想平面。假设原点在这个表面上的参考坐标$(x、y$ 和 $z)$以及垂直的 $z$ 轴表示深度(图 10.3)。

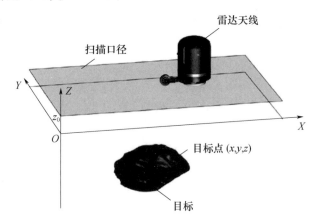

图 10.3 RASCAN 雷达探头全息成像系统的几何学

单频全息图像重构采用以下基本公式，即

$$F(k_x,k_y) = \frac{1}{(2\pi)^2}\iint E(x,y)\,\mathrm{e}^{-\mathrm{i}(k_x x + k_y y)}\,\mathrm{d}x\mathrm{d}y \tag{10.1}$$

$$S(k_x,k_y,z) = F(k_x,k_y)\,\mathrm{e}^{\mathrm{i}\sqrt{4(\omega\sqrt{\varepsilon}/c)^2 - k_x^2 - k_y^2}\cdot(z_0 - z)} \tag{10.2}$$

$$E_\mathrm{R}(x,y,z) = \iint S(k_x,k_y,z)\,\mathrm{e}^{\mathrm{i}(k_x x + k_y y)}\,\mathrm{d}k_x\mathrm{d}k_y \tag{10.3}$$

式中：$F(k_x,k_y)$为在界面 $z=0$ 处记录的复共轭全息图 $E(x,y,z)$的平面波分解；$S(k_x,k_y,z)$为该方式返回聚焦平面的传输；$E_\mathrm{R}(x,y,z)$为重构图像；$\omega$ 为时间角频率;$\varepsilon$ 为介质的介电常数;$c$ 为光速;$k_x$ 和 $k_y$ 分别为对应 $x$ 和 $y$ 方向的空间频率。

### 10.2.2 空间和频率采样需求

通常,假设全息雷达以匀速 $v$ 均匀扫描介质。数学积分实现见式(10.1)、式(10.2)和式10.3,考虑在离散网格点上进行连续空间采样。成像过程根据众所周知的 Nyquist 准则定义了空间采样。如果一个采样点到下一个采样点的相移小于 $\pi$,则满足 Nyquist 准则。对于空间采样间隔 $\Delta x$,最糟糕的情况是相移不超过 $2k_x\Delta x$,沿着 $y$ 坐标轴具有类似情况。因此,得出浅目标的空间采样标准为

$$\Delta x < \frac{\lambda}{4}; \quad \Delta y < \frac{\lambda}{4} \tag{10.4}$$

式中:$\lambda$ 为波长,$\lambda = 2\pi/k$,$k$ 为空间频率。

频率采样需要 $2\Delta k R_{max} < \pi$,其中 $R_{max}$ 为目标最大距离,意味着 $\Delta f < c/(4R_{max})$。表 10.1 列出了 3 种不同型号 RASCAN 雷达的采样要求。可以观察到空间采样在较低频率下步长小于 13mm 及在较高频率下步长小于 3.8mm 的情况下进行。高分辨力只有在空间采样的精确度比这些限制更好的情况下才可以直接实现。手动扫描方法本质上容易出错即使是熟练的操作员也难以达到这些要求。而且,从大范围中获取的数据包括调查成本结果的耗时过程。

表 10.1 全息雷达参数和采样要求

| 参数 | Rascan-4/2000 | Rascan-4/4000 | Rascan-4/7000 |
|---|---|---|---|
| 频率范围/GHz | 1.6~2.0 | 3.6~4.0 | 6.4~6.8 |
| 工作频率数量 | | 5 | |
| 记录信号极化数量 | | 2 | |
| 深度纬来波平面方向分辨力/cm | 4 | 2 | 1~5 |
| 最大的来波深度 $R_{max}$(取决于介质的电导率)/cm | 35 | 20 | 15 |
| 采样空间 $\Delta x < \lambda_x/4$;$\Delta y < \lambda_y/4$(hp:$v = c/\sqrt{\varepsilon} = c/3 = 10^8$ m/s)/cm | <1.3 | <0.65 | <0.38 |
| 采样频率 $\Delta f < v/(4R_{min})$/MHz | 71 | 125 | 166 |

## 10.3 全息雷达和电信号处理

全息雷达目标探测依赖于目标复杂的反射系数以及单个发射机-接收机之

间的距离(图10.1)。接收信号的相位和幅度(或 $I$ 和 $Q$ 分量)测量对地下目标进行完整的全息重构是必要的。$I$、$Q$ 分量的获取已在最近全息雷达型号中实现,与之前型号相比,可以在更高频率(7GHz)下工作。图10.4显示了全息雷达硬件的模块方案。

为了保持与早期型号的兼容性,之前型号利用轮子和光学编码器进行手动扫描定位,扫描通过按压图10.2中传感器左下方的按钮实现。现在的型号通过PC界面编程与USB端口连接提高了多用途,这可以自动收集精确定位的 $I/Q$ 数据,以便处理成完整的三维全息重构图像。

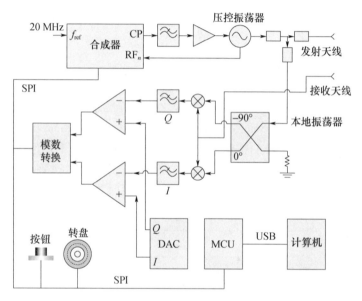

图10.4 全息雷达 $I/Q$ 组件采集电子系统框图

## 10.4 实用的扫描方法和权衡

### 10.4.1 扫描仪设计目标和约束条件

大范围(几平方米)扫描在民用工程如地板、人行道和走廊的检测;用于最小金属杀伤地雷检测以及考古遗址的浅层成像等具有重要的作用,甚至在工程材料或历史文物或建筑元素中检查小面积无损测试(NDT)也需要这种扫描方法,以确保足够的速度高分辨力和高精度。空间精度在高全息雷达成像中非常重要,因为必须保持相位一致性以重构全息图。

在实验室中,可以设计亚毫米级精度和毫米级分辨力的精确机械扫描系统,足以保存信号一致性。但这样的系统成本太高,并且将扫描仪的适用范围限制在典型尺寸约为 $1m^2$ 的区域。一般来说,二维扫描仪最好空间采样平面。对于三维表面,替代解决方案包括在关节式机械手臂上安装雷达头。

在室外环境中,建议解决方案为建造一个机器人平台,可保证空间采样足够的精确性和很短的设置时间很短。在机器人平台中,天线用机械扫描仪横向移动(垂直方向),整个系统使用四个轮子,编码器连接到无刷直流电机的轴上(平行方向)移动。这种机器人构造是在概念验证原型中实现的。

### 10.4.2 机器人物体扫描仪的设计和实现

图 10.5 显示了原型机器人扫描仪框图。开放的结构通过 RS485 总线可以连接不同的电子单元界面(自定义的或商业的)。易于该标准总线管理低数据速率的连接,并且与本应用程序一样具有稳健性。在图 10.5 中有 3 个主要单元:①通信和主控制板;②运动控制系统;③横向扫描控制系统。

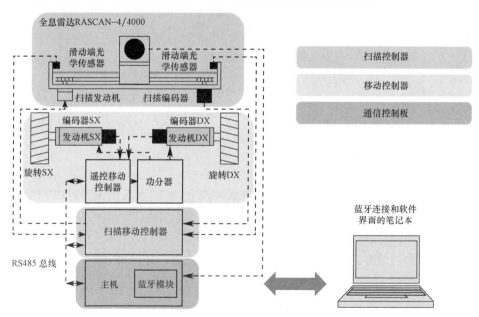

图 10.5 具有全息雷达和其他传感器接口的机器人平台

通信和主控板有 8 个模拟输入通道、8 个模拟输出通道以及基于 PIC18F6722(微芯片)微控制器的 I/O 数字端口。该主控板允许将指令传输给其他电子设备单元和通过中断或轮询方法接收数据,利用蓝牙版本 3 协议也建立了远程通信。该主控板获得连接到运动控制板直流电机上驱动轮的位置,以及在机器人平台前部扫描仪的横向位置,如图 10.5 所示。该主控板同时获取来自两个全息雷达通道的低频(最高 2kHz 带宽)解调定位数据,包括水平极化和交叉极化,以及来自三轴加速计和扫描仪下高超声波通道数据。移动电子单元计算指定的轨迹(线性、分段线性或圆形),并采用李雅普诺夫控制器把定位误差减到最低。同样,横向扫描仪提供雷达头的位置控制,覆盖宽刈幅约 28cm。对于每个获得的位置,所有的信息被打包到自定义帧结构中,并通过串行协议发送到远程计算机终端(图 10.6)。

图 10.6　安装在机器人扫描仪上的(RASCAN-4/4000)
全息雷达头横向机械运动(沿 $Y$ 轴)
(电子单元安装在密封的 PVC 盒中,连接外部电池、电机和传感器)

由于环境的电磁特性会随时间和空间而改变,机器人系统设计可以容纳多个传感器,允许不同的数据在空间上相互关联。信息的信号处理可以增强浅层目标的可探测性、定位和特性描述。本质上,机器人平台以开放的方式开发的,除了之前提到的更先进的带有 I/Q 输出通道的全息雷达之外,还可以选择使用其他传感器。

可用于映射环境参数的一组单点传感器如下。

(1)金属探测器,用于辨别雷达成像的金属或非金属目标。

(2)低频超声波传感器,用于测量天线和土壤之间的空隙,这一信息对纠正全息雷达图像的干扰(相移)影响是必要的。

(3)非接触式土壤温度传感器,高灵敏度热电或硅传感器可以检测土壤表面内的温度变化。

(4)非接触式电磁传感器,可以测量土壤湿度[23]。

(5)光学或红外相机,可以提供覆盖整个雷达全息图的图像。

另外的定位系统正在开发中,但尚未整合到原型中,具体有以下几种。

(1)用于室内或在 EMI 约束环境中绝对定位雷达头的光学系统,这些将补充编码器检测到的机器人位置。

(2)用于开放区域的高精度 GPS 传感器。

全息图像重构算法加入一个相位项可以补偿由气隙引起的表面起伏效。问题是用超声波方法测量气隙的精确度,因为由相位补偿的距离分辨力(几毫米)所决定的空气中的波长与土壤表面(石块、洞等)的不规则性相当。为了解决这个问题,布置两个在 100kHz 工作具有实时采集的交叉半圆柱形传感器并开发了测距算法[22]。

## 10.5　机器人和自动扫描仪实时高分辨力全息成像实例

### 10.5.1　用于快速原位研究介电材料结构的高成辨成像算法

最初的实验测试了扫描仪通过扫描两个宽 210mm、高 110mm 的金属字母"W 和 I"获得高分辨成像的能力。这两个字母被固定在图 10.6 中 30mm 厚的普通木制桌子的底部,放在靠近桌子中间的纵向铁条的位置,沿 $y$ 轴为 20mm。

设置机器人扫描仪扫描 5 个频率,即 3.6GHz、3.7GHz、3.8GHz、3.9GHz 和 4.0GHz,沿 $x$ 轴方向为 380mm。沿 $x$ 轴和 $y$ 轴方向的空间采样是 5mm。机器人扫描仪沿 $x$ 轴方向移动,对应于接收机通道的垂直极化,$y$ 轴对应于平行接收机。假设木板的相对介电常数为 5,在频率 4GHz 处的波长为 $\lambda_{wood} = c/f\sqrt{5} = 3 \times 10^8 / (4 \times 10^9 \sqrt{5}) = 33.5(\text{mm})$。

图 10.7 将两个金属字母"W""I"在频率 3.6GHz 下的光学扫描与雷达成像进行比较,实时获得该图像及总的实验时间约为 3min。

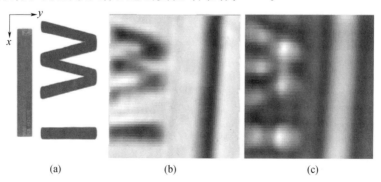

图 10.7　光学扫描和雷达扫描对比

(a)20cm 的金属字母粘在纸张上进行光学扫描;(b)3.6GHz 的垂直极化通道;(c)3.7GHz 的平行通道。

结果有趣的是获得两个字母成像的分辨力与预期的理论值相当(表10.1),即$\lambda_{wood}/4 = 33.5/4 = 8.3mm$。获得数据的空间一致性只允许重构变形很小的形状,尤其是直线的金属棒重构良好,机器人轨迹轻微倾斜到金属条就可以看到。此外,由于木材纹理,使得电介质存在微小变化,使得"W"的图像重构产生了小差异。

最后,30mm深度处的光束发散倾向于放大全息图像目标尺寸。为了更加定量地评估分辨力,在计算机的软件界面上为图像$x-y$轴的生成提供了一个交叉瞄准线。我们选择图10.7中的中间图像,因为垂直极化通道提供了更准确的金属棒轮廓。在图10.8中,可以估计字母"I"和金属条的宽度:金属条在-6dB下的宽度为32mm,"I"的宽度为19mm,而实际宽度为21mm。在这两种情况下,4GHz雷达全息图在理论分辨力范围内可正确估计尺寸。由于操作人员必须遵循小于8.3mm偏差的理想线,手动扫描很难实现这样的结果。即使可能,也是一位专业操作员在实验室小范围内才能实现,在研究以米为单位的区域中很难实现。

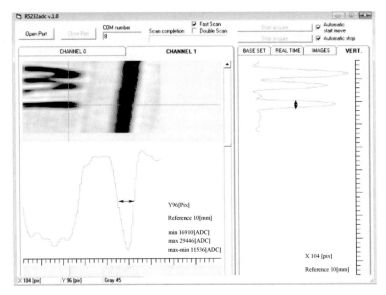

图10.8 两个目标的宽度估计

(右边的字母"I"和左边底部的金属条。图表参考是10mm)

### 10.5.2 地雷探测的室外实验

机器人扫描仪将用于在恶劣环境的探测,如检测最低限度的金属杀伤地雷[5,10]。这个应用需要雷达的高探测概率和低虚警率。增强的机器人平台定位精度可提高性能。在这样的环境中,其中主要问题是土壤特性的变化(含水量、粒度变化、表面粗糙度等),而信号处理策略将在减轻有害影响方面发挥关键作用。

采用先进系统演示了在意大利佛罗伦萨大学的室外试验台的天然砂土中搜寻浅埋数月的惰性地雷和杂波物体。几个月后,最初平坦的土壤表面的边缘有根和草。不规则的表面起伏高达3cm,如图10.9所示。

图10.9　机器人扫描仪搜寻意大利佛罗伦萨大学的试验台
(测试前几个月就埋藏好惰性地雷和杂物)

室外试验台埋藏的物体已经在之前工作中描述过[24],但在这个实验中发现他们的相对位置由于砂土自然沉淀而改变。

机器人扫描仪通过编程可在两个频率点(3.6GHz和3.9GHz)下快速操作,并在10mm正方形网格上进行空间采样。为了降低积累误差,扫描长度限制为650mm,整个图像长度为130mm,分两次连续获取。图像横向宽度250mm,通过侧面移动覆盖。在远程计算机上获得两个频点下的并行和垂直极化通道的实时图像如图10.10所示。完成一次实验的时长约为18min。

获得的结果如图10.10所示,扫描仪有足够的空间分辨力来描述圆形铁盘,有足够的灵敏度检测塑料瓶。圆形塑料盒的直径几乎与铁盘相同并紧临铁盘,由于比砂土壤的介电常数低很多,所以更难检测到。而且,铁盘边缘表面的不规则会产生额外的噪声,掩盖了低反射率塑料盒的反射。

除了在选择较低的工作频率(如2GHz)以实现更好的穿透性,以及利用I/Q信号分量完全重建全息图等方面的改进之外,该实验还证明了即使在室外环境中也容易且高效地使用全息雷达进行高分辨成像。

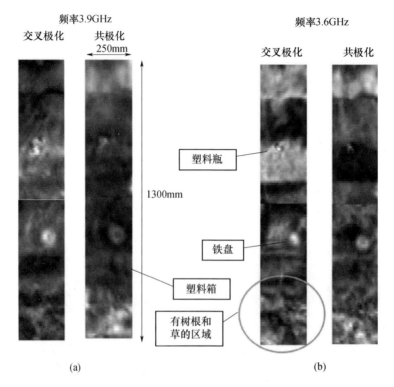

图 10.10 室外试验台里的惰性气体地雷和杂波的扫描结果

### 10.5.3 航空航天工业的无损检验和隔热评估

1. 物体的隔热检验

2003年2月1日哥伦比亚号航天飞机失事,7名机组人员全部遇难。图10.11和图10.12显示了在调查期间的发射和回收碎片。幸运的是,这起事件及其他事件并未导致此灾难性后果,这引起了人们对航天器和燃料箱上的绝缘和热防护涂层无损检测新方法开发的兴趣[25-30]。

NASA 调查人员认为,"哥伦比亚"号航天飞机灾难的原因之一是航天飞机外部燃料箱[31-32]上的热防护涂层失效,如图10.13和图10.14所示。外部燃料箱含有液氧和氢推进剂分别储存在 −183℃ 和 −253℃ 温度下。为了减少燃料蒸发并防止燃料箱表面结冰而导致航天飞机破损,燃料箱涂覆绝缘聚氨酯泡沫涂层[33]。泡沫的厚度在 25~50mm 范围内[34]。如果超冷外部燃料箱没有与周围温暖潮湿的空气环境充分绝缘,那么大气中的水蒸汽就会凝结在泡沫空隙内。

第 10 章 超宽带雷达目标扫描原型及全息信号处理

图 10.11　2003 年 1 月 16 日起飞的"哥伦比亚"号航天飞机

图 10.12　2003 年 2 月 1 日的"哥伦比亚"号航天飞机灾难结果
（地面上收集的航天飞机碎片放置在机库里）

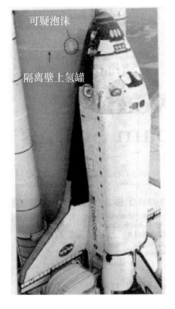

图 10.13　（见彩图）发射台上的"哥伦比亚"号航天飞机
（黄色设计部分是外部低温燃料箱的隔热涂覆层（源自《航空周和空间技术》,27 - 28,2003））

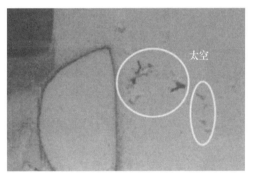

图 10.14　航天飞机外燃料箱的热保护层横截面
（绝缘聚氨酯泡沫内部可见空隙
（源自《航空周和空间技术》,31,2003））

　　根据这个假设,在"哥伦比亚"号航天飞机的第 28 次发射任务期间,随着发射高度增加,气压降低,使得凝结在泡沫空隙内的水迅速蒸发（沸腾）[32]。由于这种爆炸性沸腾,一块泡沫绝缘材料从外部燃料箱脱落并撞击左翼,损坏了隔热前缘面板。当"哥伦比亚"号航天飞机在任务结束后重新进入大气时,这种损伤使等离子体(飞行器在平流层飞行时在飞行器前方产生)穿透并摧毁机翼结构，导致航天器解体，如图 10.12 所示。之前的大多数航天飞机发射时也看到过类似的损坏和泡沫脱落但更轻微，风险被认为是可接受的，如图 10.15 所示[35]。

图 10.15　沿外部油箱表面脱落的一片绝缘泡沫
(来自哥伦比亚事件调查公告板,2003)

众所周知，航天飞机等返回飞行器瓦片隔热涂层在再入时产生很大的机械影响，尤其是热影响。事实上，在"哥伦比亚"号航天飞机首次飞行(1981 年 4 月 12 日)之后，有 16 块瓦片丢失、148 块损坏[31]。1988 年 11 月 15 日，俄罗斯"布兰号"第一次也是唯一一次飞行后，出现了类似的问题，其后果更严重。飞行后调查显示，隔热瓦片部分损坏至完全丢失，如图 10.16 [27] 所示。这种损坏可能导致在未来发射任务中类似"哥伦比亚"航天飞机灾难再次发生。

图 10.16　直接放置在航天飞机"布兰号"机翼前缘第 21 部分后面的 3 块瓦片被披化

隔热层脱落与泡沫或瓦片在航天器表面粘合过程中的杂质和/或质量控制不足有关。瓦片由手工进行粘贴,在这种情况下,很难保证所需要的质量。各种把控方法在文献[27]中已有详细描述,主要包括"脱落"无损测试。

广泛应用于不同结构无损检测的超声波诊断方法对于泡沫绝缘诊断而言不够有效[25]。由于聚氨酯的多孔隙导致非相干声散射和衰减[36]。类似地考虑适用于民屏蔽航天飞机和"布兰号"外表面的硅酸盐纤维瓷砖。

利用全息地下表面雷达进行微波诊断[28,37]将成为超声波测试很好的替代品。与超声波相比,其优势在于影响电磁波与声波在非均匀介质中传播的物理特性存在根本性差异。电磁波只有在介电对比度足够时才会非均性中反射。因此,电磁波在多孔材料(如聚氨酯泡沫绝缘材料)中传播几乎没有损耗。其中孔隙中空气的介电常数几乎与基质泡沫的介电常数相匹配[26]。此外,孔的尺寸要比电磁波的波长小得多,所以泡沫可以认为是连续介质。

隔热瓦片进行疏水化以防止水分渗透。通过浸入水中24h后称重[27]来检查新瓦片。但是,这种方法不适合测试已经安装在航天飞机上的瓦片,尤其是飞行后的关键检查。然而,在这种情况下,可以使用微波方法。特别是描述了全息雷达的用的这个例子,由于水(约80)相对于空气或泡沫(约1)具有较高的相对介电常数,其对水份存在高度敏感[38]。

2. 隔热涂层样品的雷达检测

人造隔热实验样品使用40mm厚的聚氨酯泡沫塑料黏合在5mm厚的铝合金板上。样品设计和裂缝位置如图10.17所示,选择的样品形状与航天器燃料箱绝缘涂层的实际结构相似。

样品尺寸为500mm×400mm,分两步制成。第一步,直径270mm的中心圆,用黏合剂喷涂,泡沫的底部表面切割3个圆形。在切口处,缺失涂履层和胶粘物(通常总厚度200μm)。而切口的内表面有涂履层和胶黏物。第二步,样品的其余部分填满,这个样品模拟了在泡沫金属触点上有黏合裂缝。

3. 实验结果

本实验使用RASCAN – 5全息雷达的最高可用频率,工作频率为15GHz。聚氨酯泡沫对电磁波的低衰减因子及探测小异常的高分辨力要求决定了频段选择。这种材料的介电常数与真空基本相同,即约为1。根据文献[26]中的数据,喷涂在航天飞机外部燃料箱上泡沫的复介电常数为$\varepsilon = 1.05 - j0.003$,密度仅为水的4%。这是因为聚氨酯泡沫主要由空气填充的孔组成。RASCAN – 5/15000全息雷达的实验室实验表明聚氨酯泡沫的穿透深度超过16cm,其边缘超过了航天飞机泡沫的绝缘层厚度[34]。

然而,应该指出的是,大量聚氨酯材料的性能取决于制造过程,并且可能在很大范围内变化,所以其工业样本密度在48 ~ 287kg/m³范围内[36]。聚氨酯泡

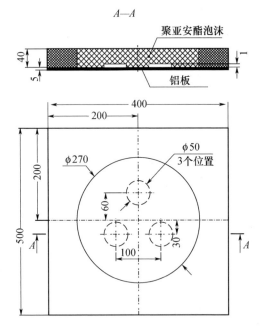

图 10.17 模仿航天飞机油箱绝缘的聚氨酯泡沫涂层及
切割区域的热涂层样品展示草图

沫在所有现代材料中热导率最低。聚氨酯泡沫的热导率随密度在 0.019 ~ 0.033W/(m·K) 范围内变化。由于这个特性,聚氨酯泡沫作为绝缘材料广泛用于各种工业领域以及军事和航天工程。

注意到,使用 15GHz 左右的频率来诊断其他常见结构材料几乎是不可能的,由于电磁波的频率相关衰减,也就是频率吸收因子急剧增加到 10GHz 以上。因此,对混凝土、木材和泥灰结构的建筑体诊断,使用频率在 1.5 ~ 7GHz 范围内可获得更好的结果[38]。

利用手动扫描样品表面隔热涂层的实验如图 10.18 所示[39]。需要 4 ~ 5min 来扫描尺寸为 40cm×50cm 的样品,如图 10.17 所示。早期的机器人扫描仪可以更快地进行检查。信号频率为 14.6GHz 的复数微波全息图(实部的和虚部)和数字重构(1) ~ (3) 如图 10.19 所示。

利用之前描述的算法进行全息图重构的过程非常快,需要不到 1s 的时间。人们可以很容易地看到微波图像 3 个裂缝的以及由那两步产生测试样品的圆形样品边缘。

图 10.19 中的垂直和水平条纹是雷达在介质中发射的电磁波从样品绝缘层的端面反射的结果,主要是下面铝板的边界反射,也就是边缘效应。反射波相位与参考信号的恒定相位随距离的周期性变化形成条纹图案。这种现象本质上就

是文献[40]中描述和解释的"斑马效应"。

图 10.18　隔热涂层样品的扫描

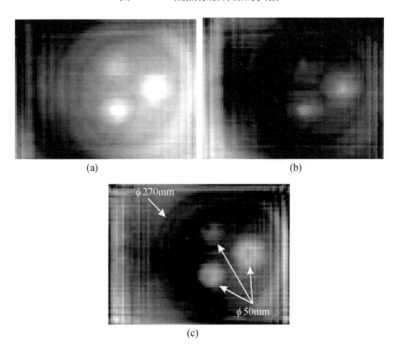

图 10.19　图 10.18 的实验结果
(a)全息图的实部；(b)全息图的虚部；(c)重构的图像。

对黏在金属机身上的隔热涂层和热绝缘航天器进行检查是雷达系统的一项专门任务,这是因为金属表面是微波的完美镜像,镜面反射在全息图重构过程中确保了特定性,并要求在解释结果时予以考虑。

放在理想金属表面上的微波穿透材料(聚氨酯泡沫)的实验发生过程使用图 10.20 所示的配置。在样品侧面插入的金属辐条贴上标记如图 10.20 中左边的 1 和 2。辐条 1 平行插入深度为 13cm 的金属表面(距离金属表面 2.3cm)。

辐条 2 插入平均深度为 13.5cm 的聚氨酯泡沫中,但相对于表面略微倾斜,以证明上述提到的"斑马效应"[40]。

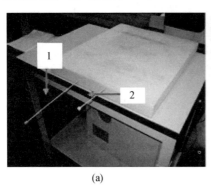 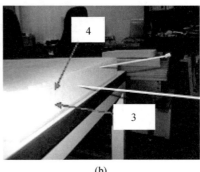

(a) (b)

图 10.20　实验证明在理想反射金属表面上的微波透射材料(聚氨酯泡沫)的发生过程
(雷达扫描金属辐条嵌入泡沫涂覆样品中)
1—辐条 1;2—辐条 2;3—5mm 铝合金板;4—40mm 厚的聚氨酯泡沫层。

为了确定泡沫内的真实深度,有必要考虑把 3mm 有机玻璃片覆盖在扫描表面以提高雷达头的滑动。另一个重要影响与聚氨酯泡沫下面的金属板有关,并将微波反射作为理想镜面。与光学部件相同,辐条的镜面反射必须在金属板后观察。

根据雷达所记录的干涉图案重构微波全息图,图像通过参数 $z(1)-(3)$ 聚焦在指定的距离处。操作者确定目标"最佳聚焦"产生的距离,假定为其真实深度 $z=z_0$。不同深度的辐射条微波全息图重构实验结果如图 10.21 所示。

在图 10.21 中,上两个图像对应于两个雷达信号分量中记录的原始复数全息干涉图像,即实像和虚像。下面的图像对应于连续加深的全息图重构,其中深度 $z=0$cm、2.7cm、4.7cm 和 6.7cm。深度 2.7cm 大约相当于目标深度,4.7cm 是金属表面的位置,6.7cm 是虚拟图像对应于金属板表面辐条的镜面反射。

有必要指出,与深度为 2.7cm 实像相比辐条 1 在 6.7cm 处的虚像与背景对比已改变为相反的符号。这种效应与从金属[41]表面反射的电磁波相位反转 180°有关,导致虚像对比图的极性反转。这种复杂性表明,需要进一步研究以了解在金属表面上电介质记录的微波全息图的细节。

诊断粘贴到金属表面上的隔热和隔热涂层是一项非常专业的任务,因为金属表面完全反射电磁波。对于脉冲雷达,这些目标特性由雷达天线和金属基板之间信号多次反射来描述,这掩盖了记录在脉冲雷达图像期望的目标。虽然全息雷达没有这个缺点,但在解释全息成像结果时,必须考虑目标下面存在完全镜面反射的金属板。

这些实验表明,所提出的利用全息地下雷达的隔热诊断方法可以检测出涂层内部裂缝。然而,在微波图像中,由于裂缝与周围聚氨酯之间的低介电常数对比度,使得检测很微妙。

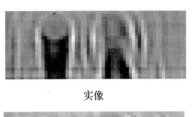

实像　　　　　　　　　　　　　　　虚像

z=0cm　　　　　　　　　　　　　z=2.7cm

z= 4.7cm

图 10.21　将辐条插入图 10.20 所示泡沫中的实验结果

（上面是原始复数全息干涉图（实像和虚像），下面依次是更深层的全息图重构。深度 2.7cm 大致对应目标的深度，4.7cm 是下层金属面的位置，而 6.7cm 是对应于金属表面辐条的镜面反射的虚像）

将工作频率提高到 24～25GHz 可以增加雷达灵敏度。实验表明，低频 Rascan－5/7000 雷达在频率 6.4～6.8GHz 范围内，不能检测到这些实验样品中的裂缝。这个表明，提高雷达工作频率能提高空间分辨力和灵敏度，由于低电导率和低散射绝缘材料的损耗可忽略不计，穿透损耗可能很小。

## 10.6　小　　　结

全息地下雷达与脉冲雷达相比具有独特的优点和缺点。优点包括实时平面视图成像的高分辨力、高灵敏度，以及近乎实时的全息图重构和相关目标深度确定。主要的缺点是无法应用时变增益增强更深目标的反射（因为雷达是连续波）。但是，这个缺点对极低电导率介质如泡沫、干木或沙（或其他接地材料）并不明显。

为了充分利用高分辨力成像的可能性，雷达扫描头的定位需要高精度，由上述的机器人扫描仪实现。另外，它可以完全扫描大面积区域；否则，手动扫描是不现实的和/或繁琐（且昂贵）的。最后，机器人平台设计与其他传感器兼容以测量地下目标非相干物理特性，这样有助于提高目标检测速率，这些目标可能在特定属性下是细微的（如介电常数），但在另一属性上更明显（如声速），并为更明确地识别地下雷达目标提供了可能性(如将地雷与杂波区分开以降低虚警率)。作者近期主要专注于多传感器扫描系统的研究。

最后,连续波全息雷达提供目标在高反射表面或接近高反射表面上成像的独特能力。这方面一个例子就是探测金属航天器身上隔热磁砖的裂缝,这是一项脉冲雷达几乎不可实现的功能。

# 参 考 文 献

[1] Daniels,D. J. (ed.),Ground Penetrating Radar 2nd Edition ,Vol 1,IET,London,2004.

[2] Taylor,J. D. (ed.),Ultrawideband Radar:Applications and Design,CRC Press,Boca Raton,FL,2012.

[3] Ivashov,S. I.,Capineri,L. and Bechtel,T. D.,Holographic subsurface radar technology and applications,in Taylor,J. D. (ed.),UWB Radar. Applications and Design,CRC Press,Boca Raton,FL,2012,pp. 421 – 444.

[4] Capineri,L.,Falorni,P.,Borgioli,G.,Bulletti,A.,Valentini,S.,Ivashov,S.,Zhuravlev,A.,Razevig,V.,Vasiliev,I.,Paradiso,M.,Windsor,C. and Bechtel,T. Application of the RASCAN Holographic Radar to Cultural Heritage Inspections. Archaeological Prospection,Vol 16,2009,pp. 218 – 230.

[5] Ivashov,S. I.,Razevig,V. V.,Vasiliev,I. A.,Zhuravlev,A. V.,Bechtel,T. D. and Capineri,L.,Holographic Subsurface Radar of RASCÅN Type:Development and Applications,IEEE Journal of Selected Topics in Applied Earth Observations and Remote Sensing,Vol 4,No 4,2011,pp. 763 – 778.

[6] Roberts,R.,Corcoran,K. and Schutz,A.,Insulated concrete form void detection using ground penetrating radar. Structural faults and repair conference. Edinburgh,Scotland,UK. 2010.

[7] Pasternak,M.,Miluski,W.,Czarnecki,W. and Pietrasinski,J.,An optoelectronic – inertial system for handheld GPR positioning,15th International Radar Symposium (IRS),2014,pp. 1 – 4.

[8] Trela,C.,Kind,T. and Schubert,M.,Positioning accuracy of an automatic scanning system for GPR measurements on concrete structures,14th International Conference on Ground Penetrating Radar (GPR),2012,pp. 305 – 309.

[9] Falorni,P. and Capineri L.,"Optical method for the positioning of measurement points",accepted to the International Workshop on Advanced Ground Penetrating Radar (IWAGPR) 2015,Florence,July 7 – 10,2015,in print.

[10] Arezzini,I.,Calzolai,M.,Lombardi,L.,Capineri,L. and Kansal,Y.,Remotely controllable robotic system to detect shallow buried objects with high efficiency by using an holographic 4GHz radar,PIERS Proceedings,1207 – 1211,March 27 – 30,Kuala Lumpur,Malaysia,2012.

[11] Capineri,L.,Arezzini,I.,Calzolai,M.,Windsor,C. G.,Inagaki,M.,Bechtel,T. D. and Ivashov S. I.,High resolution imaging with a holographic radar mounted on a robotic scanner,

PIERS Proceedings, pp. 1583 – 1585, August 12 – 15, Stockholm, 2013.

[12] Capineri, L., Razevig, V., Ivashov, S., Zandonai, F., Windsor, C., Inagaki, M. and Bechtel, T. RASCAN holographic radar for detecting and characterizing dinosaur tracks, 7th International Workshop on Advanced Ground Penetrating Radar (IWAGPR), 2013, pp. 1 – 6.

[13] Razevig, V., Ivashov, S., Vasiliev, I. and Zhuravlev, A., Comparison of Different Methods for Reconstruction of Microwave Holograms Recorded by the Subsurface Radar, Proceedings of the 14th International Conference on GPR, June 4 – 8, Shanghai, China, 2012, pp. 335 – 339.

[14] Finkelstein M. I., Subsurface radar: principal problems of development and practical use, Proceedings of the 11th Annual International Geoscience and Remote Sensing Symposium, Espoo, Finland, June 3 – 6, 1991, Vol 4, pp. 2145 – 2147.

[15] Chapursky, V. V., Ivashov, S. I., Razevig, V. V., Sheyko, A. P., Vasilyev, I. A., Pomozov, V. V., Semeikin, N. P. and Desmond, D. J., Subsurface radar examination of an airstrip, Proceedings of the 2002 IEEE Conference on Ultra Wideband Systems and Technologies, UWBST'2002, May 20 – 23, 2002, Baltimore, MD, pp. 181 – 186.

[16] Iizuka, K. and Freundorfer, A. P., Detection of nonmetallic buried objects by a step frequency radar, Proceedings of the IEEE, Vol 71, No 2, February 1983, pp. 276 – 279.

[17] Junkin, G. and Anderson, A. P., Limitations in microwave holographic synthetic aperture imaging over a lossy half – space, Radar and Signal Processing, IEEE Proceedings F, Vol 135, No 4, August 1988, pp. 321 – 329.

[18] Zhuravlev, A. V., Ivashov, S. I., Razevig, V. V., Vasiliev, I. A., Türk A. S. and Kizilay, A., Holographic microwave imaging radar for applications in civil engineering, Proceedings of the IET International Radar Conference, April 14 – 16, 2013, Xian, China. pp. 14 – 16.

[19] Remote Sensing Laboratory, Nondestructive Testing Devices, RASCAN – 4/4000 radar (4GHz), http://www.rslab.ru/english/product/rascan4/result/animation.

[20] Gabor. D., A new microscopic principle, Nature, Vol. 161, 1948, pp. 777 – 778.

[21] Razevig, V. V., Ivashov, S. I., Vasiliev, I. A., Zhuravlev, A. V., Bechtel, T., and Capineri, L., Advantages and restrictions of holographic subsurface radars. Experimental evaluation, Proceedings of the XIII International Conference on Ground Penetrating Radar, Lecce, Italy, June 21 – 25, 2010, pp. 657 – 662.

[22] Cambini, C., Giuseppi, L., Calzolai, M., Giannelli, P. and Capineri, L., Multichannel airborne ultrasonic ranging system based on the Piccolo C2000 MCU, Embedded Design in Education and Research Conference (EDERC) 2014, Milano, Italy, September 11 – 12, 2014, pp. 80 – 84.

[23] Olmi, R., Priori, S., Capitani, D., Proietti, N., Capineri, L., Falorni, P., Negrotti, R. and Riminesi, C., Innovative techniques for sub – surface investigations, Materials Evaluation, Vol 69, No 1, pp. 89 – 96, 2011.

[24] Borgioli, G., Bulletti, A., Calzolai, M. and Capineri, L., Detection of the vibration characteristics of buried objects using a sensorized prodder device. IEEE Trans. Geoscience and Remote

Sensing, Vol 52, No 6, June 2014, pp. 3440 – 3452.

[25] Capineri, L., Bulletti, A., Calzolai, M., and Francesconi, D., Lamb wave ultrasonic system for active mode damage detection in composite materials, Chemical Engineering Transactions, Vol 33, 2013, pp. 577 – 582.

[26] Kharkovsky, S. and Zoughi, R., Microwave and millimeter wave nondestructive testing and evaluation, IEEE Instrumentation & Measurement Magazine, April 2007, pp. 26 – 38.

[27] Gofin, M. Ya., Heat resisting and thermal protecting systems of reusable space ships. Moscow Aviation Institute, 2003. 672 p. (in Russian).

[28] Ivashov, S. I., Vasiliev, I. A., Bechtel, T. D. and Snapp, C., Comparison between impulse and holographic subsurface radar for NDT of space vehicle structural materials, Progress in Electromagnetics Research Symposium 2007, Beijing, China, March 26 – 30, 2007, pp. 1816 – 1819.

[29] Ivashov, S., Razevig, V., Vasiliev, I., Bechtel, T. and Capineri, L., Holographic subsurface radar for diagnostics of cryogenic fuel tank thermal insulation of space vehicles, NDT & E International, Vol 69, January 2015, pp. 48 – 54.

[30] Ivashov, S., Razevig, V., Vasiliev, I., Zhuravlev, A., Bechtel, T. and Capineri, L., Non-destructive testing of rocket fuel tank thermal insulation by holographic radar, Proceedings of the 6th International Symposium on NDT in Aerospace, Madrid, Spain, November 12 – 14, 2014.

[31] Report of Columbia Accident Investigation Board, 2003.

[32] Aviation Week & Space Technology. April 7, 2003, p. 31.

[33] Aviation Week & Space Technology. February 17, 2003, p. 27, 28.

[34] Aviation Week & Space Technology. October 4, 2004, p. 58.

[35] Aviation Week & Space Technology. August 1, 2005, cover page.

[36] Dombrow, B. A., Polyurethanes, Reinhold Publishing Corporation, New York, 1957.

[37] Lu, T., Snapp, C., Chao, T. – H., Thakoor, A., Bechtel, T., Ivashov, S. and Vasiliev, I., Evaluation of holographic subsurface radar for NDE of space shuttle thermal protection tiles, Sensors and Systems for Space Applications. Proceedings of SPIE, Volume 6555, 2007.

[38] Ivashov, S. I., Razevig, V. V., Vasiliev, I. A., Zhuravlev, A. V., Bechtel, T. D., and Capineri, L., Holographic Subsurface Radar of RASCAN Type: Development and Applications, IEEE Journal of Selected Topics in Earth Observations and Remote Sensing, Vol 4, No 4, December 2011. pp. 763 – 778.

[39] Gofin, M. Ya., BURAN Orbital Spaceship Airframe Creation: The Heat Protection Structure of the Reusable Orbital Spaceship, http://www.rslab.ru/downloads/scan.avi.

[40] Inagaki, M., Windsor, C. G., Bechtel, T. D., Bechtel, E., Ivashov, S. I. and Zhuravlev, A. V., Three – dimensional views of buried objects from holographic radar imaging, Proceedings of the Progress in Electromagnetics Research Symposium, PIERS 2009, Moscow, Russia, August 18 – 21, August 2009, pp. 290 – 293.

[41] Born, M. and Wolf, E., Principles of Optics: Electromagnetic Theory of Propagation, Interference, and Diffraction of Light, Cambridge University Press, UK, 1959.

# 第11章
# 超宽带穿墙感知雷达技术

Fauzia Ahmad, Traian Dogaru, Moeness Amin

## 11.1 概　　述

穿墙感知(STTW)雷达已经成为一种可行的技术,为重要的民用和军事应用中的各种封闭结构提供高质量的图像。STTW 雷达使用电磁(EM)波穿透建筑物的墙体材料。由于它的穿墙"看"的能力,在过去10年STTW 雷达备受关注。使得算法和组件技术也得到了进步,同时又为 STTW 雷达带来专门的挑战,进一步允许适当的成像和可靠的图像恢复。STTW 雷达的应用包括军事侦察、执法以及搜索和救援行动。

有大量论文、专题期刊、会议及文献[1,2]致力于这一领域的学术研究,表明人们对推进这项技术有浓厚的兴趣。目前,有几个国家正在开发实用系统,同时学术团体和政府机构正在进行基础研究,以实施新的概念,并了解这一技术的性能和限度。

本章主要研究 UWB 成像雷达系统,讨论合适的天线、电磁现象学及最近发明的穿墙感知信号处理技术。

STTW 雷达系统通常被设计用来执行两个主要功能:获取建筑物内部的图像(以及与此相关的重建建筑布局);探测和定位建筑物内部感兴趣的目标(通常是人)。人类属于一类以躯干和四肢、呼吸及心跳活动为特征的活物体。虽然上述两种功能都可以集成在同一个传感器中,但其基本工作原理却有所不同。获得高质量的雷达图像通常需要传输大带宽的波形,以及多通道(作为物理或合成阵列实现的;在后一种情况下,雷达平台处于运动状态)接收信号的组合。运动目标的检测通常依赖于运动目标指示(MTI)或多普勒雷达回波处理[3],它具有抑制场景中静止杂波的重要优点,如从墙壁和家具物体返回的雷达回波。在这种工作模式下,雷达平台必须是静止的。重要的是,要强调虽然这两个功能不一定是相互排斥的,但高空间分辨力和动目标检测的静止杂波抑制都是STTW 雷达系统的优点。

在到达目标之前对雷达波穿透障碍的要求使 STTW 雷达技术与探地雷达（GPR）[4] 密切相关。因此,这两种类型的系统在相对较低的微波频率（低于 4GHz）下工作最佳,因为电磁波在该频谱范围内具有相当好的穿透性能。为了达到良好的纵向和横向分辨力,这些雷达系统经常使用 UWB 波和 SAR 技术[5]。然而,STTW 雷达和 GPR 检测方式在散射现象和信号处理上都有些不同。特别是,STTW 雷达系统必须处理的传输环境具有很强的离散杂波及强多径回波。另外,目标可能是移动的（平移或其他）,这就通过 MTI 或多普勒处理技术为将它们从静止杂波中分离出来创造了机会。

在 0.5~4GHz 之间的微波频谱范围内,许多穿透材料 UWB 雷达系统采用脉冲波形（基带或调制）。在 UWB 雷达中使用脉冲波形有以下几个优点：

（1）数据采集非常快。原则上,创建一个场景的距离像仅需要一个发射短脉冲（在毫微秒量级的时间）。一个相关的关注点,窄脉冲宽度使在非常高的脉冲重复频率下执行成为可能。

（2）UWB 雷达系统的发射机和接收机的设计较为简单,但对 RF 电子元件有严格的要求,如后面的内容中所解释的那样。

（3）脉冲 UWB 雷达可以在非常低的平均功率水平下工作,从而减少干扰其他 RF 电子设备的机会,这使得脉冲雷达特别适合近程应用。

另一种选择是使用频率步进波来运行 UWB 雷达。这种雷达设计的明显缺点是数据采集速度较慢,可能成为实时系统试图检测运动目标中的一个问题。另外,通过特定的可能会干扰其他 RF 设备（脉冲雷达很难实现这种控制）的子带上开槽,步进频率波实现对传输和接收频谱的精确控制。此外,均衡技术可以很容易地应用于补偿传输中的各种线性失真中,因为数据是在频域中收集的。

（4）UWB 雷达系统可以使用基于线性调频（chirp）波的脉冲压缩技术,也可以使用噪声或伪随机（相位调制或跳频）序列。这些类型的波形实现了脉冲和步进频率模式之间的折中,从某种意义上说,即使接收机没有所需要的极快的采样速率,它们也允许相对而言较为快速的数据采集速率。基于脉冲压缩和步进频率波形的雷达系统通常比基于脉冲的系统传输更大的平均功率,这使得它们更适合于长距离应用。基于噪声或伪随机序列的波具有难以被对手检测的优点,在使用 MIMO 技术[6] 的系统中有着重要的应用。

基于 UWB 波的穿墙成像雷达系统的例子包括以下几个：
① 美国陆军研究实验室（ARL）[7] 研制的同步脉冲重构雷达；
② 加拿大国防研究与发展中心[8] 研制的穿墙合成孔径雷达（TWSAR）；
③ 锡拉库扎研究公司[9] 研制的支架 MTI、成像及扫描雷达（SOMISR）。

需注意,所有这些系统都包括比较大的天线阵列和一个较重的硬件,并安装在车辆上。一些较小的、便携式的 UWB 雷达系统,用于检测运动目标,包括以下几个内容：
① 时域有限公司[10]研制的可视雷达；
② 卡梅罗(以色列)[11]研制的 Xaver 家族系统；
③ AKELA[12]研制的阿克拉支架穿墙成像雷达(ASITR)；
④ 英国的剑桥咨询公司[13]研制的 Prism。

这两种雷达系统之间的区别不是很明显；一些成像系统也能够探测运动目标，而一些运动目标探测系统也具有成像能力。

与任何 UWB 射频设备类似，UWB STTW 雷达系统为设计者提出了几大挑战。在硬件方面，要特别注意天线、各种射频放大器及 ADC。本章 11.2 节讨论雷达天线的要求。该放大器必须在幅度、相位及低噪声图中有很好的线性特性。振幅线性对 UWB 波(尤其是发射机中产生较大功率的波形)非常关键，因为某些带内频率的任何杂散谐波也可能落在信号频带内并造成失真。一个脉冲 UWB 雷达的 ADC 必须以很高的速率采集接收信号的样本(4~6G samples/s)，这是目前通过电子元件技术可达到的最好性能。事实上，大多数可执行的脉冲 UWB 雷达系统使用等效采样方案，允许它们用低于最大采样率的速度使用 ADC。一般来说，UWB 雷达系统的另一个主要挑战是频率分配调节环境。STTW 雷达应用的最佳频段在 1~3GHz 内，也恰好是 RF 频谱的最密集地区，用户包括移动电话、全球定位系统(GPS)、数字电视广播和空中交通管制。UWB 雷达在这种环境中工作的一个缓解因素是非常低的平均发射功率(通常是按毫瓦量级)，这通常是在很宽的频率范围内传播的。

在硬件设计方面 STTW 雷达与 GPR 之间的共性本书研究得不多，本节的研究主要集中在对电磁散射现象和最近产生的区别于以前的信号处理技术的研究。11.2 节是唯一研究雷达的硬件组件及讨论 STTW 雷达所使用的 UWB 天线的部分。在 11.3 节中，描述了 UWB 成像雷达系统的建模技术，以及它们如何帮助我们理解这些传感器的电磁现象学。在 11.4 节中通过 UWB 成像雷达系统对运动目标的穿墙检测问题进行了研究。11.5 节提出了利用 UWB 成像雷达进行多径开发的方法。11.6 节得出对于 STTW 雷达系统的一些结论。

## 11.2 穿墙感知雷达的超宽带天线

UWB 天线设计是现代射频工程的一个重要课题，目前受到众多研究人员的广泛关注。本章并不试图提供所有可能用于 UWB 雷达天线设计的技术和构型的概述，而将研究局限在对现有的 STTW 雷达系统使用天线的例子上。在参考文献[1]的第 2 章中可以找到关于这个主题的更全面的说明。我们的讨论从 UWB 天线适用于这些雷达系统的一系列要求开始。

UWB 天线的一个重要考虑是在整个工作频带上具有良好的输入阻抗匹配,在频率为中心频率比(短的带宽比)的系统中,通常以 1∶1(或 100%)的顺序为特征。同样,要求一个低的 $S_{11}$ 参数(低于 -10dB)或低电压驻波比(VSWR),与天线终止的馈线阻抗(通常为 50Ω)。这通常是通过在所有感兴趣的频率上最小化天线辐射端的反射来实现的——大量用于解决这个问题的技术已在文献[14]中描述,这里就不再讨论了。尤其是基于脉冲的雷达系统中 UWB 天线的另一个关键要求是相位线性,这个条件等价于保留相位原点位置,以及在整个频带内确保恒定的群时延。在通过具有期望的形状及光谱特性的天线来实现脉冲辐射时相位线性度是很重要的,满足这一条件的天线称为非色散的。

因为许多 STTW 雷达系统工作在短距离(小于 20m),天线通常不需要非常大的增益;在 1~4GHz 的频率内一般的增益为 5~10dBi。此外,为了在小范围内确保场景的全覆盖,以及为 SAR 成像系统提供大整合的角度,天线的宽波束模式(如 90°~120°)是最好的选择。注意,即使在像车辆机载成像系统一样的远程应用中,也需要主波束较窄的大增益天线。

STTW 雷达的应用易受主天线波束外面的回波的影响,这个回波与其他感兴趣的通过墙之后大幅度衰减的目标的回波相比,它通常不需要通过墙壁传输。因此,对于这些应用中的天线必须有低旁瓣和 backlobes。一个典型的前—后向 STTW 雷达比的要求是 30dB[15]。

在极化方面,大多数 STTW 雷达天线是线性极化的。现象学研究显示,这个应用在垂直 – 垂直(V – V)和水平 – 水平(H – H)极化上没有任何区别。然而,利用交叉极化回波来检测特定目标的方法被提出[16,17],在这种情况下,需要一个全极化雷达系统。在这样的系统中有特定的天线设计挑战,主要涉及辐射元件的交叉极化隔离;在这些应用[18]中建议采用 25dB 的极化隔离。一些 UWB 天线(如螺旋几何天线)辐射圆极化波,当发射波穿透具有强烈衰减某一类型的线性极化的特定几何形状的结构时(如钢筋棒或网格),这种方式有明显的优势。

雷达天线的其他特性涉及元件阵列的馈电、尺寸、制造方便性和可扩展性。当连接到通常的同轴馈线时具有对称(平衡)馈电设计的 UWB 天线需要匹配的组件(通常是宽带巴伦[14]);在其他情况下,阻抗变压器需要阻抗匹配(巴伦和变压器经常内置在同一部件中)。小型天线对于轻型、小型和便携式雷达单元是理想的。对于更大的车载系统,这些要求可以稍微放宽些。因为平面天线设计的紧凑尺寸和制造方便性,所以其特别适合于这种应用。最后,因为许多 STTW 雷达系统使用物理天线阵列,所以在选择特定的设计时将多个元素排列成一维或二维阵列的能力是非常重要的。这对元件尺寸产生限制(横向尺寸不大于 λ/2 长),并对元件之间的相互耦合附加约束。

许多微波雷达天线是基于喇叭几何形状的。图 11.1(a)中的横向电磁

(TEM)喇叭天线接近理想的、非色散的 UWB 天线。在低频率(低于 1GHz)下,它的性能比许多其他类型天线的性能更好,由于传播 TEM 模式没有截止频率。片状电阻器通常安装在辐射端附近,以便衰减沿金属板传播的表面电流,从而减少结构底端的反射。结构笨重且需要对金属板(通常是聚苯乙烯泡沫塑料)的结构加以支撑。巴伦天线需要对对称的 200Ω 输入阻抗与同轴馈线进行匹配。这种类型的天线用于 SIRE 雷达发射机[19]。另一种喇叭天线是图 11.1(b)中的四角喇叭,由 ETS-林格伦[20]制造。这是一个双极化的设计,根据期望的频带来产生不同的尺寸。这也是一个相对庞大和沉重的天线,只能放入一个大的车载雷达系统。这种类型的天线经常用于雷达实验室装置[21-23]。

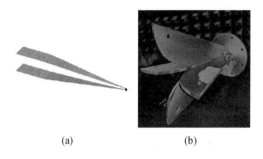

图 11.1 UWB MW 喇叭天线示例
(a) 200Ω TEM 喇叭天线;(b) 四角喇叭天线。

脉冲辐射天线(IRA)通常被设计用于高功率、高增益、短持续时间的微波脉冲传输中。这些特征最适合于远程 UWB 雷达系统。图 11.2(a)所示的用于脉冲合成孔径雷达(IMPSAR)的直径为 46cm 的 IRA 是由尤里卡航空公司[24]开发的。图 11.2(b)所示的对数-周期偶极子阵列是另一种 UWB 天线,它由一系列偶极子序列组成,其长度、直径和间距按对数比例缩放[14]。这些天线可在非常大的带宽上工作;然而,它们是分散的(呈现相位非线性)。此外,相对较大的尺寸使得它们不适合紧凑的设计和阵列。

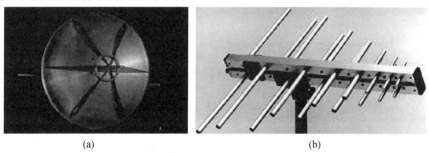

图 11.2 UWB 脉冲辐射天线
(a) 46cm 的脉冲辐射天线;(b) 对数-周期偶极子阵列。

在 UWB 平面天线中,最简单的几何结构之一是图 11.3(a)中的蝴蝶结,它可以看作一个直径朝着馈送端逐渐变细的"胖"偶极子。虽然简单的蝴蝶结在大带宽上显示优越的低电压驻波比,但辐射模式具有环形的偶极子形状特性,这不适合于 STTW 雷达应用。为了获得单向模式,必须增加接地平面,这至少减少了 $\frac{1}{2}$ 带宽。此外,蝴蝶结天线是分散的,并且对于 50Ω 不对称馈电需要一个匹配巴伦。与蝴蝶结有关的另一种平面天线几何形状是图 11.3(b)所示的菱形偶极子,据称已应用于 UWB STTW 雷达中[25]。

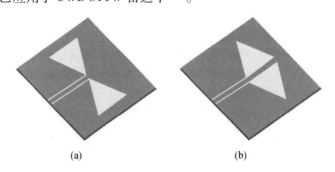

图 11.3 UWB 平面天线示例
(a)蝴蝶结天线;(b)菱形偶极子天线。

腔背螺旋是另一种流行的 UWB 天线设计[14]。图 11.4 展示了两个变体,即图 11.4(a)中的阿基米德(或恒定宽度)螺旋和图 11.4(b)中的对数螺旋。辐射元件是平面的;为了使模式单向,空腔填充有吸收材料。增加吸收体填充腔以减少 UWB 天线背隙的想法也适用于大多数其他平面几何形状。与由简单接地平面支撑的平面天线相比,该解决方案通常可提供更大的带宽,但同时也增大了尺

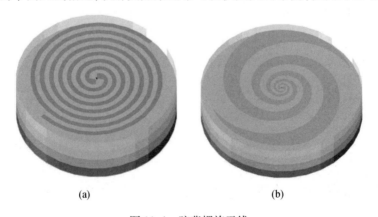

图 11.4 腔背螺旋天线
(a)阿基米德螺旋天线;(b)对数螺旋天线。

寸。虽然它可以实现非常大的带宽,但腔背螺旋天线需要巴伦并且是分散的。极化是圆形的——典型的设计将涉及右手极化发射天线和左手极化接收天线。对数螺旋天线的变化被 L3 通信手持 STTW 雷达系统[26]所使用。

Vivaldi 家族天线[27,28]成为 STTW 雷达应用的优秀候选。它们通常可以以几乎恒定的增益覆盖多个 8 度带宽。该设计相对简单,馈源可以直接匹配 50Ω 同轴线。它们表现出低旁瓣和背隙,并为短 UWB 脉冲提供干净、非色散响应[1]。ViValdi 天线的变体包括图 11.5(a)的反足和图 11.5(b)设计的锥形槽。由于这些是端射天线,它们可以很容易地堆叠在线性阵列中,包括 ViValdi 天线的 STTW 雷达系统的例子是 SIRE 雷达接收机[29]和在田纳西大学[30]建造的 UWB 系统。

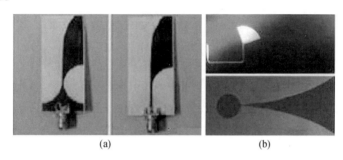

图 11.5　ViValdi 天线

(a) 反足 ViValdi;(b) 锥形槽天线。

(由 Yang Y et al., Design of compact Vivaldi antenna arrays for UWB see through wall applications, Prog. Electromagnetic Res.,2008,82:401 – 418,重印)。

UWB 天线的另一个成员使用时隙微带贴片几何结构。这些天线具有非常低的剖面、简单的馈电结构且易于制造(尤其是元件阵列)。因此,非常适合于轻量级的便携式雷达系统。缺点是它们不能提供与本节所提到的其他设计一样大的带宽(通常低于 50%)。图 11.6 显示了时隙贴片天线的几个例子:图 11.6(a)中的 U 形、图 11.6(b)中的 E 形以及图 11.6(c)中的双层叠 E 形贴片(DSEP)。这 3 个中最后一个是由维拉诺瓦大学[31]的高级通信中心(CAC)开发的,工作在 2 ~ 3GHz 频段,增益至少为 7dBi。

如果不提到天线阵列,则任何关于现代雷达天线的讨论都是不完整的。在 STTW 雷达应用中,几乎所有的固定系统都使用水平线性阵列来估计目标方位角。当通过波束形成[1,21]估计方位时,为了避免光栅波瓣(混叠),元件必须在最大半波长的距离上相等间隔。在这种情况下,角分辨力由总阵列大小决定。作为一个数值例子,在 2GHz 下 1m 宽的接收阵列(假设只有一个发射器)提供约 8.6°的角分辨力(相当于在 5m 的下程范围内的 0.75m 交叉距离分辨力),并

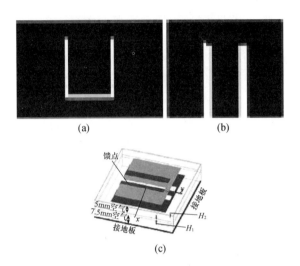

图 11.6　时隙微带贴片天线
(a) U 形;(b) E 形;(c) 双层叠 E 形贴片。

且该阵列必须包含至少 14 个元素。值得注意的是,使用新的压缩感知技术进行方位估计可以放宽这些要求[2]。在 STTW 雷达应用中使用的线性天线阵列的例子包括 SIRE 雷达和田纳西大学 UWB 系统(都是基于 ViValdi 元件的)以及由维拉诺亚大学高级通信中心(CAC)所开发的 DSEP 双极化阵列。当采用 SAR 图像技术时,一对发射和接收天线足以覆盖二维平面中的目标位置。然而,使用垂直线性阵列结合沿水平轨道的合成孔径可以形成三维图像。DRDC 的研究人员用 TWSAR 系统[8]证明了这一点。如果配备有二维天线阵列,固定系统也可以用来创建三维雷达图像。所有这些都是活跃的研究课题,由于篇幅的限制,在这里将不会进一步扩展来讲。欲了解更多信息,读者可参考本章末尾的参考文献。

## 11.3　超宽带穿墙感知成像雷达建模

理解涉及典型传感场景的现象学不仅在系统的设计上可帮助雷达工程师,也在对于收集数据的解释上可帮助雷达工程师。本节中给出的结果是通过用计算机模拟复杂和逼真的场景来获得的。研究这些计算机模型的一个目的是在实际系统建立之前对传感器的性能进行预测。这可以使某些设计参数最优化,避免某些错误。另一个目的是,计算机模型允许电磁散射现象及从雷达硬件和信号处理所引入的伪像有一个清晰的分离。因此,建模结果通常比真实雷达数据更干净,在这方面,它们代表雷达性能的"最佳情况"。

用于一般的 UWB 雷达的建模及 STTW 雷达的实际应用已有几种计算电磁

(CEM)方法被提出。在时域中运行的算法是这些模型的一个很好的选择,因为它们直接模拟基于脉冲的 UWB 雷达系统的工作过程。其中最流行的是有限差分时域(FDTD)[32],也有其他技术被提出,如有限元时域(FETD)[33]和有限体积时域(FVTD)。在本节中给出的许多仿真是基于 FDTD 算法用 AFDTD 软件[34],且在 ARL 开发的。其他模拟雷达散射场景的 CEM 技术是基于射线追踪和其他高频方法(物理光学、衍射几何理论及其扩展[35]方法)。虽然从计算的观点来看比全波方法(如 FDTD)更有效,但这些方法只提供近似解。注意,虽然高频技术是基于频域的,但是它们的速度和效率使它们成为 UWB 雷达系统所要求的宽带仿真的一个合理选择。

通过 AFFDD 软件仿真得到两个建筑物的 UWB SAR 图像。建筑物布局如图 11.7 所示。图 11.7(a)中的第一栋楼只有一层,而图 11.7(b)所示第二栋楼有两层,底层与单层楼相同。整体平面尺寸为 10m×7m,而单层楼的高度为 2.2m,二层楼高度为 4.8m。墙由 0.2m 厚的砖制成,有玻璃窗和木门。内墙由 5cm 厚的片岩组成。天花板/地板由胶合板(顶部)和石膏板(底部)组成两层,包括 2in×8in 的木梁。还考虑了连接上下楼层的木制楼梯。上层楼板/屋顶是扁平的,由 7.5cm 厚的混凝土板制成。整个建筑物放置在地面上,$\varepsilon'=10$ 且 $\varepsilon''=0.6$。建筑物的不同位置和不同方位角上站着 6 个人,其中 4 个人在底层,另外两个人在上层。在 6 个人中,两个携带 AK-47 步枪(每层一个)。在整个

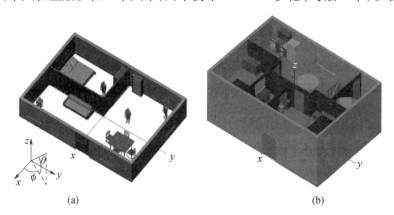

图 11.7 本部分雷达成像仿真中所使用的建筑物的网格表示
(a)一层楼;(b)两层楼(只有上一层是可见的)。

(图 11.7(a):SPIE,Dogaru,T. et al. ,Three-dimensional radar imaging of buildings based on computer models,in *Proceedings of SPIE Conference on Radar Sensor Technology XVII*,Baltimore,MD,2013,8714:87140L-1-87140L-12,© SPIE 2013;图 11.7(b):SPIE,Le,C. et al. ,Synthetic aperture radar imaging of a two-story building,in *Proceedings of SPIE Conference on Radar Sensor Technology XVI*,Baltimore,MD,2012,8361:83610J-1-83610J-9,© SPIE 2012. )

仿真中使用了在参考文献[36]中所描述的由均匀介质制成的"适合人"模型。建筑物的房间在家具、器具和浴室/厨房设备方面有很多细节,读者可参考参考文献[37,38]中的完整描述,这些细节也包括模型中所包含的材料的介电特性。

在 SAR 系统几何结构方面,考虑了两种可能的·单基地配置,一种是图 11.8(a)中的地基及图 11.8(b)中的机载。由于 AFDTD 软件只能分析远场场景,因此这些模型最适合于仿真圆形聚光灯 SAR 模式[39]。虽然对于远场情况可以执行从聚光灯到带状地图 SAR 模式的直接转换,但是近场配置需要雷达系统的单独模型(见参考文献[1,38]中类似于近场仿真的例子)。

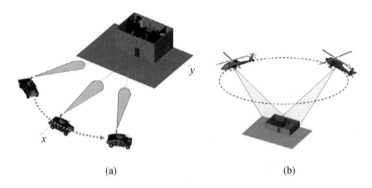

图 11.8　SAR 系统中所考虑的 SAR 成像几何结构的示意图
(a)地基雷达系统;(b)机载雷达系统。

(图 11.8(b):SPIE,Dogaru,T. et al.,Three – dimensional radar imaging of buildings based on computer models,in Proceedings of SPIE Conference on Radar Sensor Technology XVII,Baltimore,MD,2013,8714;87140L – 1 – 87140L – 12,© SPIE 2013.)

对于提供雷达散射数据的 AFDTD 仿真,利用5mm 立方单位对建筑物模型进行离散化,以便保持数值色散误差可控[32]。在两层楼的情况下,总栅格尺寸刚好超过30亿立方单位,这需要180GB 的内存来运行一个入射角和0.3～2.5GHz 的频率范围内的程序。这里给出的大多数二维图像在方位角上采用60°孔径、以0.25°递增。对于三维图像,仰角的积分角为40°(水平面为10°～50°)、以1°递增。对于这些图像参数,分辨力下限为15cm,交叉范围为25cm,仰角35cm。从计算的角度来看有非常大的问题,需要在国防超级计算资源中心(DSRC)上提供高性能计算平台[40]。产生一个二维 SAR 图像雷达数据的一组典型仿真运行在128个核上,并花费了大约$10^5$h 个 CPU 时间。获得三维建筑图像所需的总 CPU 时间为$4 \times 10^6$h。

关于 SAR 图像形成技术,使用了频域版本的反投影算法[5]。虽然作者之间的术语是不同的,但称这种方法为匹配滤波成像算法[5]。对于远场单站检测几何结构,计算图像像素的复数强度为

$$I(\boldsymbol{r}) = \sum_{\omega} \sum_{A} W(\boldsymbol{r}_A, \omega) S(\boldsymbol{r}_A, \omega) e^{j\frac{2\omega}{c}|\boldsymbol{r}-\boldsymbol{r}_A|} \qquad (11.1)$$

式中:$\boldsymbol{r}$ 和 $\boldsymbol{r}_A$ 分别为图像和孔径点的位置矢量;$\omega = 2\pi f$;$f$ 为频率;$S(\boldsymbol{r}_A, \omega)$ 为与雷达极化相对应的散射矩阵元[35](用 AFDTD 建模软件计算),且 $W(\boldsymbol{r}_A, \omega)$ 是一个实值窗口函数,它在孔径和频率维度上都有作用。

注意,双总和是在带内的所有孔径位置和频率上计算的。指数因子 $e^{j\frac{2\omega}{c}|\boldsymbol{r}-\boldsymbol{r}_A|}$ 是格林函数(其中分母中的 $|\boldsymbol{r}-\boldsymbol{r}_A|^2$ 因子被丢弃),并描述了雷达和目标之间信号的往返传播延迟。通过采用逆离散傅里叶变换(IDFT)可以很容易看出[41],该式等价于时域反投影算法的延迟和总和版本[5]。此外,其他流行的成像算法,如极坐标格式算法[39]和时间反转成像技术[42],也可以写成类似于式(11.1)的形式。

注意,激励 UWB 脉冲的特性在式(11.1)中没有明确地出现,因为 $S(\boldsymbol{r}_A, \omega)$ 是不依赖于发送波形的频域量。然而总是可以考虑后者,通过设置 $W$ 窗函数的频率依赖性来匹配激励脉冲频谱。在示例中,我们在频率域和孔径域中应用了通用的汉明(Hamming)窗,其实也可以使用任何其他的有限支持窗函数。重要的是,在本节中对于通过介质壁传播所引起的雷达信号的时延并不会试图来补偿 SAR 图像。因此,这些图像中的目标相对于地面实况稍微偏移。这里所示的二维图像代表水平面上的顶视图(对于地基的情况),像素大小(dB)映射在颜色标度上。灰色轮廓表示真实地面,并不是雷达图像的一部分。

图 11.9 和图 11.10 中的第一组图像考虑地基系统,仰角 $\theta = 0°$,雷达以水平面轨迹移动。孔在垂直于一个外壁的方向上居中。这种配置提供了从垂直于雷达视线(LOS)的所有壁上最强的后向散射雷达回波。在图 11.9 中,当雷达孔径以 $X$ 轴为中心(在页面的左侧)时,可看到每层的基于 AFDTD 数据的垂直-垂直(V-V)极化 SAR 图像。图 11.9(a)仅显示下一层的 SAR 图像——在这个家具很少的室内,人类目标清晰可见。3 个人投射到附近侧壁上的"人影"图像也是可见的。这种现象是由人与周围墙壁之间的多次散射引起的。家具的雷达特征似乎比人类的弱,除了直接放在木制外门后面的梳妆台和空书架。图 11.9(b)显示了上层楼本身的 SAR 图像,包括地板/天花板划分为两层和整个结构放置在上面。上层建筑布局和内部物体数量的增加导致 SAR 图像的杂波增加。在这样的环境中,检测到人类目标变得有点难度,当目标在上层厨房中时,就可以看出这个问题。除了在图像中观察到的多弹跳散射效应外,还注意到其他明亮的物体,如冰箱、浴室盥洗台的侧壁、浴缸及淋浴隔断,这进一步使目标检测过程复杂化。

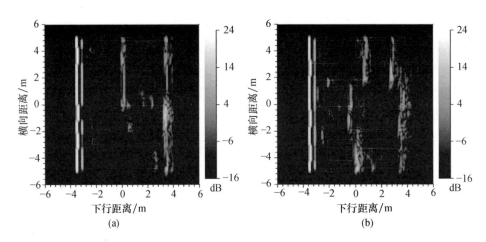

图 11.9 雷达在水平面上运动的 SAR 图像

(图像显示图 11.7 中的建筑物的每个楼层,$\theta=0°$ 和 V-V 极化,基于 AFDTD 数据,以 X 轴为中心的雷达孔径:(a)下层和(b)上层。注:楼梯从两个楼层模型中取出(SPIE,Le,C. et al.,Synthetic aperture radar imaging of a two-story building, in Proceedings of SPIE Conference on Radar Sensor Technology XVI, Baltimore, 2012, 8361; 83610J-1-83610J-9, © SPIE 2012))

在图 11.10 中展示了与图 11.9 相同孔径和带宽的整个两层建筑的 SAR 图像。整个建筑物的 V-V 极化图像本质上是两个单独层 SAR 图像的像素与像素的总和(我们必须加上楼梯的雷达回波)。注意,两层楼的外墙面积是每个楼层模型外墙面积的 2 倍。因此,图 11.10(a)所示从两层模型的外壁返回的雷达回波的幅度约为 4 倍,或高达 6dB。这使得内部目标看起来比在图 11.9 所示图像中使用相同的 40dB 动态范围来表示时更不可见。图 11.10(a)中只有人类目标轮廓叠加在 SAR 图像上,说明了在真实 STTW 环境中检测固定人类目标的难度。另一个值得注意的是,在两层建筑的 SAR 图像中在更远的范围内杂波数量有所增加。这主要是由平行墙之间以及物体和墙壁之间雷达信号的多次反射造成的,它们产生了原始目标的假时延的复制品。我们得出结论,包含在原始 SAR 图像中的建筑物内部信息,在雷达信号通过两个以上的墙(单向)传播时用处非常有限。

为了获得建筑物布局的顶视图,结合 SAR 图像以及图 11.10(b)中建筑物的两个正交边来观察。这里呈现图像的 V-V 极化与内壁轮廓的叠加。融合图像包括图像幅度的像素叠加,在线性空间中执行后转换回分贝尺度。由正交内壁形成的拐角处的小间隙是由于两个 SAR 图像的传播特性的正交方向不同的空间时延。在这个图像中一个有趣的特征是周期性的梁结构支撑底层的天花板。在这些图像中只有几个梁(在最近的范围内)可以被区分。很明显,由于这些梁的方向(大多数平行于建筑物的短边),它们对图像杂波的贡献比页面左边的孔径对页面底部的孔径更明显。

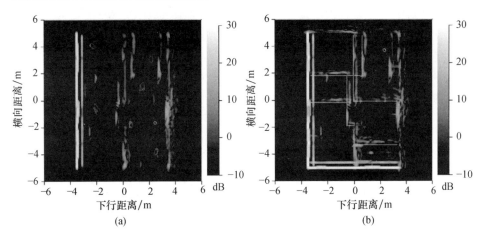

图 11.10 整个两层楼的 SAR 图像($\theta = 0°$)

(雷达在水平轨道上移动。基于 AFDTD 数据的图像显示沿 $y$ 轴的孔径(a)和沿 $x$ 轴和 $y$ 轴的组合孔径(b)。注:楼梯从两个楼层模型中取出(SPIE, Le, C. et al. , Synthetic aperture radar imaging of a two – story building, in *Proceedings of SPIE Conference on Radar Sensor Technology XVI*, Baltimore, MD, 2012, 8361:83610J – 1 – 83610J – 9,© SPIE 2012))

在二维图像中,通过高度分离场景特征的困难促使我们研究通过计算机模型[41]来获得建筑物的三维图像的可能性。其他研究者[43,44]也进行了类似的研究,而参考文献[8]报道了一种用于三维建筑成像的实验雷达系统。EM 模拟和图像形成算法所使用的参数在前一段落中已经描述。虽然执行这些步骤相当简单,但在支持二维的介质(如计算机屏幕)上虚拟化三维图像需要进一步处理。我们的方法涉及在可视化之前的背景去除过程,这意味着我们只显示突出背景的体素。更具体地,通过三维恒定虚警率(CFAR)检测器[3]处理图像,其本质上是将图像中的每个体素与依赖于周围背景水平的阈值进行比较,使得检测方案保持恒定的虚警概率。一旦已经识别出指示目标检测的体素(假设它们被集中在突出图像特征的周围),则在"目标"体积(或更确切地说,体素簇)内的所有体素被分配一个等于最大体素值的恒定值。同时,由检测器拒绝的体素构成的背景在图像动态范围的底部被指定为任意低的幅度。最后,通过显示代表三维图像体积内的每个目标的等值面(三维空间中的恒定大小的二维表面)来进行可视化。虽然只有三维图像的投影可以呈现在二维支撑上,但是改变视角可以为终端用户提供更完整的解释。

如图 11.11 所示,通过结合从两个正交侧采集的雷达数据以及从两个不同视角观察的数据来得到单层建筑物的三维图像。在图像中发现的明显特征是墙壁的顶部和底部边缘、人、梳妆台和沙发的边缘及椅子。注意,墙壁边缘(特别是底部)出现一些中断。虽然很难解释前壁底部边缘的缺口,但内墙和后墙的缺口显然对应于投射到这些墙壁上的人或其他物体的阴影(或"重影")。人的图像也出现碎片,有两个主要的散射中心对应于地平面足迹(由于地面反弹引起的多次散射)和残迹(单次散射)。由于本研究的重点主要是现象学,所以没有试图将人类目标与杂波区分开来。进一步的图像分析文献[45]将有必要将图像特征分成不同的类别。

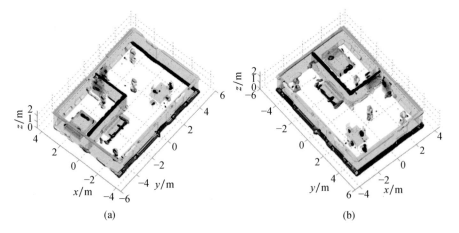

图 11.11　V－V 极化信噪比为 40dB 时从两个不同角度看机载聚光灯布局的三维建筑物图像
(a)$\theta_1 = 60°$、$\varphi_1 = -50°$;(b)$\theta_2 = 60°$、$\varphi_2 = 50°$。
(特征颜色对应于它们在原始三维图像中的亮度水平)

## 11.4　利用超宽带雷达穿墙动目标检测

如 11.3 节所示,由于在场景中由其他散射体引入的大量杂波,在静态雷达图像中很难检测到穿墙感知场景(通常是人类)中所感兴趣的目标。已经提出了几种方法,如基于背景剔除[21]、空间滤波[46]和墙子空间投影[47]来减轻雷达杂波,尤其是墙回波。此外,新兴的压缩感知技术已成功应用在杂波缓解问题中[2,48-51]。然而,MTI 和多普勒处理技术在许多情况下仍然是在杂波环境中检测动目标的最有效方法。本节描述在 UWB 雷达的背景下 MTI 的可能方法。

如文献[52]所示,传统的多普勒滤波器组技术(通常是现代雷达系统中的 DFT)不是高分辨雷达目标速度估计的好方法。典型的多普勒处理方案在相同的距离分辨单元内,在一个称为相干处理间隔(CPI)的时间段内进行慢时间数据样本的 DFT,假设该目标在该时间间隔内驻留在同一小区内。然而,当分辨单元很小(在 UWB 雷达的 10cm 量级)时,目标可以很快地从一个分辨单元迁移到另一个分辨单元,有效地跨越 CPI 内的多个单元。这导致了与目标速度成比例的距离和多普勒分辨力的损失[52]。也就是说,在通过时间-频率分析(通过谱图或其他时间-频率分布[53]的方法)理解目标运动的精细结构上,基于短时傅里叶变换的多普勒处理仍然是有用的(第 4 章讨论时间-频率分析方法)。然而为了将这些技术应用于 UWB 雷达数据中,必须调整测量相位(基于平均目标速度估计),使得在校正之后目标在 CPI 期间似乎停留在同一分辨力单元内。这样的方法在文献[54]中已被证明,这里就不再证明了。

对应用于 UWB STTW 雷达的 MTI 技术进行了研究,其中最常用的方法是基于变化检测[2,23,55-60]的。下面假设雷达是固定的并且在多个信道上接收 UWB 波,允许形成场景的二维图像。把所有的雷达数据都称为"数据帧"。变化检测方法的基本思想是从两个连续的数据帧(通常在图像域)中减去两个连续的数据帧:最终结果包括保存动目标图像,同时消除固定的杂波或至少强烈地抑制杂波。注意我们要求雷达平台是静止的,因为所有当前 MTI STTW 系统都在运行。移动平台中的动目标检测是机载 MTI 雷达[3]中经常遇到的一个更为困难的问题。已经开发了几种先进的信号处理方法来解决这些感知场景,如移位相位中心天线(DPCA)或空时自适应处理(STAP);然而据我们所知,这些技术在 STTW 雷达中的应用至今还没人尝试过。

有两种基本的变化检测方法是可行的。在第一种方法中,称为相干变化检测(CCD),在逐像素的基础上减去对应于两个连续数据帧的复图像像素强度。这个过程可描述为

$$\Delta_{CCD}(r_q) = |I(r_q, t + \Delta T) - I(r_q, t)| \qquad (11.2)$$

式中: $I(r_q, t)$ 为像素索引 $q$ 在时间 $t$ 上的复数值; $r_q$ 为像素 $q$ 的位置矢量; $\Delta T$ 为两个数据帧之间的时间间隔(在这种情况下等于 CPI)。

注意,在取像素 $q$ 的绝对值之前,式(11.2)所描述的过程是线性的。由于在雷达图像形成中所涉及的波束形成过程也是线性的,所以可以在不修改最终结果的情况下交换两个处理阶段的顺序。在这种情况下接收机的结构类似于经典时延线性消除器(DLC)[3]的结构,其中由同一雷达信道接收的两个连续的距离轮廓彼此相干相减。这里描述的 DLC 是最简单的 MTI 滤波器结构;可以设计包含两个以上脉冲和加权系数的高阶 MTI 滤波器,以实现能够提高检测性能的特定传递函数[10]。

第二种方法称为非相干变化检测(NCD),执行对应于两个连续数据帧的像素幅度的逐像素相减。这个过程由下面公式描述,即

$$\Delta_{NCD}(r_q) = |I(r_q, t + \Delta T)|^2 - |I(r_q, t)|^2 \qquad (11.3)$$

注意,CCD 图像中的像素值总是正的,而在 NCD 图像中像素值可以是正的也可以是负的。当目标占用两个连续数据帧的两个不同像素时,减法操作创建相同目标的两个独立图像,对应于参考和当前目标位置(无论哪种变化检测方

法)。当应用CCD时,这两个图像不容易分开。然而由于NCD图像是双极性的,所以可以使用零阈值处理程序[58],并且只保留对应于当前目标位置的正图像像素。阈值计算式为

$$\Delta_{TH}(r_q) = \begin{cases} \Delta_{NCD}(r_q) & \Delta_{NCD}(r_q) \geqslant 0 \\ 0 & \Delta_{NCD}(r_q) < 0 \end{cases} \quad (11.4)$$

这两个变化检测过程由图11.12中的框图来描述。很明显,如果目标在帧之间的时间间隔内不移动到当前分辨力单元(像素)之外,则两个连续图像中的所有像素将具有相同的幅值,并且仅对相位变化敏感的CCD可应用于检测运动目标。这种情况对应于雷达图像具有低分辨力、目标移动缓慢和/或帧更新间隔短的场景。另外,NCD可以容易地应用于具有高图像分辨力、快速运动目标和/或长帧更新间隔的场景。

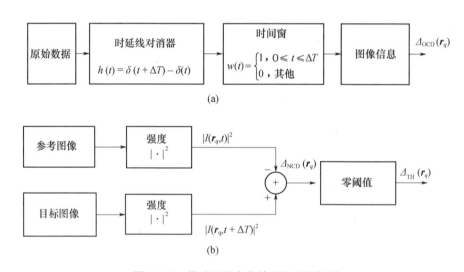

图11.12 描述两种变化检测方法的框图
(a)使用时延线消除器的相干变化检测;(b)非相干变化检测。

(© 2013 IEEE. 从Amin,Mand Ahmad及F. 同意并转载,变化检测分析的人在墙后面移动。IEEE Trans. Aerosp. Electron. Systems,2013,49:1410 – 1425)。

在Villanova大学的雷达成像实验室开发了一种实验装置,以研究在穿墙雷达成像[23]背景下本节中所描述的变化检测方法。图11.13所示为场景图示。通过将接收天线沿0.75m水平孔径移动到11个连续位置来合成接收线性阵列。发射天线被放置在阵列的中间,在接收器后面0.29m。工作带宽为1.5～2.5GHz,墙厚0.14m,由实心混凝土砌块制成并放置在距接收器阵列1.05m的地方。目标是位于标记为1～8点的人,范围在2.37～3.42m之间。两个相邻位置之间的位移为0.15m,与成像系统的下程分辨力大致匹配。

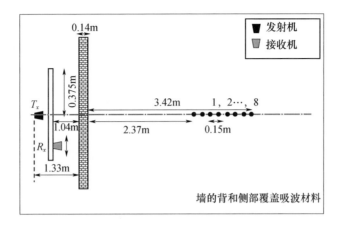

图 11.13　在文献[23]中描述的变化检测研究中使用的雷达实验方案的布局（位置 1,2,…,8 表示人类目标的位置(© 2013 IEEE. 从 Amin, Mand Ahmad 及 F. 同意并转载,变化检测分析的人在墙后面移动。IEEE Trans. Aerosp. Electron. Systems, 2013,49:1410 – 1425)

在这些实验中获得的一组结果如图 11.14 所示。对于这两种变化检测算法,考虑位置 3 和 4 之间的目标运动(对应于两个相邻像素)和位置 3 和 7 之间的目标运动(对应于在多个像素上的位移)。图 11.14(a)和图 11.14(b)中的图像是通过 CCD 算法获得的,而图 11.14(c)和图 11.14(d)所示为 NCD 处理的图像。人们可以观察到 CCD 算法获得的双目标图像,在处理间隔期间相对于雷达分辨力具有大的目标位移——这种效果在图 11.14(b)中更为明显。图 11.14(c)和(d)图像主要通过 NCD 图像中的零阈值消除。在这些图像中存在的大伪影可以归因于模函数的非线性,这放大了连续测量之间小误差的影响,并导致 NCD 图像的不完美背景消除。注意,CCD 图像也不是伪影。事实上,CCD 方法本质上比 NCD 方法对相位误差更敏感。虽然在这里给出的测量中这个问题并不明显,但是其他 STTW 场景(如涉及灰渣块墙壁的情况)可能特别容易在处理中引起相位误差。

为了总结和比较 MTI 雷达的相干和非相干变化检测,建议用以下准则来确定哪种技术更适合于特定场景。如果在一个 CPI 期间移动目标停留在同一分辨力单元内,则 CCD 是唯一可用的方法(作为一个侧重点这种场景总是需要一个对相位敏感的处理方案或者一个连贯的处理类型。基于傅里叶变换的多普勒处理,当目标在一个 CPI 期间不在单元之间迁移时也是最佳的,这是相干处理技术的另一个例子)。如果目标在一个 CPI 期间移动到多个分辨力单元上,那么 NCD 可能是更好的方法,因为它允许通过零阈值抑制双目标图像。将该准则应用于 UWB STTW MTI 雷达,得出了径向目标运动(沿雷达 LOS),当已知下行链

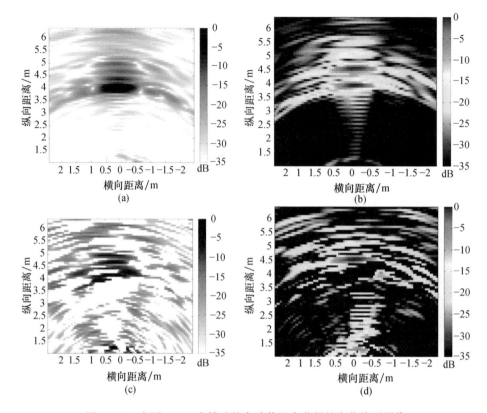

图 11.14 在图 11.13 中描述的实验装置中获得的变化检测图像
(a)在位置 3 和 4 之间移动的目标的 CCD 图像;(b)在位置 3 和 7 之间移动的目标的 CCD 图像;
(c)在位置 3 和 4 之间移动的目标的 NCD 图像;(d)在位置 3 和 7 之间移动的目标的 NCD 图像。
(© 2013 IEEE. 从 Amin, Mand Ahmad 及 F. 同意并转载, 变化检测分析的人在墙后面移动。
IEEE Trans. Aerosp. Electron. Systems, 2013, 49:1410 – 1425)

路分辨力时 NCD 是更好的选择;然而对于具有较差的横向分辨力的雷达系统, CCD 方法似乎更适合于横向目标运动。应该记住的是, NCD 图像通常显示大量的伪像, 这些伪像需要通过进一步的信号或图像处理步骤来处理。

影响变化检测过程的一个明显原因是图像旁瓣的存在。由于旁瓣表示目标特征"溢出"到邻近的分辨力单元中, 因此它们显然影响到相干和非相干变化检测方案[55]的灵敏度。虽然存在旁瓣时对 CCD 的分析是相当复杂的, 但在 NCD 的情况下它们明显减少了连续图像的像素幅度之间的差异。数据窗常被用来控制旁瓣电平, 然而这个过程在分辨力方面引入了惩罚函数。虽然这在 UWB 雷达(通常分辨力很好)的下行链路方向上可能不存在问题, 但交叉距离分辨力的进一步降低(可能开始相当差)可能严重影响变化检测方案的目标横向运动, 尤其是在非相干情况下。在 STTW MTI 雷达中减少旁瓣的一种解决方案称为多图像非相干变化检测(MNCD),在文献[55]中已有描述。本质上,该方法考虑在关于同一参考图像的多个数据帧上获得的多个 NCD 图像,并在这组图像上执行逐像素最小幅度选择操作。该处理过程的作用是保持目标特征的主瓣同时抑制目标旁瓣。文献[55]表明,MNCD 方法通常优于 CCD 方法,但代价是增加了计算复杂度。

文献[60]报道了由 ARL 研究人员使用在静止模式下运行的 SIRE 雷达所进行的 STTW MTI 实验。在这项研究中除了图像形成和 CCD 级之外,信号处理链还包括 CFAR 检测器、像素聚类算法和图 11.15 中的跟踪器。CFAR 检测器是一种标准雷达信号处理工具,它对在可变的(空间非平稳)背景杂波中具有未知功率的目标进行检测。在这种情况下使用单元平均 CFAR 检测器的二维版本,类似于文献[61]中描述的方法。基于 K – 均值算法[62]的聚类过程是检测器和跟踪器之间的中间步骤,意在减少馈入下一处理阶段兴趣点的数量。这种技术在高分辨力图像中特别有用,其中目标特征可以跨越多个像素。在该过程的开始时仅通过跟踪算法考虑每个簇的质心。

雷达跟踪器执行多个功能:基于先前对目标的观测改进目标状态向量的当前估计;将当前雷达测量与正确的目标相关联;并且通过消除不与任何有效的目标轨道关联[63]的杂散检测来降低虚警概率。跟踪器的一个关键部分是卡尔曼滤波器,它基于先前的估计来预测下一观测(数据帧)的状态向量。跟踪器的另一个主要组成部分是观测跟踪关联算法。多假设跟踪器通常用于解决现代雷达系统[63]中的这个问题;该技术已被证明在涉及多个目标的 STTW 场景中是非常有效的,同时显著降低虚警概率[64]。

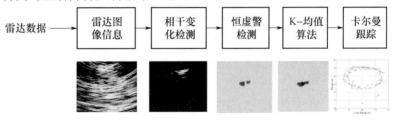

图 11.15　基于 SIRE 雷达实验数据 ARL 进行的 STTW MTI 研究的信号处理链
(由 Novak,L. et al. ,Performance of a high – resolution polarimetric SAR automatic target recognition system,The Lincoln Laboratory Journal,1993,6:11 – 24,经许可)

## 11.5　超宽带穿墙感知成像雷达的多径开发

多径传播和散射现象在 STTW 雷达中具有重要意义,并引起了研究界[1]的极大兴趣。除了目标和天线之间的最短路径之外,由于内部墙壁、地板和天花板所产生的二次反射,发射波可通过间接路径传播。这种多径返回的能量可能会聚集在没有物理目标的地方,从而产生"重影"。重影对静态和动态雷达感知场景都有影响,并且可能导致高虚警概率。即使对于一个简单的四墙房间,发生多径传播的可能性也是非常大的;图11.16所示为多径传播情况的例子。通常只有由低阶多重反射产生的重影足够强,才能在处理链的末尾出现有效目标。

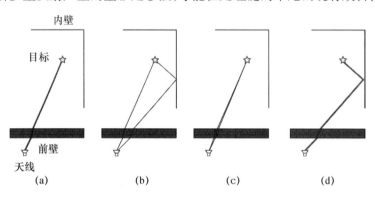

图11.16 室内场景中各种多径情况

(a)~(d):直接传播,内壁的一次反射;前壁内多次反射;内壁上的二次反射;目标-目标多径。

(© 2014 IEEE. 经 Leigsnering 及 M. 等许可并改编,Multipath exploitationand suppression for SAR imaging of building interiors: An overview of recent advances. *IEEE Signal Processing Magazine*,2014,31:110 – 119)

由于存在多径并经常在 STTW 雷达中可以观察到,成像技术必须能正确地描述和使用精确的分析模型来处理它。一般来说有两种处理间接传播的方法,即多径抑制和多径开发。多径抑制的关键思想是表征回波对 STTW 图像形成[23,51,64,65]的影响并减轻其影响。如果不去除间接回波,直接和间接雷达回波的不同性质可以用来区分两个到达和衰减。虽然在文献[23,51,65]中所提出的方法可以在没有任何先验知识的情况下实现重影抑制,但在文献[64]中的算法可作为后跟踪阶段被执行且假定房间布局有先验知识。虽然多径抑制方法通常应用起来非常简单,但它们不利用多径回波中包含的能量和目标信息。

另外,多径开发方法旨在利用多径来使穿墙成像增强[66-72]。无论间接传播路径是否可分辨,通过对它们进行适当建模,它们的能量可以被捕获并为它们各自的目标做出贡献,从而允许目标杂波和噪声比的增加以进一步达到增强图像的目的。此外,可以利用多径[68]来为高衰减目标的阴影区域成像,这些区域不能被雷达直接照射。虽然多径开采具有潜在且显著的好处,但它往往需要先验信息且计算要求高。

在本节中假设存在少量目标并采用稀疏重建进行图像恢复,我们详细描述了一种多径开发方法。对基于传统图像重建方法的多径开发的完整处理过程,读者可参考文献[73,71 和其中的参考文献]。为了建立多径传播下的信号模型,采用几何光学(GO)或光线跟踪方法,利用局部平面波假设或"光线"来模拟电磁波[74]的传播。假定对建筑布局有完美的了解,并忽略目标与目标的交互作用。此外,假设墙壁回波已经被抑制,并且测量数据仅包含目标回波。有关在测量中存在墙壁回波时的信号模型的细节可参见文献[72]。

考虑到单目标传感结构和对于每个目标-传感器组合 $R$ 的最大可能传播路径,其中也包括直接路径,测量模型可表示为

$$y = \Psi^{(0)}s^{(0)} + \Psi^{(1)}s^{(1)} + \cdots + \Psi^{(R-1)}s^{(R-1)} \tag{11.5}$$

式中:$y$ 为所有孔径点的测量的叠加矢量;$s^{(r)}$ 为对应于第 $R$ 个路径场景的矢量化图像;$\Psi^{(r)}$ 为雷达响应代码,代表第 $r$ 个路径的 GO 传播模型。

更具体地说,由于一个点目标位于位置矢量 $r_q$ 的像素 $q$ 处,则 $\Psi^{(r)}$ 的第 $q$ 列是在所有孔径点上接收信号对第 $r$ 个路径的级联。因此,$\Psi^{(r)}$ 的第 $q$ 列依赖于 UWB 激励及孔径点和像素 $q$ 之间的双向传播时延。

使用 GO 可以容易地计算各种传播时延[67]。为了说明可考虑图 11.17 所示的天线-目标几何图形,为简单起见,其中前壁已被忽略。多径传播包括沿着路径 $p''$ 从天线到目标的前向传播,以及沿着路径 $p'$ 通过一个内壁反射的目标回波。假设镜面反射在墙壁界面,从图 11.17 中可观察到反射内壁返回路径产生一个替代的天线-目标几何结构。如图 11.17 所示,我们得到一个虚拟目标,与路径 $p'$ 相关的时延与从虚拟目标到天线的路径 $\tilde{p}'$ 相关的时延是一样的。这种对应简化了与路径 $p'$ 相关的单向传播时延的计算量。从虚拟目标的位置,

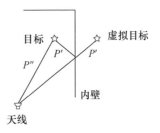

图 11.17 通过内壁反射的多径传播

(© 2014 IEEE. 经 Leigsnering 及 M. 等许可并改编, Multipath exploitation in through-the-wall radar imaging using sparse reconstruction. IEEE Transactions on Aerospace & Electronic Systems, 2014, 50: 920-939)

可以计算出沿路径 $p'$ 的传播时延如下:假设自由空间传播,该时延可简单计算为从虚拟目标到由波的传播速度分配的接收机的欧几里得距离。然而,对于 STTW 雷达的具体情况,波的路径必须为从虚拟目标到接收机的前壁。由于假设前壁参数为先验已知的,时延可以很容易地使用斯奈尔定律[67]计算出来。

接着,使用式(11.5)形成叠加信号模型,即

$$y = \overline{\Psi}\overline{s} \tag{11.6}$$

联合代码为

$$\Psi = [\Psi^{(0)} \quad \Psi^{(1)} \quad \cdots \quad \Psi^{(R-1)}] \tag{11.7}$$

叠加图像矢量为

$$\boldsymbol{s} = [\,(\boldsymbol{s}^{(0)})^{\mathrm{T}} \quad (\boldsymbol{s}^{(1)})^{\mathrm{T}} \quad \cdots \quad (\boldsymbol{s}^{(R-1)})^{\mathrm{T}}\,]^{\mathrm{T}} \tag{11.8}$$

式中：上标"T"为矩阵转置。

根据式(11.8)中建立的多径信号模型,通过稀疏重建对模型进行反演。我们的目的是消除重影,即反演多径测量模型并实现图像重建,其中只有真正的目标仍然存在。

在实际中,关于 $R$ 图像 $\boldsymbol{s}^{(0)}, \boldsymbol{s}^{(1)}, \cdots, \boldsymbol{s}^{(R-1)}$ 之间确切关系的任何先验知识是有限的或不存在的。然而可以确切地知道这些图像描述了相同的潜在场景。也就是说,如果某个元素,如 $\boldsymbol{s}^{(0)}$ 具有非零值,则其他图像中的相应元素也应为非零。如图 11.18 所示,这意味着图像矢量中的对应像素应该被分组,需要应用组稀疏重建,即

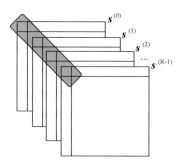

图 11.18  与各种传播路径对应的图像的组稀疏结构

(© 2014 IEEE. 经 Leigsnering 及 M. 等许可并改编,Multipath exploitation in through – the – wall radar imaging using sparse reconstruction. Multipath exploitation and suppression for SAR imaging of building interiors: An overview of recent advances. *IEEE Signal Processing Magazine*, 2014,31: 110 – 119)

$$\hat{\bar{\boldsymbol{s}}} = \arg\min_{\bar{\boldsymbol{s}}} \frac{1}{2} \|\boldsymbol{y} - \overline{\boldsymbol{\Psi}}\bar{\boldsymbol{s}}\|_2^2 + \alpha \|\bar{\boldsymbol{s}}\|_{2,1} \tag{11.9}$$

式中：$\alpha$ 为所谓的正则化参数,它利用最小二乘数据和稀疏解进行拟合,$\|\cdot\|_2$ 表示平方 $l_2$ 范数(元素平方和之和),且

$$\|\bar{\boldsymbol{s}}\|_{2,1} = \sum_q \|[s_q^{(0)}, s_q^{(1)}, \cdots, s_q^{(R-1)}]^{\mathrm{T}}\|_2 = \sum_q \sqrt{\sum_{r=0}^{R-1} s_q^{(i)} (s_q^{(i)})^*} \tag{11.10}$$

是混合 $l_1 - l_2$ 范数项以保证稀疏重构中的群结构。如式(11.10)所定义的混合 $l_1 - l_2$ 范数在向量上表现为 $l_1$ 范数(绝对值之和),即

$$\|[s_q^{(0)}, s_q^{(1)}, \cdots, s_q^{(R-1)}]^{\mathrm{T}}\|_2, \quad \forall q$$

因此,产生群体稀疏性。换句话说,每一个

$$\|[s_q^{(0)}, s_q^{(1)}, \cdots, s_q^{(R-1)}]^{\mathrm{T}}\|_2$$

等价于每一个

$$[s_q^{(0)}, s_q^{(1)}, \cdots, s_q^{(R-1)}]^{\mathrm{T}}$$

被设置为零。

另外,在群内 $l_2$ 范数不促进稀疏性[75]。式(11.9)中的凸优化问题可以用 SparSA[76]、YALL 群[77] 或其他可用方案[78-79] 来求解。可选用式(11.6)中的测量下采样来减少数据量。然而必须特别注意,必须确保采样矩阵和字典乘积的一致性(在任何两个不同列之间的最大归一化内积)足够小,以保证可靠的图像重建[80]。

一旦获得解 $\hat{\tilde{s}}$,则对应于 $R$ 路径的图像可能是非相干的,提高目标杂波和噪声比形成一个完整的图像,合成图像 $\hat{s}_{GS}$ 的元素可定义为

$$[\hat{s}_{GS}]_q = \| [s_q^{(0)}, s_q^{(1)}, \cdots, s_q^{(R-1)}]^T \|_2, \quad \forall q \tag{11.11}$$

维拉诺瓦大学的雷达成像实验室在半封闭的环境中进行了实验以证明多径抑制。如图 11.19 所示,在一个直立在 1.2m 高的泡沫底座上的单一的铝管(长 61cm、直径 7.6cm)上,在 3.67m 的下程范围和 0.31m 的交叉范围内进行 STTW 雷达成像。成像采用 77 单元均匀线性单阵列,单元间距为 1.9cm。坐标系的原点设置在阵列的中心。0.2m 厚的混凝土前壁平行于下程 2.44m 的阵列。左壁在 -1.83m 的交叉范围内,而后壁在 6.37m 下程范围内,如图 11.19 所示。在 3.4m 的交叉范围和 4.57m 的下程范围内右边有一个突出的拐角。一个步进频率信号包括 801 个等间隔的频率阶,其频带覆盖 1~3GHz。左侧壁和右侧壁被 RF 吸收材料覆盖,而突出的右角和后壁未被覆盖。

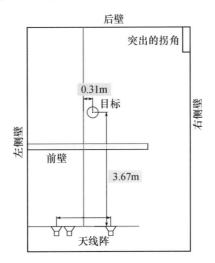

图 11.19　文献[72]中所描述的稀疏性多径开发研究中使用的雷达实验方案的布局
(© 2014 IEEE. 经 Leigsnering 及 M. 等许可并改编, Multipath exploitation in through-the-wall radar imaging using sparse reconstruction. *IEEE Transactions on Aerospace & Electronic Systems*, 2014, 50:920-939)

背景减去数据被认为只关注目标多径。图11.20(a)用所有可用的数据描绘了背投影图像。显然,只有后墙的多径重影和右后方的凸出角才是可见的。因此,只考虑这两个多径传播情况下的组稀疏方案。进行测量的下采样并且在稀疏重构中仅使用了25%的孔径位置和50%的频率。相应的结果如图11.20(b)所示,可清楚地看到多径重影已经被抑制。

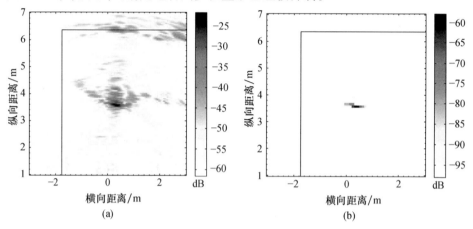

图11.20 多径开发可以从图11.19所示的实验中产生无重影图像
(a)全数据背投影图像;(b)用25%的孔径位置和50%的频率进行群稀疏重建。
(© 2014 IEEE. 经 Leigsnering 及 M. 等许可并改编,Multipath exploitation in through – the – wall radar imaging using sparse reconstruction. *IEEE Transactions on Aerospace & Electronic Systems*,2014,50:920 – 939)

回想上述多路径开发方法,利用室内散射环境的先验信息来去除重影目标并提高图像质量。在实际中关于内墙位置的精确的先验知识通常是不太可能的。必须使用第2章参考文献[2,81]中的建筑物布局估计技术,从雷达回波中来估计墙壁的位置。这些估计容易有错,可按STTW雷达系统波长的顺序进行排序。多径开发需要准确的房间布局知识,以便提供高质量的图像。在存在定位误差的情况下,两种机制导致重建图像质量劣化。首先,在测量模型中相干组合来自特定多径回波。由于墙位置误差导致预期的多径时延偏离实际时延,多径回波的相干性丢失,进一步导致字典和接收信号之间的不匹配。其次,墙定位误差可能导致信号模型中各种子图像的错位,从而违反 $\bar{s}$ 的组稀疏结构。如果多径时延与假设一致,则仅需要保证各种图像的完美对准即可。

为了解决上述问题,在稀疏重建过程中必须要考虑墙位置的不确定性。为此在式(11.6)的信号模型中使用墙位置的参数化,以适应散射环境先验知识的不确定性[82]。这导致对图像矢量 $\bar{s}$ 和墙位置矢量 $W$ 要进行联合最小化,即

$$A = \min_{\bar{s},w} \frac{1}{2} \| y - \overline{\Psi}(w)\bar{s} \|_2^2 + \alpha \| s \|_{2,1} \tag{11.12}$$

式(11.12)中的图像重建现在是一个非凸优化问题,因为字典对墙位置具有非线性依赖性[82]。这可以作为嵌套优化问题通过表达式(11.13)来解决,即

$$B = \min_{w}\min_{\bar{s}} \frac{1}{2} \| y - \overline{\Psi}(w)\bar{s} \|_2^2 + \alpha \| \bar{s} \|_{2,1} \qquad (11.13)$$

它由凸起部分和非凸部分组成。

更具体地说,$\bar{s}$ 上的内部优化是凸的,它与式(11.9)中的重构问题完全相同且可以有效地解决。外部最小化是非凸的;但是解空间的维数要小得多,因此更容易搜索。式(11.12)中的外部非凸问题可以用一般非线性优化方法来求解;实例是使用有限差分梯度[83]或启发式方法(如粒子群优化(PSO)[84])的拟牛顿(QN)法。

## 11.6 小　　结

本章考虑使用 UWB 雷达散射来解决建筑物内部成像问题。大致介绍了 UWB STTW 雷达的电磁散射现象及近期一些算法的进展情况。首先,回顾了 UWB STTW 雷达的天线要求并提供了在现有 STTW 雷达系统中所使用的天线的例子。其次,为了提供对 STTW 雷达所涉及的现象的理解,提出了复杂和逼真的 STTW 场景的计算机模型,并提供可以代表雷达性能的"最佳情况"相应的成像结果。再次,讨论了 STTW 雷达在移动目标检测中的相干和非相干变化检测两种方法中的应用,突出了每种方法的优、缺点并利用真实数据对性能进行了比较。最后,在已知及未知墙的位置时描述了一种基于稀疏性的方法,并利用丰富的室内多径环境来改善目标检测性能。这种多径开发技术被证明能够产生没有"重影"的场景图像。

虽然本章所探讨的问题进展是显著的,但值得注意的是,仍有许多问题使用现有技术还不能解决。因此,需要进一步的研究和开发工作。然而,随着硬件和系统架构的不断进步,未来处理更复杂建筑场景的技术将会不断涌现。

## 参 考 文 献

[1] Amin, M. (Ed.). 2011. Through-the-Wall Radar Imaging, CRC Press, Boca Raton, FL.

[2] Amin, M. (Ed.). 2015 Compressive Sensing for Urban Radar, CRC Press, Boca Raton, FL.

[3] Skolnik, M. 2001. Introduction to Radar Systems, McGraw Hill, New York, NY.

[4] Jol, H. 2009. Ground Penetrating Radar Theory and Applications, Elsevier Science, Oxford, UK.

[5] Soumekh, M. 1999. Synthetic Aperture Radar Signal Processing, Wiley, New York, NY.

[6] Li, J. and Stoica, P. 2009. MIMO Radar Signal Processing; Wiley, Hoboken, NJ.

[7] Nguyen, L., Ressler, M. and Sichina, J. 2008. "Sensing through the wall imaging using the

Army Research Lab ultra – wideband synchronous impulse reconstruction (UWB SIRE) radar," Proceedings of SPIE, vol. 6947.

[8] Sevigny, P., DiFilippo, D., Laneve, T. and Fournier, J. 2012. "Indoor imagery with a 3 – D throughwall synthetic aperture radar," Proceedings of SPIE, vol. 8361.

[9] Clark, B. 2009. "Trial results of a stand – off sense – through – the – wall radar," Proceedings of the 55th Annual MSS Tri – Service Radar Symposium, Boulder, CO.

[10] Nag, S. and Barnes, M. 2003. "A moving target detection filter for an ultra – wideband radar," Proceedings of the IEEE Radar Conference, pp. 147 – 153.

[11] Camero – Technologies Ltd. Web page. http://www.camero – tech.com/products.php.

[12] AKELA, Inc. Web page. http://www.akelainc.com/products/astir.

[13] Cambridge Consultants Ltd. Web page. http://www.cambridgeconsultants.com/projects/prism – 200 – through – wall – radar.

[14] Balanis, C. 2002. Antenna Analysis and Design, Wiley, New York, NY.

[15] Lisuzzo, A. et al., 2011. Sensing through – the – wall technologies, NATO SET – 100 Final Report, RTO – TR – SET – 100.

[16] Dogaru, T. and Le, C. 2009. Through – the – Wall Small Weapon Detection Based on Polarimetric Radar Techniques; ARL – TR – 5041, U. S. Army Research Laboratory, Adelphi, MD.

[17] Yemelyanov, K., Engheta, N., Hoorfar, A. and McVay, J. 2009. "Adaptive polarization contrast techniques for through – wall microwave imaging applications," IEEE Transactions on Geoscience and Remote Sensing, vol. 47, no. 5, pp. 1362 – 1374.

[18] Dogaru, T. and Le, C. 2012. Through the wall radar simulations using polarimetric antenna patterns, ARL Technical Report, Adelphi, MD, ARL – TR – 5951.

[19] Smith, G. 2012. Wideband transverse electromagnetic horn antenna design for ultra wideband synthetic aperture radar VHF/UHF radar, ARL – TR – 6279, U. S. Army Research Laboratory, Adelphi, MD, Dec. 2012.

[20] ETS Lindgren Web page. http://www.ets – lindgren.com/3164 – 06.

[21] Ahmad, F. and Amin, M. G. 2008. "Multi – location wideband synthetic aperture imaging for urban sensing applications," Journal of the Franklin Institute, vol. 345, no. 6, pp. 618 – 639.

[22] Soldovieri, F., Ahmad, F. and Solimene, R. 2011. "Validation of microwave tomographic inverse scattering approach via through – the – wall experiments in semicontrolled conditions," IEEE Geoscience and Remote Sensing Letters, vol. 8, no. 1, pp. 123 – 127.

[23] Amin, M. and Ahmad, F. 2013. "Change detection analysis of humans moving behind walls," IEEE Transactions on Aerospace and Electronic Systems, vol. 49, no. 3, pp. 1410 – 1423.

[24] Tatoian, J. et al. 2008. "Introduction to polychromatic SAR," Proceedings of the IEEE Antennas and Propagation Symposium, San Diego, CA.

[25] Schantz, H. and Fullerton, L. 2001. "The diamond dipole: a Gaussian impulse antenna," Proceedings of the IEEE Antennas and Propagation Symposium, pp. 100 – 103.

[26] L3 Communications Cyterra Web page. http://www.cyterra.com/products/ranger.htm.

[27] Janaswamy, R. and Schaubert, D. 1987. "Analysis of the tapered slot antenna," IEEE Transactions on Antennas and Propagations, vol. 35, no. 7, pp. 1058 – 1065.

[28] Langley, J., Hall, P. and Newham, P. 1993. "Novel ultrawide – bandwidth Vivaldi antenna with low crosspolarisation," Electronics Letters, vol. 29, pp. 204 – 2005.

[29] Smith, G., Harris, R., Ressler, M. and Stanton, B. 2006 Wideband Vivaldi notch antenna design for UWB SIRE VHF/UHF radar, ARL – TR – 4409, U. S. Army Research Laboratory, Adelphi, MD.

[30] Yang, Y. and Fathy, A. 2009. "Development and implementation of a real – timesee – through – wall radar system based on FPGA," IEEE Transactions on Geoscience and Remote Sensing, vol. 47, no. 5, pp. 1270 – 1280.

[31] Komanduri, V., Hoorfar, A. and Engheta, N. 2005 "Low – profile array design considerations for through – the – wall microwave imaging applications," Proceedings of the IEEE Antennas and Propagation Symposium 2005, Washington DC, pp. 338 – 341.

[32] Taflove, A. and Hagness, S. C. 2000. Computational Electrodynamics: The Finite – Difference Time – Domain, Artech House, Norwood, MA.

[33] Stowell, M., Fasenfest, B. and White, D. 2008. "Investigation of radar propagation in buildings: a 10 – billion element Cartesian – mesh FETD simulation," IEEE Transactions on Antennas and Propagation, vol. 56, no. 8, pp. 2241 – 2250.

[34] Dogaru, T. 2010. AFDTD user's manual, ARL Technical Report, Adelphi, MD, ARL – TR – 5145.

[35] Knott, E., Tuley, M. and Shaeffer, J. 1993. Radar Cross Section, Artech House, Norwood, MA.

[36] Dogaru, T., Nguyen, L. and Le, C. 2007. Computer Models of the Human Body Signature for Sensing Through the Wall Radar Application; ARL – TR – 4290, U. S. Army Research Laboratory, Adelphi, MD.

[37] Dogaru, T. and Le, C. 2010. Through – the – wall radar simulations for complex room imaging, ARL Technical Report, Adelphi, MD, ARL – TR – 5205.

[38] Le, C. and Dogaru, T. 2012. "Synthetic aperture radar imaging of a two – story building," Proceedings of SPIE, Baltimore, MD, vol. 8361.

[39] Jakowatz, C., Wahl, D., Eichel, P., Ghiglia, D. and Thompson, P. 1996. Spotlight – Mode Synthetic Aperture Radar: A Signal Processing Approach, Kluwer Academic Publishers, Norwell, MA.

[40] ARL DSRC Web page. http://www.arl.hpc.mil.

[41] Dogaru, T., Liao, D. and Le, C. 2012. Three – dimensional radar imaging of a building, ARL Technical Report, Adelphi, MD, ARL – TR – 6295.

[42] Fink, M. 1992 "Time reversal of ultrasonic fields – Part I: Basic principles," IEEE Transactions on Ultrasonics, Ferroelectrics and Frequency Control, vol. 39, pp. 555 – 566.

[43] Schechter, R. and Chun, S. 2010. "High resolution 3 – D Imaging of objects through walls," Optical Engineering, vol. 49.

[44] Debes, C., Amin, M. and Zoubir, A. 2009. "Target detection in single and multiple – view

through - the - wall radar imaging," IEEE Transactions on Geoscience and Remote Sensing, vol. 47, no. 5, pp. 1349 - 1361.

[45] Mostafa, A., Debes, C. and Zoubir, A. 2012. "Segmentation by classification for through - thewall radar imaging using polarization signatures," IEEE Transactions on Geoscience and Remote Sensing, Vol. 50, pp. 3425 - 3439.

[46] Yoon, Y. and Amin, M. 2009. "Spatial filtering for wall - clutter mitigation in through - the - wall radar imaging," IEEE Transactions on Geoscience and Remote Sensing, Vol. 47, pp. 3192 - 3208.

[47] Tivive, F., Bouzerdoum, A. and Amin, M. 2015. "A subspace projection approach for wall clutter mitigation in through - the - wall radar imaging," IEEE Transactions on Geoscience and Remote Sensing, vol. 53, no. 4, pp. 2108 - 2122.

[48] Ahmad, F., Qian, J. and Amin, M. 2015. "Wall clutter mitigation using Discrete Prolate Spheroidal Sequences for sparse reconstruction of indoor stationary scenes," IEEE Trans. Geosci. Remote Sens., vol. 53, no. 3, pp. 1549 - 1557.

[49] Zhu, Z. and Wakin, M. 2015. "Wall clutter mitigation and target detection using discrete prolate spheroidal sequences," Proceedings of the 3rd Int. Workshop on Compressed Sensing Theory and its Applications to Radar, Sonar and Remote Sensing, Pisa, Italy.

[50] Ahmad, F., Amin, M. G. and Dogaru, T. 2014. "Partially sparse imaging of stationary indoor scenes," Eurasip Journal on Advances in Signal Processing, Special Issue on Sparse Sensing in Radar and Sonar Signal Processing, 2014:100.

[51] Mansour, H. and Liu, D. 2013. "Blind multi - path elimination by sparse inversion in throughthe - wall - imaging," in Proc. IEEE Int. Workshop on Computational Advances in Multi - Sensor Adaptive Processing, Saint Martin.

[52] Dogaru, T. 2013. Doppler processing with ultra - wideband impulse radar, ARL Technical Note, Adelphi, ARL - TN - 0529.

[53] Cohen, L. 1994. Time Frequency Analysis, Prentice Hall, Englewood Cliffs, NJ.

[54] Smith, G., Ahmad, F. and Amin, M. 2012. "Micro - Doppler processing for ultra - wideband radar data," Proceedings of SPIE, Vol. 8361.

[55] Martone, A., Ranney, K. and Le, C. 2014. "Noncoherent approach for through - the - wall moving target indication," IEEE Transactions on Aerospace and Electronic Systems, vol. 50, no. 1, pp. 193 - 206.

[56] Ahmad, F. and Amin, M. G. 2012. "Through - the - wall human motion indication using sparsitydriven change detection," IEEE Transactions on Geoscience and Remote Sensing, vol. 51, no. 2, pp. 881 - 890.

[57] Maaref, N. et al., 2009. "A study of UWB FM - CW radar for the detection of human beings in motion inside a building," IEEE Transactions on Geoscience and Remote Sensing, vol. 47, no. 5, pp. 1297 - 1300.

[58] Soldovieri, F., Solimene, R. and Pierri, R. 2009. "A simple strategy to detect changes in

through the wall imaging," Progress in Electromagnetic Research, vol. 7, pp. 1 – 13.

[59] Hunt, A. 2009. "Use of a frequency – hopping radar for imaging and motion detection through walls," IEEE Transaction on Geophysics and Remote Sensing, vol. 47, no. 5, pp. 1402 – 1408.

[60] Martone, A., Innocenti, R. and Ranney, K. 2009. Moving Target Indication for Transparent Urban Structures, ARL – TR – 4809, U. S. Army Research Laboratory, Adelphi, MD.

[61] Novak, L., Owirka, G. and Netishen, C. 1993. "Performance of a high – resolution polarimetric SAR automatic target recognition system," The Lincoln Laboratory Journal, vol. 6, pp. 11 – 24.

[62] Wilpon, J. and Rabiner, L. 1985. "A modified K – means clustering algorithm for use in isolated work recognition," IEEE Transactions on Acoustics, Speech and Signal Processing, vol. 33, no. 6, pp. 587 – 594.

[63] Blackman, S., and Popoli, R. 1999. Design and Analysis of Modern Tracking Systems, Artech House, Norwood, MA.

[64] Dogaru, T. et al., 2014. "Multipath effects and mitigation in sensing through the wall radar," Proceedings of the 60th Annual MSS Tri – Service Radar Symposium, Springfield, VA, Jul. 2014.

[65] Tan, Q. and Song, Y. 2010. "A new method for multipath interference suppression in throughthe – wall UWB radar imaging," Proceedings of the Int. Conf. on Advanced Computer Control, vol. 5, Shenyang, China, pp. 535 – 540.

[66] Burkholder, R. 2009. "Electromagnetic models for exploiting multi – path propagation in through – wall radar imaging," in Proc. Int. Conf. on Electromagnetics in Advanced Applications, Torino, Italy, pp. 572 – 575.

[67] Setlur, P., Amin, M. and Ahmad, F. 2011. "Multipath model and exploitation in through – the wall and urban radar sensing," IEEE Transactions on Geoscience and Remote Sensing, vol. 49, no. 10, pp. 4021 – 4034.

[68] Kidera, S., Sakamoto, T. and Sato, T. 2011. "Extended imaging algorithm based on aperture synthesis with double scattered waves for UWB radars," IEEE Transactions on Geoscience and Remote Sensing, vol. 49, no. 12, pp. 5128 – 5139.

[69] Gennarelli, G. and Soldovieri, F. 2013. "A linear inverse scattering algorithm for radar imaging in multipath environments," IEEE Geoscience and Remote Sensing Letters, vol. 10, no. 5, pp. 1085 – 1089.

[70] Gennarelli, G., Catapano, I. and Soldovieri, F. 2013. "RF/microwave imaging of sparse targets in urban areas," IEEE Antennas Wireless Propagation Letters, vol. 12, pp. 643 – 646.

[71] Leigsnering, M., Amin, M. G., Ahmad, F. and Zoubir, A. M. 2014. "Multipath Exploitation and Suppression in SAR Imaging of Building Interiors," IEEE Signal Processing Magazine, vol. 31, no. 4, pp. 110 – 119.

[72] Leigsnering, M., Amin, M. G., Ahmad, F. and Zoubir, A. M. 2014. "Multipath Exploitation in Through – the – Wall Radar Imaging using Sparse Reconstruction," IEEE Transactions on Aerospace and Electronic Systems, vol. 50, no. 2, pp. 920 – 939.

[73] Amin, M. and Ahmad, F. 2013. "Through – the – Wall Radar Imaging," in R. Chellappa and S. Theodoridis (Eds.), Academic Press Library in Signal Processing: Communications and Radar Signal Processing, vol. 2, Elsevier.

[74] Amin, M. and Ahmad, F. 2008. "Wideband synthetic aperture beamforming for through – the – wall imaging [lecture notes]," IEEE Signal Processing Magazine, vol. 25, no. 4, pp. 110 – 113.

[75] Bach, F., Jenatton, R., Mairal, J. and Obozinski, G. 2011. "Convex optimization with sparsity-inducing norms," in Optimization for Machine Learning, Sra, S., Nowozin, S. and Wright, S. J. Eds., MIT Press, Cambridge, MA.

[76] Wright, S., Nowak, R. and Figueiredo, M. 2009. "Sparse reconstruction by separable approximation," IEEE Transactions on Signal Processing, vol. 57, no. 7, pp. 2479 – 2493.

[77] Deng, W., Yin, W. and Zhang, Y. 2011. "Group sparse optimization by alternating direction method," Department of Computational and Applied Mathematics, Rice University, Technical Report TR11 – 06.

[78] Baraniuk, R. G., Cevher, V., Duarte, M. F. and Hegde, C. 2010. "Model – based compressive sensing," IEEE Transactions on Information Theory, vol. 56, pp. 1982 – 2001. [Online]. Available: http://arxiv.org/abs/0808.3572

[79] Eldar, Y., Kuppinger, P. and Bolcskei, H. 2010. "Block – sparse signals: Uncertainty relations and efficient recovery," IEEE Transactions on Signal Processing, vol. 58, no. 6, pp. 3042 – 3054.

[80] Wakin, M. B. 2015. "Compressive Sensing Fundamentals," in Compressive Sensing for Urban Radar, Amin, M. (ed.), CRC Press, Boca Raton, FL.

[81] Lagunas, E., Amin, M. G., Ahmad, F. and Na'jar, M. 2013. "Determining building interior structures using compressive sensing," Journal of Electronic Imaging, vol. 22, no. 2, pp. 021003.

[82] Leigsnering, M., Ahmad, F., Amin, M. and Zoubir, A. 2016. "Parametric dictionary learning for sparsity – based TWRI in multipath environments," IEEE Transactions on Aerospace and Electronic Systems, vol. 52, no. 2, pp. 532 – 547.

[83] Gill, P. E., Murray, W. and Wright, M. H. 1981. Practical optimization. London, UK: Academic Press.

[84] Poli, R., Kennedy, J. and Blackwell, T. 2007. "Particle swarm optimization," Swarm Intelligence, vol. 1, no. 1, pp. 33 – 57.

[85] Yang, Y. et al., 2008. "Design of compact Vivaldi antenna arrays for UWB see through wall applications," Prog. Electromagnetic Res., vol. 82, pp. 401 – 418.

# 第12章

# 宽带宽波束运动感知

François Le Chevalier

## 12.1 概　　述

监视雷达需要精确地确定目标位置和运动。本章展示了如何拓宽通用雷达的带宽,提高其多普勒或角分辨力。它开发了获得这种增益所需的带宽,显示了处理所需监视和目标分析功能所必需的处理算法。

本章使用:N. Petrov、T. Faucon、G. Pinaud、G. Babur、P. Aubry 和 Y. He 在 TU Delft 中的不同研究结果;S. Bidon、F. Deudon 和 M. Lasserre 在 ISAE Toulouse 中的不同研究结果;J. P. Guyvarch、A. Becker、G. E. Michel 和 G. Desodt 在 Thales 中的不同研究结果;O. Rabaste 和 L. Savy 在 ONERA 中的不同研究结果。

### 12.1.1　监视雷达系统要求

尽管监视雷达系统种类繁多,包括从远程空中和地面/地面监视到近距离或终端区域监视或保护,或建筑物内部监视,但我们可以从中归纳出一些基本的和永久性的要求:

(1) 如果可能的话,同时检测、跟踪、成像和分类所有在飞行中的目标。

(2) 在低空探测低速(几米/秒)、低 RCS($-20\text{dBm}^2$)的困难目标,将是大多数基于空中或地面监视系统的一个明显特征。该要求适用于长距离或短距离的防御和安全应用。

(3) 如城市或海岸位置及高海拔国家等这类环境,对于国防和安全应用已经变得很重要。风电场的不断发展给那些来自不同源的非预期的回波增加了一个特殊而困难的因素。军用和民用射频设备的快速增长,对雷达性能构成了无所不在的干扰和威胁。

这些长期的要求加剧了设计快速反应系统的需求,从而在宽角覆盖、短距离和长距离上同时具备多种功能。

显然,对于这样广泛的要求没有一个单一的答案。然而具有在恶劣气候条件下大容量或区域搜索这种天然能力的雷达无疑是未来监测系统的关键组成部分。尤其是对于精细的分析能力，与光电系统相比仍然存在一些局限性。通常特定的监视任务将需要集成多种多样的远程传感器系统。

然而将在本章中看到宽带系统（在某些情况下是 UWB）将如何提供强大的性能来满足上述 3 个要求。运动目标检测与分析是目标检测中的最大问题。更准确地说，我们将展示如何将更宽的带宽和波束宽度与适当的波形和处理技术结合起来是未来监视系统设计的关键要素。这些信号处理技术可以在不利的杂波和干扰条件下提供改进的角度和速度鉴别。

## 12.1.2 雷达空间分辨力

众所周知，在标准雷达设计中，雷达的频带宽度 $\Delta F$ 定义了其距离分辨力 $\delta R = c/2\Delta F$，天线的尺寸 $L$（宽度和高度）定义了其角分辨力（方位角和仰角）为 $\delta\theta = c/2L$，相干时间积分 $T_i$ 定义了其速度（多普勒）分辨力 $\delta v = \lambda/2T_i$。

然而，这些基本原理仅适用于具有聚焦的铅笔形波束、标准脉冲压缩波形以及没有距离或多普勒模糊度的标准雷达设计中。换句话说，这些原则松散地基于 Cramer–Rao 不等式只给出可实现的分辨力的下限。在实际中会出现以下情况：

（1）使用宽波束同时覆盖广域可能是有价值的。

（2）经常需要消除距离或多普勒中的模糊，这通常需要几个窄带相干脉冲而不是长的相干脉冲。

换言之，最好的雷达设计通常并不总是表明其在每个领域，如角度、距离和速度都能得到最好的解决方案。设计者必须进行设计权衡，以更新速率约束或模糊/重影去除为导向。

## 12.1.3 宽带系统的距离分辨力

此外，对于较宽的带宽（通常具有 10% 或更高的分数带宽），关于距离–多普勒–角度测量特性的标准推理变得不那么直观。设计者必须考虑不同轴之间的耦合项存在的情况。多普勒效应取决于载波频率，这与相控阵测量的角度位置一样。在这种情况下，由分别在 3 个领域（快时间、慢时间和空间）中进行分析而得到的 3 个（或 4 个）基本测量（范围、多普勒和角度）之间的标准解耦不再成立。如果这些耦合不妨碍经典的匹配滤波器方法在接收中的应用，它们仍然形成更繁琐的计算，并且还会产生烦人的旁瓣。另外，这些耦合项提供互补信息，这有助于消除通常的模糊性，从而改善整个雷达性能，将在本章后面进行介绍。

本章详细分析了这些宽带效应，并识别一般的雷达设计，这些设计可从这些特性中得到好处。更准确地说,我们展示了如何扩展通用雷达的带宽最终可以提高其多普勒或角分辨力,以及获得这些增益所需的带宽,以及需要哪些处理算法才能访问所需的监视和目标分析函数。

### 12.1.4 更宽带宽的可用性

从操作的角度来看,试图通过扩大它们的带宽来改进雷达设计也是有意义的,因为更宽的带宽可用于不同的组件和子系统——从接收器开始,这些接收器往往成为具有高信号吞吐量(通常为每通道100MHz)的数字接收机。显然,延长天线的尺寸或延长相干积分时间是一个更具挑战性的任务,直接影响到包括可传输性和反应性的运行特性。因此,使用信号的带宽看起来是一个更好的解决方案,即使由于频谱过度拥挤的限制也需要解决[1]。

### 12.1.5 带宽扩展的技术途径

下面,首先考虑在宽带信号中发生的快时间和慢时间之间的耦合,这将展示如何利用这种耦合来消除模糊和目标分析。然后将分析一个典型的远程相控阵监视雷达的角度和范围分辨力之间的关系。这种关系将证明这些测量的特点存在明显的折中。用一种空时码(循环码)分析这种折中还阐明了分辨力和旁瓣电平之间的关系,旁瓣电平是雷达性能的关键驱动因素。最后仔细分析一个短距离多基地检测问题,将证明在远距离运动目标检测和分类中所需的基本工具也可以用于 UWB 系统中的短距离检测和目标分析与分类。

所有这些分析实质上是处理运动目标的监视和分析。这需要消除杂波回波——通常比典型的目标回波强至少 50dB,这给允许的旁瓣电平设置了非常严格的限制。这种必要性阻止了采用更具体的方法,这些方法在非现实环境中表现出惊人的分辨力改进。更准确地说,本章还将强调在试图提高雷达分辨力时,在考虑接收信号的实际动态范围的同时考虑旁瓣电平的重要性。

## 12.2 多样性:目标一致性和分集增益

为了达到窄带雷达设计的目的,目标应该是一个各向同性(在方位角)白色(在频率)散射体,这意味着接收信号可以在接收时相干地相加。在现实中,对于大带宽可以精确地将目标表示为分布各向同性散射体,其特征是它们相对于目标上特定点的位置 $x$ 和它们的复衍射系数 $I(x)$。目标的这种特殊性质对雷达系统性能具有影响,因为它改变了相干求和的结果,从而改变了测量精度和信号的波动。以下简要总结和说明了主要结果。

### 12.2.1 目标一致性

当建模目标时各向同性项意味着散射体的衍射系数不依赖于纵横角。白色表示它不依赖于角扇区中的频率和考虑相干积分的带宽。虽然过于简化,但是这个假设仍被非常普遍地使用(如对于 SAR 和逆 SAR 成像),并且文献[2]中表明已经可以提供高质量的图像,虽然也会观察到一些伪影(如目标上的共振、运动散射体)。

在这个多重各向同性和白色散射体模型中,目标 $H(\boldsymbol{k})$ 的散射系数可以写成 $\boldsymbol{k}$、波矢量(沿入射角的矢量、模 $2\pi/\lambda$)的函数,如图 12.1 所示,有

$$H(\boldsymbol{k}) = \int I(\boldsymbol{x}) \mathrm{e}^{-2j\boldsymbol{k}\cdot\boldsymbol{x}} \mathrm{d}\boldsymbol{x} \tag{12.1}$$

图 12.1 目标散射系数假设与频率无关的各向同性散射体的集合

由于该表达式是傅里叶变换,因此可以基于可用测量值 $H(\boldsymbol{k})$ 求逆以提供目标的图像 $I(\boldsymbol{x})$(在通过校准获得的标量系数内),即

$$I(\boldsymbol{x}) = \int H(\boldsymbol{k}) \mathrm{e}^{+2j\boldsymbol{k}\cdot\boldsymbol{x}} \mathrm{d}\boldsymbol{k} \tag{12.2}$$

其中,积分的极限由测量系统决定(通常频带宽度 $\Delta f$ 约为 $f_0$,角扇区 $\Delta \theta_0$ 约为 $\theta_0$)。

这个目标模型是全息测量的基础[2,3],通常用于目标分析。当采用深度 $\Delta x$ 和横向尺寸 $\Delta y$ 观察目标时,如图 12.2 所示,用与角扇区 $\Delta \theta$ 相联系的观测带宽 $\Delta f$,它还提供了 $\boldsymbol{k}$ 域采样和 $\boldsymbol{x}$ 域分辨力的基本参数。这些关系仅仅是测量全息图 $H(\boldsymbol{k})$ 和目标图像 $I(\boldsymbol{x})$ 之间的傅里叶变换关系的结果。

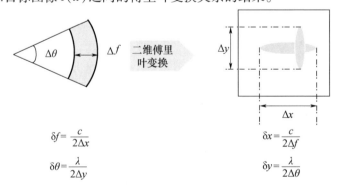

图 12.2 采样和分辨力标准

# 第 12 章 宽带宽波束运动感知

为了说明采样和分辨力的影响,图 12.3 给出了在真实目标无人机(CT20)上获得的图像。它显示了雷达在水平面上的观测图,角扇形宽度为 20°约 40°,频率带宽为 2GHz,中心频率为 9GHz。

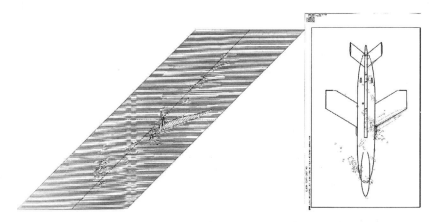

图 12.3 使用具有 2GHz 带宽、9GHz 中心频率信号(由 ONERA 提供)的真实 UWB 雷达目标图像示例
(高空间分辨力信号将 CT 20 无人机视为在不同范围内的多个散射中心的集合,注意只有某些区域有显著的反射)

这些基本的分析工具提供了关键的瞬时带宽和关键的天线阵列范围,它们是目标相干性的基本参数。临界带宽 $\Delta f_c$ 定义为最大带宽,使得目标系数保持相干,有

$$\Delta f_c = \frac{c}{2\Delta x} \tag{12.3}$$

换句话说,如果在目标的方向上传输的带宽不小于 $\Delta f_c$,则接收的信号不能相干性相加;也就是说,目标实际上是通过信号在某一范围内来分析的。例如,如果目标的最大维数是 $\Delta x = 30\text{m}$,则 $\Delta f_c = 5\text{MHz}$(请参阅第 3 章中基于目标共振的雷达空间分辨力和带宽选择的讨论)。

结果,当在目标方向上传输的带宽不小于 $\Delta f_c$ 时,将导致目标在距离上被超分辨。这意味着实现某种分布式目标集成从而为波动目标提供分集增益,这将在下面介绍。

类似地,如图 12.4 所示,临界阵列范围 $D_c$ 是天线阵列的最大范围,使得在距离 $R$ 处观察到的目标系数保持相干性,即

图 12.4 临界阵列宽度 $D_c$ 是天线尺寸的最大范围,因此在一定范围内观测到的目标系数保持相干性

$$D_c = \delta\theta \cdot R = \frac{\lambda}{2\Delta y}R \tag{12.4}$$

例如,如果 $R=100\text{km}$、$\Delta y = 30\text{m}$ 和 $\lambda = 3\text{cm}$,则得到 $D_c = 50\text{m}$。因此,单站系统天线阵列的范围远小于临界范围,并且只有双站或多站系统(在某些文献中也称为多站点或统计 MIMO)可用于角度分辨目标。

最大带宽 $\Delta f_c$ 和临界阵列范围 $D_c$ 这两个关键参数已成为设计多输入多输出系统的基本参数,这也被 Chernyak[4]、Dai 等[5] 及 Wu 等[6] 进行了正确的分析,其中全秩观测矩阵等效于使用大于 $D_c$ 的单元间距。

### 12.2.2 相干性和非单调关联积分

波动雷达目标的检测可能受到存在的噪声以及目标可能只提供小信号特定的倾斜角度或频率的照明(在文献中也称为目标衰落的现象)这两个事实的限制。为了减轻目标衰落,大多数雷达使用频率捷变。

(1)它们在不同载频下发射连续脉冲串。

(2)当接收到每个突发时,像通常一样对每个突发进行相干处理(在每个范围单元中进行多普勒滤波)。

(3)在应用最终检测阈值之前,这些相干和的输出被非相干地求和(模的和或平方模的和)。

这种方式通过每个相干突发处理提高了信噪比。由此产生的非相干和允许考虑不同频率下的各种情况,涉及不同目标的 RCS。

对于高要求的检测概率"一些"非相干积分是优选的,以避免陷入低 RCS 区,特别是对于高起伏目标(如在目标起伏的标准分类中的 Swerling 1 目标[7])。"一些"意味着必须首先使用相干积分来获得足够的信噪比,该信噪比在相干积分之后通常应该大于 0dB,以便它不会因为模运算而变得太差,因为如果在低信噪比下进行检测,则每个非线性运算都会严重降低检测能力。这解释了经常使用的"黄金法则":首先通过相干积分提高信噪比;然后通过从一个突发到另一个突发发送频率捷变的几个突发来减少低 RCS 区域。当目标上的可用时间有限时,为该非相干积分(以及相关的分集增益)付出的代价是较低的多普勒分辨力,因为相干突发较短。

回到宽带雷达,利用 Parseval 定理首先观察到脉冲响应(距离分布)的平方模量中的能量与频率响应的平方模量中的能量相同。因此,从检测的角度来看沿目标长度对脉冲响应的能量求和等效于对相应频率响应的能量求和。

对于感兴趣目标的预定长度(如对于空中 15m 的目标),沿着目标的距离轮廓的积分是一种将相干积分与非相干积分相结合的方式,相干积分用于获得每个距离单元中的距离轮廓及其相关多普勒谱。换言之,对于宽带雷达相干积分时间以及它提供的杂波分离,不需要被减少来利用分集增益。因此,对窄带捷变雷达的每个距离单元中的 $N$ 个脉冲进行求和等效于对高距离分辨雷达的距离剖面的 $N$ 个样本进行求和。

然而,从雷达设计的角度来看,它与窄带雷达存在显著差异,因为多普勒分辨力受每个相干突发持续时间的限制。然而,在宽带雷达中多普勒分辨力受到目标上总时间的限制。这意味着,对于目标上相似的全局时间和相似的总带宽高距离分辨雷达的多普勒分辨力是窄带雷达的 $N$ 倍。

下一个问题是:在目标上需要多少个分辨单元,或者什么是最佳检测分辨力?图 12.5 给出了一个通用的答案,对于 Swerling 目标[7],将每个范围单元所需的信噪比显示为目标上的单元数目的函数:$N=6$ 或 $N=10$(或等效地每个频率单元所需的信噪比显示为所使用的频率数目的函数)。分集增益可以定义为在相干求和情况和非相干求和情况之间每个样本所需信噪比的差。显然对于 $N=6$ 的分集增益最大:增益在 $2.6\sim7dB$ 之间,对于 Swerling 1、2 情况取决于所需的检测概率。还有更高分辨力的增益,但它小得多。

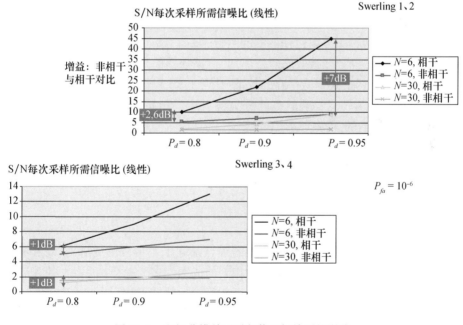

图 12.5 空间分辨单元对起伏目标检测的影响

(轨迹表示 $P_{fa}=10^{-6}$ 时的非相干与相干积分)

对 Swerling 3、4 目标的类似分析表明,如预期那样,因为 Swerling 3 目标的波动小于 Swerling 1 目标的波动,至少对于大于 0.8 的检测概率增益虽然较低但是仍然存在(增益为2.7~1dB)。对于Swerling 3目标的极高分辨力,分集增益将变成一个损耗($P_d$=0.8时对于在30个小区中进行分析的目标损耗为1dB)。

这种多样性分析得出以下结论:

(1)即使与低分辨力(标准)雷达相比,每个距离单元的目标RCS减少,沿距离分布的相邻范围单元的能量叠加提供了足以克服RCS减少的多样性效果。

(2)目标波动越大,分集增益越高。

(3)检测概率$P_d$的更高要求导致更高的分集增益。

(4)最小的目标应该分成5~10个距离单元而不是更多,这意味着度量分辨力足以检测标准空中目标。

(5)对于起伏目标,可以通过将目标切割成碎片来获得少量dB。

(6)不必像窄带雷达中的标准频率捷变那样以降低多普勒分辨力为代价来获得这种分集增益。换句话说,对于宽带雷达可以同时受益于高多普勒分辨力(如改进的慢目标检测及目标分类)和分集增益。

一个非常类似的推理可以应用在角/空间域,如这里所示的范围/频率域。对于具有少数雷达站的多基地系统,一些非相干积分将很好地补充每个站接收信号的相干积分。根据目标的精确特征空间分集和频率分集可能是优选的:散射体在距离上分布时的频率分集;散射体在角度上分布时的空间分集。如果可能的话,一个好的解决方案包括两者的组合,如每个站点使用2个或3个频率以及2个或3个发送和/或接收站点。然而,应该强调的是,频率分集在大多数中/长距离单基地雷达上是普遍存在的特征(因为它们大多数使用多脉冲操作用于去模糊),而需要多站点实现的空间分集只可用于特定情况,如Cherniakov[8]和Chernyak[9]中讨论的无源雷达。

## 12.3 宽带无模糊运动目标指示

### 12.3.1 使用范围迁移信息

前面从功率预算和多普勒分辨力的观点论证了宽带波形的潜力,现在有必要更详细地了解距离-多普勒处理和相关的范围-多普勒模糊度。标准窄带雷达使用周期脉冲的一个主要限制来自众所周知的脉冲雷达距离-多普勒模糊关系,它指出模糊速度$V_a$和模糊距离$D_a$是相关的,有$D_a \times V_a = \lambda \times c/4$。这种关系意味着许多歧义,无论是范围还是速度(或两者)都需要考虑。这反过来意味着具有不同重复频率的连续脉冲串的传输,需要花费更多的时间在目标上以消除模糊和盲速度(在多普勒分辨力中没有相应的增益,因为随后对连续的相干脉冲序列进行非相干处理)[2]。

可以通过提高距离分辨力(通过增加瞬时带宽)寻找替代方案,使得在脉冲序列期间运动目标距离变化(距离移动或距离偏移)与距离分辨力相比变得不可忽略。这等价于说明多普勒效应与多普勒分辨力相比在整个带宽上有变化,并且不能再被认为是单纯的频率偏移。这种雷达可以使用具有低脉冲重复频率(没有距离模糊)和宽带脉冲的脉冲,使得在整个脉冲期间距离移动现象足够显著以消除速度模糊(距离移动是对径向速度的非模糊测量)。然后仅用一个长相干脉冲突发就可以检测目标、测量距离和速度。

如果 $M$ 是脉冲串中的脉冲数,$T_r$ 是重复周期,$V_a$ 是标准模糊速度($V_a = \lambda/(2T_r)$),$\Delta F$ 是瞬时带宽,$\delta R$ 是距离分辨力[$\delta R = c/(2\Delta F)$],然后写出足够的条件,即

$$\begin{cases} MV_aT_r \gg \delta R \Leftrightarrow \dfrac{\lambda}{2}M \gg \delta R \\ \Leftrightarrow M \gg \dfrac{F_0}{\Delta F} \end{cases} \quad (12.5)$$

例如,在 X 波段具有 500MHz 带宽的 1kHz 重复频率下,$M=60$ 个脉冲的突发可用于非模糊 MTI 检测。或者,在具有 200 MHz 带宽的 S 波段中 50 个脉冲的突发可以用于类似的结果。

这种雷达的相干信号处理(其距离分辨力为几个波长的量级,通常小于 10)如图 12.6 所示,对于每个速度假设在距离步长补偿之后,接收回波的相干求和(傅里叶变换)。

$X_{r,t}$ 是在第 $t$ 个时间样本中,从第 $r$ 个脉冲中所接收的信号。

假设:范围 $t\delta R$,速度 $v$,则

$$T_{t\delta R,V} = \sum_{r=0}^{M-1} x_{r,\Gamma\left[t-r\frac{VT_r}{\delta R}\right]} e^{-2\pi jr\frac{F_0 2V}{F_r c}}$$

式中:$\Gamma(u)$ 为 $u$ 的最近整数。

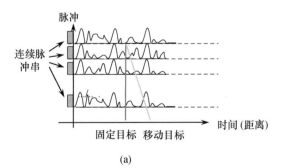

(a)

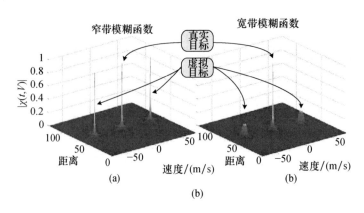

图12.6 宽带信号处理和模糊函数

(a)多脉冲信号处理;(b)模糊函数(左:窄带,1/10000 带宽连续信号脉冲;右:宽带,1/10 带宽)。
(摘自 Le Chevalier, F. , Space – time transmission and coding for airborne radars, *Radar Science and Technology*,2008,6:411 – 421)

更准确地说,用于宽带 MTI 的匹配滤波器简单地包括针对目标的每个可能的速度 $v$ 和时延 $t(t = 2R/c)$ 的接收样本(匹配滤波器)的相干求和。来自迁移目标的信号如图 12.7 所示,首先在范围/慢时域,然后是在子带慢时域(在每列傅里叶变换之后)。在最后一个表示中每条线是正弦曲线,其频率随着线而变化(从子带到子带),因为多普勒随频率而变化。类似地,每个列也是正弦波,频率随列而变化(随脉冲而变化),因为范围随慢时间而变化。

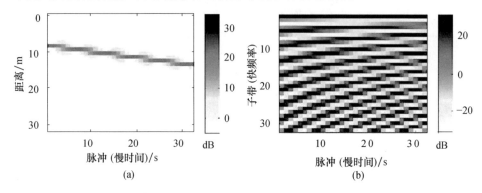

图12.7 在范围/慢时域中以及在子带慢时域中的来自迁移目标的信号
(信号的真实部分被表示,由于目标的距离和速度使得二维正弦调制变得明显)

接收信号 $v_{fr}$ 的匹配滤波的表达式为[2]

$$T(v,t) = \sum_{\substack{f=0,\cdots,N-1 \\ r=0,\cdots,M-1}} y_{fr} \exp\left(2\pi j \frac{ft}{N}\right) \exp\left(-2\pi j r \frac{2v}{\lambda_0} T_r\right) \exp\left(-2\pi j r f \frac{\delta F}{F_0} \frac{2v}{\lambda_0} T_r\right)$$

(12.6)

$$T(v,t) = \sum_{\substack{f=0,\cdots,N-1 \\ r=0,\cdots,M-1}} y_{fr} \exp\left(2\pi j \frac{ft}{N}\right) \exp\left(-2\pi j r \frac{2v}{\lambda_0} T_r \left(1 + f\frac{\delta F}{F_0}\right)\right) \quad (12.7)$$

式中：$V_{fr}$ 为作为频率（子带）$f$ 和脉冲数 $r$ 的函数的接收信号；$N$ 为频率（子带）的数目；$M$ 为相干突发中的脉冲数；$T_r$ 为重复周期；$\delta F$ 为频率阶跃；$F_0$ 为中心载波频率；$\lambda_0 = c/F_0$ 为相应的波长。

由迁移效应引入的速度和范围之间的耦合（或者等价地通过多普勒频移随频率变化的事实）在该表达式中的最后一项中被考虑，当突发期间的迁移 $MvT_r$ 小于距离分辨力 $\delta r = c/(2N\delta F)$ 时，其可以忽略不计。

这种处理导致图 12.6 的模糊函数，该图没表示出多普勒中的周期性模糊。

## 12.3.2 自适应处理

为了更好地抑制杂波模糊，文献[10,11]中所提到的 S. Bidon 和 F. Le Chevalier 的方法非常适合实施自适应处理，如迭代自适应方法（IAA）或贝叶斯方法，它优化了相邻目标之间的分离，同时仍然接受像杂波一样的多个或扩散目标。图 12.8 中显示了文献[10]中的一个示例，显示了在 S 波段的极化捷变雷达和 X 波段（PARSAX）雷达（在 3GHz 载波处 100MHz 带宽，500Hz 重复频率，64 个脉冲）中获得的距离 – 多普勒图像：在 ±25m/s 处杂波模糊度残差明显，但由偏移（初速模糊度只有 2 个距离单元偏移）和自适应处理提供的杂波衰减大于 25dB。

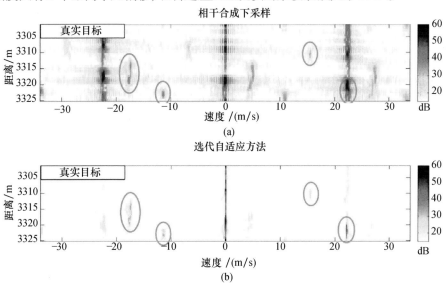

图 12.8 （见彩图）在 S 波段的极化捷变雷达和 X 波段（PARSAX）雷达上的实验结果
(a)相干积分（匹配滤波器）；(b)迭代自适应方法。

（在迭代自适应方法（IAA）处理之后，即使叠加到模糊杂波残差上，以绿色圆圈表示的目标也会清晰地出现，并且大多数模糊副瓣被适当地消除（摘自 Petrov, N. et al., Wideband spectrum estimators for unambiguous target detection, *Proceedings of 16th International Radar Symposium (IRS)*, 2015:676 – 681））。

与具有 100m 距离分辨力的标准窄带雷达相比,这些模糊杂波线因此减少了 20dB(通过提高距离分辨力)和 +25dB(通过利用偏移获得的增益)。总的来说,这相当于抑制了 45dB 模糊杂波线。

已经提出了用于检测这种迁移目标的其他技术[12-13],这仍然是研究和开发的一个领域。我们应该期望这种宽带监视模式出现在未来的雷达设计中,以尽可能地满足本章开头概述的要求。

为了更实际的应用,考虑一个用于地面空中监视的典型例子。以 S 波段雷达(3GHz)为例,它具有 1kHz 重复频率($D_a$ = 150km,$V_a$ = 50m/s),200MHz 带宽提供 0.75m 的理论距离分辨力,使用一个 45 个脉冲的突发。基于这些条件,它在 50m/s 时间内将经历 3 个距离单元的迁移,并具有以下优点:

(1)杂波中运动目标的非模糊检测,仅用一次高分辨力脉冲突发(可能通过脉冲压缩或步进频率技术获得)。

(2)由于高距离和多普勒分辨力的杂波衰减(对于公制距离分辨力约为 20dB),并在盲速度上优于 45dB。

(3)同时检测固定和运动目标(SAR + 地面运动目标指示),具有适合 SAR 成像的高距离分辨力低 PRF 脉冲序列。

(4)飞行中的高分辨力距离 - 多普勒分类:图 12.9 用 50cm 分辨力的悬停直升机图像说明了这种可能性,其中主旋翼和尾旋翼在 5 ~ 13m 范围内清晰可见(通过彪马直升机的电磁建模获得的信号)。

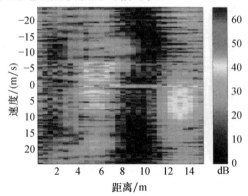

图 12.9 高分辨力(50cm)距离 - 多普勒(HRR)标识的直升机图像

(主转子出现在 5m,尾旋翼在 13m(摘自 Le Chevalier, F. , Space - time transmission and coding for airborne radars, *Radar Science and Technology*,2008,6:411 - 421))

(5)ECCM 特性(需要 ELINT 或 ESM 的特定截获以及用于模拟宽带多普勒压缩效应的特定设备的扩频信号)。

(6)图 12.10 所示为扩展目标的单脉冲角分辨力(对于空地高目标密度情

况是必不可少的）。由于可以在每个距离单元中进行角度测量,如果 SNR 允许,那么扩展目标上的角度测量的直方图将提供两个目标存在及其各自角度位置的信息。从原理上讲,角分辨力下降到更好的角精度。

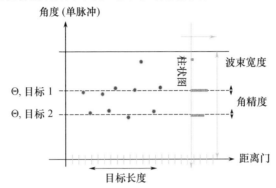

图 12.10　两个扩展目标的宽带角测量

（在每个距离单元中进行的角测量的直方图提供了关于天线主瓣内的目标数量的信息）

这个好处列表清楚地表明了宽带雷达可以获得的改进——这自然可以结合时空波形(在 12.4 节中讨论),以在具有更宽带宽的目标上允许更长的时间,从而改善杂波且进行干扰抑制。

## 12.4　交换范围和角度分辨力:空时编码（相干搭配 MIMO）

下面说明在发射和接收时同时具有宽带和多信道的现代有源天线阵列如何为新的波束形成技术和波形开辟道路。该方法利用不同方向同时传输的不同信号对空间和时间进行联合编码,在接收时进行相干并行处理。Drabowitch 和 Dorey[14,15]首先提出并论证了这些概念,现在应该被看作在操作系统中实现的成熟技术。基本上要获得的主要优点是更好地从杂波、多径和噪声中提取目标（尤其是慢目标）,以及通过更长的观察时间和可能更宽的带宽来更好地识别目标。更具体地说,将分析这种空时编码系统中的带宽、距离和角分辨力之间的关系,需特别强调旁瓣这一关键问题,这个问题常常被忽略。

这种分析开始于数字波束形成,这对于远程雷达是一种允许增加多普勒分辨力的技术。可以看到,以扩大带宽为代价空时编码将如何提高角度分辨力,或者对于一个更灵活的雷达设计更一般的是允许增加自由度。

### 12.4.1　广域监视原理

标准的数字波束形成通过一个相对较小的子阵列或者通过具有适当相位系

数的多个子阵列进行发射,有助于在发射时获得具有宽波束照明的宽角扇区瞬时覆盖。在这种被称为"波束破坏"的技术中,多个定向波束通过不同子阵列上接收信号的相干加法同时在接收时形成,平行于每个瞄准方向[16]。

如果 $s_T(t)$ 是在广角扇区上从天线位置 $x(0)$ 发射的信号,则由在 $\theta_0$ 方向距离为 $c\tau_0/2$ 的目标接收的信号可写为

$$s_R(t,\theta_0) = e^{jk(\theta_0)x(0)} \cdot s_T\left(t - \frac{\tau_0}{2}\right) \quad (12.8)$$

首先假设在一个脉冲的持续时间内没有多普勒效应;然后像往常一样从脉冲到脉冲处理所有多普勒效应。

在位置 $x(r)$ 处由一个天线元件接收的信号可写为

$$s(t,\theta_0) = A_0 e^{j\varphi_0} e^{jk(\theta_0)x(r)} e^{jk(\theta_0)x(n)} s_T(t - \tau_0) \quad (12.9)$$

式中:$A_0 e^{j\varphi_0}$ 为目标的复反射系数。

假设在位置 $x(n)(n=1,\cdots,N)$ 处有 $N$ 个接收天线,并且这些天线在先前定义的目标的临界角内(准单稳态),对预期目标的每个可能位置 $(\tau,\theta)$ 通常通过匹配滤波处理所接收的信号,在一个不重要的复杂系数中得出输出函数为

$$\chi_{\theta_0}(\tau,\theta) = \sum_{n=1}^{N} e^{j(k(\theta_0)x(0)-k(\theta)x(n))} \cdot \int s_T(t)(s_T(t+\tau))^* dt \quad (12.10)$$

这是对接收脉冲的模糊函数进行处理的结果,对于位置 $(\tau_0=0,\theta_0)$ 的假设目标给出每个可能的位置 $(\tau,\theta)$ 的输出。显然,在这个标准的情况下角响应和时间响应被解耦。换句话说,输出是角响应(天线图)和时间响应(脉冲压缩)的乘积。以下将要看到的(图12.11)将不再是空时编码信号的情况。

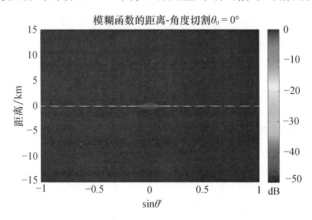

图 12.11 接收的 15 个均衡器天线的线性阵列的线性频率调制的发射 – 接收模糊函数

(传输信号是一个信号持续时间 $T=100\mu s$ 的线性频率调制信号,时间带宽乘积 $TB=255$。处理使用了时间加权 Hamming(沿着线性频率调制副本)和空间 Taylor 30dB 加权(沿着接收天线阵列))

实际应用通常使用加权来减小旁瓣的范围和角度。如果 $W_s(n)$ 是沿着天线阵列的空间加权,并且 $W_t(t)$ 是沿着时间副本的时间加权,则得到的模糊度函数为

$$\chi_{\theta_0}(\tau,\theta) = \sum_{n=1}^{N} W_s(n) e^{j(k(\theta_0)x(0)-k(\theta)x(n))} \cdot \int W_t(t) s_T(t) \, (s_T(t+\tau))^* \, dt$$

(12.11)

这种模糊函数的典型例子如图 12.11 所示。

与标准聚焦探测相比,数字波束形成本质上一般不会改变功率预算,因为发射上的低增益(由于更宽的照射)与更长的积分时间(通过同时观察不同方向而变得可能)可进行折中。事实上,数字波束形成提供的好处主要是通过这种较长的积分时间获得的改进的速度分辨力,特别适用于目标识别目的,或用于杂波中慢速目标的检测——本章开头的关键设计驱动识别。

### 12.4.2 空时编码

然而,这种宽波束探测速度分辨力的提高是以发射上的非定向波束为代价的,这将导致对来自相邻方向的回波有较差的抑制。

(1)对于地面或表面应用,这意味着在强杂波存在情况下检测小目标将变得更加困难:杂波回波来自不同方向,这些回波以前可以通过多普勒抑制被抵消,也可以通过发射或接收时的角度分离被抵消,但现在被抑制起来不会那么容易。

(2)对于机载应用,由于发射时波束较宽,多普勒中的杂波扩展造成严重限制(杂波扩展是由于平台相对于杂波反射器的运动):这导致较差的最小可检测速度以及较差的杂波抑制,因为与聚焦的铅笔束照明相比只获得一半的 dB。

(3)在发射上使用宽波束意味着角分辨力和精度仅在接收时获得,因此角分辨力是标准铅笔束解的 $\sqrt{2}$。

为了在发射时恢复这种角度分离(这是标准聚焦光束技术的基础),有必要对发射信号进行编码(空时编码),使得在不同方向上发射的信号不同,然后按图 12.12 所示,在接收信号时信号变得可分离。

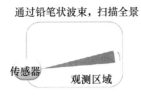
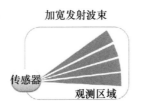
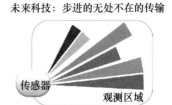

图 12.12 雷达探测太空的历史

(过去依赖于用铅笔束的扫描,目前的方法包括加宽发射波束和使用多个接收波束。未来的方法将在不同的方向发送不同的信号,拓宽带宽并使用多个发射机和接收机)

1. 空时编码原理

多路同时传输的原理是在不同方向上同时传输不同的波形,从而实现空时编码。这种技术也被称为有色传输,因为空间分布随后被着色而不是对应于宽光束的白色分布。在文献中,这种技术也被称为同位相干 MIMO。一个更普遍且显式的名称是空时编码,意思是发送的信号现在是时间和空间的二维函数。

在图 12.13 中,编码是按相位或频率编码的 $M$ 个子脉冲序列,但是任何类型的代码都可以使用[18],如通过不同的子阵列(频率多样阵列[19])发送不同的频率。在发射时的方向性,同时在不同方向上,然后通过信号处理恢复再接收。理想情况下,对于接收上的信号处理发射波形应该是"正交的",以便可以在每个接收信道上分离它们。

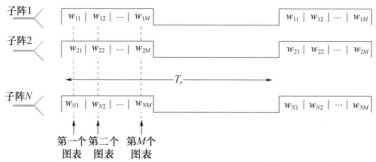

图 12.13 彩色传输(空时编码)使用频率或相位的一系列脉冲编码
(接收信号处理恢复了信号的指向性)

发射波形在时间上仍然是周期性的,如文献[20]中所示,因为这是有效消除远程杂波的多普勒的必要条件。例如,在山区使用非周期波形通常是一个非常糟糕的解决方案,因为如果距离门中收集的所有连续样本中不存在从大型结构远距离返回的波形(如山脉或海岸等),则无法消除这些波形。

考虑这些概念的另一种方式是将它们描述为在每个子脉冲 $m$ 期间通过连续图由阵列上的照明定律 $w_{1m}, w_{2m}, \cdots, w_{Nm}$ 产生的第 $m$ 图 $D_m(\theta)$ 的传输,如图 12.14中针对 3 个概念描述:频率编码(在不同载波频率下的相同图,也称为频率多样性阵列[19]);快速角扫描;伪随机正交图。

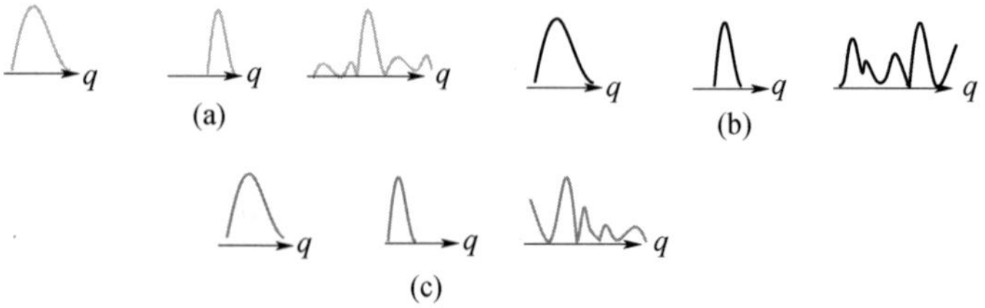

图 12.14 连续的空时编码图
(a)频率编码;(b)快速角扫描;(c)伪随机正交图。

如果天线是由 $N$ 个子阵列组成的,排列在 $Ox$ 线上,其中 $D_m(\theta)$ 是连续图,$x_n$ 是子阵列的位置,则给定编码序列 $w_{nm}$ 的解析表达式为

$$D_m(\theta) = \left| \frac{1}{N} \sum_{n=0}^{N-1} w_{nm} \mathrm{e}^{-2\mathrm{i}\pi \frac{x_n}{\lambda} \sin\theta} \right| \qquad (12.12)$$

最佳处理基本上由图 12.15 中描述的操作组成,每个角度(多普勒)范围假设基本上对接收样本进行相加求和。

(1)横向滤波分离从不同发射机接收的信号。例如,如果发送的信号具有不同的频率,这只是分离不同频率的滤波器组;对于所有的 $P$ 接收信道,$v_n$ 信号对应于每个发射机 $n$。

(2)发射时的数字波束形成(基本上是傅里叶变换),对每个接收天线或信道的发射信号进行相干求和;对于所有的 $P$ 接收信道,$z_n$ 信号对应于每个方向 $n$。

(3)在每个传输方向上接收数字波束形成。

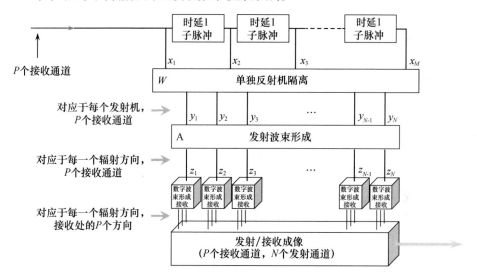

图 12.15　彩色信号最佳接收方框图(该过程将来自不同发射机的信号进行分离)

因此两个波束形成算法:一个工作在发射,一个工作在接收,但不是所有的方向都必须检查,因为一般来说,对于每个发射方向应该只检查一个接收方向。对快速角(脉冲内)扫描有一种简化方法,这种方法在传输时物理地产生了传输的铅笔束。

为了在杂波环境或恶劣条件下提高性能,在发射和接收时最好使用适当的自适应算法[2]进行数字波束形成。

**2. 发送和接收模糊函数**

首先考虑一个简单的情况:只有一个接收天线(在文献中称为多输入单输

出(MISO))。图12.16所示的雷达通过$N$个相同天线或子阵列的线性阵列在位置$x(1),x(2),\cdots,x(N)$发射$N$个相干信号$s_T^1(t),s_T^2(t),\cdots,s_T^N(t)$,并且只有一个天线接收反射信号。因为我们的目标是分析传输期间的空时编码的特殊性,所以将检查MISO系统以知道在接收时的增益、角分辨力和副瓣电平可以从发射部分解耦,如式(12.17)所示。

在给定方向$\theta$上的发射信号是所有发射信号的和,对于由图12.16中波矢量$k(\theta_0)$所定义的这个方向具有适当的相移,有

$$s_T(t,\theta_0) = \sum_{n=1}^{N} e^{jk(\theta_0)x(n)} s_T^n(t)$$

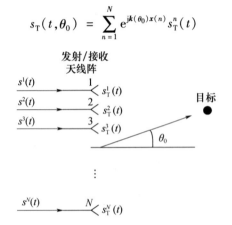

图12.16 具有多输入单输出雷达的空时编码

(多个发射信号的求和决定了波束的方向。单个接收天线收集来自目标的反射)

在范围$c\tau_0/2$方向$\theta_0$上的目标接收到的信号可记为

$$s_T(t,\theta_0) = \sum_{n=1}^{N} e^{jk(\theta_0)x(n)} s_T^n\left(t - \frac{\tau_0}{2}\right) \quad (12.13)$$

这里再次假设在一个脉冲的持续时间内的多普勒效应可以忽略不计,然后像通常一样从一个脉冲到另一个脉冲处理多普勒效应,则模糊函数只取决于范围(时延)和角度。

在位置$x(r)$上由一个天线元件接收的信号可记为

$$s^r(t,\theta_0) = A_0 e^{j\varphi_0} e^{jk(\theta_0)x(r)} \sum_{n=1}^{N} e^{jk(\theta_0)x(n)} s_T^n(t - \tau_0) \quad (12.14)$$

通常,通过针对预期目标的每个可能的位置$(\theta,\tau)$的匹配滤波来处理接收信号,从而在不显著的复系数内提供输出函数$\chi$,即

$$\chi_{\theta_0}(\theta,\tau) = \sum_{\substack{n=1 \\ m=1}}^{N} e^{j(k(\theta_0)x(n)-k(\theta)x(m))} \int s_T^n(t) (s_T^m(t+\tau))^* dt \quad (12.15)$$

因此,发射模糊度函数$|\chi_{\theta_0}(\theta,\tau)|^2$是三维函数(二维阵列为五维,多普勒为六维)。这给出了每个瞄准方向$\theta_0$的时延角模糊度。

为了进行完整的分析,现在还需要考虑通过不同接收信道上的相干求和来进行接收时的波束形成,如 12.4.1 节所述,有

$$\chi_{\theta_0}(\theta,\tau) = \sum_{p=1}^{N} e^{j(k(\theta_0)-k(\theta))x(p)} \times \sum_{\substack{n=1\\m=1}}^{N} e^{j(k(\theta_0)x(n)-k(\theta)x(m))} \int s_T^n(t)(s_T^m(t+\tau))^* dt$$

(12.16)

为了简单起见,下面将考虑天线之间的间距为 $\lambda/2$ 的线性阵列。然后用 $\sin\theta = u$ 和 $\sin\theta_0 = u_0$ 写出"发送 - 接收模糊函数",即

$$\chi(u_0,u,\tau) = \left[\sum_p e^{j\pi(u_0-u)p}\right] \times \int \left[\sum_n e^{j\pi u_0 n} s_T^n(t)\right]\left[\sum_m e^{-j\pi u m}(s_T^m(t+\tau))^*\right] dt$$

(12.17)

对于模糊函数的分析,考虑两个二维截断是有用的,可表示为余弦函数和范围变量。

(1) $|\chi(u_0,u,0)|^2 = D(u,u_0)$,这是角度发射图(在目标的精确范围)作为角度瞄准位置 $u_0$ 的函数。

(2) $|\chi(u_0,u,c\tau/2)|^2$,这是距离 - 角度模糊函数,实际上对于 $u_0$ 瞄准方向,理想情况下这个距离 - 角度模糊函数应该针对每个可能的瞄准方向 $u_0$ 进行分析。

图 12.17 给出了这两个截断的例子,对于由 8 个最大长度序列组成的空时码,在 $100\mu s$ 的脉冲内具有时间 - 带宽 BT = 256、带宽 B = 2.56MHz 和 8 个天线元件。从这个简单的例子中可知有以下两个特征是特别感兴趣的。

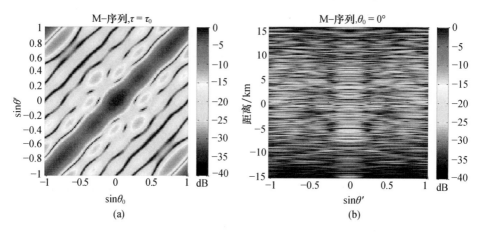

图 12.17 在脉冲 $100\mu s$、BT = 256、B = 2.56MHz 的 8 个天线单元内
由最大长度序列构成的空时码的发射模糊函数的两个截断

(a)一般来说,沿对角线的波动是不可接受的;(b)25dB 的平均旁瓣被认为是不可接受的。

(1) 沿角-角切变对角线的波动水平。一般来说,这种波动是不可接受的,因为它们意味着空间的非均匀探索。沿该对角线通常需要小于 1dB 的波动。

(2) 平均旁瓣电平的范围-角度削减。在这种情况下这些为 20~25dB,这同样是不可接受的,因为不同目标之间的动态范围要大得多。作为一般规则,现代雷达系统要求至少 30dB 或 40dB 平均旁瓣电平。

1) 循环脉冲分析。

本节将研究导致可接受模糊函数的空时码。我们将从循环脉冲的情况开始。

如图 12.18 所示,循环脉冲是一个简单的例子,其中子脉冲通过每个子阵列被连续传输。如果子阵列水平地规则间隔(均匀线性阵列),这等效于将相位中心非常迅速地穿过整个阵列,从而产生发射上的人工多普勒(SAR 效应)。例如,如果子脉冲为 100ns 长,有 10 个子阵列,则产生人工多普勒 ±5MHz,这明显不同于标准多普勒效应,标准多普勒效应只能作为从脉冲到脉冲的相移来测量。一般情况下码可表示为

$$w_{nm} = \delta(n - m)$$

式中:$m$ 为码中的矩数(子脉冲数),$m = N$。这种约束不需要满足所有类型的空时码。

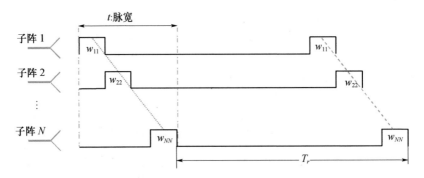

图 12.18 循环脉冲通过阵列的每个天线发射脉冲以产生宽波束
(其中角度被编码为频率)

如图 12.19 所示,全局效应相当于方位角的频率编码。在图中每一列表示在每个方向上传输的信号频谱,通过傅里叶变换在等于 $1\mu s$(提供约 1MHz 分辨力的全局脉冲的持续时间)的持续时间上进行估计。这种编码类似于图 12.14(a):从子脉冲到子脉冲的图是相同的,但是天线的相位中心是变化的(而不是图 12.14 所示的频率)。

这个例子表明,标准雷达模糊度现在是距离-角度-多普勒模糊度,因为编码实际上是空时编码。得到的距离-角度模糊度函数如图 12.20 所示,对于相同的示例:在相邻范围内角度峰值的扩展清晰可见。

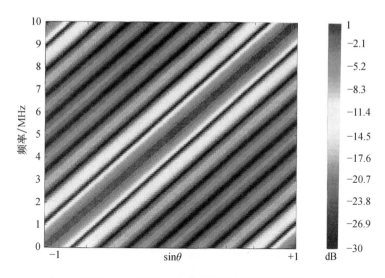

图 12.19 角度-频率编码的循环脉冲示例

（该信号是一个子脉冲，100ns 长，在发射上有 10 个子阵列，在接收上只有一个子阵列。每列（沿垂直线切割）给出相应角度的图（横坐标））

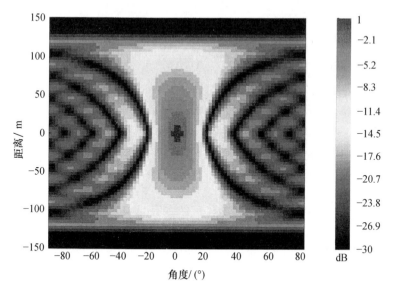

图 12.20 100ns 长、发送时有 10 个子阵列、接收时只有一个子阵列的子脉冲的循环脉冲距离-角度模糊

这个简单的空时编码的基本限制是在每个时刻只有一个发射机工作。通常最好同时使用所有发射机以最大化有效辐射功率。此条件取决于有源元件的精确特性，如最大可容忍占空比。在后面的 12.4.3 节中将介绍的循环码将减轻这

个限制。

最后,可以注意到该循环脉冲还可用于模拟具有脉冲发射机的连续传输,该函数可用于将脉冲雷达系统集成到通信网络中以应用于某些特殊用途。

2) 快速或脉冲内扫描。

正如图 12.14(b)[36]中所描述的,在这种模式下从子脉冲到子脉冲的角度图被快速扫描。如图 12.21 所示,在时间(距离)和角度之间存在一个完全的模糊。例如,可以通过相反方向的对称扫描,通过改变从子脉冲到子脉冲的发送频率,更简单地通过接收上的数字波束形成(DBF),或者更一般的,通过在相位或频率上进行子脉冲编码(这意味着加宽带宽)来消除这个模糊。后者是一种发送上的波束展宽技术,在更宽的波束上传输更宽的带宽。

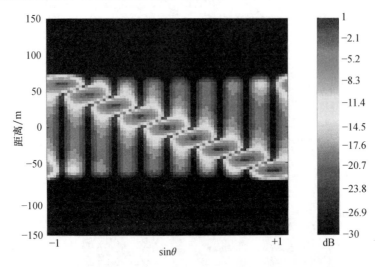

图 12.21　100ns 长、发送时有 10 个子阵列、接收时只有一个
子阵列的子脉冲在脉冲内扫描导致的距离 – 角度模糊

与其他技术相比,一个重要的优点是在发射时它不需要任何数字波束形成,因此在计算机功率方面的实现要求要低得多。

下面将展示 Delft 码的使用,它可以提供距离和角度上的高分辨力和足够多的旁瓣抑制。这些是由循环码与固定空间码[21]组合得到的,用适当的失配滤波器进行处理。

### 12.4.3　循环码

一个众所周知的角度编码的基本示例是使用色散天线,它有效地在不同方向上发送不同的频率波束。在接收时分离不同的频率,并且对于每个发射的波束/频率像往常一样执行数字波束形成。例如,空中交通管制雷达使用这样的色散天线,通过在高程中的频率编码来产生堆叠波束。

以更灵活的方式产生相同效果的空时编码使用"循环"信号,该信号可以是具有良好自相关特性的任何复杂波形(如代码或线性频率调制),并且通常具有大的时间 – 带宽乘积。如果第 $n$ 通道信号 $s^n(t)$ 定义如图12.22所示,则信号 $s(t)$ 沿阵列"循环"。

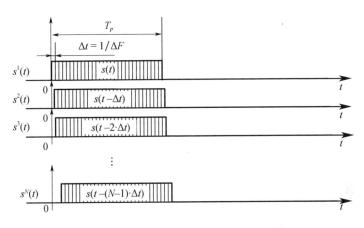

图12.22 用于数字波束形成的空时循环信号

可以使用一个单一的码获得循环码,从一个天线单元的时间到下面的一个移动单元,即

$$s_T^n(t) = s_0\left(t - \frac{n}{B}\right) \tag{12.18}$$

则循环码的发送模糊函数可写为

$$\chi(u_0, u, \tau) = \sum_{n,m} e^{j\pi u_0 n} e^{-j\pi u m} C_0\left(\tau + \frac{n-m}{B}\right) \tag{12.19}$$

式中:$C_0(\tau)$ 为循环码的自相关函数。

循环码在文献[22]中已经详细分析过,并且可提供非常清晰的模糊函数,特别是当循环码是线性频率调制时——以距离分辨力的损失为代价。例如,考虑循环线性频率调制的情况,具有以下特征:由15个基本天线组成的阵列,脉冲持续时间 $T = 100\mu s$,带宽 $B = 2.57MHz$($BT = 257$),以及相邻线性频率调制之间的时间延迟 $\Delta t = 1/B = 0.34\mu s$(图12.23)。

这些线性频率调制可被认为是多频码的一个例子——多个线性频率调制从天线到天线载波从10kHz移位——或者作为循环码——相同的线性频率调制从天线到天线时间原点从 $0.4\mu s$ 移位——如果边缘效应可以忽略的话。

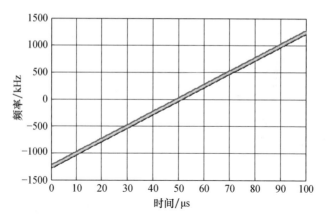

图 12.23　用频率－时间关系来显示循环线性调频编码信号

在图 12.24 和图 12.25 中,先前定义的图像(模糊函数在 $\theta_0=0$ 的角度－角度切割 $\chi(u_0,u,0)$ 及在 $\tau=0$ 的距离－角度切割 $\chi(0,u,\tau)$ 分别用于标准宽波束(没有空时编码)和循环线性频率调制。

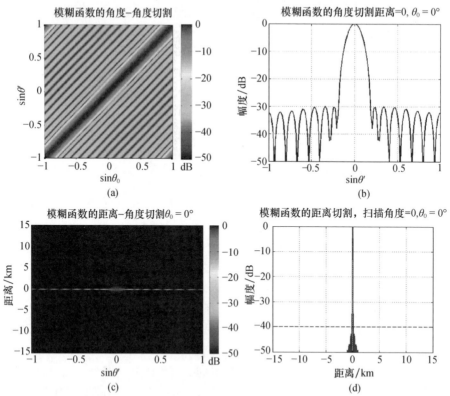

图 12.24　标准宽波束发射接收模糊函数(接收 15 个基本天线(30dB 泰勒加权),脉冲持续时间 $T=100\mu s$,带宽 $B=2.57\text{MHz}(BT=257)$)

(a)角度－角度切割;(b)$u_0=\tau=0$ 的图;(c)距离－角度切割;(d)$u_0=u=0$ 的距离分布。

# 第 12 章 宽带宽波束运动感知

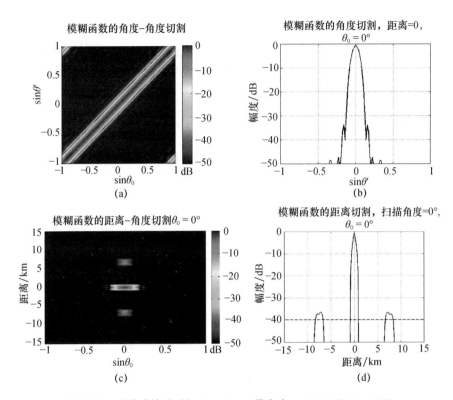

图 12.25 在脉冲持续时间 $T=100\mu s$、带宽为 2.57MHz（$BT=257$）、相邻啁啾之间的时间延迟

（$\Delta t=1/B=0.34\mu s$ 时使用 15 个基本天线进行发射和接收所产生的循环啁啾）

(a)角度-角度切割；(b)$u_0=\tau=0$ 的图；(c)距离-角度切割；(d)$u_0=u=0$ 的距离分布。

在接收上还使用了整个时间汉明加权来改善线性频率调制滤波。在接收端实现数字波束形成，沿 13 个天线阵列使用泰勒 30dB 加权来实现。为了更清楚地分析，还显示了两个"削减这些削减"$\theta_0=0$ 的角度图 $\chi(0,u,0)$ 和距离分布 $\chi(0,0,\tau)$。

这种循环线性调频空时编码的主要特性是模糊函数非常清晰（旁瓣电平几乎处处低于 $-50$dB），但是距离分辨力降低了 15 个因子，通过比较图 12.25（循环码）和图 12.24（标准的宽波束传输，没有空时编码）上的距离分布可以明显看出，这是由于时移和频率间隔的特殊组合，其中由不同线性调频的匹配滤波产生的相关峰值彼此相邻，从而组合以构建 8 倍大的峰值。另一种解释是只有频谱的一部分在每个方向上辐射——这实际上是一个非常分散的天线，因此距离分辨力在每个方向上恶化。12.4.4 节将看到使用 Delft 码[21]来缓解这个距离分辨力的恶化。

将这种多路同时发射的雷达与使用宽波束发射的标准雷达进行对比表明,空时编码允许在发射时将角分辨力与距离分辨力进行交换。角图显著地改善(在大多数域上有超过 20dB 的改善),但是距离分布有 $N$ 个因子的恶化。为了恢复全距离分辨力,必须相应地增加带宽。

换言之对于这种空时编码,通过增加 $N$ 个因子来提高发射带宽是一种在发射时获得全角度分辨力(以及强回波的相关抑制)的方法,与宽波束标准照明(在传输上没有角度分辨力)相比,同时保持了原始的距离分辨力。因为最终的角分辨力是发射和接收分辨力的几何平均值(对于高斯光束假设是图的乘积),所以最终的角分辨力提高 $\sqrt{2}$ 因子。

回到图 12.12 顶部所描述的基本铅笔波束系统中,还可以将这个基本雷达与刚刚描述的具有 $N$ 倍带宽的宽波束空时编码雷达进行对比。可看出,通过扩大相同因子的带宽,可以提高雷达的多普勒分辨力并保持其他特性(角度分辨力和抑制、距离分辨力和抑制)不变。对于每个具有有源天线的铅笔波束雷达,如果所有其他情况保持相同,则可以以扩展带宽为代价来提高多普勒分辨力。虽然一开始对于任何雷达专家来说都相当不安,但这种非常简单的关系还是为将来专门用于慢目标检测和分析的模式开辟了道路。

此外必须强调的是,与先前对宽带雷达的分析一样,与"高分辨力"处理技术相反,这些分辨力的提高是在没有任何关于目标数量、杂波电平或频谱或其性质(对于目标和杂波的点散射体与分布回波)的先验信息的假设情况下获得的。此外,这种高分辨力技术还可以在空时编码系统上实现,从而可以改进针对一些更特定应用时的性能。

### 12.4.4　具有失配滤波的 Delft 码

1. Delft 码模糊函数

为了恢复全距离分辨力,首先可以将循环线性调频与固定的纯空间编码相结合;然后发射时在每个天线单元上实现固定相移 $c_n$,有

$$s_T^n(t) = c_n s_0\left(t - \frac{n}{B}\right) \tag{12.20}$$

引出下面的发送模糊函数,即

$$\chi(u_0, u, \tau) = \sum_{n,m} c_n e^{j\pi u_0 n} c_m^* e^{-j\pi u m} C_0\left(\tau + \frac{n-m}{B}\right) \tag{12.21}$$

相应地,发射模糊函数的一个例子如图 12.26 所示,对于 $N=15$ 个天线以及沿着天线具有循环线性调频的固定伪随机二进制相移码(假设 $T=100\mu s$, $BT=257$),在接收上还使用了全部汉明时间加权来改善线性调频滤波。如先前所示数字波束形成是在接收上实现的,沿 15 个天线阵列方向上有 30dB 的泰勒加权。沿距离轴

的切割清楚地表明了通过循环时间码与固定空间码的组合实现距离分辨力的恢复。

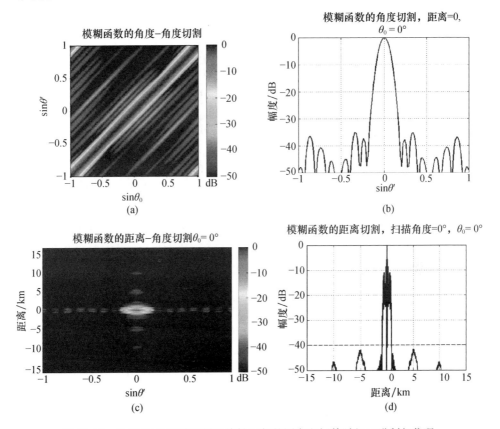

图 12.26 Delft 码具有时间循环线性调频的固定空间伪随机二进制相位码
(15 个基本天线用于发射和接收,脉冲持续时间 $T=100\mu s$,带宽 $B=2.57\text{MHz}(BT=257)$,
相邻线性调频之间的时间延迟:$\Delta t = 1/B = 0.34\mu s$)
(a) 角度-角度切割;(b) $u_0 = 0$ 的图;(c) 距离-角度切割;(d) $u_0 = u = 0$ 的距离分布。

可以为这个模糊函数构建一个有趣的性质。假设线性调频的自相关是"理想的",即是一个 Dirac 函数:$C_0(\tau) = \delta(\tau)$,则发射模糊函数可写为

$$\begin{cases} \chi(u_0, u, \tau) \approx \sum_{n,m} c_n c_m^* e^{2\pi j \left(n\frac{u_0}{2} - m\frac{u}{2}\right)} \delta\left(\tau + \frac{n-m}{B}\right) \\ \chi(u_0, u, \tau) \approx \sum_n c_n c_{n-B\tau}^* e^{2\pi j n \left(\frac{u_0-u}{2}\right)} e^{2\pi j B\tau \frac{u}{2}} \end{cases} \quad (12.22)$$

其中,最后一个相位项可以省略,因为只有模糊函数的模才是有意义的。

$$\chi(u_0, u, \tau) \propto \sum_n c_n c_{n-B\tau}^* e^{2\pi j n \left(\frac{u_0-u}{2}\right)} \quad (12.23)$$

对于 $B\tau > N$ 发送模糊函数为零:发送模糊函数在以 $\tau = 0$ 为中心的区域之

外近似为零(该区域与图 12.25 中循环代码的模糊函数显然是相同的)。此外,在这一区域中,模糊函数是相位码 $c_n$ 上的简单的标准模糊函数(距离多普勒),这里的多普勒轴被替换为 $u$ 轴。

最后发现 Delft 码的距离 – 角度传输模糊函数是循环码(线性调频)的自相关与固定空间码 $c_n$ 的标准模糊函数的卷积(沿 $\tau$ 方向),这里表示为距离和角度的函数(而不是如往常一样的距离和多普勒)。

下面利用这个特性以基于标准时间码的最佳失配滤波器来设计 Delft 码的失配滤波器。这种失配滤波器是必要的,因为用匹配滤波器获得的旁瓣电平通常被认为是不可接受的。

2. Delft 码的失配滤波

为了为 Delft 码定义失配滤波器,副本使用新的失配相位码 $d_m$,其长度 $M > N$(通常为 $3N$),但副本中保持相同的循环线性调频。这允许距离模糊函数的"通道"部分的优化,这主要取决于空间码 $c_n$,但是并不影响该通道之外的模糊函数的无副瓣方向图(它主要由线性调频自相关产生),并且不会延长整个副本,其长度是线性调频的长度。"失配模糊函数"则为

$$\chi(u_0, u, \tau) = \sum_{n=1}^{N} \sum_{m=1}^{M} c_n e^{j\pi u_0 n} d_m^* e^{-j\pi u m} C_0 \left( \tau + \frac{n-m}{B} \right) \quad (12.24)$$

利用文献[10]中所描述的原始技术,基于二次约束二次规划可以方便地进行 $d_m$ 的计算。该方法基于最优化问题作为凸二次约束二次规划(QCQP)的重新表述,确保所获得的任何解都是问题的全局解。此外,二次约束二次规划优化技术不仅可以在 0 多普勒(在我们的例子中对应 0°)上应用旁瓣约束,也可以在更宽的多普勒(或角度)域上应用,文献[23]中给出这个技术的详细介绍。

### 12.4.5　等间距天线示例

结果表明,对于 15 个等间隔天线的线性阵列,采用伪随机二进制相位空间码,线性调频循环码 $T = 100\mu s$、$BT = 257$。在接收中全部时间汉明加权被用于改善线性调频滤波。如前所述,数字波束形成是在接收上实现的,具有沿 15 个天线阵列的 30dB 泰勒加权。对于图 12.27 中用失配滤波处理的 Delft 码,在保持全距离和角度分辨力的同时,又在距离分布上获得了显著的改进,并且在其他地方也保持了非常低的旁瓣(角度旁瓣略有上升,为 – 45dB,如角度 – 角度切割图所示)。

由于时间汉明窗可以从本质上使距离轮廓得到低于 1.5dB 的改善,且距离和角度分辨力没有降低。

图 12.28 给出了发射 – 接收模糊函数的示例,并显示不同的空间 – 时间循

环码允许在距离-角度域、旁瓣位于干扰目标周围、或仅以角度或仅以距离等有不同的折中。

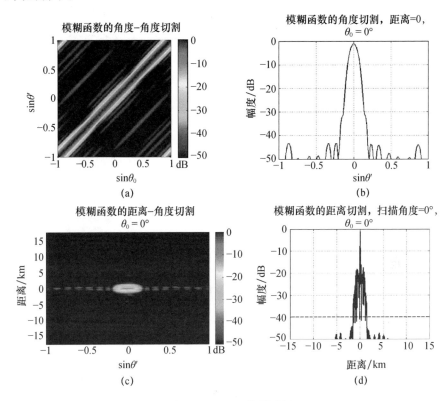

图 12.27 Delft 代码示例

(失配滤波:角度-角度切割,这个图的切割为 $u_0 = 0$,距离-角度切割为 $u_0 = 0$,距离分布为 $u_0 = u = 0$)

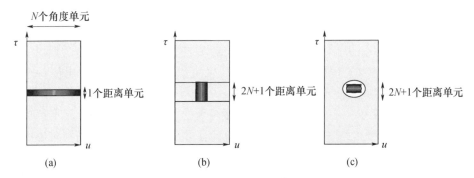

图 12.28 空时分集发射-接收标准宽波束、循环码和 Delft 码的模糊函数示例

(a)没有空时编码的标准宽波束;(b)循环码;(c)Delft 码。

### 12.4.6 空时编码作为分集技术的结论

如图12.29所示,作为一个整体,这些彩色传输技术可以提供期望的角度瞬时覆盖(宽角扇区)。设计者必须与较大的瞬时频率带宽交换这个角覆盖。另外,从标准的宽数字形成的波束开始,空时编码将提供发射上的角度分离(因此能更好地抑制杂波),这是以较大的瞬时频率带宽为代价而获得的。这些解释完全符合上面所描述的循环码的情况。Delft码的使用,可以进一步改进以提供高距离分辨力,同时在大多数距离-多普勒域上仍保持非常干净的模糊函数。

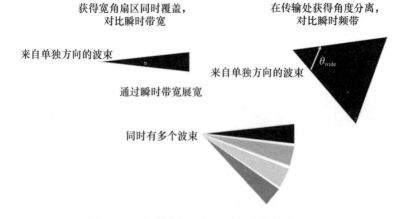

图12.29 提供期望的角覆盖的彩色传输权衡

正如之前所看到的,一个挑衅性的解释是如前所述空时编码可以提高多普勒分辨力;这是扩大瞬时覆盖率所获得的主要好处。这种改进是以增加带宽为代价的,其他条件都相同时这是获得多个同时传输所必需的。在这种情况下,通过增加带宽来提高多普勒分辨力仅仅是一种增加瞬时角覆盖,从而增加目标上的时间,以及最终增加多普勒分辨力的方法。

更一般地说,对循环码和Delft空时码的综述表明,它们应该被看作多样性的补充工具。正如大多数雷达用不同的频率载波发送几个连续的脉冲(如12.2.2节所述是为了利用目标波动),现在也可以使用不同的空时码使每个脉冲中的干扰目标或杂波不影响检测。

基于循环码的分析清楚地表明了这种权衡的可能性。显然,这并不意味着循环码是空时编码的唯一解决方案。一些具有可接受的模糊函数的空时码已公布[25]。后面的工作将分析和实现具有模糊函数的其他编码,这些编码为每个操作需求提供特定的属性[26]。这里主要是为了展示这种具有清晰特性和权衡的空间-时间编码的多样性,同时考虑副瓣的实际水平,副瓣在分析和设计中起着至关重要的作用。

这种编码技术可应用于空战模式天线中,它们可提供必要的瞬时宽覆盖,同时仍保持杂波中的高可见性。还必须强调其强大的抗干扰能力,因为任何重复的干扰器通过重复接收的码给出其位置,从而使得雷达系统容易识别出副瓣干扰并消除相应的伪图。

这些彩色传输技术也是解决众所周知的双基地系统光束交会问题的方法。允许在发射时宽波束而不引起主波束杂波谱的扩展(因为发射方向性在接收时恢复),它们提供了双基地系统的众所周知的优点,即通过减少杂波模糊度、覆盖及 ECCM 来改善杂波检测。

对于机载监视雷达,为了提高慢速目标检测和目标分类所需的多普勒分辨力这一常见难题,12.4 节提供了一种新的解决方案,新的解决方案不像发射时的标准宽波束那样扩大杂波谱。

## 12.5 用于运动目标分析的距离－多普勒曲面

### 12.5.1 距离－多普勒特征

雷达观测通常由场景的距离－多普勒分析组成。在许多监视情形中,目标不是定位在距离和多普勒中的单个散射体,而是横跨一定数量的多普勒细胞。

(1)如飞机、直升机、无人机等机载目标具有运动部件(压缩机、涡轮机、转子、螺旋桨),它们产生特定的多普勒特征。

(2)车辆和坦克,包括有助于扩展光谱特征的移动或旋转部件。

(3)由于身体不同部位的相对运动(手臂、腿等),人体目标也具有特定的多普勒特征。

每一个目标的这些多普勒特征被称为"微多普勒",近几十年都用于分类目的。例如,多普勒地面监视雷达,如泰勒斯雷达(RASIT)长期以来一直配备有专门的装置,用于声学域中传输这种多普勒特征,以便操作者可以收听信号和识别目标的类型。这种设备的自动版本也被应用于地面或机载雷达的飞机或直升机分类。

在当今的许多情况下目标也在距离上扩展,因为距离分辨力高于目标的维数:目标特征随后变成距离－多普勒特征,应该这样分析(通常情况下不仅仅是距离剖面,也称为高距离分辨力,HRRP)。在本节中将分析这些特征,并展示如何将它们描述为距离－多普勒表面以进一步实现分类。

图 12.30 所示为各种各样的情况,不同的距离和多普勒分辨力。

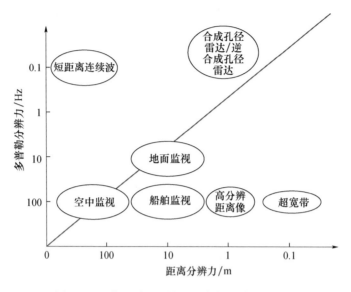

图 12.30 典型雷达系统的距离与多普勒分辨力

确认各种各样的操作情况和雷达特性后来分析这一种极端情况:利用 UWB 雷达进行人类目标分析(基本上是用于室内操作)。这确实可以被认为是一种困难的情况,因为相对雷达带宽大(通常大于 100%),为了在低载波频率(通常介于 0.5~3GHz 之间,用于保证穿墙检测的可能性)下获得良好的距离分辨力(通常为 15cm),且特性本身是复杂的,在范围和多普勒上都有所扩展。在本节结束时将简要介绍该方法对其他情况的扩展。

### 12.5.2 人类特性

人类目标分析被公认为在诸如穿墙检测和地面监视等广泛的安全应用中是有用的。分析通常是在时域(微多普勒)中进行的。时间 – 频率变换如短时傅里叶变换,被用来在慢时间中分析目标多普勒特征。自那时以来已开始了基于微多普勒的目标特征分析[28]的研究。还研究了人体目标的高分辨距离像(HR-RP)[29]。由微运动产生的微多普勒轮廓和 HRRP 都有其缺点,因为它们只包含来自时间 – 频率域或时间 – 距离域的信息。微多普勒分析忽略了距离信息,而 HRRP 分析忽略了多普勒信息。因此为了更全面地分析目标特征,提出了一种称为距离 – 多普勒表面(RDS)的新表示。作为微多普勒轮廓和 HRRP 的替代,RDS 是从三维数据立方体(距离 – 多普勒视频序列)中提取的雷达目标表示[30]。

因此,RDS 将所有包含在 HRRP 和微多普勒特征中的重要信息结合起来。下面将给出准确的定义,并用不同活动人体目标的实验结果进一步进行说明。

更详细的分析可以在文献[27]中找到,其中模型和测量之间的比较也进一步得到研究。

### 12.5.3 距离-多普勒表面概念

距离-多普勒表面可以看作是距离-多普勒视频序列的副产品,它是距离-多普勒图像序列。这些距离-多普勒图像是通过对接收信号进行标准匹配滤波而获得的,同时还要考虑到由于宽带特性引起的偏移效应:信号受到周期性脉冲突发期间运动目标距离偏移的影响,换句话说,多普勒效应与载波频率成正比。图12.31显示了固定和移动目标的雷达回波可能随每个连续脉冲变化而变化的图。

图12.31所示为这种雷达的相干信号处理(其距离分辨力在几个波长的量级,通常小于10),对于每个速度假设,在距离移动补偿之后接收回波的相干求和(傅里叶变换)。

$X_{r,t}$ 为在第 $t$ 时间采样时,第 $p$ 脉冲的接收信号。

假设距离 $t\delta R$,速度 $V$,则

$$T_{t\delta R,V} = \sum_{p=0}^{N-1} x_{r,\Gamma\left[t-p\frac{VT_r}{\delta R}\right]} e^{-2\pi j p \frac{F_{02}V}{F_r c}}$$

式中:$\Gamma(u) = u$ 的最近整数。

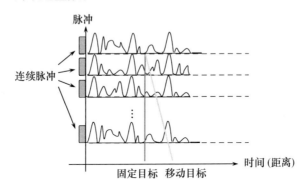

图12.31 固定和移动目标的雷达回波可以随每个连续脉冲的变化而变化图
(宽带相干信号处理可以消除相关的问题并提供连续的距离-多普勒图像)

更准确地说,对于目标的每个可能的速度 $v$ 和时延 $t(t=2R/c)$,用于宽带MTI的匹配滤波器只包括接收样本的相干求和。文字表达已在12.3.1小节中显示,即

$$T(v,t) = \sum_{\substack{f=0,\cdots,N-1 \\ r=0,\cdots,M-1}} y_{f,r} \exp\left(2\pi j \frac{ft}{N}\right) \exp\left(-2\pi j r \frac{2v}{\lambda_0} T_r\right) \exp\left(-2\pi j r f \frac{\delta F}{F_0} \frac{2v}{\lambda_0} T_r\right)$$

式中：$y_{f,r}$ 为作为频率（子带）$f$ 和脉冲数 $r$ 的函数的接收信号；$N$ 为频率（子带）的数目；$M$ 为相干突发中的脉冲数；$T_r$ 为重复周期；$\delta F$ 为频率阶跃；$F_0$ 为中心载波频率；$\lambda_0$ 为相应的波长，$\lambda_0 = c/F_0$。由偏移效应引入的（或者等效地由多普勒频移随频率变化的事实引入的）速度和距离之间的耦合，在本公式的最后一个项中予以考虑。输出 $T(v,t)$ 是第 $M$ 个脉冲从第 $0 \sim M-1$ 个脉冲中所获得的时延多普勒图像。

定义为距离-多普勒图像序列，提出了用距离-多普勒视频序列[27]来描述目标距离-多普勒特征的慢时间演化。一个脉冲重复间隔可以用作两帧之间的典型间隔。图 12.32 显示了所有帧中的 5 个，并且连续帧之间的人体距离-多普勒形状也是可见的。

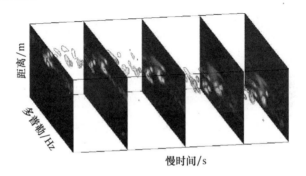

图 12.32　构建一个距离-多普勒视频序列以显示距离-多普勒特征的慢时间演化

为了在 UWB 雷达中实现这种距离-多普勒处理（匹配滤波器），提出了基于 Keystone 变换的距离偏移补偿方法[31]。基于 Keystone 变换的研究目的是在消除偏移现象的同时保持 UWB 雷达的全多普勒分辨力。Keystone 变换最初是用于合成孔径雷达图像处理中的目标偏移补偿中。它已被用于宽带雷达以校准距离剖面和增加相干积分增益，进一步检测暗/高速目标。在这里不会详细说明 Keystone 变换，感兴趣的读者可以参见文献[31]以获得更多的细节。

在图 12.33 中，基于 Keystone 变换的方法获得了一个模拟人体步态的距离-速度图像。

模拟 UWB 信号的工作频带为 3.1~5.3GHz。脉冲重复频率为 400 Hz，最大速度为 7.14 m/s。在基于 Keystone 变换的距离偏移补偿之后，这些快速移动的身体部分（如手或脚）的回波被很好地聚焦并且清晰可见。注意，臂响应很难与胸腔响应区别开来，因为它们彼此严重重叠。

为了建模，人体目标选择了 5 个主要的标记（躯干、左手、右手、左脚、右脚），如图 12.33 所示。为了简单起见，假设所有标记的反射具有相等的 RCS。

散射体的运动由卡内基·梅隆大学设计的运动捕捉系统提供。然后通过对来自人体不同部位的回声进行相干求和来获得人体距离轮廓。

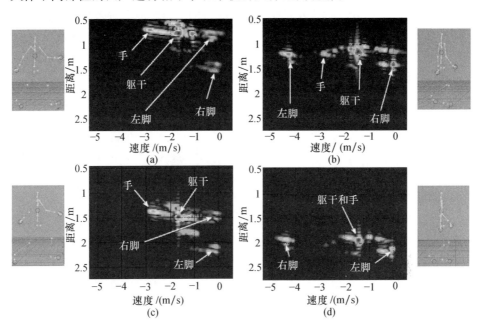

图 12.33 一个模拟人体步态的距离 – 速度图像
(a)双支撑;(b)右姿态;(c)双支撑;(d)左姿态。

在构建 RDS 之前需要在距离 – 多普勒域中检测目标,因为检测允许提取目标和消除虚警。小区平均恒虚警率(CA – CFAR)过程[32]是在噪声和杂波中检测目标的经典方法。采用二维 CA – CFAR 过程在距离 – 多普勒域中进行检测。

对于距离 – 多普勒视频序列中的每个距离 – 多普勒图像,应用滑动二维窗口逐像素扫描该 RD 图像。如果其强度超过估计的阈值,则要求检测一个像素。图 12.34 显示了一个典型的二维窗口。被测单元覆盖目标反射。参考单元估计用于计算检测阈值的背景噪声。保卫单元将被测单元和参考单元分离并设置障碍。这些单元的大小很大程度地影响 CFAR 检测的性能,因此应该根据雷达参数和目标特性(如信号带宽、最大无模糊多普勒和目标速度)进行调整。

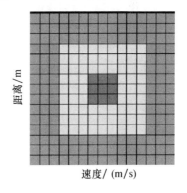

图 12.34 二维 CA – CFAR 窗口[32]
内正方形:被测单元;
白环:保卫单元;外环:参考单元。

如图 12.35 所示,模拟人体目标的检测散射体以三维体积显示,其中不同散射体的强度由各种颜色表示。注意:模拟雷达系统使用与生成图 12.33 所用的参数相同的参数。最后通过创建在图 12.35 中的三维距离 – 多普勒 – 时间体积(距离 – 多普勒视频序列)内具有相同强度值的表面来构建图 12.36 所示的 RDS。等值面图类似于等高线图,因为它们都表示值相等的地方。应用 Matlab® 函数等值面,利用用户定义的等值面阈值从体中提取等值面。

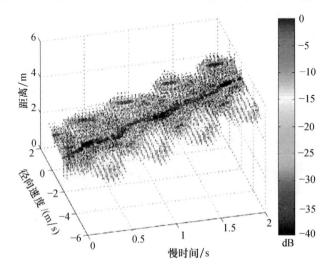

图 12.35 模拟步行人体目标的距离 – 多普勒表面

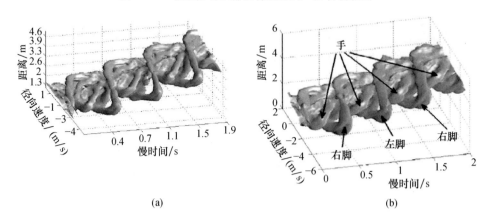

图 12.36 模拟步行人体目标的范围 – 多普勒表面

(显示身体不同部位的贡献(经 Širman, J. D., Computer Simulation of Aerial Target Radar Scattering, Recognition, Detection, &Tracking, 2002. 许可))

等值面连接具有特定值的点,其轮廓线与等高线点连接的方式大致相同。注意:图 12.36 中表面颜色的差异不是由于强度的不同引起,而是由于在

## 第 12 章　宽带宽波束运动感知

Matlab® 中用于说明三维对象的照明效果。在这个过程中选择合理的阈值是很重要的,因为这会显著地影响最终输出。虽然目前是手动设定阈值,但是必须设计自动构造体积表面的方法。

如前所述,目标分析经常在时间-距离域(高距离分辨像)或时间-频率域(微多普勒)中进行。如上所述,HRRP 忽略了多普勒信息,而微多普勒忽略了距离信息。此外,由于不同目标的多普勒频谱可能重叠,因此微多普勒在多目标情况下的应用有限。RDS 在三维距离-多普勒-时间空间中显示目标表面。在 RDS 中包含了所有可能包含在 HRRP 和微多普勒中的重要信息。图 12.37(a) 和图 12.37(c) 表明,由于回波的严重重叠,在 HRRP 和微多普勒图像中的人体片段是不可分离的。

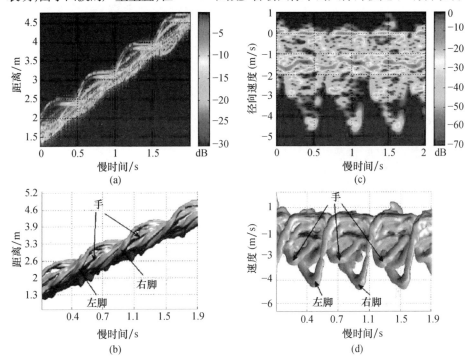

图 12.37　不同的 RDS 投影

(a)距离剖面;(b)微多普勒;(c)RDS 的距离-时间投影;(d)RDS 的多普勒-时间投影。

然而图 12.36 中的 RDS 以及图 12.37(c) 和(d) 中的二维投影提供了一种显示目标信息的总体视图的新方法。在 RDS 中 HRRP 和微多普勒中存在的散射体重叠有所减轻。在 RDS 中脚和手可以直接分开,而不涉及 HRRP 和微多普勒图像中通常需要的额外处理。

对跑步和跳跃这两种常见的人类活动的 RDS 也进行了调查,并在文献[27]中给出了一些结果,证明了区分这些活动的可能性。真实的实验结果也在相同的参考文献中有所描述,也显示了用相同的距离多普勒表面分析多个目标的能力。

### 12.5.4 对不同雷达情况的扩展

为了显示其他范围-多普勒表面结构,将使用模拟移动直升机($SNR = 25dB$)[34],给出了直升机不同部位的距离像和时频图像。直升机的距离-多普勒表面也如图 12.38 所示。

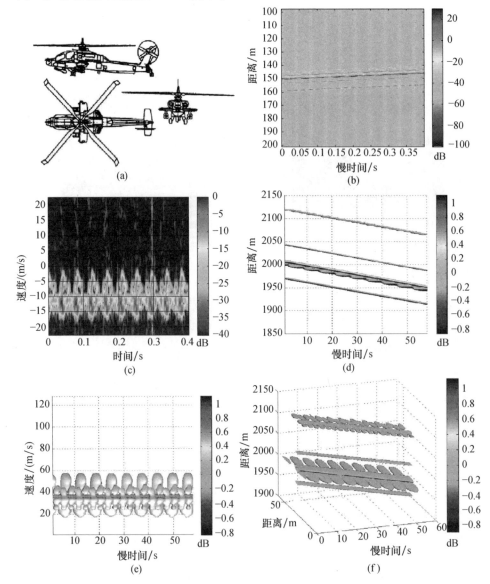

图 12.38 直升机特征的不同 RDS 投影

(a)直升机视图;(b)距离剖面;(c)微多普勒;(d)RDS 的距离-时间投影;
(e)RDS 的多普勒-时间投影;(f)距离-多普勒表面。

**1. 雷达参数**

雷达参数如表12.1所列。

表 12.1 雷达参数

| 波形 | 中心频率 | 带宽 | PRF | 采样率 | CPI |
|---|---|---|---|---|---|
| 脉冲 | 10GHz | 1GHz | 3000Hz | 2GHz | 60PRI = 0.02s |

**2. 目标:直升机以固定叶片的旋转速度在空中盘旋**

直升机的参数如表12.2所列。

表 12.2 直升机参数

| 直升机 | 主旋翼 | 尾翼 | 长度 | 宽度 |
|---|---|---|---|---|
| AH-64（阿帕奇） | 4个叶片,每个7.46m长,6个周期/s旋转速率 | 4个叶片,每个1.5m长,25个周期/s旋转速率 | 15.3m | 5.4m |

提出了一种利用UWB雷达对人体目标进行分析的新方法——距离-多普勒表面(RDS)。RDS是从距离-多普勒视频序列中提取的。通过模拟和实验数据证明了使用RDS的有效性。作为微多普勒和高分辨距离像的替代物,RDS保留了所有显著的距离-多普勒-时间信息。

## 12.6 小　　结

本章探讨了利用扩大的瞬时带宽以消除模糊、减少角旁瓣或分析目标特性的不同技术。简要介绍的不同技术[35]可优化用于空间探索、目标分析和检测的其他技术。例如,通过不同子阵列的多频传输或循环线性调频编码,总瞬时带宽在200~500MHz之间或交错的多频脉冲串,将允许在发射和接收上进行波束成形,并且在距离和多普勒上高分辨。因此,在仅仅一个相干雷达脉冲的突发内,提供对多个地面和低飞行目标更好的检测、定位和分类。

基本上主要优点是从杂波、多径和噪声(如中继器干扰)中更好地提取目标(尤其是慢目标),以及通过更长的观察时间和更宽的带宽来更好地识别目标。

值得注意的是,虽然20世纪后半叶在雷达波形设计和时间-多普勒信号处理方面取得了重大发展,但21世纪早期的10年专注于天线的发展,主要是围绕相控阵设计及发射和接收的空时处理。

有源电子扫描阵列和宽带集成前端的成本降低,将使这些技术能够推广应用于更苛刻的应用场景中,并且当然也需要智能雷达管理使其可以充分利用监视雷达系统的带宽和灵活性。

# 参 考 文 献

[1] Struzak, R., Tjelta, T. and Borrego, J., 2015. On Radio – Frequency Spectrum Management, *The Radio Science Bulletin* No. 354 (September 2015), pp. 10 – 34.

[2] Le Chevalier, F., 2002. *Principles or Radar and Sonar Signal Processing.* Artech House, Norwood, MA.

[3] Pouit, C., 1978. Imagerie Radar à Grande Bande Passante. *Proceedings of the International Colloquium on Radar*, Paris, France.

[4] Chernyak, V., 2007. About the 'New' Concept of Statistical MIMO Radar, *Proceedings of the Third International Waveform Diversity & Design Conference.* Pisa, Italy, June.

[5] Dai, X. – Z., Xu, J. and Peng, Y. – N., 2006. High Resolution Frequency MIMO Radar, *Proceedings of the CIE Radar Conference.* Shanghai.

[6] Wu, Y., Tang, J. and Peng, Y. – N., 2006. Analysis on Rank of Channel Matrix for Mono – static MIMO Radar System, *Proceedings of the CIE Radar Conference.* Shanghai.

[7] Richards, M. A., Scheer, J. A. and Holm, W. A., 2010. *Principles of modern radar: basic principles.* SciTech Publishing, The IET, Johnson City.

[8] Cherniakov, M. (ed.) 2007. *Bistatic Radar: Principles and Practice.* Wiley, Chichester, UK.

[9] Chernyak, V., 1998. Fundamentals of Multisite Radar Systems. CRC Press.

[10] Petrov, N. and Le Chevalier, F. 2015. Wideband spectrum estimators for unambiguous target detection. *Proceedings of 16th International Radar Symposium (IRS).* Dresden, pp. 676 – 681.

[11] Deudon, F., Bidon, S., Besson O., Tourneret, J. – Y. and Le Chevalier, F., 2010. Modified Capon and APES for Spectral Estimation of Range Migrating Targets in Wideband Radar. *Proceedings of IEEE National Radar Conference*, June.

[12] Bidon, S., Tourneret, J. – Y., Savy, L. and Le Chevalier, F., 2014. Bayesian sparse estimation of migrating targets for wideband radar. *IEEE Trans. Aerosp. Electron. Syst.*, vol. 50, no. 2, pp. 871 – 886, April.

[13] Deudon, F., Le Chevalier, F., Bidon, S., Besson O. and Savy, L., 2010. A Migrating Target Indicator for Wideband Radar, *Proceedings of the Sensor Array and Multichannel signal Processing Workshop.* Israel, October.

[14] Drabowitch, S. and Aubry, C., 1969. Pattern Compression by Space – Time Binary Coding of an Array Antenna, *Proceedings of the AGARD CP 66. Advanced Radar Systems.*

[15] Dorey, J., Blanchard, Y., Christophe, F. and Garnier, G., 1978. Le Projet RIAS, Une Approche Nouvelle du Radar de Surveillance Aérienne, *L' Onde Electrique*, vol. 64, no. 4.

[16] Kinsey, R., 1997. Phased Array Beam Spoiling Technique, *IEEE Antennas and Propagation Society International Symposium.* Vol. 2, pp. 698 – 701.

[17] San Antonio, G. and Fuhrmann, D. R., 2007. MIMO Radar Ambiguity Functions, *IEEE Journal of Selected Topics in Signal Processing*, Vol. 1, no. 1, pp. 167 – 177.

[18] Levanon, N. and Mozeson, E., 2004. Radar Signals. John Wiley & Sons, Interscience Division, New York, NY.

[19] Antonik, P., Wicks, M. C., Griffiths, H. D., et al. 2006. Frequency diverse array radars, Proc. IEEE Radar Conf. Dig., Verona, NY, USA, April. pp. 215–217.

[20] Le Chevalier F., 2013. Space–time coding for active antenna systems, Ch. 11. "Principles of Modern Radar, Vol II: Advanced Techniques", J. Sheer and W. Melvin, (eds). Scitech Publishing, The IET.

[21] Babur, G., Aubry, P. and Le Chevalier, F., 2013. Research Disclosure: Delft Codes: Space–Time Circulating Codes Combined With Pure Spatial Coding For High Purity Active Antenna Radar Systems; Research Disclosure N° 589037, May.

[22] Babur, G., Aubry, P. and Le Chevalier, F., 2013. Space–time radar waveforms: circulating codes, Journal of Electrical and Computer Engineering, Vol. 2013, Article ID 809691, 8 pages; Hindawi Publishing Corp.

[23] Faucon, T., Pinaud, G. and Le Chevalier, F., 2015. Mismatched filtering for space–time circulating codes, Proceedings of IET International Radar Conference, Hangzhou, PR China, October.

[24] Le Chevalier, F., 2015. Wideband wide beam motion sensing, Tutorial at the IET International Radar Conference, Hangzhou, PR China, October.

[25] Rabaste, O., Savy, L., Cattenoz, M. and Guyvarch, J.-P., 2013. Signal Waveforms and Range/Angle Coupling in Coherent Colocated MIMO Radar, Proc. IEEE International Radar Conference, Adelaide, Australia.

[26] Tan, U., Rabaste, O., Adnet, C., Arlery, F. and Ovarlez, J.-P., 2016. Comparison of Optimization Methods for Solving the Low Autocorrelation Sidelobes Problem, submitted to the IEEE Radarconf 2016. Philadelphia, USA, May.

[27] He, Y., Molchanov, P., Sakamoto, T. Aubry, P., Le Chevalier, F. and Yarovoy, A., 2015. Range–Doppler surface: a tool to analyse human target in ultra–wideband radar, IET Radar, Sonar & Navigation, Vol. 9, no. 9, December, pp. 1240–1250.

[28] Chen, V. C., 2011. The micro–Doppler effect in radar. Artech House, Norwood, MA.

[29] Fogle, O. R., 2011. Human micro–range/micro–Doppler signature extraction, association, and statistical characterization for high resolution radar, PhD thesis. Wright State University.

[30] He, Y., Aubry, P., Le Chevalier, F. and Yarovoy, A. G., 2014. Self–similarity matrix based slowtime feature extraction for human target in high–resolution radar, Int. Journal of Microwave and Wireless Technologies, Vol. 6, no. 3–4, pp. 423–434.

[31] He, Y., Aubry, P., Le Chevalier, F. and Yarovoy, A. G., 2014. Keystone transform based range–Doppler processing for human target in UWB radar, Proc. IEEE Radar Conf., Cincinnati, OH, USA, pp. 1347–1352.

[32] Oppenheim, A. V., Schafer, R. W., Buck, J. R., et al., 1999. Discrete–time signal processing, Prentice Hall, Upper Saddle River, NJ.

[33] He, Y., 2014. 'Human Target Tracking in Multistatic Ultra – Wideband Radar'. Ph Dthesis, Delft University of Technology.

[34] Širman, J. D., 2002. Computer Simulation of Aerial Target Radar Scattering, Recognition, Detection, & Tracking. Artech House Publishers, Norwood, MA.

[35] Le Chevalier, F., 1999. Future Concepts for Electromagnetic Detection, IEEE Aerospace and Electronic Systems Magazine, Vol. 14, no. 10, October.

[36] Le Chevalier, F., 2008. Space – Time Transmission and Coding for Airborne Radars, Radar Science and Technology, Vol. 6, no. 6, pp. 411 – 421, December.

# 合著者

**Fauzia Ahmad**
天普大学工学院,电子与计算机工程系
宾夕法尼亚州,费城

**Maksim Alekhin**
莫斯科国立鲍曼技术大学,遥感实验室
俄罗斯,莫斯科

**Moeness Amin**
维拉诺瓦大学工学院,现代通信中心
雷达成像实验室
宾夕法尼亚州,维拉诺瓦

**Lesya Anishchenko**
莫斯科国立鲍曼技术大学,遥感实验室
俄罗斯,莫斯科

**Terence W. Barrett**
BSEI
纽约州,维克托

**Angelika G. Batrakova**
哈尔科夫国立汽车-公路大学,公路与机场检测工程系
乌克兰,哈尔科夫

**Dmitriy O. Batrakov**
哈尔科夫国立 V. N. Karazin 大学,无线电物理、生物医学电子与计算机系统学院,理论无线电物理系
乌克兰,哈尔科夫

**Timothy Bechtel**
宾夕法尼亚大学,地球与环境科学系
宾夕法尼亚州,费城

**Anatoliy Boryssenko**
A&E 合营公司
马萨诸塞州,贝尔彻镇

**Elen Boryssenko**
A&E 合营公司
马萨诸塞州,贝尔彻镇

**Lorenzo Capineri**
福罗伦萨大学,信息工程系,超声与无伤检测实验室
意大利,福罗伦萨

**Edison Cristofani**
皇家军事学院,通信、信息、系统与传感器系
比利时,布鲁塞尔

**Traian Dogaru**
美国陆军研究实验室
马里兰州,德尔斐

**Pierluigi Falorni**
福罗伦萨大学,信息工程系,超声与无伤检测实验室
意大利,福罗伦萨

**Fabian Friederich**
夫琅和费物理测量技术研究所,电子太赫兹测量技术
德国,凯撒斯劳滕

**Masaharu Inagaki**
Walnut 公司
日本,立川市

**Sergey Ivashov**
莫斯科国立鲍曼技术大学,遥感实验室
俄罗斯,莫斯科

**Joachim Jonuscheit**
夫琅和费物理测量技术研究所,电子太赫兹测量技术
德国,凯撒斯劳滕

**Pavlo V. Kholod**
乌克兰国立科学院 O. Ya. Usikov 无线电物理与电子学研究所
乌克兰,哈尔科夫

**François Le Chevalier**
Thales 航空着陆系统与代尔夫特理工大学
法国,皇后镇

**Lanbo Liu**
康涅狄格州立大学,土木与环境工程系
康涅狄格州,斯托斯

**Sergey A. Masalov**
乌克兰国立科学院 O. Ya. Usikov 无线电物理与电子学研究所
乌克兰,哈尔科夫

**Ram M. Narayanan**
宾夕法尼亚州立大学,电子工程与计算机科学学院
宾夕法尼亚州,大学公园

**Gennadiy P. Pochanin**
乌克兰国立科学院 O. Ya. Usikov 无线电物理与电子学研究所
乌克兰,哈尔科夫

**Oleksandr G. Pochanin**
乌克兰国立科学院 O. Ya. Usikov 无线电物理与电子学研究所
乌克兰,哈尔科夫

**Vadym P. Ruban**
乌克兰国立科学院 O. Ya. Usikov 无线电物理与电子学研究所
乌克兰,哈尔科夫

**Oleg I. Sukharevsky**
哈尔科夫阔日杜布空军大学,空军研究中心乌克兰,哈尔科夫

**Alexander Tataraidze**
莫斯科国立鲍曼技术大学,遥感实验室
俄罗斯,莫斯科

Sergey N. Urdzik
哈尔科夫国立汽车-公路大学
乌克兰,哈尔科夫

Marijke Vandewal
皇家军事学院,通信、信息、系统与传感器系
比利时,布鲁塞尔

LiudmylaA. Varianytsia – Roshchupkina
乌克兰国立科学院 O. Ya. Usikov 无线电物理与电子学研究所
乌克兰,哈尔科夫

Vitaly A. Vasilets
哈尔科夫阔日杜布空军大学,空军研究中心
乌克兰,哈尔科夫

Igor Vasiliev
莫斯科国立鲍曼技术大学,遥感实验室
俄罗斯,莫斯科

Colin Windsor
托卡马克能源公司
联合王国,East Hagbourne

Gennady S. Zalevsky
哈尔科夫阔日杜布空军大学,空军研究中心
乌克兰,哈尔科夫

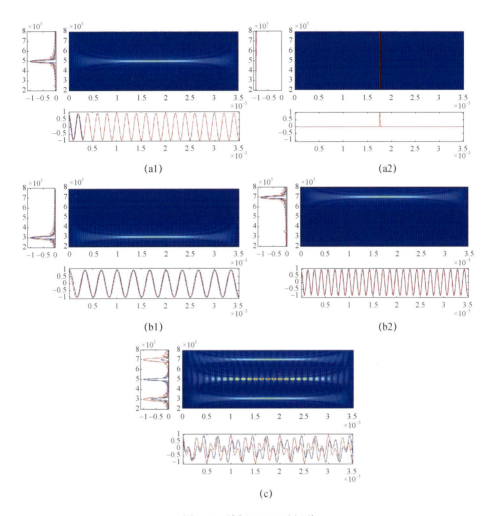

图 4.1 单侧 WVD 时频谱

(a1)正弦曲线;(a2)脉冲;(b1)低频正弦曲线;(b2)高频正弦曲线;(c)低频和高频正弦曲线的组合。

(在所有情况下的边缘,蓝色的线表示 WVD 的边缘,红色的线表示傅里叶变换的边缘。

可见,(b1)和(b2)中没有交叉项,(c)中有"杂波干扰",横轴表示时间,纵轴表示频谱的幅度)

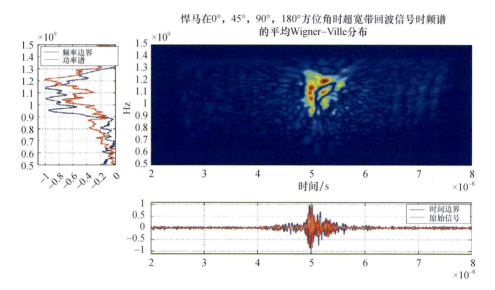

图 4.2 WVD 的 UWB 时频谱回波信号从悍马车平均返回信号的目标方面的角度（0°、90°和 180°）（在边线上，蓝线表示 WVD 边线，红线表示傅里叶变换边线）

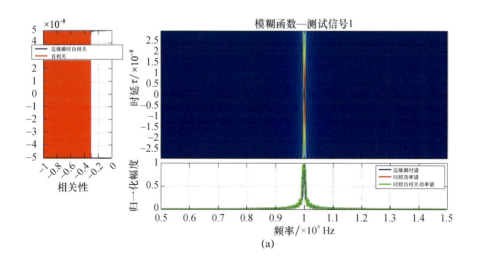

(a)

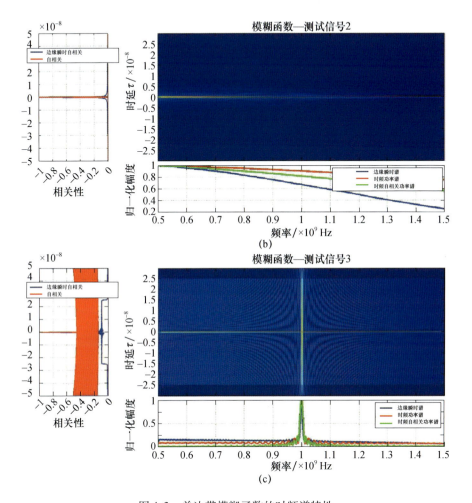

图 4.3 单边带模糊函数的时频谱特性

（a）单频正弦曲线；（b）脉冲曲线；（c）正弦曲线和脉冲复合。

（左图为模糊函数自相关特性，底部图为傅里叶变换图和自相关特性。模糊函数的对称性是由于选择的时间距离间隔的对称性所致）

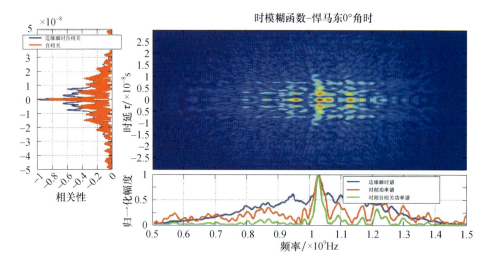

图 4.4 悍马车 0°角时的单边 UWB 模糊函数时频谱

(左图为模糊函数自相关特性,底部图为傅里叶变换图和自相关特性。模糊函数的对称性是由于选择的时间距离间隔的对称性所致。发射脉冲信号是 2ns 的包络调制脉冲,载频 35.3GHz(Ka 频段),带宽 1GHz,功率小于 0.5W。目标位于 150m 处)

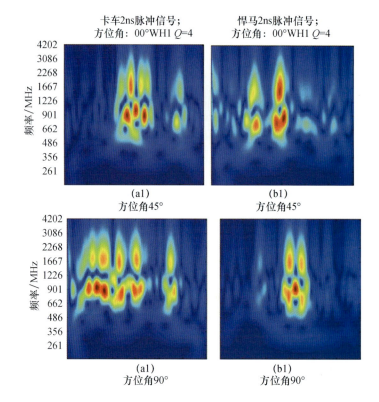

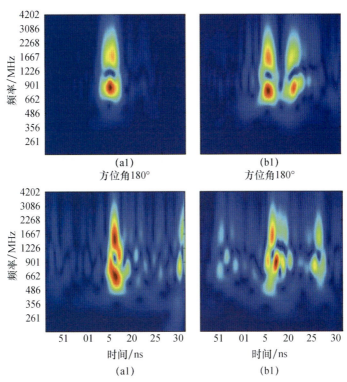

图4.7 利用WHWF获得的时频谱(WHWF1)、$Q=4$的微分滤波器
(图(a1)是卡车目标,图(b1)是悍马车目标。UWB信号时宽2ns脉冲,
目标观方位度自上而下为0°、45°、90°和180°)

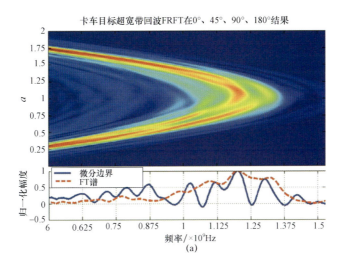

(a)

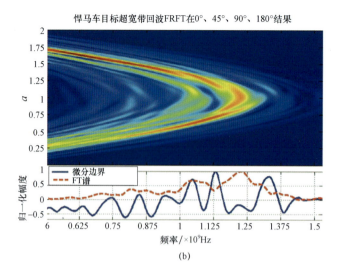

(b)

图 4.23 0°、45°、90°、180°观测条件下目标的 UWB 信号回波的分数阶傅里叶变换

(a)卡车目标($0<\alpha<2$);(b)悍马车目标($0<\alpha<2$)。

(对于两个目标的 FRFT,在 $a=1.0$ 的附近并不对称,表明目标回波穿过了不同介质。在边缘处,每个传统 FT 结果都用红色标出;而微分边界谱是 $1.005<\alpha<2$ 平均谱减去 $0<\alpha<0.995$ 平均谱(蓝色)。对于传统的傅里叶变换微分边界谱能够比基函数方法提供目标更丰富和详细的细节信息)

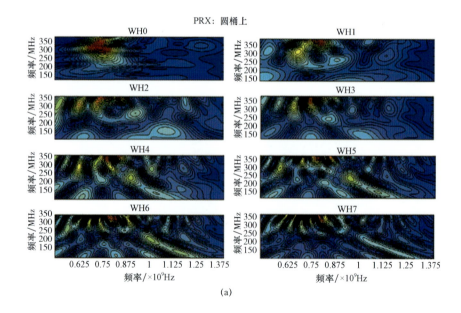

(a)

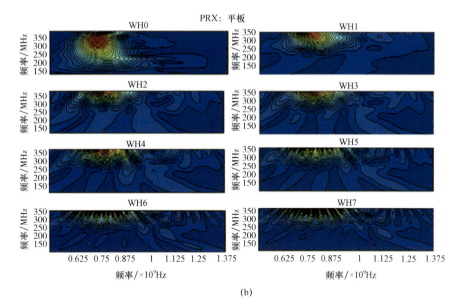

(b)

图 4.25 发射信号是一个中心频率 472.5MHz、带宽 515MHz(215~730MHz)的调幅瞬态信号。接收端采样频率是 10GSPS。UWB 回波的 WH 值是利用有多组标定函数(均值滤波器)和小波变换(导数滤波器)组成的 WHWF 序列计算得到的。所有偶数号滤波器均为标定滤波器,如 WHWF0、WHWF2、WHWF4、WHWF4 等;所有奇数号滤波器均为导数滤波器,如 WHWF1、WHWF3、WHWF5、WHWF7 等。这里只用到了 8 个滤波器,即 WHWF0~7。对上述 8 个滤波器进行时频分析

(a)一只圆桶直径 22.5in(57.15cm)、高 33.5in(85cm)目标的超宽带回波的 8 个谱图(WHWF 0~7);

(b)板面(5m×0.91m)目标的 UWB 回波的 8 个谱图(WHWF0~7)。

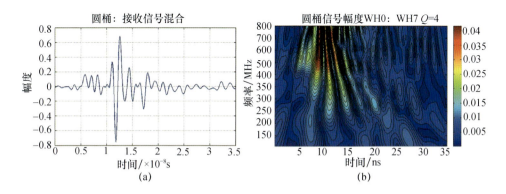

图 4.26 圆桶目标的时域 UWB 回波信号实例

(a)圆桶目标(直径 22.5in(57.15cm),高 33.5in(85cm))从顶部垂直照射的 UWB 平均时域回波;

(b)8 个 WHWF(WHWF0~7)时频多窗分析结果(上述是 UWB 回波获得后平均得到的结果)。

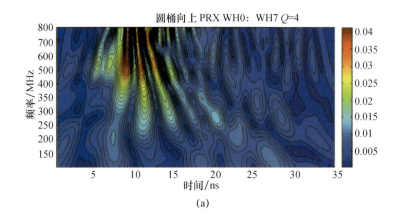

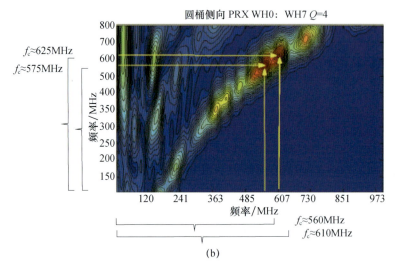

**图 4.36 多窗口时频分析(MWFTA)处理返回信号的实例**

(a) 返回信号的多窗口时频谱(目标圆桶直径 22.5in(57.15cm)、高度 33.5in(85cm),通过使用滤波器的 8 个时频谱的平均值计算 WHWF 0～7, $Q=4$);(b) 载波频率包络(CFEF)谱。

(这些图是多窗口时频频谱的每条频率线的傅里叶变换,提供多窗口频谱的载波信号频率调制包络的频谱(100 MHz～1GHz)。在特定频率的"载波频率"和"包络"调制下,这些频谱中存在峰值。也有较低的包络频率峰值,表示稳定的脉冲穿过所有载波频率,即在左边指示为垂直频带的尖峰)

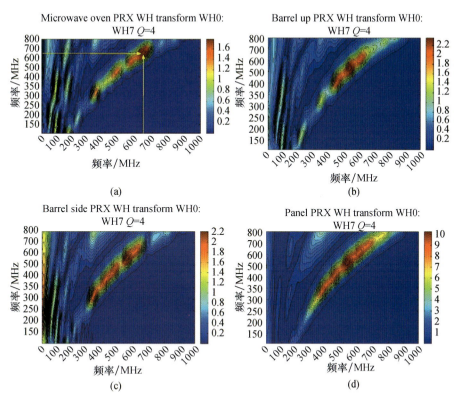

图 4.37 载频包络频率接收目标的 UWB 信号谱
(a)微波炉(顶部 0.54m²、侧面 0.047m²);(b)圆桶(直径 22.5in(57.15cm)、高度 33.5in(85cm);
(c)圆桶侧向;(d)顶板(5m×0.91m)。

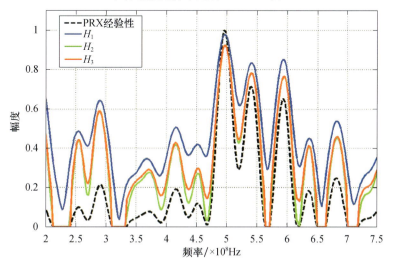

图 4.41 微波炉目标的频率响应函数频率(由返回信号估计和经验获得。
具体如下:经验获得的超宽带回波信号 PRX;$H(f)_1$ 对输出噪声无偏;
$H(f)_2$ 对输入噪声无偏;$H(f)_3$ 对输入和输出噪声无偏)

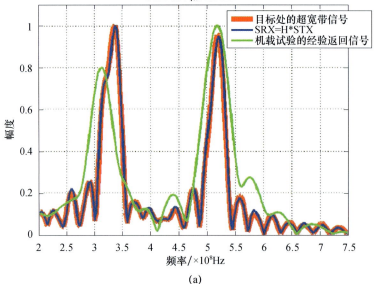

(a)

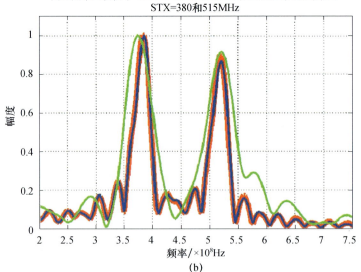

(b)

图 4.42 传递函数计算

((a)和(b)显示:①从发射机的经验发射 UWB 信号 STX 开始,计算并补偿目标处的 STX;②从目标传递函数 $H$ 计算的返回信号 SRX,其本身是使用 STX 和目标处的 SRX 计算的;③经验获得的 UWB SRX 谱)

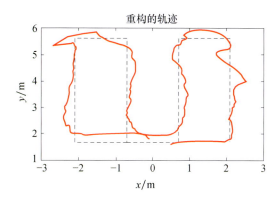

图 9.13　利用 $m$ 序列 PN 雷达在 8~2500MHz 下跟踪一堵
干墙后面移动的人(Sachs et al.,2008)

(利用固定波束去除的自适应滤波器和连续虚警概率(CFAR)阈值。黑色虚线代表人实际运动的轨迹,红色实心线重建的轨迹(© Eu M A 2008,Permission of European Microwave Association,Proc European Radar Conf. 2008:408-411))

图 10.13　发射台上的"哥伦比亚"号航天飞机

(黄色设计部分是外部低温燃料箱的隔热涂覆层(源自《航空周和空间技术》,27-28,2003))

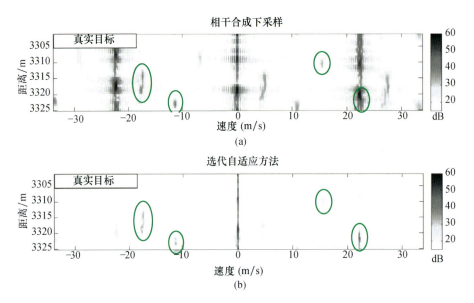

图12.8 在S波段的极化捷变雷达和X波段(PARSAX)雷达上的实验结果
(a)相干积分(匹配滤波器);(b)迭代自适应方法。

(在迭代自适应方法(IAA)处理之后,即使叠加到模糊杂波残差上,以绿色圆圈表示的目标也会清晰地出现,并且大多数模糊副瓣被适当地消除(摘自 Petrov,N. et al. , Wideband spectrum estimators for unambiguous target detection, *Proceedings of* 16*th International Radar Symposium*（*IRS*）,2015:676-681))